Springer-Lehrbuch

Wolfgang Geller

Thermodynamik für Maschinenbauer

Grundlagen für die Praxis

5., ergänzte Auflage

Springer Vieweg

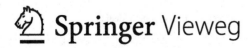

Wolfgang Geller
Lohmar, Deutschland

Springer-Lehrbuch
ISBN 978-3-662-44960-8 ISBN 978-3-662-44961-5 (eBook)
DOI 10.1007/978-3-662-44961-5

Die Deutsche Nationalbibliothek verzeichnet diese Publikation in der Deutschen Nationalbibliografie; detaillierte bibliografische Daten sind im Internet über http://dnb.d-nb.de abrufbar.

Springer Vieweg

Gedruckt auf säurefreiem und chlorfrei gebleichtem Papier

Springer Berlin Heidelberg ist Teil der Fachverlagsgruppe Springer Science+Business Media
(www.springer.com)

Vorwort zur 1. Auflage

Das vorliegende Buch wurde für die Studierenden des Maschinenbaus an Fachhochschulen und technischen Universitäten geschrieben. Darin eingeflossen sind die didaktischen Erfahrungen, die der Verfasser bei seiner Lehrtätigkeit an der Fachhochschule Köln gesammelt hat.

Der dargebotene Stoff ist auf das für den Maschinenbauingenieur Wesentliche abgestimmt. Besonderer Wert wurde auf eine klare und verständliche Darstellung gelegt. Zahlreiche Bilder, Diagramme und Beispielrechnungen helfen dem Leser, die Gesetze der Thermodynamik zu verstehen und Sicherheit in ihrer Anwendung zu erlangen. Das Buch ist deshalb auch zum Selbststudium geeignet.

Vielleicht weckt das Buch bei einer Reihe von Lesern den Wunsch nach Erweiterung und Vertiefung des hier dargebotenen Wissens. In diesem Fall bietet das Literaturverzeichnis am Ende des Buches einen Wegweiser durch die Fülle der Bücher über Thermodynamik.

Ein Wort des Dankes gilt an dieser Stelle meinem Kollegen Herrn Dr. rer. nat. G. Engelmann. Er hat durch seine Hinweise und Ratschläge sowie durch das Mitlesen der Korrektur meine Arbeit unterstützt. Herr cand. rer. nat. B. Sadler und mein Sohn Hendrik haben bei der Anfertigung der Vektorgrafiken und des Sachverzeichnisses tatkräftige Hilfe geleistet. Auch ihnen habe ich zu danken.

Lohmar, im Herbst 1999 W. Geller

Vorwort zur 2. Auflage

Das Buch hat sich nach Inhalt und Aufbau in den Jahren seit dem Erscheinen der Erstauflage im März 2000 in weiteren Vorlesungszyklen als Arbeitsgrundlage bewährt. Die anläßlich der bevorstehenden Herausgabe der Zweitauflage vorgenommene Überarbeitung konnte sich so auf Korrekturen und die Präzisierung einiger Formulierungen beschränken. Meine Tochter Dr. iur. Nike Geller und mein Sohn stud.-ing. Boris Geller haben den überarbeiteten Text sorgfältig durchgesehen, wofür ich ihnen herzlich danke.

Lohmar, im Herbst 2002 W. Gelle

Vorwort zur 3. Auflage

Die vorliegende 3. Auflage des Lehrbuches wurde um ein Kapitel über feuchte Luft erweitert.

Lohmar, im Herbst 2004 W. Geller

Vorwort zur 4. Auflage

Die 4. Auflage wurde gegenüber der 3. Auflage um ein Kapitel mit der Überschrift „Repetitorium" erweitert. Es beinhaltet Fragen, Aufgaben samt Antworten und ausführlich durchgerechneten Lösungen, die sich auf den Inhalt des ganzen Buches beziehen. Sie bieten dem Leser die Möglichkeit, sein Wissen zu überprüfen und zu verfestigen. Durch selbständiges Bearbeiten der Aufgaben wird die Fähigkeit entwickelt und gesteigert, rasch die Lösungswege für thermodynamische Fragestellungen zu erkennen. Daher ist dieses Kapitel auch bei der Vorbereitung auf eine Prüfung im Fach „Thermodynamik" sehr hilfreich.

Lohmar, im Sommer 2006 W. Geller

Vorwort zur 5. Auflage

Das Kapitel 6.2 „Nichtstatische Zustandsänderungen" der 4. Auflage wurde um einen Absatz erweitert, in dem beispielhaft die Entwicklung nichtstatischer Zustandsänderungen beschrieben wird.
Als weitere Änderung gegenüber der 4. Auflage wurde das Literaturverzeichnis auf den neuesten Stand gebracht.

Lohmar, im Frühjahr 2015 W. Geller

Inhaltsverzeichnis

Formelzeichen

Lateinische Formelzeichen

A	Fläche
a	Schallgeschwindigkeit
B	Anergie
b	spezifische Anergie
$\dot{B}$	Anergiestrom
c	Geschwindigkeit; spezifische Wärmekapazität
$\bar{c}$	mittlere Geschwindigkeit
c_p, c_v,	spezifische isobare bzw. spezifische isochore Wärmekapazität
$\bar{c}_p, \bar{c}_v$	mittlere spezifische Wärmekapazitäten idealer Gase
$\bar{\bar{c}}_p, \bar{\bar{c}}_v$	logarithmisch gemittelte spezifische Wärmekapazitäten idealer Gase
E	Exergie
$\dot{E}$	Exergiestrom
E_g	Gesamtenergie
ΔE_V	Exergieverluststrom
e	spezifische Exergie
Δe_V	spezifischer Exergieverlust
F	Kraft
g	Fallbeschleunigung
H	Enthalpie
$\dot{H}$	Enthalpiestrom
H_o	spezifischer Brennwert
H_u	spezifischer Heizwert
h	spezifische Enthalpie
h_{1+X}	spezifische Enthalpie feuchter Luft
Δh_D	spezifische Verdampfungsenthalpie
j	spezifische Dissipationsenergie
k	Wärmedurchgangskoeffizient
L	molare Luftmenge
l	spezifische molare Luftmenge
M	Molmasse
M_W	Drehmoment
m	Masse
$\dot{m}$	Massenstrom
m_T	Teilchenmasse
N	Teilchenzahl; Anzahl

N_A	Avogadro-Konstante
n	Stoffmenge; Polytropenexponent
O_{min}	molare Mindestsauerstoffmenge
o_{min}	spezifische Mindestsauerstoffmenge
P	Leistung
p	Druck
Q	Wärme
$\dot{Q}$	Wärmestrom
q	spezifische Wärme
R	Gaskonstante
R_m	molare (universelle) Gaskonstante
r_i	Raumanteil der Komponente i
S	Entropie
$\dot{S}$	Entropiestrom
$\dot{S}_Q$	Entropietransportstrom
$\dot{S}_{irr}$	Entropieproduktionsstrom
s	spezifische Entropie
s_{1+X}	spezifische Entropie der feuchten Luft
$\dot{s}_{irr}$	spezifischer Entropieproduktionsstrom
T	thermodynamische Temperatur
t	Zeit
U	innere Energie
u	spezifische innere Energie
V	Volumen
$\dot{V}$	Volumenstrom
υ	spezifisches Volumen
υ_{1+X}	spezifisches Volumen der feuchten Luft
W	Arbeit
w	spezifische Arbeit
w_k	Arbeit eines Kreisprozesses
w_t	technische Arbeit; spezifische Leistung
X	Wasserbeladung
x	Dampfgehalt
y	spezifische Strömungsarbeit
Z	Realgasfaktor
z	Höhenkoordinate

Griechische Formelbuchstaben

α	Wärmeübergangskoeffizient
ε	Leistungszahl einer Wärmepumpe; Verdichtungsverhältnis
ε_0	Leistungszahl einer Kältemaschine
ψ	Druckverhältnis
ζ	exergetischer Wirkungsgrad
η	Wirkungsgrad

η_c	Carnot-Faktor
η_m	mechanischer Wirkungsgrad
η_s	isentroper Wirkungsgrad
η_T	polytroper Expansionswirkungsgrad
η_{th}	thermischer Wirkungsgrad einer Wärmekraftmaschine
η_v	polytroper Kompressionswirkungsgrad
ϑ	Celsius-Temperatur
κ	Isentropenexponent idealer Gase
λ	Luftverhältnis
μ_i	Massenanteil der Kompenente i
ν	Polytropenverhältnis
π	Druckverhältnis von Turbomaschinen
ρ	Dichte
ρ_{1+X}	Dichte der feuchten Luft
σ	spezifische Schmelzenthalpie
φ	Einspritzverhältnis; relative Feuchte
ω	Winkelgeschwindigkeit

Indizes

0	Bezugszustand
1, 2, 3,.., i,..j	Zustände 1, 2, 3, .., i,..j
12	Doppelindex: Prozeßgröße eines Prozesses, der vom Zustand 1 in den Zustand 2 führt
$A, B, ...$	Systeme A, B,…
B	Brennstoff
a	Austrittsquerschnitt
D	Dampf
d	Dissipation
E	Eis
e	Eintrittsquerschnitt; Eisphase
f	flüssige Phase
g	gesamt; Gasphase
i	Komponente i in einem Gemisch
irr	irreversibel
k	Kreisprozeß
L	Luft
l	flüssig
m	molar
max	maximal
min	minimal
n	Normzustand
P	Leistung
p	Druck
Q	Wärme

rev	reversibel
S	Sättigung
s	isentrop; fest
st	statisch
T	Turbine; Taupunkt
t	technisch
tr	Tripelpunkt
u	Umgebung
V	Verdichter; Verbrennungsgas
v	Volumenänderung; Verlust; Volumen
W	Welle; Wasser
$'$	Siedelinie
$''$	Taulinie
*	Hervorhebung

Besondere Zeichen

$\langle x \rangle$ Mittelwert von x

Zahlen in runden Klammern sind Gleichungsnummern. Die erste gibt die Kapitelnummer an.

Zahlen in eckigen Klammern verweisen auf die Numerierung des Literaturverzeichnisses.

1 Einleitung

Energie ist die Existenzgrundlage jeder Zivilisation. Die Sicherstellung der Energieversorgung und die Erschließung neuer Energiequellen gehören zu den wichtigsten Aufgaben in einer modernen Gesellschaft.

In ihren von der Natur angebotenen Erscheinungsformen sind die Energievorräte nicht unmittelbar nutzbar. Sie müssen in technischen Einrichtungen und Anlagen in brauchbare Formen umgewandelt werden.

So wird die kinetische Energie der Luftströmungen in Windkraftanlagen, die Lageenergie des in hochgelegenen Seen enthaltenen Wassers in den Turbinen der Wasserkraftwerke in elektrische Energie umgewandelt. Bei der Verbrennung fossiler Brennstoffe wird die darin gebundene chemische Energie zunächst in Wärmeenergie transformiert, die beispielsweise von Motoren in kinetische Energie von Fahrzeugen oder in den Turbinenanlagen und Generatorensätzen von Kraftwerken in elektrischen Strom umgesetzt wird.

Die Untersuchung und Beschreibung der Energiewandlungsprozesse ist das Hauptaufgabengebiet der *Thermodynamik.* Sie analysiert die verschiedenen Erscheinungsformen der Energie und beschreibt deren Verknüpfungen in Energiebilanzgleichungen. Sie bilden die Grundlage für die Berechnung, die Planung und Konstruktion der Energiewandlungsanlagen aller Art.

Die Fundamente der Thermodynamik sind der erste und der zweite Hauptsatz. Beide können nicht durch Anwendung bereits bewiesener Gesetze abgeleitet werden. Sie sind Erfahrungstatsachen, deren Aussagen nie widerlegt wurden.

Der erste Hauptsatz ist der Energieerhaltungssatz. Er besagt, daß Energie weder erzeugt noch vernichtet werden kann. Energie ist nur wandelbar in ihren verschiedenen Erscheinungsformen.

Der zweite Hauptsatz formuliert die Grenzen der Energiewandlung und beschreibt, welche Wandlungsprozesse überhaupt nur möglich sind.

Thermodynamik wurde früher Wärmelehre genannt. Diese Bezeichnung erklärt sich aus ihrer historischen Entwicklung, die mit der Erforschung der Wärmeerscheinungen begann.

Im Laufe der Zeit entstand eine Vorstellung vom Wesen der Wärme, die sich bis zur Mitte des 19. Jahrhunderts hielt. Danach war Wärme ein Stoff. Man nannte ihn *caloricum* und hielt ihn für unzerstörbar, eine Vermutung, in der sich schemenhaft aber unzutreffend interpretiert bereits der Energieerhaltungsatz der modernen Thermodynamik abzeichnet. Unzerstörbar ist danach die Energie und nicht der hypothetische Stoff „caloricum“.

Mit der Einführung der ersten Generation von Wärmekraftmaschinen gegen Ende des 18. Jahrhunderts und der darauf einsetzenden Mechanisierung der Produktionsmittel ließen eine Reihe von Beobachtungen Zweifel an der Stofftheorie der Wärme aufkommen.

Der englische Lord Rumford stellte fest, daß sich Kanonenrohre beim Aufbohren erhitzten. Da sich der gleiche Effekt auch durch Zufuhr von Wärme erzielen läßt, vermutete er, daß die beim Bohren erzeugte Wärme der dabei aufzuwendenden Arbeit äquivalent sein müsse.

James Prescott Joule (1818-1889), ein englischer Privatgelehrter, ging von den gleichen Überlegungen aus und bestimmte in den Jahren 1843 bis 1848 experimentell das sogenannte *mechanische Wärmeäquivalent*.

Der als Begründer der modernen Thermodynamik geltende französische Militäringenieur Nicolas Léonard Sadi Carnot (1796-1832) legte bei seinen wissenschaftlichen Arbeiten ursprünglich die Stofftheorie zugrunde. Später ist er ebenfalls zu der Erkenntnis gelangt, Wärme und Arbeit seien äquivalente Energieformen und man könne beide ineinander umwandeln. Er hat seine Formulierungen zur Äquivalenz von Wärme und Arbeit allerdings nicht veröffentlicht. Man fand sie in Form von Notizen in seinem Nachlaß.

So war es dem deutschen Arzt Julius Robert Mayer (1814-1878) vorbehalten, die Äquivalenz von Wärme und Arbeit im Jahre 1842 als erster öffentlich auszusprechen. Er hatte dieses Prinzip unabhängig von Joule und ohne Kenntnis von dessen Forschungsarbeiten entdeckt. Drei Jahre später vollendete J. R. Mayer sein Werk mit der Veröffentlichung des 1. Hauptsatzes. Die Stofftheorie als Gedankenmodell zur Erklärung des Wesens der Wärme wurde damit aufgegeben.

Die Thermodynamik ist nach heutigem Verständnis eine allgemeine Energielehre. Sie gliedert sich in die molekularstatistische und die phänomenologische bzw. klassische Thermodynamik.

Die molekularstatistische Methode geht von der molekularen Struktur der Materie aus und berechnet die Wechselwirkung zwischen den Molekülen und ihrer Umgebung mit Hilfe der Gesetze der Mechanik unter Anwendung mathematisch-statistischer Methoden.

Die phänomenologische Methode stützt sich dagegen auf die Beobachtung der Abläufe thermodynamischer Prozesse, aus deren Ergebnissen empirische Gesetze abgeleitet werden.

In diesem Buch wird die phänomenologische Thermodynamik behandelt. Als Beispiel zur Erläuterung der molekularstatistischen Verfahren wird die kinetische Gastheorie als einfachste Form dieser Methode in einem Kapitel vorgestellt.

2 Einheiten physikalischer Größen

Als *physikalische Größen* bezeichnet man in den Naturwissenschaften qualitativ definierbare und quantitativ erfaßbare charakteristische Eigenschaften von Objekten, wie etwa das Gewicht, die Länge, die Höchstleistung eines Motors, die Temperatur eines Körpers etc..

Jede dieser Größen wird durch eine Meßvorschrift definiert. Die Messung besteht in einem Vergleich der Größe mit einer als Einheit festgelegten Größe derselben Größenart. Das Ergebnis der Messung ist ein Produkt, das aus einer Zahl und der gewählten Einheit besteht.

Mit dem Symbol *m* für die Längeneinheit *Meter* bedeutet beispielsweise die Angabe l = 7,5 m, das l gleich dem 7,5fachen eines Meters ist und zur Größenart *Länge* gehört.

Über Art und Zahl der Einheiten kann man grundsätzlich beliebige Vereinbarungen treffen. Es ist jedoch zweckmäßig, nur die Einheiten der Grundgrößenarten zu definieren. Sie werden als *Grund-* oder *Basiseinheiten* bezeichnet. Aus ihnen werden die Einheiten der übrigen Größen abgeleitet. Die Gesamtheit aller Basiseinheiten und abgeleiteten Einheiten bilden ein *Einheitensystem.*

In den technischen Naturwissenschaften wird in den letzten Jahrzehnten das international vereinbarte „Système International d'Unité" (SI) benutzt, dessen Einheiten seit der Verabschiedung des Gesetzes über die Einheiten im Meßwesen am 2. 7. 1969 als gesetzliche Einheiten im geschäftlichen und amtlichen Verkehr in der Bundesrepublik Deutschland vorgeschrieben sind.

Tabelle 2.1. Basiseinheiten des Système International (Definitionen im Anhang A, Tabelle A1)

Größe	Einheit	Zeichen
Länge	Meter	m
Masse	Kilogramm	kg
Zeit	Sekunde	s
Elektrische Stromstärke	Ampère	A
Thermodynamische Temperatur	Kelvin	K
Lichtstärke	Candela	cd
Stoffmenge	Mol	mol

Das Système International, auch MKSA-System[1] genannt, legt zunächst die sieben in Tabelle 2.1 aufgeführten Basiseinheiten fest. Die sieben Einheiten reichen aus, um alle anderen physikalischen Größen zu beschreiben. Die Definitionen der Basiseinheiten sind im Anhang A in der Tabelle A1 nachzulesen. Die wichtigsten aus den Basiseinheiten abgeleiteten Einheiten sind zusammen mit einigen vor der Einführung des MKSA-Systems benutzten Einheiten in Tabelle 2.2 angegeben. Kommt bei der Berechnung der abgeleiteten Einheiten nur der Zahlenfaktor 1 vor, dann ist das Einheitensystem ein *kohärentes System*. Das Internationale Einheitensystem bildet mit seinen Basiseinheiten und den daraus abgeleiteten Einheiten ein solches vollständig kohärentes Einheitensystem.

Tabelle 2.2. Einige abgeleitete Einheiten des SI

Größe	Einheit	Zeichen	Definition	Einheit vor 1969	Einheitengleichung
Kraft	Newton	N	$1\,\mathrm{N} = 1\,\mathrm{kg\,m/s^2}$	kp	1 kp = 9,80665 N
Leistung	Watt	W	1 W = 1 N m/s	PS	1PS = 735,49875 W
Energie	Joule	J	1 J = 1 Nm	cal	1 cal = 4,1855 J
Druck	Pascal	Pa	$1\,\mathrm{Pa} = 1\,\mathrm{N/m^2}$	$1\,\mathrm{at} = \mathrm{kp/cm^2}$	$1\,\mathrm{kp/cm^2} = 98066{,}5\,\mathrm{Pa}$

In der letzten Spalte von Tabelle 2.2 sind Einheitengleichungen angegeben, die zur Umrechnung früher angewendeter Einheiten in die des MKSA-Systems dienen.

Beispiel 2.1
Die Druckeinheit Pa soll durch die Basiseinheiten des Internationalen Einheiheitensystems ausgedrückt werden.
Lösung
$$1\,\mathrm{Pa} = 1\,\mathrm{N\,m^{-2}} = 1\,\mathrm{kg\,m^{-1}\,s^{-2}}$$

Treten in Größengleichungen gleichartige Größen mit unterschiedlichen Einheiten auf, so müssen diese auf eine einzige auszuwählende Einheit umgerechnet werden. Dazu dienen *Einheitengleichungen*, die unterschiedliche Einheiten gleichartiger Größen miteinander verknüpfen.

Einige der dezimalen Vielfachen von SI-Einheiten haben, weil häufig benutzt, eigene Bezeichnungen und Zeichen. Es sind dies die Volumeneinheit Liter, die Masseneinheit Tonne und die Druckeinheit *Bar* [bar][2]. Sie sind durch folgende Einheitengleichungen mit den SI-Einheiten verknüpft:

$$1\,\text{Liter} = 1\,\mathrm{l} = 10^{-3}\,\mathrm{m}^3$$
$$1\,\text{Tonne} = 1\,\mathrm{t} = 10^3\,\mathrm{kg}$$
$$1\,\text{Bar} = 1\,\mathrm{bar} = 10^5\,\mathrm{Pa} = 10^5\,\mathrm{N/m^2}$$

[1] MKSA ist eine Abkürzung für Meter, Kilogramm, Sekunde, Ampère
[2] Von *Baros* (griechisch): Schwere, Gewicht.

Beispiel 2.2
Es sollen zwei mit unterschiedlichen Einheiten angegebene Längen $L_1 = 100$ m und $L_2 = 23{,}4$ Seemeilen addiert und das Ergebnis in km angegeben werden.
Lösung
Mit den Einheitengleichungen 1 m = 10^{-3} km und 1 Seemeile = 1 sm = 1,852 km erhält man

$$L = L_1 + L_2 = 100\ \text{m} + 23{,}4\ \text{sm} = 100\cdot(10^{-3}\ \text{km}) + 23{,}4\cdot(1{,}852\ \text{km}) = 43{,}437\ \text{km}\,.$$

Beispiel 2.3
Man leite die Einheitengleichung zur Umrechnung der noch häufig benutzten Einheit PS (Pferdestärke) in Watt (W) ab.
Lösung
Definition: Ein PS ist die Leistung, die aufzuwenden ist, um ein Gewicht von 75 kp in einer Sekunde einen Meter zu heben. Mit dieser Definition ergibt sich

$$1\ \text{PS} = \frac{75\ \text{kp}\cdot 1\ \text{m}}{\text{s}} = \frac{75\cdot(9{,}80665\ \text{N})\cdot 1\ \text{m}}{\text{s}} = 735{,}499\frac{\text{N m}}{\text{s}} = 735{,}499\ \text{W}\,.$$

Bei Verwendung der in den Tabellen 2.1 und 2.2 angegebenen Einheiten erhält man in einigen Disziplinen der Naturwissenschaften sehr große, beispielsweise bei Entfernungsangaben in der Astronomie, oder sehr kleine Maßzahlen wie etwa für Abstände in der Atomphysik. Um diese unhandlich großen oder kleinen Zahlen auf eine besser überschaubare Form zu bringen, stellt man sie in der halblogarithmischen Form dar mit Mantisse und einer zweckmäßig ausgewählten Zehnerpotenz und setzt die Zehnerpotenzen in Gestalt von „*Vorsätzen*" vor die Einheiten. Die *Vorsätze*, auch *Präfixe* genannt, sind aus dem Griechischen entlehnte Silben und symbolisieren die Faktoren, mit denen die Ausgangseinheiten zu multiplizieren sind. Sie sind im Anhang A, Tabelle A2 angegeben.

Im älteren Schrifttum angelsächsischer Autoren werden häufig angelsächsische Einheiten benutzt. Die wichtigsten sind zusammen mit den für die Umrechnung in die SI-Einheiten benötigten Einheitengleichungen im Anhang A, Tabelle A3 zu finden.

Beispiel 2.4
Es sind umzurechen:
a) 0,62 PS in kW
b) 427 MW in PS
c) 10^{-2} m in Nanometer
d) 4,2 Gt in kg
e) 1,02 bar in hPa
f) 34078 cal in pJ
Lösung
a) $0{,}62\ \text{PS} = 0{,}62\cdot 735\ \text{W} = 455{,}7\ \text{W} = 455{,}7\cdot 10^{-3}\ \text{kW} = 0{,}4557\ \text{kW}$
b) $427\ \text{MW} = 427\cdot 10^3\ \text{kW} = 427\cdot 10^3\cdot 1{,}36\ \text{PS} = 580720\ \text{PS}$
c) $10^{-2}\ \text{m} = 10^{-2}\cdot 10^9\ \text{nm} = 10^7\ \text{nm}$
d) $4{,}2\ \text{Gt} = 4{,}2\cdot 10^9\ \text{to} = 4{,}2\cdot 10^9\cdot 10^3\ \text{kg} = 4{,}2\cdot 10^{12}\ \text{kg}$
e) $1{,}02\ \text{bar} = 1{,}02\cdot 10^5\ \text{Pa} = 1{,}02\cdot 10^5\cdot 10^{-2}\ \text{hPa} = 1020\ \text{hPa}$
f) $34078\ \text{cal} = 34078\cdot 4{,}1855\ \text{J} = 1{,}4263\cdot 10^5\ \text{J} = 1{,}4263\cdot 10^5\cdot 10^{12}\ \text{pJ} = 1{,}4263\cdot 10^{17}\ \text{pJ}$

3 Systeme

Die Objekte thermodynamischer Untersuchungen werden *thermodynamische Systeme* genannt. Objekte in diesem Sinne sind beispielsweise eine in einem Behälter eingeschlossene Gasmasse, die Brennkammer einer Gasturbine, ein Dieselmotor, die Dampfturbine eines Kraftwerkes, oder das komplette Kraftwerk.

Das *thermodynamische System* - kurz: das *System* - muß vor Beginn der Untersuchung definiert werden.

3.1 Definition von Systemen

Das Untersuchungsobjekt wird mit einer geschlossenen Hülle umgeben, die es vollständig gegen seine Umgebung abgrenzt. Die Hülle kann eine abstrakte, also eine gedachte Hülle sein, aber auch eine materielle Grenze, z. B. die innere Wandung eines Strömungskanals.

In einer schematischen Darstellung bildet sich der Schnitt der Hülle mit der Zeichenebene als durchgezogene Linie ab, die das Objekt der Untersuchung umschließt.

Das Innere der Hülle ist das *System*. Die Fläche oder Hülle wird *Systemgrenze* genannt, der gesamte Bereich außerhalb der Systemgrenze heißt *Umgebung*. Die Systemgrenze kann sowohl durchlässig als auch undurchlässig sein für Materie oder Energie in ihren verschiedenen Erscheinungsformen.

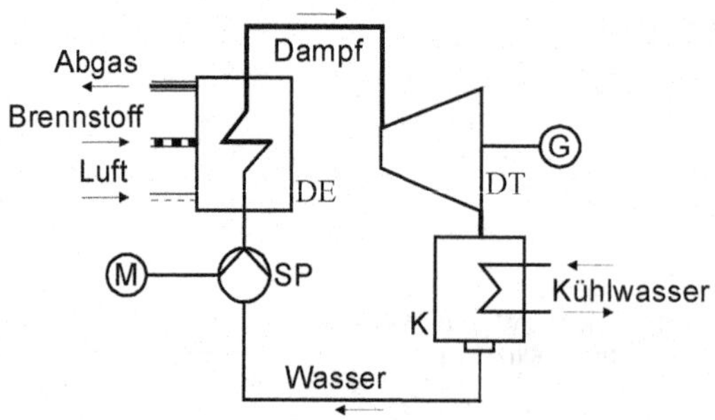

Bild 3.1. Wasserdampfkraftwerk (schematisch). DE Dampferzeuger, DT Dampfturbine, K Kondensator, SP Speisewasserpumpe, G Generator, M Motor

Bild 3.1 zeigt als Beispiel das Schema eines einfachen Dampfkraftwerkes.

In Bild 3.2a ist die gesamte Anlage ohne den Generator und den Pumpenmotor durch die gestrichelte Linie als System festgelegt, während die gestrichelte Linie in Bild 3.2b die Turbine als System definiert.

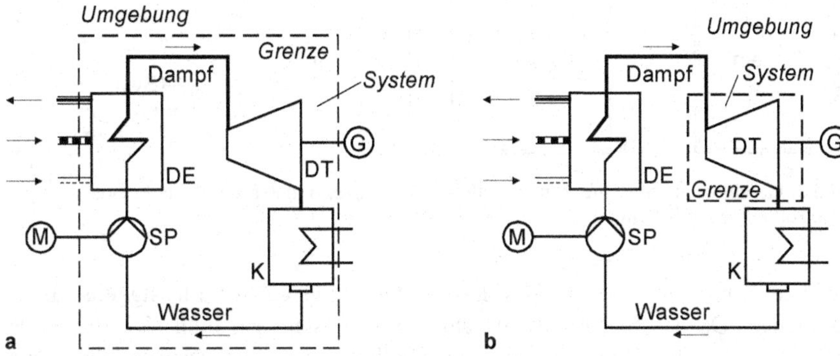

Bild 3.2. Thermodynamische Systeme. **a** Dampfkraftwerk, **b** Dampfturbine

3.2 Systemarten

3.2.1 Geschlossenes System

Die Grenzen eines geschlossenen Systems sind materieundurchlässig. Massenaustausch mit der Umgebung findet nicht statt. Ein geschlossenes System besteht also immer aus denselben Materieteilchen. Bei einer Deformation des Systems müssen sich deshalb seine Grenzen den veränderten Bedingungen so anpassen, daß die Massenidentität gewahrt bleibt.

In Bild 3.3a ist ein gasgefüllter Behälter dargestellt. Die unterbrochen gezeichnete Linie kennzeichnet die Systemgrenze. Die Gasmasse ist das System, dessen mit der Behälterinnenseite zusammenfallende Systemgrenze eine materieundurchlässige und auch starre Hülle bildet. Eine Wechselwirkung mit der Umgebung ist nur durch eine Energieübertragung in Form eines Wärmestromes durch die Behälterwände möglich.

Bild 3.3b zeigt einen Zylinder mit einem gasdicht eingepaßten Kolben. Die als unterbrochene Linie eingetragene Systemgrenze setzt sich aus der Innenwandung des Zylinders und der dem Inneren des Zylinders zugewandten Kolbenfläche zusammen. Die Systemgrenze wird von materiellen Wänden gebildet, ist jedoch nicht völlig starr. Eine Kolbenbewegung würde die Systemhülle deformieren und das Systemvolumen ändern.

Eine Energieübertragung ist sowohl durch einen Wärmestrom über die Systemgrenze als auch durch Übertragung mechanischer Energie in Form von Kolbenarbeit realisierbar.

Als Beispiel für eine nichtmaterielle, gedachte Hülle eines geschlossenen Systems ist in Bild 3.3c ein Volumenelement einer Strömung durch eine unterbrochen ge-

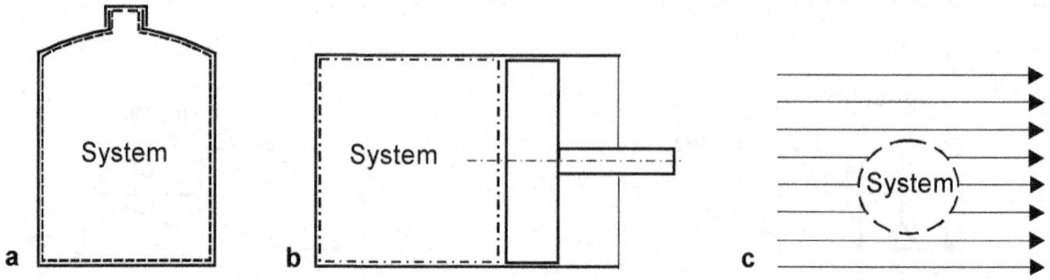

Bild 3.3. Geschlossene Systeme: **a** materielle starre Grenze, **b** materielle variable Grenze, **c** gedachte Hülle in einer Strömung

zeichnete Kurve abgegrenzt. Das Innere der Hülle enthält Flüssigkeits- bzw. Gasteilchen. Da das System ein geschlossenes System ist, muß sich die Hülle durch Änderung ihrer Form der sie umgebenden und sie mittragenden Strömung stets so anpassen, daß sie immer dieselben Masseteilchen umschließt.

Energie kann als Wärme oder auch als mechanische Arbeit in das System übertragen werden.

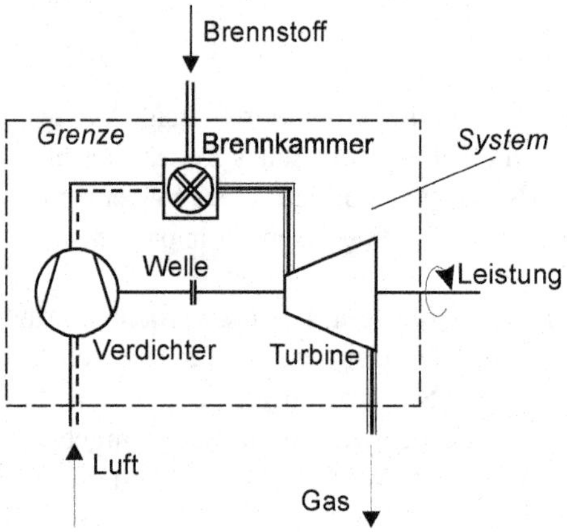

Bild 3.4. Schaltbild einer Gasturbinenanlage als offenes System

3.2.2 Offenes System

Das Kennzeichen offener Systeme ist die Materiedurchlässigkeit ihrer Grenzen. Die Systemgrenzen sind meistens fest im Raum angeordnet und können von einem oder mehreren Stoffströmen durchflossen werden.

Ein offenes System mit festen Grenzen wird nach L. Prandtl[3] auch *Kontrollraum* genannt. Energie kann in Form von Wärme, mechanischer Energie und chemisch gebundener Energie, enthalten in den Stoffströmen, über die Systemgrenze transferiert werden.

Bild 3.4 zeigt eine Gasturbinenanlage in schematischer Darstellung als Beispiel für ein offenes System. Die Systemgrenze wird von den Stoffströmen Luft, Gas und Brennstoff durchflossen. Die Gasturbinenanlage setzt sich aus mehreren Komponenten zusammen.

Oft ist es notwendig, zur Durchführung einer detaillierten thermodynamischen Untersuchung das Gesamtsystem in Teilsysteme zu untergliedern wie Bild 3.5 als Beispiel zeigt. Die Gasturbinenanlage besteht danach aus drei Teilsystemen, dem Verdichter, der Brennkammer und der Turbine. Die Teilsysteme stehen über die Stoffströme Luft und Gas sowie durch den Leistungsfluß, der durch die Welle zwischen Turbine und Verdichter übertragen wird, miteinander in Wechselwirkung.

Die Wechselwirkung der drei Systeme mit der Umgebung besteht in der Zufuhr von Luft und Kraftstoff sowie der Abgabe von Verbrennungsgas.

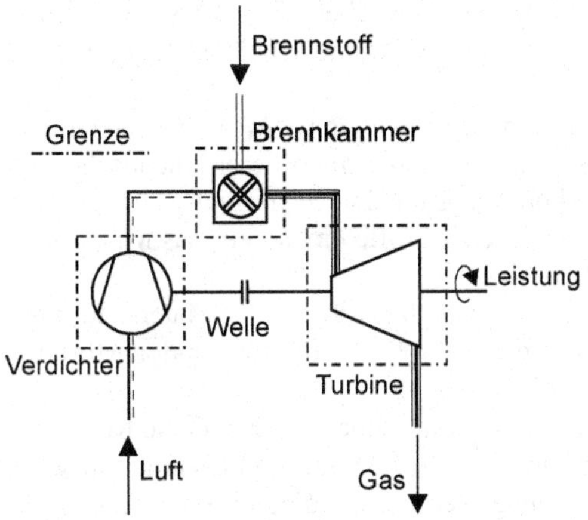

Bild 3.5. Komponenten der Gasturbinenanlage als Teilsysteme: Verdichter, Brennkammer, Turbine

3.2.3 Adiabates System

Ein System mit vollkommen wärmeundurchlässigen Grenzen heißt adiabates System. Die Annahme vollkommener Wärmeundurchlässigkeit ist allerdings eine Idealisierung, die nur näherungsweise verwirklicht werden kann.

[3] Ludwig Prandtl (1875-1953) war Professor an der Universität Göttingen und Direktor des Kaiser-Wilhelm-Instituts für Strömungsforschung. Er gilt als Begründer der modernen Fluidmechanik.

Eine Thermoskanne ist beispielsweise ein solches System. Ein evakuierter Hohlraum zwischen einem inneren und dem äußeren Gefäß verhindert weitgehend den Wärmetransport.

Auch Verbrennungsmotoren, Turbinen, Verdichter, usw. können als adiabate Systeme behandelt werden. Der Stoffdurchsatz erfolgt meistens mit einer so hohen Geschwindigkeit, daß der Wärmeaustausch zwischen dem Stoff und den Maschinen vernachlässigt werden kann.

3.2.4 Abgeschlossenes System

Die Grenzen eines abgeschlossenen Systems sind sowohl materie- als auch energieundurchlässig. Jede Wechselwirkung zwischen dem System und seiner Umgebung unterbleibt. Konsequenz: Die Summe von Energie und Masse des Systems bleibt konstant. Systeme dieser Art spielen in der Technik keine Rolle.

3.2.5 Einphasensystem

Während in den vorigen Abschnitten die Systeme über die Eigenschaften ihrer Grenzen definiert wurden, schließt sich nun eine Unterscheidung der Systeme nach ihrer inneren Struktur an.

Ein *Einphasensystem* besteht in Anlehnung an den von J. W. Gibbs[4] eingeführten Begriff *Phase* aus einer homogenen Substanzmenge, deren chemische und physikalische Eigenschaften örtlich konstant sind. Die Definition schließt auch Mischungen reiner, also chemisch einheitlicher Stoffe ein, sofern das Mischungsverhältnis der Komponenten überall gleich ist.

Der Begriff *Phase* umfaßt auch die Erscheinungsformen der Materie in ihren Aggregatzuständen. Danach unterscheidet man feste, flüssige und gasförmige Phasen.

Feste Phasen spielen in der Thermodynamik nur eine untergeordnete Rolle. Die Thermodynamik beschränkt sich hier im wesentlichen auf die Physik thermischer Dehnungen fester Körper. Die Berechnung thermisch bedingter Spannungen fällt in den Aufgabenbereich der Mechanik.

Im Vordergrund bei der Untersuchung thermodynamischer Prozesse stehen flüssige und gasförmige Stoffe. Sie dienen als Transportmedien für Energie bei der Energiewandlung in thermischen Apparaten und sind unmittelbare Objekte bei Stoffumwandlungen in den Einrichtungen der Verfahrenstechnik.

Flüssigkeiten und Gase sind Erscheinungsformen der Materie, welche die Stoffe zu fließender Bewegung befähigen. Sie werden zusammenfassend als *Fluide*[5] bezeichnet. Fluide Phase ist demnach der Sammelbegriff für flüssige und gasför-

[4] Josiah Willard Gibbs (1839-1903), Professor für mathematische Physik an der Yale-Universität in den USA. Er veröffentlichte Abhandlungen über seine thermodynamischen Untersuchungen und eine Arbeit über statistische Mechanik.

[5] fluid (lat.): flüssig, fließend

mige Phasen. Die zusammenfassende Bezeichnung *Fluid* bedeutet jedoch nicht, daß die physikalischen Eigenschaften flüssiger und gasförmiger Stoffe in allen Punkten gleich sind. So sind Flüssigkeiten unter Druckbelastung nahezu volumenkonstant, Gase nicht.

3.2.6 Mehrphasensystem

Mehrphasensysteme sind Systeme, die aus mindestens zwei und durch *Phasengrenzflächen* voneinander getrennten Einphasensystemen bestehen. Beim Durchgang durch Phasentrennflächen ändern sich die Systemeigenschaften sprunghaft.

Das in Bild 3.6a in einem Behälter eingeschlossene System ist ein solches Zweiphasensystem. Es enthält als Beispiel Wasser im flüssigen und gasförmigen Zustand (Dampf). Die Phasengrenzfläche (dünne Linie) trennt die beiden Phasen voneinander.

Bild 3.6b zeigt ein Dreiphasensystem. Es besteht aus Wasserdampf, Eis und flüssigem Wasser.

Mehrphasensysteme können in beliebigen Kombinationen auftreten, beispielsweise als Mehrphasensysteme von chemisch unterschiedlichen Stoffen gleicher Aggregatzustände.

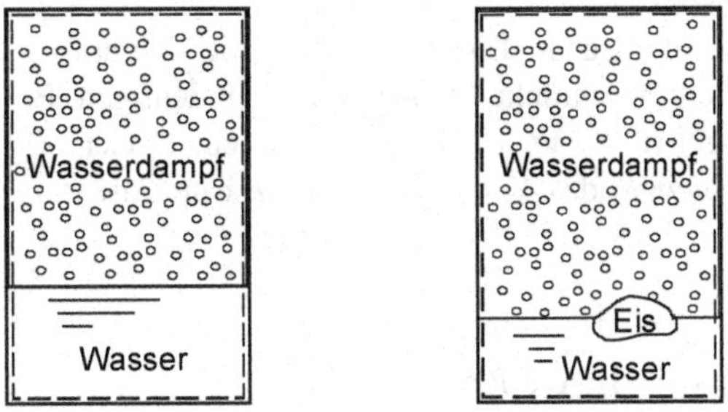

a b

Bild 3.6. Mehrphasensysteme: **a** Zweiphasensystem, **b** Dreiphasensystem

4 Zustandsgrößen

Die Definition eines Systems durch Festlegung seiner Grenzen ist der erste Schritt einer thermodynamischen Untersuchung. Im zweiten Schritt erfolgt die Beschreibung seiner Eigenschaften. *Eigenschaft* bedeutet in den technischen Naturwissenschaften eine qualitativ definierbare und quantitativ erfaßbare physikalische Größe (s. Kapitel 2).

Die Eigenschaften eines thermodynamischen Systems sind keine konstanten Größen. Sie ändern sich, wenn das System in Wechselwirkung mit seiner Umgebung oder anderen Systemen tritt. Die physikalischen Größen, die das System in seinen Eigenschaften beschreiben, sind also Variable.

Als *Zustand* eines Systems bezeichnet man nun die Situation, in der alle Variablen des Systems feste Zahlenwerte angenommen haben. Man nennt deshalb diese Variablen auch *Zustandsgrößen.* Die Anzahl der Zustandsgrößen, die zur eindeutigen Festlegung des Zustandes erforderlich sind, hängt von der inneren Struktur und der Kompliziertheit des Systems ab.

In der klassischen oder phänomenologischen Thermodynamik, die sich auf makroskopisch erfaßbare Eigenschaften beschränkt, genügen zur eindeutigen Beschreibung einfacher, also homogener Systeme (Einphasensysteme) vier Zustandsgrößen, nämlich die *Materiemenge,* das *Volumen,* der *Druck* und die *Temperatur.*

4.1 Materiemenge als Zustandsgröße

Es gibt zwei Möglichkeiten, die Materiemenge eines Systems anzugeben, nämlich als *Masse m* in der Einheit Kilogramm oder als *Stoffmenge n*, mit *n* als *Molzahl*, also der Anzahl der *Mole.*

Die Stoffmenge *Mol* ist im *Système International d'Unitè* definiert. Danach enthält ein Mol (1 mol) einer Substanz so viele Teilchen - Atome, Moleküle, Ionen - wie Atome in 12 g des Kohlenstoff-Isotops ^{12}C enthalten sind. Das sind nach neuestem Erkenntnisstand $6{,}0221367 \cdot 10^{23}$ Teilchen. Die Anzahl der Teilchen pro Mol heißt *Avogadro*[6]*-Konstante*

$$N_A = 6{,}0221367 \cdot 10^{23} \ \text{1/mol} \tag{4.1}$$

[6] Amadeo Avogadro, Conte di Quaregna i Ceretto (1776-1856), italienischer Physiker.

oder auch *Loschmidt'sche Zahl*[7]. Multipliziert man die Teilchenmasse m_T mit der Avogadro-Konstante, erhält man die *Molmasse* $M = N_A \cdot m_T$ mit der Einheit kg/kmol. Die Molmasse ist eine Stoffeigenschaft und für alle interessierenden Stoffe in Tabellen niedergelegt (s. Tabelle 4.1). Zwischen der Masse *m*, der Molzahl *n* und der Molmasse *M* besteht die Beziehung

$$m = n \cdot N_A \cdot m_T = n \cdot M . \tag{4.2}$$

Die Verwendung der Masseeinheit kg ist immer dann zweckmäßig, wenn das System Energiewandlungen ohne chemische Reaktionen, also ohne Stoffumwandlungen durchläuft.

Bei der Untersuchung chemischer Reaktionen, wie z. B bei der Verbrennung von Brennstoffen, ist es vorteilhafter, mit Stoffmengen zu arbeiten.

Tabelle 4.1. Substanzen und ihre Molmassen M (weitere Stoffwerte im Anhang B, Tabelle B1)

Stoff	Chemisches Symbol	Molmasse M [kg/kmol]
Wasserstoff	H_2	2,01594
Helium	He	4,0026
Kohlenstoff	C	12,01115
Stickstoff	N_2	28,0134
Sauerstoff	O_2	31,9988
Fluor	F_2	37,9968
Chlor	Cl_2	70,906
Schwefel	S	32,066
Schwefeldioxid	SO_2	64,065
Stickstoffdioxid	NO_2	46,0055
Lachgas	N_2O	44,0128
Kohlenmonoxid	CO	28,010
Kohlendioxid	CO_2	44,010
Methan	CH_4	16,043
Ethan	C_2H_6	30,070
Luft (trocken)		28,9647

Beispiel 4.1
Eine Menge von 0,56318 kmol Lachgas (Stickstoffoxidul, N_2O) ist in kg umzurechnen.
Lösung
In Tabelle 4.1 findet man die Molmasse von N_2O mit M = 44,0128 kg/kmol.
Damit errechnet sich die Masse zu $m = n \cdot M = 24{,}787$ kg .

Beispiel 4.2.
Helium hat nach Tabelle 4.1 eine Molmasse M = 4,0026 kg/kmol. Es ist die Anzahl *n* der Kilomole zu berechnen, die in der Masse von $m = 84{,}027$ kg Helium enthalten ist.

[7] Joseph Loschmidt (1821-1895), österreichischer Chemiker und Physiker und Professor in Wien. Er berechnete die Avogadro-Konstante mit Hilfe der kinetischen Gastheorie.

Lösung

Für $m = 84{,}027$ kg errechnet sich die Kilomolzahl zu $n = \frac{m}{M} = 20{,}993$ kmol .

Beispiel 4.3.
Leiten Sie aus Tabelle 4.1 die Molmasse von Wasser ab.
Lösung
Ein Molekül Wasser besteht aus zwei Atomen Wasserstoff und einem Atom Sauerstoff. Für die Synthese von 1 kmol Wasser werden also 1 kmol Wasserstoff H_2 und 1/2 kmol Sauerstoff O_2 benötigt. Die Molmasse von Wasser errechnet sich danach zu

$$M_{H_2O} = M_{H_2} + \frac{1}{2} \cdot M_{O_2} = (2{,}01594 + 0{,}5 \cdot 31{,}9988)\,\frac{\text{kg}}{\text{kmol}} = 18{,}01534\,\frac{\text{kg}}{\text{kmol}} \,.$$

4.2 Thermische Zustandsgrößen

Von den vier Zustandsgrößen eines homogenen Systems, nämlich Materiemenge, Volumen, Druck und Temperatur, werden die drei letztgenannten zusammenfassend als *thermische Zustandsgrößen* bezeichnet. Sie legen den thermodynamischen Zustand des Systems fest.

4.2.1 Volumen

Das Volumen V eines Systems gibt dessen räumliche Ausdehnung an und schließt die im System enthaltene Masse ein. Die Form des räumlichen Gebildes ist für die Thermodynamik ohne Belang. Meistens ist die Geometrie des Systems einfach, so daß nach Angabe der charakteristischen Abmessungen das Volumen berechnet werden kann. In komplizierteren Fällen muß man das System in hinreichend kleine, einfach zu berechnende Teilvolumina zerlegen.

4.2.2 Druck

Eigengewicht und äußere Belastung eines Körpers erzeugen in seinem Inneren Spannungen. Sofern es sich es sich dabei um einen festen Körper handelt, sind das Normalspannungen – Zug- oder Druckspannungen - und Tangentialspannungen (Schubspannungen).

Ruhende Flüssigkeiten und Gase sind im Gegensatz zu Festkörpern nicht in der Lage, Schub- und Zugspannungen zu übertragen. Es können deshalb nur Druckspannungen auftreten.

Die Druckspannung - oder kurz: der Druck - ist definiert als Quotient von Druckkraft F und der Fläche A, auf die sie wirkt. Die Richtung der Druckkraft ist festgelegt durch die Orientierung der Fläche A: F steht senkrecht auf A und wirkt nach innen. Mit dem Symbol p für den Druck ist

$$p = \frac{F}{A} \, . \tag{4.3}$$

Der Druck ist ein Skalar. Im Gegensatz zur Druckkraft hat er also keine Richtung.

Bei bekanntem und über der Fläche A konstantem Druck p ergibt sich aus (4.3) die Druckkraft F zu

$$F = p \cdot A \, . \tag{4.4}$$

Die Einheit des Druckes folgt aus seiner Definition. Sie wird zu Ehren des französischen Mathematikers Blaise Pascal[8] mit *Pascal* [Pa] bezeichnet:

$$1\,\mathrm{Pa} = 1\frac{\mathrm{N}}{\mathrm{m}^2} \tag{4.5}$$

Mit dieser Einheit erhält man im Bereich der atmosphärischen Drücke am Erdboden sehr große Zahlen. Man verwendet deshalb in der Technik sehr häufig die davon abgeleitete Einheit *Bar* [bar], definiert durch

$$1\,\mathrm{bar} = 10^5\,\mathrm{Pa} \, . \tag{4.6}$$

Demnach ist umgekehrt

$$1\,\mathrm{Pa} = 10^{-5}\,\mathrm{bar} \, . \tag{4.7}$$

Die Druckeinheit 1 bar entspricht in etwa dem jahreszeitlichen Mittelwert des atmosphärischen Luftdruckes in Erdbodennähe.

Die Meteorologen benutzen meistens die Druckeinheit *Hektopascal* [hPa]:

$$1\,\mathrm{hPa} = 100\,\mathrm{Pa} = 100 \cdot 10^{-5}\,\mathrm{bar} = 10^{-3}\,\mathrm{bar} = 1\,\mathrm{mbar} \tag{4.8}$$

Die Berechnung des Druckes in einem ruhenden Fluid unter dem Einfluß des Eigengewichtes und äußerer Belastung wird mit Bild 4.1a erläutert. Dort ist eine

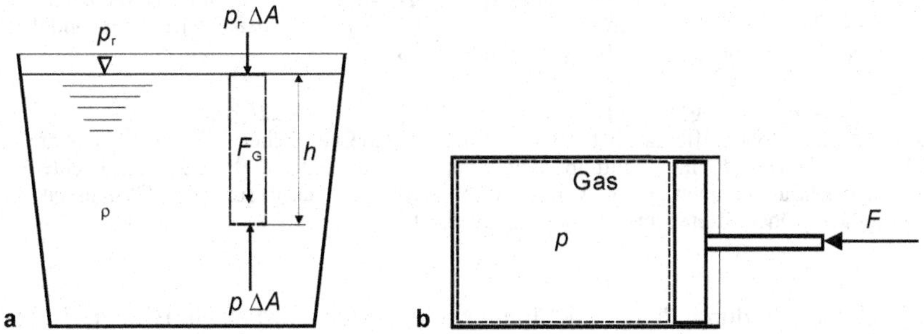

Bild 4.1. Druck in ruhenden Fluiden, **a** durch Eigengewicht und äußere Belastung, **b** Druck durch äußere Belastung

[8] Blaise Pascal (1623-1662), französischer Philosoph, Mathematiker und Physiker

Fluidsäule vom Querschnitt ΔA und der Höhe h dargestellt, die aus einem ruhenden Fluid der Dichte ρ herausgeschnitten ist. Das Gewicht $F_G = \rho \cdot g \cdot \Delta A \cdot h$ der Fluidsäule und die auf die obere Fläche wirkende Druckkraft $p_r \cdot \Delta A$ muß von der auf die untere Fläche einwirkenden Druckkraft $p \cdot \Delta A$ kompensiert werden. Damit gilt entsprechend der Gleichgewichtsbedingung der Statik

$$p \cdot \Delta A - F_G - p_r \cdot \Delta A = p \cdot \Delta A - \rho \cdot g \cdot \Delta A \cdot h - p_r \cdot \Delta A = 0 .$$

Nach Division durch ΔA erhält man durch Auflösen den Fluiddruck p in der Ebene im Abstand h von der Ebene, auf die der Druck p_r wirkt:

$$p = p_r + \rho \cdot g \cdot h \tag{4.9}$$

Ist dieser Druck bekannt, dann läßt sich p berechnen und man erhält die Druckverteilung in einem ruhenden Fluid.

Die Druckdifferenz $p - p_r = \Delta p$ ist, wie die Herleitung von (4.9) zeigt, gleich dem auf die Querschnittsfläche A bezogenen Gewicht der Fluidsäule.

Gl. (4.9) wurde abgeleitet, ohne eine Aussage über die horizontale Position der Fluidsäule zu machen, d.h. man hätte für alle horizontal verschobenen Säulen bei gleichem h denselben Wert für p bekommen.

Erkenntnis: In einem ruhendem Fluid ist der Druck in horizontalen Ebenen konstant.

Der Druck in ruhenden Fluiden wird häufig auch als *hydrostatischer Druck* bezeichnet.

Beispiel 4.4.

a) Wie groß ist der Druck in einer Meerestiefe von 10 m, wenn der Druck an der Oberfläche 1 bar beträgt?

Lösung

Für $p_r = 1\,\text{bar}$ und $\rho = 1000\dfrac{\text{kg}}{\text{m}^3}$ erhält man mit (4.9) $p = p_r + \rho g h = 1{,}981$ bar.

Die Druckzunahme pro 10 m Wassertiefe beträgt also $\Delta p = p - p_r = 0{,}981\,\text{bar}$.

b) Nun wird ein 100 m hoher mit Luft der Dichte $\rho_L = 1{,}25\text{kg/m}^3$ gefüllter Gasbehälter betrachtet. Gesucht ist die Druckdifferenz zwischen dem Druck p am Boden des Behälters und dem Druck p_r am Behälterdeckel, also 100 m oberhalb des Bodens.

Lösung

Mit $\Delta p = p - p_0 = \rho_L \cdot g \cdot h$ ergibt sich $\Delta p = 1226{,}25$ Pa = 0,01226 bar.

Trotz zehnfacher Höhendifferenz beträgt die Druckzunahme verglichen mit der in Wasser lediglich etwa 1 %. Das ist eine unmittelbare Folge der um den Faktor 800 niedrigeren Dichte der Luft. Man macht also keinen großen Fehler, wenn man den Druck in ruhenden Gasmassen bei nicht zu großen Höhendifferenzen als konstant annimmt.

Ausschließlich durch äußere Kräfte hervorgerufen wird nach Bild 4.1b der Druck in der in einem Zylinder eingeschlossenen Gasmasse bei Vernachlässigung des Gasgewichtes. Auf den Kolben wirkt eine Kraft F, die vom Kolbenboden der Fläche A auf die Gasmasse übertragen wird. Der Druck an der Grenzfläche zwischen Kolben und System ist nach (4.3) gleich $p = F / A$. Da der Druck sich gleichmäßig nach allen Richtungen fortpflanzt, herrscht an jedem Punkt der Gasmasse derselbe, von der äußeren Kraft F erzeugte Druck.

Druckmessung

Das einfachste Druckmeßgerät ist das sog. U-Rohr-Manometer. Es besteht aus einer U-förmig gebogenen Glasröhre, die mit einer Sperrflüssigkeit gefüllt ist. In Bild 4.2 ist es an einen Gaskessel angeschlossen.

Da der Druck in horizontalen Ebenen eines ruhenden homogenen Fluids gleich groß ist, ist er auf dem linken Spiegel der U-Rohr-Sperrflüssigkeit genau so groß, wie in derselben horizontalen Ebene im rechten Schenkel. Weil die Druckänderung in der Gasmasse bei nicht zu großen Höhendifferenzen vernachlässigbar klein ist, entspricht der Druck am linken Spiegel dem zu messenden Gasdruck p. Nach Messung der Höhe h erhält man bei bekannter spezifischer Masse der Sperrflüssigkeit den Druck mit Gl. (4.9) zu

$$p = p_{\mathrm{r}} + \rho \cdot g \cdot h \,.$$

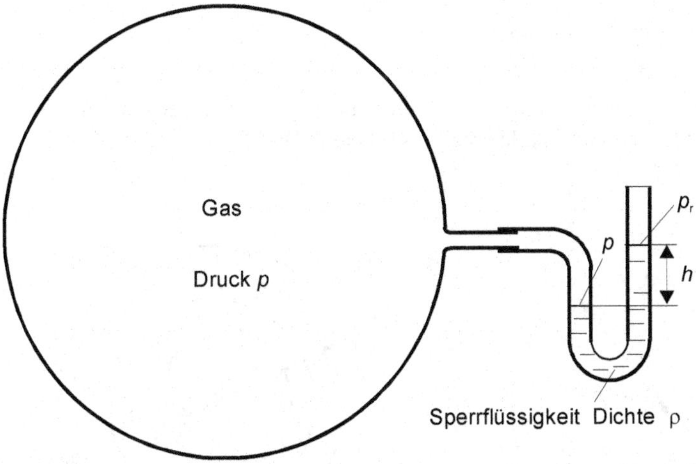

Bild 4.2. Druckmessung mit dem U-Rohr-Manometer

Der Referenzdruck p_{r} am oben offenen Schenkel ist in der Regel der Atmosphärendruck p_0. Dieser Wert kann nach Bild 4.3 mit einem Meßgerät ermittelt werden, das aus einem flüssigkeitsgefüllten, oben offenen Gefäß und einem darin eingetauchten Glasrohr besteht.

Oberhalb des Flüssigkeitsspiegels im Glasrohr herrscht ein Vakuum, der Druck ist hier praktisch gleich null. Nach Messung von h errechnet man mit $p_{\mathrm{r}} = 0$ den Atmosphärendruck zu $p_0 = \rho \cdot g \cdot h$.

Für industrielle Messungen und Messungen zur Dauerüberwachung von Anlagen und Einrichtungen werden Federmanometer eingesetzt. Hier wirkt der Druck über einen Kolben auf eine Feder, deren Längenänderung proportional der Druck-

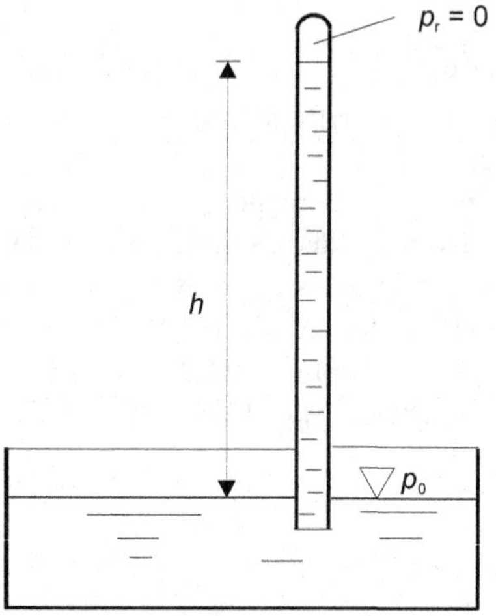

Bild 4.3. Messung des Referenzdruckes

kraft ist und über ein Getriebe auf einen Zeiger übertragen wird, der vor einer in Druckeinheiten beschrifteten Skala spielt (vgl. Bild 4.4).

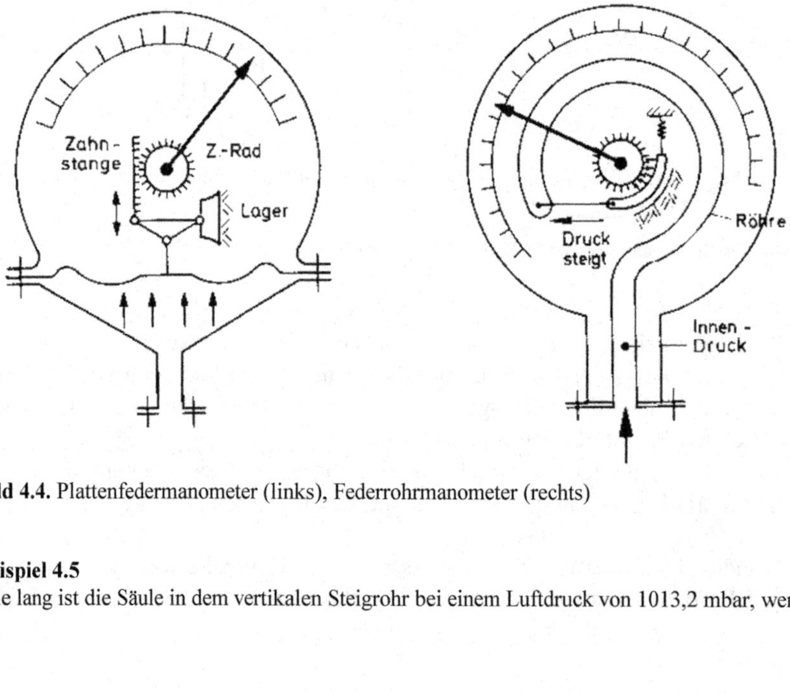

Bild 4.4. Plattenfedermanometer (links), Federrohrmanometer (rechts)

Beispiel 4.5
Wie lang ist die Säule in dem vertikalen Steigrohr bei einem Luftdruck von 1013,2 mbar, wenn

die Sperrflüssigkeit
a) Quecksilber mit einer Dichte $\rho = 13{,}550\,\mathrm{g/cm^3}$ und
b) Wasser mit einer spezifischen Masse von $\rho = 1000\ \mathrm{kg/m^3}$ ist?

Lösung:

Aus $p_0 = \rho g h$ folgt

$$h = \frac{p_0}{\rho \cdot g} \text{ und damit}$$

a) $h = 0{,}76223\,\mathrm{m} = 762{,}23\,\mathrm{mm}$,

b) $h = 10{,}328\,\mathrm{m}$.

4.2.3 Temperatur

Unser Tastsinn vermittelt uns bei der Berührung von Körpern Eindrücke, die wir je nach Zustand des Körpers mit den Worten „heiß“, „kalt“, „warm“, „eisig“ etc. beschreiben. Diese Worte kennzeichnen eine Zustandsgröße, die *Temperatur*. Sie wird mit *Thermometern* gemessen.

Als Bezugspunkte zur Definition von Temperaturskalen von Thermometern verwendet man die Daten der Schmelz- oder Siedepunkte von Stoffen. Sie haben die Eigenschaft, unter gleichen physikalischen Bedingungen stets dieselben reproduzierbaren Werte zu liefern und heißen deshalb auch *Fixpunkte*. In Tabelle 4.2 sind die Fixpunkte einiger Stoffe angegeben.

Die Möglichkeit, Fixpunkten willkürlich einen Zahlenwert für die Temperatur zuzuweisen und darauf aufbauend Thermometerskalen zu definieren, hat in der Vergangenheit zur Aufstellung verschiedener Skalen geführt.

Der schwedische Astronom *Anders Celsius* (1701 - 1744) stellte 1742 die nach ihm benannte und noch heute benutzte Celsius-Scala auf. Als Nullpunkt wählte er den Eispunkt des Wassers. Das ist die Temperatur, bei der luftgesättigtes Wasser bei einem Druck von 1013,25 hPa erstarrt. Mit 100 Grad legte er die Siedetemperatur von Wasser bei einem Druck von 1013,25 hPa fest.

Die international vereinbarte Temperaturskala ist die durch Beschluß der 10. Generalkonferenz für Maß und Gewicht im Système International d'Unité (SI)

Tabelle 4.2. Fixpunkte bei $p_0 = 1013{,}25$ hPa

Siedepunkt von Sauerstoff	- 182,97 °C	90,18 K
Schmelzpunkt von Eis	0,00 °C	273,15 K
Siedepunkt von Wasser	100,00 °C	373,15 K
Siedepunkt von Schwefel	444,60 °C	717,75 K
Erstarrungspunkt von Antimon	630,50 °C	903,65 K
Schmelzpunkt von Silber	960,80 °C	1233,95 K
Schmelzpunkt von Gold	1063,00 °C	1336,15 K

festgelegte Skala der *thermodynamischen Temperatur*. Ihre Einheit ist das *Kelvin* [K].

Während der Nullpunkt aller übrigen Temperaturskalen auf einer willkürlichen Festlegung beruht, ist der Nullpunkt der thermodynamischen Temperatur durch ein Naturgesetz mit $T = 0$ K bestimmt. Als zweiter Bezugspunkt für die KelvinSkala ist die Temperatur des Tripelpunktes von Wasser mit $T_{tr} = 273{,}16$ K vereinbart worden. Tripelpunkt bezeichnet jenen Zustand eines reinen, also chemisch einheitlichen Stoffes, in dem fester, flüssiger und gasförmiger Aggregatzustand gleichzeitig nebeneinander im Gleichgewicht auftreten (s. a.Kapitel 7).

Mit der Festlegung der beiden Bezugspunkte ergibt sich die Einheit K der thermodynamischen Temperatur zu

$$1\,\mathrm{K} = \frac{T_{tr}}{273{,}16}.$$

Der untere Bezugspunkt der Celsius-Skala, der Eispunkt des Wassers, liegt nach neuesten Messungen um 0,0098 K unter dem Tripelpunkt des Wassers. Die thermodynamische Temperatur T_0 des Eispunktes wäre also genau gleich 273,1502 K. Man rechnet jedoch üblicherweise mit dem abgerundeten Wert $T_0 = 273{,}15$ K .

Mit diesen Festlegungen wird die Celsius-Temperatur ϑ mit der thermodynamischen Temperatur T durch die Beziehung

$$\vartheta = T - 273{,}15\,\mathrm{K} \tag{4.10}$$

verknüpft.

Nach (4.10) ist die Einheit der Celsius-Temperatur gleich der Einheit Kelvin. Um jedoch die Celsius-Temperatur von der thermodynamischen Temperatur in Kelvin unmittelbar unterscheiden zu können, verwendet man statt der ausführlichen Bezeichnung „Celsius-Temperatur in K" die kürzere Form „°C".

Weiterhin entnimmt man (4.10), daß man bei der Berechnung von Temperaturdifferenzen für die Celsius-Temperatur und die thermodynamische Temperatur gleiche Zahlenwerte erhält. Man kann deshalb Temperaturdifferenzen in Größengleichungen sowohl in K als auch in °C angeben.

Während in Deutschland neben der Kelvin-Skala auch die Celsius-Skala benutzt wird, werden in Amerika und England häufig die *Fahrenheit-Skala* und die *Rankine-Skala* verwendet. Die verschiedenen Temperaturskalen lassen sich durch die nachfolgenden Einheitengleichungen ineinander umrechnen:

$$T = \left(\frac{\vartheta}{°C} + 273{,}15\right)\,\mathrm{K} \tag{4.11}$$

$$\vartheta_F = \left(\frac{9}{5}\cdot\frac{\vartheta}{°C} + 32\right)\,°\mathrm{F} \tag{4.12}$$

$$\vartheta_R = \left(\frac{9}{5}\cdot\frac{T}{K}\right)\,°\mathrm{R} \tag{4.13}$$

Darin bedeuten ϑ_F die Fahrenheit-Temperatur in °F, ϑ_R die Rankine-Temperatur in °R.

Beispiel 4.6.

Die Temperatur 20°C ist in K, °F und °R anzugeben.

Lösung
Der Celsius-Temperatur 20 °C entspricht eine Kelvin-Temperatur von 293,15 K, einer Fahren heit-Temperatur von 68 °F und einer Rankine-Temperatur von 527,67 °R.

Temperaturmessung

Die Thermometer lassen sich in zwei Gruppen einteilen, nämlich in die Gruppe der *Berührungsthermometer* und die Gruppe der *berührungsfreien Thermometer* oder *Strahlungspyrometer*. Die Unterscheidung ergibt sich aus der Art der Energieübertragung vom Meßobjekt auf das Meßgerät.

Berührungsthermometer. Berührungsthermometer sind durch ihre Temperaturfühler in direktem Kontakt mit dem Meßobjekt. Die physikalische Grundlage der Messung ist die Erfahrung, daß sich die Temperaturdifferenzen zwischen zwei oder mehreren sich berührender Körper durch Wärmeaustausch nach hinreichend langer Kontaktzeit ausgleichen.

Ein Nachteil der Berührungsthermometer ist die Verfälschung der Meßgröße, die auf die Veränderung der Temperatur des Objektes durch den Wärmeaustausch zwischen Thermometer und Meßobjekt während des Temperaturausgleichs zurückzuführen ist. Die Masse des Thermometers muß deshalb klein sein, verglichen mit der Masse des Meßobjekts, um die Temperaturbeeinflussung gering zu halten.

Flüssigkeitsthermometer. Zu den einfachsten Bauarten der Berührungsthermometer gehören die Flüssigkeitstermometer. Ihr Meßbereich umfaßt die Temperaturspanne von etwa 100°C bis 800°C. Flüssigkeitsthermometer bestehen aus einer geschlossenen Glaskapillare, in der sich eine Flüssigkeitssäule annähernd proportional mit der Temperatur des Meßobjekts ausdehnt. Die tatsächlich gemessene Größe ist die Länge der Flüssigkeitssäule. Der freie Spiegel der Flüssigkeitssäule fungiert als Zeiger, der an einer in den Glaskörper eingeätzten Temperaturskala entlang wandert. Außer den Flüssigkeitsthermometern gibt es noch eine Reihe weiterer Bauarten von Berührungsthermometern, von denen einige nur kurz erwähnt werden:

Bimetallfederthermometer. Der Ausdehnungskoeffizient verschiedener Metalle ist unterschiedlich und deshalb auch deren Längenänderung infolge Temperaturänderung. Verbindet man zwei Streifen zwei verschiedener Metalle fest miteinander, etwa durch Löten oder Kleben, so werden die Metalle ihre unterschiedliche Längenänderung bei Temperaturzuwachs durch eine Krümmung so kompensieren, daß das Metall mit dem größeren Ausdehnungskoeffizienten einen größeren Krümmungsradius erhält. Die Auslenkung des Bimetallstreifens aus seiner Ausgangsposition zeigt die Temperaturänderung an.

Thermoelemente. Zwei Drähte aus verschiedenen Metallen werden an ihren freien Enden miteinander elektrisch leitend verbunden, etwa durch Verschweißen, Verlöten oder Hartlöten (vgl. Bild 4.5). Aus dem Metall mit der niedrigeren Austrittsarbeit treten Elektronen in das andere über. Das erste Metall wird positiv. Das geschieht an beiden Verbindungspunkten in gleichem Maße, sofern dort gleiche Temperaturen herrschen. Die Spannungsdifferenz zwischen den beiden Drähten ist gleich null. Erst bei unterschiedlichen Temperaturen wird eine Thermospannung erzeugt. Die Thermospannung wächst in nicht zu großen Temperaturintervallen linear mit der Temperaturdifferenz der Berührungsstellen.

Nachteil dieser Meßmethode ist, daß sie als Ergebnis nur Temperaturdifferenzen liefert. Es muß also eine der Temperaturen an den Verbindungspunkten als Bezugstemperatur bekannt sein.

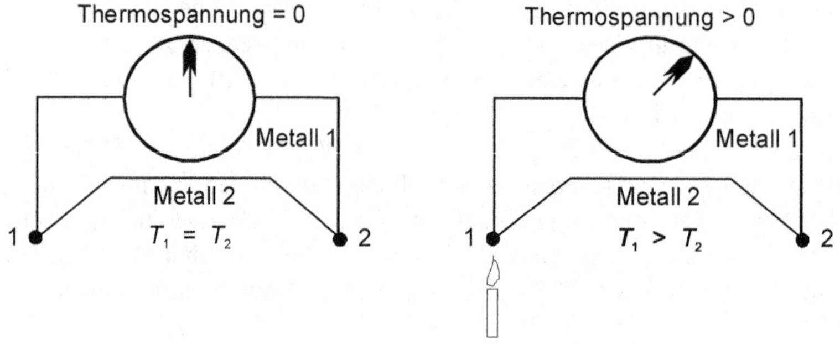

Bild 4.5. Temperaturmessung mit Thermoelementen

Die Vorteile der Thermoelemente sind ihre geringe thermische Trägheit und ihre kleinen Abmessungen, die eine nahezu punktförmige Ausmessung von Temperaturfeldern gestatten.

Widerstandsthermometer. Das Meßprinzip der Widerstandsthermometer beruht auf der Temperaturabhängigkeit des elektrischen Widerstandes stromdurchflossener Leiter. Bei nicht zu großen Temperaturänderungen besteht zwischen Widerstand und Temperatur eine lineare Beziehung. Der Meßbereich der Berührungsthermometer ist nach oben durch die Wärmebelastbarkeit der Werkstoffe begrenzt. Bei höheren Temperaturen als 3300°C muß man berührungsfrei messen.

Berührungsfreie Thermometer. Berührungsfrei arbeitende Thermometer, auch Strahlungspyrometer genannt, messen die Intensität der von Körpern emittierten elektromagnetischen Strahlung. Sie ist proportional zur 4. Potenz der absoluten Temperatur des die Strahlung aussendenden Körpers.

Strahlungspyrometer werden nicht nur zur Messung sehr hoher Temperaturen verwendet, wie sie etwa in der Schmelze eines Hochofens auftreten, sondern auch zur Messung der Oberflächentemperaturen weit entfernter Objekte, wie z. B. Himmelskörper.

4.3 Klassifizierung

Die Zustandsgrößen werden in extensive, intensive, spezifische und molare Zustandsgrößen eingeteilt. Zur Erläuterung stelle man sich das System in Teilsysteme aufgeteilt vor. Für jedes dieser Teilsysteme existieren Zustandsgrößen mit einem bestimmten Zahlenwert.

4.3.1 Extensive Zustandsgrößen

Eine Zustandsgröße ist extensiv, wenn ihr Wert für das Gesamtsystem gleich der der Summe ihrer Werte in den Teilsystemen ist. Beispiele für extensive Zustandsgrößen sind Volumen und Masse.

4.3.2 Intensive Zustandsgrößen

Zustandsgrößen sind intensiv, wenn ihre Zahlenwerte für das gesamte System nicht durch Addition der Werte der Teilsysteme zustande kommen. Zu diesen Größen zählt die Temperatur. Es ist unmittelbar einleuchtend, daß die Temperatur eines in mehrere Teilsysteme mit einer Temperatur von jeweils 20°C unterteilten Gesamtsystems nicht gleich der Summe der Temperaturen der Teilsysteme ist.

4.3.3 Spezifische Zustandsgrößen

Spezifische Zustandsgrößen sind auf die Systemmasse bezogene extensive Grössen.

Spezifische Größen werden in der Thermodynamik durch kleine Buchstaben gekennzeichnet. Ausnahme ist das Zeichen für die Masse: Obschon die Masse eine extensive Größe ist, verwendet man als Zeichen den kleinen Buchstaben m, weil der Großbuchstabe M als Zeichen für die Molmasse bereits vergeben wurde. Spezifische Größen gehören ebenfalls zu den intensiven Größen und sind wie diese unabhängig von der Gesamtmasse des Systems.

Dividiert man das Volumen V einer Phase (homogenes System) durch die Masse m der Phase, so entsteht mit der Verknüpfung von Volumen und Masse eine abgeleitete thermische Zustandsgröße. Sie wird spezifisches Volumen υ genannt:

$$\upsilon = \frac{V}{m} \tag{4.14}$$

Der Kehrwert des spezifischen Volumens heißt spezifische Masse oder Dichte. Sie wird mit dem Symbol ρ bezeichnet:

$$\rho = \frac{m}{V} = \frac{1}{\upsilon} \tag{4.15}$$

Beispiel 4.7.
In einem Behälter vom Volumen V = 2701,5 l befindet sich eine Mischung von 0,7717 kg Sauerstoff, 4,82 g Helium und 2,67 kg Stickstoff. Zu berechnen sind die Dichte und das spezifische Volumen der Mischung.

Lösung
Die Gesamtmasse ist $m = (0{,}7717 + 0{,}00482 + 2{,}67)\,\text{kg} = 3{,}44652\,\text{kg}$. Daraus errechnet sich die Dichte $\rho = \dfrac{3{,}44652\text{kg}}{2{,}7015\text{m}^3} = 1{,}27578\dfrac{\text{kg}}{\text{m}^3}$ und das spezifische Volumen $\upsilon = \dfrac{1}{\rho} = 0{,}78383\dfrac{\text{m}^3}{\text{kg}}$.

4.3.4 Molare Zustandsgrößen

Molare Zustandsgrößen sind auf Mol bezogene Größen. Mit n als Molzahl oder Stoffmenge gilt für die *Molmasse*

$$M = \frac{m}{n}. \tag{4.16}$$

Sie hat für jeden reinen Stoff einen bestimmten Wert, den man Tabellen entnehmen kann (Anhang B, Tabelle B1).

Mit *Molvolumen* wird der Quotient von Volumen und Stoffmenge bezeichnet:

$$\upsilon_{\text{m}} = \frac{V}{n} \tag{4.17}$$

5 Gleichgewichtszustände

Gleichgewicht bezeichnet in den technischen Naturwissenschaften den Zustand von Systemen, der sich ohne Einwirkung von außen nicht ändert. Übertragen auf thermodynamische Systeme besagt diese Definition, daß ein thermodynamisches System im Gleichgewicht ist, wenn sich seine Zustandsgrössen ohne äußere Einwirkung nicht ändern.

Der Begriff des Gleichgewichts ist in der Thermodynamik wesentlich weiter gefaßt als in der Mechanik. Ein mechanisches System ist im Gleichgewicht, wenn sich die von außen einwirkenden Kräfte und Momente gegenseitig aufheben. Thermodynamische Systeme sind im Gleichgewicht, wenn sowohl mechanisches als auch thermisches und chemisches Gleichgewicht besteht.

In den folgenden Abschnitten werden die verschiedenen Gleichgewichtsarten erläutert.

5.1 Mechanisches Gleichgewicht

In Bild 5.1 sind zwei Systeme A und B dargestellt, die durch einen reibungsfrei beweglichen, zunächst blockierten Kolben voneinander getrennt sind. Im System A herrscht der Druck p_A, im System B der Druck p_B und es sei $p_A > p_B$ angenommen. Jedes der Systeme ist für sich betrachtet im Gleichgewicht, solange der Kolben im blockierten Zustand eine Wechselwirkung beider Systeme verhindert. Gibt man den Kolben frei, so verschiebt er sich in Richtung des Druckgefälles so

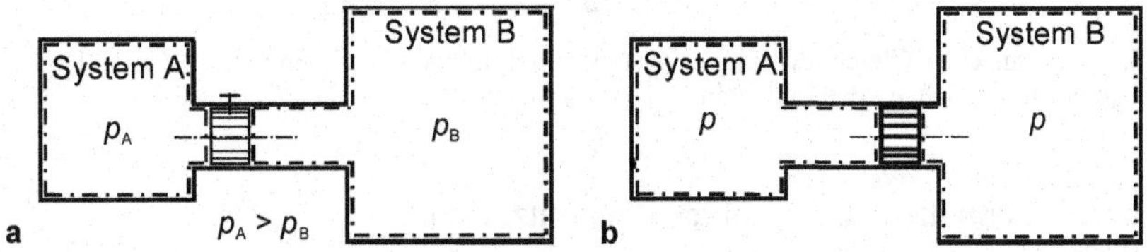

Bild 5.1. Mechanisches Gleichgewicht zweier Systeme. **a** Kolben blockiert, **b** Kolben freigegeben

lange, bis in beiden Systemen derselbe Druck p herrscht. Beide Systeme stehen nun miteinander im *mechanischen Gleichgewicht.*

5.2 Thermisches Gleichgewicht

In Bild 5.2 sind zwei geschlossene Systeme A und B dargestellt, die durch eine beide Systeme einschließende vollkommene Isolation eine gegenüber der Umgebung abgeschlossene Einheit bilden. System A habe zum Zeitpunkt t_1 die Temperatur T_A, System B die Temperatur T_B und es sei $T_A > T_B$ angenommen. Beide Systeme sind über eine *diatherme Wand*[9] miteinander in Kontakt. Man beobachtet eine Abnahme der Temperatur des Systems A und eine Zunahme der Temperatur von B, bis beide Systeme dieselbe Temperatur aufweisen. Die Endtemperatur T zur Zeit t_2 liegt zwischen den beiden Ausgangswerten. Beide Systeme befinden sich nun im *thermischen Gleichgewicht.*

Nullter Hauptsatz der Thermodynamik

Die Erkenntnisse aus diesem Experiment werden nach R. Fowler als nullter Hauptsatz der Thermodynamik bezeichnet, dessen Aussagen man folgendermaßen zusammenfassen kann:

Systeme im thermischen Gleichgewicht haben dieselbe Temperatur. Kommen zwei Systeme unterschiedlicher Temperatur miteinander in Berührung, so fließt solange Wärme vom wärmeren System zum kälteren, bis beide die gleiche Temperatur haben.

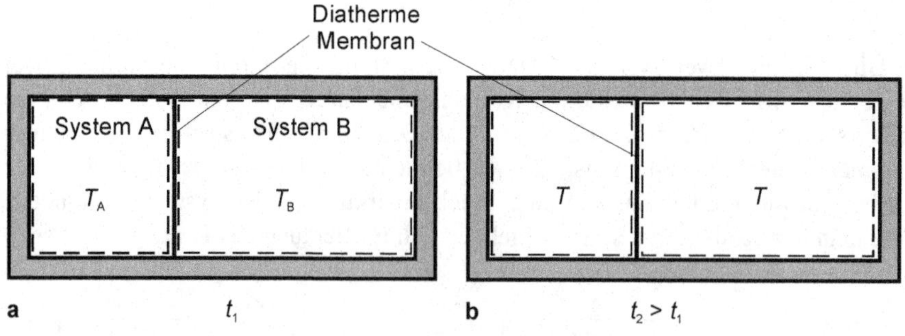

Bild 5.2. Thermisches Gleichgewicht: **a** Zustand unmittelbar nach Kontakt, **b** Zustand nach Erreichen des thermischen Gleichgewichts

Eine andere Formulierung des nullten Hauptsatzes lautet:

Sind zwei Systeme mit einem dritten im thermischen Gleichgewicht, so sind sie auch miteinander im thermischen Gleichgewicht.

Der nullte Hauptsatz ist die physikalische Grundlage der Temperaturmessung mit

[9] Eine diatherme Wand ist wärmedurchlässig, aber nicht materiedurchlässig.

Berührungsthermometern. Wenn nämlich eines der Systeme A oder B ein Thermometer ist, dann wird es durch Kontakt nach hinreichend langer Zeit im thermischen Gleichgewicht mit dem Meßobjekt stehen. Beide haben dann dieselbe Temperatur (s. Abschnitt 4.2.3: Berührungsthermometer).

5.3 Chemisches Gleichgewicht

Ein System ist im chemischen Gleichgewicht, wenn in seinem Innern und an seinen Grenzen keine Stoffumwandlungen durch chemische Reaktionen stattfinden.

5.4 Thermodynamisches Gleichgewicht

Der Begriff *Thermodynamisches Gleichgewicht* oder kurz *Gleichgewicht* impliziert sowohl mechanisches als auch thermisches und chemisches Gleichgewicht zweier oder mehrerer Systeme.

Die Definition des thermodynamischen Gleichgewichts gilt auch für ein einzelnes System. Danach ist ein System im thermodynamischen Gleichgewicht, wenn alle Teilbereiche des Systems miteinander im thermodynamischen Gleichgewicht stehen.

Thermodynamisches Gleichgewicht eines Systems bedeutet demnach, daß an jedem seiner Raumpunkte alle intensiven Zustandsgrößen gleich groß und zudem zeitlich unveränderlich sind. Das ist zugleich die notwendige Voraussetzung dafür, daß man sie an jeder beliebigen Stelle des Systems messen kann.

Wenn ein System im thermodynamischen Gleichgewicht ist, dann können sich seine Zustandsvariablen von selbst nicht mehr ändern. Das Gleichgewicht kann nur durch äußere Einwirkungen gestört werden.

5.5 Lokales thermodynamisches Gleichgewicht

Kann man ein System derart in differentielle Volumenelemente zerlegen, daß jedes dieser Teilsysteme für sich im thermodynamischen Gleichgewicht ist, dann spricht man von einem *lokalen thermodynamischen Gleichgewicht*. Das Gesamtsystem muß deshalb nicht notwendigerweise im thermodynamischen Gleichgewicht sein. In diesem Fall sind dann seine Zustandsgrößen als Variable räumlich über das Systemvolumen verteilt. Die Definition des lokalen thermodynamischen Gleichgewichtes erlaubt es, die Gesetze der Thermodynamik auch auf die strömende Bewegung von Fluiden in Verdichtern, Turbinen, Rohren etc. anzuwenden, in denen sich der Zustand von Ort zu Ort ändert.

6 Zustandsänderung und Prozeß

Wird das Gleichgewicht eines thermodynamischen Systems durch äußere Einwirkungen gestört, so ändern sich seine Zustandsgrößen mit der Zeit, bis das System unter den neuen Bedingungen wieder ein thermodynamisches Gleichgewicht erreicht.

6.1 Definitionen

Der zeitliche Ablauf der Änderung des Systemzustands heißt *Prozeß*, das Ergebnis des Prozesses ist die *Zustandsänderung*. Obschon Zustandsänderung und Prozeß untrennbar miteinander verknüpft sind, muß man beide voneinander unterscheiden:

Die *Zustandsänderung* bezieht sich auf das System selbst und die Art der Änderung seiner Zustandsgrößen. Der *Prozeß* ist der Weg und das bei der Zustandsänderung angewendete Verfahren. Zur Beschreibung des Prozesses gehört im allgemeinen auch die Angabe der dabei eingesetzten technischen Einrichtungen.

Theoretisch gibt es beliebig viele Zustandsänderungen, die ein System durchlaufen kann. Davon sind drei besonders hervorzuheben, nämlich die, bei denen eine der drei thermischen Zustandsgrößen konstant bleibt. Für sie sind in der Thermodynamik spezielle Bezeichnungen vorgesehen. Sie werden nachfolgend kurz beschrieben.

6.1.1 Isochore Zustandsänderung

Als isochore Zustandsänderung bezeichnet man eine solche, bei der das Systemvolumen konstant bleibt. Sie wird definiert durch die Gleichung $V = \text{const}$.

6.1.2 Isobare Zustandsänderung

Eine isobare Zustandsänderung verläuft bei konstantem Druck. Für isobare Zustandsänderungen gilt demnach $p = \text{const}$.

6.1.3 Isotherme Zustandsänderung

Man spricht von einer isothermen Zustandsänderung, wenn während des Prozesses die Temperatur des Systems konstant bleibt. Isotherme Zustandsänderungen gehorchen der Beziehung $T = \text{const}$.

Allerdings liefert die Aussage, die Zustandsänderung eines Systems sei isochor, isobar oder isotherm verlaufen, keinen Hinweis darauf, wie die Zustandsänderung zustande kam. Darüber gibt nur die Beschreibung des Prozesses Auskunft.

So läßt sich eine isotherme Zustandsänderung durch Verdichtung einer in einem Zylinder mit Kolben eingeschlossenen Gasmasse bei gleichzeitiger Kühlung durchführen. Andererseits wird eine isotherme Zustandsänderung auch durch Expansion eines Gases in einer Turbine bei gleichzeitiger Wärmezufuhr realisiert. In beiden Fällen wird dieselbe Zustandsänderung erzeugt. Die Prozesse unterscheiden sich jedoch durch die angewendeten Verfahren und die dabei benutzten Einrichtungen.

6.2 Nichtstatische Zustandsänderungen

Die klassische Thermodynamik kann nur Gleichgewichtszustände beschreiben. Sie ist nicht in der Lage, Aussagen über den Übergang von einem Gleichgewichtszustand in den andern zu machen.

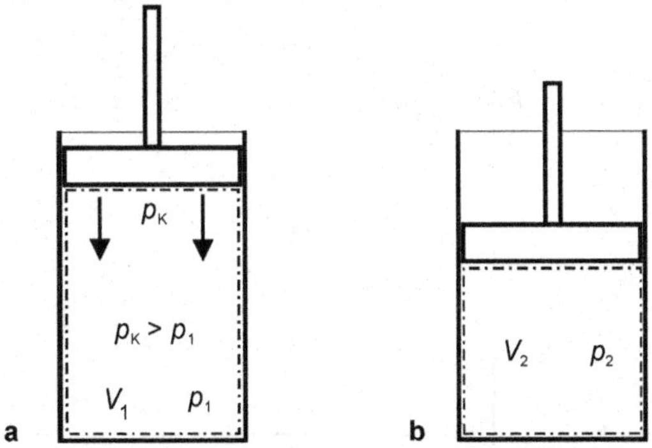

Bild 6.1. Nichtstatische Zustandsänderung. **a** Störung des Gleichgewichtszustandes 1 durch Kolbenbeschleunigung, **b** Thermodynamischer Gleichgewichtszustand 2 nach Kolbenstillstand

Stört man beispielsweise das Gleichgewicht der im Zylinder von Bild 6.1 eingeschlossenen Gasmasse durch eine rasche nach innen gerichtete Kolbenbewegung, dann ist zunächst der Druck unmittelbar am Kolben größer als der Druck in der weiter entfernten Gasmasse. Das System erfüllt nicht die Bedingung räumlich und zeitlich konstanter Zustandsgrößen. Erst wenn der Kolben zum Stillstand gekommen ist, strebt auch das System wieder einem Gleichgewichtszustand mit geänderten Zustandswerten zu. Diese Zustandsänderung nennt man nichtstatische Zustandsänderung.

6.3 Quasistatische Zustandsänderungen

Unterteilt man die Kolbenbewegung (Bild 6.1) in zahlreiche kleine Teilschritte derart, daß sich nach jedem Schritt thermodynamisches Gleichgewicht einstellt, dann ist die Zustandsänderung in eine Folge von Gleichgewichtszuständen zerlegt. Diese Zustandsänderung heißt *quasistatische Zustandsänderung*. Der gesamte Prozeß des Übergangs vom Anfangs- in den Endzustand nach Beendigung der Kolbenbewegung läßt sich dann mit den Methoden der klassischen Thermodynamik rechnerisch verfolgen.

Man kann die dabei durchlaufenen Werte der Zustandsgrößen Druck und Volumen durch eine Kurve in einem p, V-Diagramm darstellen (vgl. Bild 6.2a). Bei einer nichtstatischen Zustandsänderung lassen sich nur Anfangs- und Endpunkt sowie die Richtung der Zustandsänderung angeben (vgl. Bild 6.2b).

Reale Zustandsänderungen sind nichtstatisch. Die quasistatische Zustandsänderung ist eine Idealisierung der tatsächlichen Zustandsänderung. Sie wird dennoch bei der Untersuchung vieler technischer Prozesse zugrundegelegt, weil man damit brauchbare Ergebnisse erhält und die Rechnung beträchtlich vereinfacht oder über haupt erst mit vertretbarem Rechenaufwand durchführbar wird.

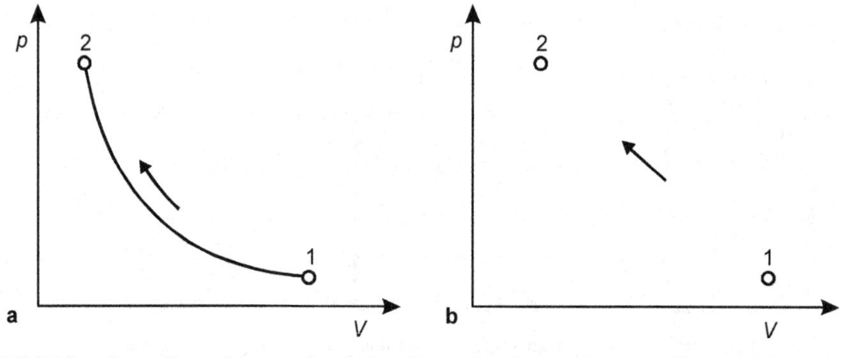

Bild 6.2. **a** Darstellung einer quasistatischen Zustandsänderung als stetige Kurve in einem p, V-Diagramm, **b** Anfangs- und Endpunkt einer nichtstatischen Zustandsänderung

Von einer quasistatischen Zustandsänderung kann man im eben behandelten Beispiel immer dann ausgehen, wenn die Kolbengeschwindigkeit wesentlich kleiner ist als die Geschwindigkeit, mit der sich Druckstörungen kleiner Amplituden in ruhenden Fluiden ausbreiten.

Man bezeichnet diese Geschwindigkeit als *Schallgeschwindigkeit.* Die Schallgeschwindigkeit beträgt in Luft bei einer Temperatur von 15 °C rund 340 m/s.

Die Kolbengeschwindigkeiten technischer Apparate liegen mit etwa 20 m/s weit darunter. Die durch eine Kolbenbewegung erzeugte Druckänderung teilt sich deshalb fast augenblicklich der gesamten Gasmasse mit, so daß zu jedem Zeitpunkt der Zustandsänderung der Druck örtlich praktisch konstant ist. Die Annahme quasistatischer Zustandsänderung ist deshalb fast immer gerechtfertigt.

6.4 Ausgleichsprozesse

Isoliert man ein System nach einer Störung seines thermodynamischen Gleichgewichts von seiner Umgebung, dann gleichen sich Druck-, Temperatur- und Dichtedifferenzen in seinem Innern im Laufe der Zeit völlig aus. Bewegungen verlöschen, bis das System sein neues thermodynamisches Gleichgewicht erreicht hat.

Solche Prozesse heißen *Ausgleichsprozesse.* Sie laufen von selbst ab und haben eine ganz bestimmte Richtung. Sie zeichnen sich dadurch aus, daß das System von einem komplizierten Zustand in einen einfacheren übergeht.

Erwärmt man beispielsweise einen Eisenstab an einem seiner Enden, dann besteht die anfängliche Kompliziertheit darin, daß die Temperatur im Stab örtlich und zeitlich nicht mehr konstant ist, und als Folge unterschiedlicher thermischer Dehnung eine Spannungsverteilung geweckt wird. Nach Isolation des Stabes ist nach hinreichend langer Zeit die Temperatur im gesamten Systemvolumen wieder örtlich konstant und die Spannungen sind verschwunden.

6.5 Reversible und irreversible Prozesse

Prozesse sind reversibel, wenn sie sich so rückgängig machen lassen, daß das System und seine Umgebung wieder im Anfangszustand sind. Am System und in der Umgebung werden keine bleibenden Veränderungen hinterlassen. Alle anderen Prozesse heißen irreversibel.

Ausgleichsprozesse sind stets irreversibel. Sie laufen in einem abgeschlossenen System ab und alle Zustandsänderungen enden bei Erreichen des thermodynamischen Gleichgewichtes. Die Rückführung des Systems in den Anfangszustand würde einen Eingriff von außen erfordern, der jedoch nicht möglich ist, weil das System ein abgeschlossenes System ist, also keine Wechselwirkung mit anderen Systemen zuläßt.

Zu den irreversiblen Prozessen zählen auch alle Prozesse, bei denen *Reibung* auftritt. Reibung bewirkt die Umwandlung hochwertiger Energie in Energie minderer Qualität (s. Kapitel 27). Man bezeichnet diesen Prozeß als *Dissipation.*

Weitere Beispiele für irreversible Prozesse sind *Wärmeübertragung unter Temperaturgefälle, Expansion ohne Arbeitsabgabe (Drosselung), Mischung und Verbrennung.*

Reversible Prozesse sind Idealisierungen. Sie stellen jedoch in einer Reihe praktischer Fälle eine gute Annäherung an reale irreversible Prozesse dar. Sie sind wesentlich einfacher in der rechnerischen Behandlung.

Beispiel 6.1

Ein senkrecht stehender gasgefüllter Stahlzylinder ist oben mit einem reibungsfrei beweglichen Kolben der Masse $m = 10{,}0$ kg verschlossen. Der Kolbendurchmesser beträgt $d = 442$ mm, der Umgebungsdruck ist $p_0 = 1021$ hPa .

a) Berechnen Sie den Gasdruck.

b) Infolge Wärmezufuhr steigt die Temperatur des Gases. Wie ändert sich dabei das Gasvolumen und welche Zustandsänderungen durchläuft das Gas?

c) Der Kolben wird blockiert, während durch Kühlung die Temperatur des Gases gesenkt wird. Welche Zustandsänderungen erfährt das Gas jetzt?

Lösung

Die Kolbenfläche errechnet sich zu

$$A = \frac{\pi}{4} \cdot d^2 = \frac{\pi}{4} \cdot \left(442 \text{ mm} \cdot 10^{-3} \text{ m/mm}\right)^2 = 0{,}15344 \text{ m}^2 .$$

a) Der Gasdruck p muß die Belastung durch das Kolbengewicht und den Druck der Umgebung auf die äußere Kolbenfläche kompensieren. Aus der Gleichgewichtsbedingung für den Kolben $p \cdot A - (m \cdot g + p_0 \cdot A) = 0$ ergibt sich der Gasdruck zu

$$p = \frac{m \cdot g}{A} + p_0 = \frac{10{,}8 \text{ kg} \cdot 9{,}81 \text{ m} \cdot \text{s}^{-2}}{0{,}15344 \text{ m}^2} + 1{,}021 \text{ hPa} = 690{,}49 \frac{\text{N}}{\text{m}^2} + 1{,}021 \cdot 10^5 \text{ Pa}$$

$$= 1{,}279{,}49 \text{ Pa} = 1{,}027494 \text{ bar}.$$

b) Das Gasvolumen nimmt zu. Der Gasdruck bleibt aber gleich $p =$ const, weil die Belastung durch Kolbengewicht und Umgebungsdruck gleich bleibt. Da Gasvolumen und Temperatur zunehmen, ist die Zustandsänderung isobar, nicht isotherm und nicht-isochor.

c) Durch die Kühlung sinken die Temperatur und der Druck, während das Volumen gleichbleibt. Die Zustandsänderung ist isochor, nicht-isotherm und nicht isobar.

7 Zustandsgleichungen

Der thermodynamische Zustand von Einphasensystemen wird durch die Angabe der Zahlenwerte für die thermischen Variablen Druck p, spezifisches Volumen υ und Temperatur T festgelegt. Sie sind miteinander verknüpft durch eine Funktion

$$F(p, T, \upsilon) = 0,$$

die man *Zustandsfunktion* oder *Zustandsgleichung* nennt. In expliziter Form lautet sie

$$p = \mathrm{p}(T, \upsilon)$$

oder

$$T = \mathrm{T}(p, \upsilon)$$

oder

$$\upsilon = \upsilon(p, T)\,.$$

Jeweils zwei der Zustandsgrößen sind also unabhängige Variable, die dritte ergibt sich aus der Zustandsgleichung.

Die Zustandsgleichung ist stoffspezifisch und in der Regel sehr kompliziert. Sie wird empirisch, d. h. durch Messungen ermittelt. Trägt man die gemessenen Wertetripel von p, υ, T als Punkte in einem p, υ, T-Koordinatensystem auf, so erhält man eine räumliche Fläche, die *Zustandsfläche* genannt wird. Sie ist in Bild 7.1 für einen beliebigen Stoff dargestellt und mit zwei Kurvenscharen überdeckt.

Das sind einmal die *Isobaren* genannten Schnittkurven der Fläche mit Ebenen p = const und zum andern die *Isothermen* als Schnittkurven mit Ebenen T = const. Als Einzelkurve ist eine *Isochore* als Schnittkurve der Fläche mit einer Ebene υ = const eingetragen. Eine der Isobaren von Bild 7.1 ist durch eine stärkere Linie A-B-C-D-E-F hervorgehoben. Sie stellt als Beispiel den Prozeßweg dar, der den Stoff durch Wärmezufuhr bei konstantem Druck vom Zustand des Festkörpers über die Verflüssigung in den gasförmigen Zustand überführt. Auf der Fläche sind verschiedene Bereiche zu unterscheiden:

Einphasengebiete. Die Einphasengebiete umfassen die Zustandsbereiche des Festkörpers, der Flüssigkeit und der Gasphase.

Schmelzgebiet. Der Übergangsbereich vom Festkörper zur Flüssigkeit ist das Schmelzgebiet. Beim Übergang von der festen in die flüssige Phase (Linie B-C) bleibt die Temperatur auf der Isobaren solange konstant, bis der Festkörper völlig geschmolzen ist. Der Stoff dehnt sich dabei aus. Sein spezifisches Volumen nimmt deutlich sichtbar zu.

Das Schmelzgebiet ist ein Zweiphasengebiet. Feste und flüssige Phase sind hier bei konstantem Druck und konstanter Temperatur im thermodynamischen Gleich-

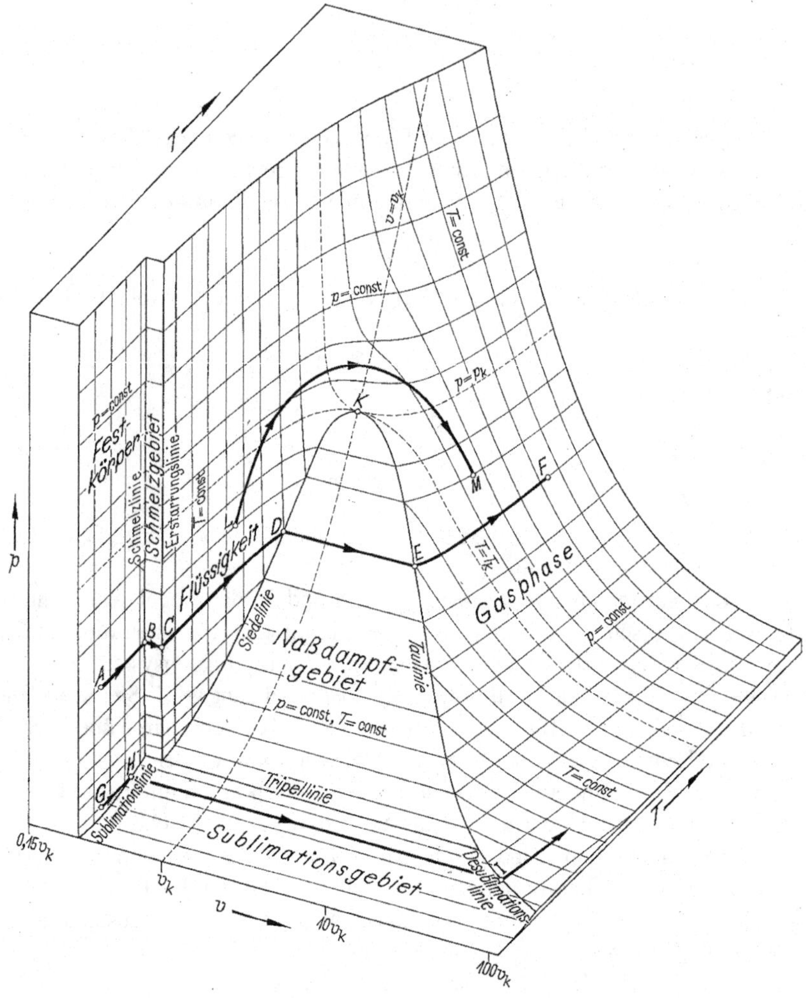

Bild 7.1. Zustandsfläche eines reinen Stoffes. Nach [1]

gewicht. Das Schmelzgebiet wird links von der *Schmelzlinie* und rechts von der *Erstarrungslinie* begrenzt.

Schmelzlinie. Aus dem Festkörpergebiet heraus beginnt mit zunehmender Wärmezufuhr beim Überqueren der Schmelzlinie der Schmelzvorgang, der beim Erreichen der Erstarrungslinie abgeschlossen ist (Linie A-B-C). Die zum Schmelzen bei konstantem Druck und damit auch bei konstanter Temperatur pro kg eines Stoffes zuzuführende Energie wird *Schmelzwärme* oder *Schmelzenthalpie* σ genannt. Schmelzwärme und Schmelztemperatur sind druckabhängig. Die Daten einiger ausgewählter Stoffe sind in Tabelle 7.1 wiedergegeben.

Erstarrungslinie. Entzieht man der flüssigen Phase des Stoffes Wärme, dann wird die Linie C-D in umgekehrter Richtung durchlaufen. In dem durch den Punkt C gekennzeichneten Zustand beginnt die Füssigkeit zu erstarren. Deshalb bezeichnet man die alle Zustände des Erstarrungsbeginns verbindende Line als Erstarrungslinie.

Tabelle 7.1. Schmelzwärme und Schmelztemperatur bei 1,01325 bar. Nach [4]

Stoff		Schmelzwärme σ [kJ/kg]	Schmelztemperatur ϑ [°C]
Aluminium	Al	356	658
Blei	Pb	23,9	327,3
Eisen (rein)	Fe	207	1530
Stahl	Fe + 0,2%C	~ 209	~ 1500
Grauguß		~96	~ 1200
Kupfer	Cu	209	1083
Ammoniak	NH_3	339	− 77,9
Äthylalkohol	C_2H_5OH	108	−114,2
Schwefeldioxid	SO_2	116,8	− 75,5
Quecksilber	Hg	11,3	−38,9
Wasser (gefroren)	H_2O	333,5	0

Siedelinie. Die flüssige Phase und die Gasphase sind durch zwei im Punkt K in Bild 7.1 zusammenlaufende Kurvenäste voneinander getrennt. Der linke Ast heißt *Siedelinie* und kennzeichnet den Übergang von der flüssigen in die Gasphase.

Beim Überschreiten der Siedelinie beginnt die Flüssigkeit zu sieden. Dabei bleibt bei wachsender Wärmezufuhr die Temperatur auf den Isobaren konstant, während das spezifische Volumen nun stark anwächst (Linie D-E).

Taulinie. Mit dem Erreichen der *Taulinie* ist die gesamte Flüssigkeit in die Gasphase übergegangen. Die dazu bei konstantem Druck und damit auch bei konstanter Temperatur benötigte Wärmemenge heißt *Verdampfungswärme* oder *Verdampfungsenthalpie* Δh_D. Auch sie ist eine Stoffeigenschaft und druckabhängig (Tabelle 7.2). Nach dem Erreichen der Gasphase steigt die Temperatur bei weiter wachsender Wärmezufuhr nun wieder an.

Das Wort Taulinie erklärt sich aus der Umkehrung der Prozeßrichtung. Entzieht man der Gasphase Wärme, dann kondensieren beim Überqueren der Taulinie die ersten Flüssigkeitströpfchen aus der Gasphase. Es beginnt zu tauen.

Naßdampfgebiet. Die Siedelinie und die Taulinie schließen zwischen sich das Naßdampfgebiet[10] ein. Es ist ein Zweiphasengebiet. Flüssigkeit und Gas existieren hier nebeneinander und sind bei gleichem Druck und gleicher Temperatur im thermodynamischen Gleichgewicht.

Kritischer Punkt. Die Siedelinie und die Taulinie vereinigen sich im sogenannten *kritischen Punkt* K. Oberhalb der durch den kritischen Punkt verlaufenden Isobare gehen die flüssige und die gasförmige Phase ohne Abgrenzung ineinander über (Tabelle 7.2).

Man kann also vom flüssigen in den gasförmigen Zustand gelangen, ohne das Naßdampfgebiet zu durchlaufen, indem man einen Prozeßweg wählt, wie er als Beispiel durch die Linie L-M in Bild 7.1 angedeutet ist.

Tabelle 7.2. Verdampfungswärme und Siedetemperatur bei 1,01325 bar und Daten kritischer Punkte einiger ausgewählter Stoffe

Stoff		Verdampfungswärme Δh_D [kJ/kg]	Siedetemperatur ϑ_S [°C]	Kritischer Druck p_{kr} [bar]	Kritische Temperatur ϑ_{kr} [°C]
Ammoniak	NH_3	1369	- 33,4	112,8	132,3
Äthylalkohol	C_2H_5OH	846	78,3	63,8	243,1
Schwefeldioxid	SO_2	402	- 10,0	78,8	157,5
Quecksilber	Hg	285	356,7	1608	1480
Wasser	H_2O	2257	100	221,2	374,15

Sublimationsgebiet. Im Bereich sehr niedriger Drücke und Temperaturen liegt das *Sublimationsgebiet*. Sublimation ist der unmittelbare Übergang eines Stoffes von der Festkörperphase in die Gasphase und umgekehrt, ohne dabei die flüssige Phase zu durchlaufen (Linie G-H-I). Das Sublimationsgebiet ist ebenfalls ein Zweiphasengebiet. Der Stoff ist heterogen und besteht aus Festkörper und Gasphase. Im thermodynamischen Gleichgewicht haben beide dieselbe Temperatur und denselben Druck. Die dem Festkörper beim Wechsel von der festen in die Gasphase bei konstantem Druck zuzuführende Wärmemenge heißt *Sublimationswärme* und ist gleich der Summe von Schmelz- und Verdampfungswärme. Begrenzt wird das Sublimationsgebiet durch die *Sublimationslinie* beziehungsweise die *Desublimationslinie*.

Tripellinie. Die Grenze zwischen Sublimationsgebiet und Naßdampfgebiet heißt *Tripellinie*. Das ist eine Isobare und zugleich eine Isotherme mit den Werten des Druckes p_{Tr} und der Temperatur ϑ_{Tr} des Tripelpunktes.

[10] Auf das Naßdampfgebiet wird in Kapitel 7.5 ausführlich eingegangen.

Der *Tripelpunkt* bezeichnet den einzigen Zustandspunkt, in dem feste, flüssige und gasförmige Phasen eines Stoffes gleichzeitig vorhanden sind und miteinander im thermodynamischen Gleichgewicht stehen. Auch der Tripelpunkt ist eine stoffspezifische Größe (Tabelle 7.3).

Die Zustandsfläche ist eine sehr komplizierte Fläche, die sich in ihrer Gesamtheit nicht durch eine geschlossene mathematische Funktion $\mathrm{F}(p,T,\upsilon)=0$ beschreiben läßt. Wohl aber gibt es gewisse Teilbereiche, für die man einfache und ausreichend genaue Näherungslösungen angegeben kann. Das sind die Einphasengebiete, nämlich die des Festkörpers, der Flüssigkeiten bei moderaten Temperaturen und bestimmte Gebiete der Gasphase.

Tabelle 7.3. Tripelpunkte von Wasser und Kohlendioxid

Stoff		Druck p_{Tr} [bar]	Temperatur ϑ_{Tr} [°C]
Wasser	H_2O	0,0061166	0,01
Kohlendioxid	CO_2	5,18	- 56,6

7.1 Festkörper

Atome und Moleküle von Festkörpern unterliegen starken Kräften, die als Bindungskräfte zwischen Atomen und Molekülen wirken. Sie erlauben ihnen im Vergleich mit den äußeren Abmessungen des Festkörpers nur kleine Schwingungen um die Gitterplätze ihrer kristallinen Struktur. Festkörper besitzen deshalb eine bestimmte, immer gleich bleibende und unverwechselbare Gestalt. Auch unter Einwirkung sehr hoher Drücke ändert sich ihr Volumen kaum, wie ein Blick auf die Zustandsfläche von Bild 7.1 zeigt. Die Zustandsgleichung von Festkörpern ist also durch

$$\mathrm{F}(\upsilon,T)=0$$

in der Regel ausreichend genau beschrieben.

Obschon die Abhängigkeit des Festkörpervolumens von der Temperatur sehr schwach ist, kann sie unter Umständen zu nicht mehr zu vernachlässigenden Effekten führen. Mit der Änderung der Längenabmessungen einhergehend ist beispielsweise das Auftreten mechanischer Spannungen, die nach dem Hookeschen Gesetz proportional zu den relativen Längenänderungen sind.

Die thermische Dehnung von Brückenbauwerken oder die thermisch bedingte Änderung der Abmessungen von Maschinenbauteilen müssen bei Planung und Konstruktion berücksichtigt werden.

Thermische Längendehnung
Ist ein Körper sehr schlank, d.h. ist seine Längenabmessung wesentlich größer als seine Querabmessungen, so wird sich die thermische Dehnung hauptsächlich in

Tabelle 7.4. Werte des Längenausdehnungskoeffizienten α für einige feste Stoffe

Stoff	$10^6 \alpha$ in 1/°C	Temperaturbereich in °C
Aluminium	23,7	0 ÷ 100
Blei	29,3	0 ÷ 100
Chrom	8,3	0 ÷ 100
Eisen	12,3	0 ÷ 100
Gold	14,3	0 ÷ 100
Kupfer	17,0	0 ÷ 100
Magnesium	26,0	0 ÷ 100
Platin	9,0	0 ÷ 100
Silber	19,7	0 ÷ 100
Zink	29,0	0 ÷ 100
Quarzglas	0,59	25 ÷ 325
Supremax-Glas	3,7	25 ÷ 325
Normalglas	7 ÷ 10	25 ÷ 325

einer Änderung seiner Länge L bemerkbar machen. Diese stellt sich wegen des praktisch nicht vorhandenen Einflusses des Druckes als nur von der Temperatur ϑ abhängig dar. Für begrenzte Temperaturintervalle besteht zwischen Temperatur- und Längenänderung eine lineare Beziehung. Mit dem empirisch (durch Messungen) zu bestimmenden Wärmeausdehnungskoeffizient

$$\alpha = \frac{1}{L_0}\left(\frac{dL}{d\vartheta_0}\right) \tag{7.1}$$

gilt

$$L_\vartheta = L_0 \cdot (1 + \alpha \cdot \Delta\vartheta)\,. \tag{7.2}$$

Die Werte der Längenausdehnungskoeffizienten oder Längenänderungszahlen einiger technisch wichtiger Stoffe sind in Tabelle 7.4 aufgeführt. Die Bezugstemperatur ist $\vartheta_0 = 0°\,\mathrm{C}$.

Beispiel 7.1
Eine Autobahnbrücke hat bei einer Temperatur von 0°C eine Länge von 650 m.
Sie ist einer jährlichen Temperaturschwankung von -20°C im Winter bis zu 45°C im Sommer ausgesetzt.
Wieviel Bewegungsspielraum muß das bewegliche Auflager mindestens haben, wenn der Brükkenwerkstoff Stahl ist mit einem Wärmeausdehnungskoeffizienten $\alpha = 11 \cdot 10^{-6}\ 1/\mathrm{grd}$?
Lösung
Mit

$$\Delta L = L_{45°C} - L_{-20°C} = L_{0°C} \cdot \alpha \cdot (45°C - (-20°C))$$

ergibt sich ein erforderlicher Bewegungsspielraum von $\Delta L = 0{,}4648$ m.

Thermische Flächendehnung

Mit (7.2) läßt sich auch leicht die temperaturabhängige Flächenänderung berechnen. Betrachtet man zunächst ein Rechteck mit den Seitenabmessungen a_0 und b_0 bei einer Temperatur ϑ_0, so ist seine Fläche gleich

$$A_0 = a_0 \cdot b_0 \ .$$

Bei einer Temperaturzunahme um $\Delta\vartheta$ wachsen die Seitenlängen auf

$$a_\vartheta = a_0 \cdot (1 + \alpha \cdot \Delta\vartheta) \quad \text{und} \quad b_\vartheta = b_0 \cdot (1 + \alpha \cdot \Delta\vartheta)$$

und die Fläche auf

$$A_\vartheta = a_\vartheta \cdot b_\vartheta = A_0 \cdot (1 + 2 \cdot \alpha \cdot \Delta\vartheta + \alpha^2 \cdot \Delta\vartheta^2) \ .$$

Nach Vernachlässigung der quadratisch kleinen Größe $(\alpha \cdot \Delta\vartheta)^2$ erhält man die Näherung

$$A_\vartheta = A_0 \cdot (1 + 2 \cdot \alpha \cdot \Delta\vartheta) \ . \tag{7.3}$$

Da in dieser Gleichung nur noch der Inhalt der Fläche vorkommt, spielt ihre Form offenbar keine Rolle. Die Ausdehnungszahl für Flächen kann man nach (7.3) mit 2α der doppelten Längenausdehnungszahl gleichsetzen.

Beispiel 7.2
Eine Zinkplatte von 2,7 m^2 wird von 0°C auf 20°C erwärmt. Wie groß ist der Flächenzuwachs ΔA ?

Lösung
Mit dem Längenausdehnungskoeffizient $\alpha = 29 \cdot 10^{-6} \frac{1}{°C}$ von Zink nach Tabelle 7.4 errechnet sich

$$\Delta A = A_0 \cdot (1 + 2 \cdot \alpha \cdot \Delta\vartheta) - A_0 = A_0 \cdot (1 + 2 \cdot \alpha \cdot \Delta\vartheta - 1) = A_0 \cdot 2 \cdot \alpha \cdot \Delta\vartheta = 0{,}003 \text{ m}^2.$$

Das sind 0,12 % von A_0.

Thermische Volumendehnung

Ein Quader mit den Seitenlängen a_0, b_0, c_0 hat bei der Temperatur $\vartheta_0 = 0$ °C ein Volumen von

$$V_0 = a_0 \cdot b_0 . c_0 \ .$$

Bei der Temperatur ϑ wächst es auf

$$V_\vartheta = V_0 \cdot (1 + 3 \cdot \alpha \cdot \Delta\vartheta + 3\alpha^2 \cdot \Delta\vartheta^2 + \alpha^3 \cdot \Delta\theta^3) \ .$$

Nach Vernachlässigung der Glieder zweiter und dritter Ordnung ergibt sich die Näherungsgleichung

$$V_\vartheta = V_0 \cdot (1 + 3 \cdot \alpha \cdot \Delta\vartheta) \ . \tag{7.4}$$

Die Raumausdehnungszahl oder Volumenausdehnungszahl ist mit 3α näherungsweise gleich dem dreifachen Wert der Längenänderungszahl.

Beispiel 7.3
Ein Zylinderkopf aus Aluminium hat bei 20°C ein Volumen von 2,56 l. Zu berechnen ist die relative Volumenzunahme bei einer Temperaturzunahme auf 98 °C.

Lösung
Die Raumausdehnungszahl von Aluminium ist nach Tabelle 7.4 gleich

$$3\alpha = 3 \cdot 23{,}7 \cdot 10^{-6} \frac{1}{°\mathrm{C}} = 71{,}1 \cdot 10^{-6} \frac{1}{°\mathrm{C}} .$$

Damit wird

$$\frac{V_{98°\mathrm{C}} - V_{20°\mathrm{C}}}{V_{20°\mathrm{C}}} = \frac{3\alpha \cdot \frac{1}{°\mathrm{C}} \cdot (98 - 20)°\mathrm{C}}{1 + 3\alpha \cdot \frac{1}{°\mathrm{C}} \cdot 20°\mathrm{C}} = 0{,}00554 .$$

Die relative prozentuale Volumenzunahme beträgt 0,554 %.

7.2 Flüssigkeiten

Obschon sich die Flüssigkeitsteilchen sehr leicht gegeneinander verschieben lassen und deshalb durch Gefäße zusammengehalten werden müssen, gilt für den Einfluß des Druckes gleiches wie für Festkörper. Ihr Volumen ändert sich selbst unter sehr hohen Drücken kaum. So muß man beispielsweise einen Druck von 200 bar aufwenden, um ein Wasservolumen um 1% zu komprimieren. Fluide, deren Volumen sich unter Druckbelastung praktisch nicht ändert, heißen *inkompressibel*. Dazu gehören alle Flüssigkeiten. Der Temperatureinfluß auf das Volumen ist allerdings stärker als für Festkörper.

Tabelle 7.5. Werte des Volumenausdehnungskoeffizienten γ von Flüssigkeiten bei 20°C

Stoff	$10^5\,\gamma$ in 1/°C
Benzin	106
Benzol	124
Ethanol	110
Glycerin	50
Glykol	64
Methanol	120
Oktan	114
Petroleum	96
Quecksilber	18,1
Terpentinöl	97
Wasser	20,7

Wegen der praktisch vernachlässigbaren Druckabhängigkeit der Flüssigkeiten lautet die Zustandsgleichung von Flüssigkeiten

$$\mathrm{F}(\upsilon, T) = 0\,.$$

Das Volumen von Flüssigkeiten ändert sich in nicht zu großen Temperaturintervallen angenähert linear mit der Temperatur. Die Gleichung zur Berechnung der Volumenausdehnung von Flüssigkeiten hat deshalb die gleiche Bauart wie Gl. (7.14). An die Stelle des dreifachen Wertes 3α der Längenausdehnungszahl tritt nun der Volumenausdehnungskoeffizient γ.

In Tabelle 7.5 sind die Volumenausdehnungskoeffizienten γ einiger Flüssigkeiten angegeben. Sie sind etwa 10 bis 100 mal größer als die fester Körper.

In vielen Fällen kann man auch die Temperaturabhängigkeit des Volumens von Flüssigkeiten vernachlässigen. Ihre Zustandsgleichung hat dann die besonders einfache Gestalt

$$\upsilon = \text{const.}$$

Flüssigkeiten, die dieser Zustandsgleichung gehorchen, heißen *ideale Flüssigkeiten.*

Beispiel 7.4
In einen leeren Kraftstofftank, dessen Volumen 60 l beträgt, wird 20 °C warmes Benzin eingefüllt. Um wieviel l muß die Benzineinfüllmenge unter dem Tankvolumen bleiben, wenn unkontrolliertes Ausfließen durch eine zu erwartende Temperatursteigerung auf 41°C verhindert werden soll?

Lösung
Das Volumen des bei 20°C eingefüllten Benzins darf bei einer Temperatur von 41°C das Tankvolumen V_T = 60 l nicht überschreiten. Damit muß gelten

$$V_{41°\mathrm{C}} = V_{20°\mathrm{C}} \cdot (1 + \gamma \cdot \Delta\vartheta) = V_\mathrm{T}\,.$$

Daraus erhält man

$$V_{20°C} = \frac{V_\mathrm{T}}{1 + \gamma \cdot \Delta\vartheta}\,.$$

Das Mindereinfüllvolumen ΔV errechnet sich mit dem Raumausdehnungskoeffzienten für Benzin $\gamma = 106 \cdot 10^{-5} \cdot 1/°\mathrm{C}$ nach Tabelle 7.5 zu

$$\Delta V = V_\mathrm{T} - V_{20°C} = V_\mathrm{T} \cdot \frac{\gamma \cdot \Delta\vartheta}{1 + \gamma \cdot \Delta\vartheta} = 1{,}307\ \mathrm{l}.$$

7.3 Ideale Gase

Die Zustandsfunktion der idealen Gase leitet sich aus der Kombination zweier empirischer Gesetze her. Es sind dies die Gesetze von Gay-Lussac[11] und Boyle-Mariotte[12].

[11] J.L. Gay-Lussac (1778 - 1850), frz. Physiker, Professor an der Sorbonne in Paris

7.3.1 Gesetz von Gay-Lussac

Bei konstantem Druck p wächst das Volumen V eines idealen Gases pro Grad Erwärmung um $\frac{1}{273{,}15}$ *des Volumens* V_0, *das es bei einer Temperatur von 0°C hatte. Bei einer Abkühlung verringert es sich im gleichen Maße.*

Übersetzt man diesen Text in eine Gleichung, so erhält man mit ϑ als Celsius-Temperatur

$$V = V_0\left(1 + \frac{\vartheta}{273{,}15\,°C}\right) .$$

Bild 7.2 veranschaulicht die Funktion als Geradenschar mit dem Druck p als Parameter.

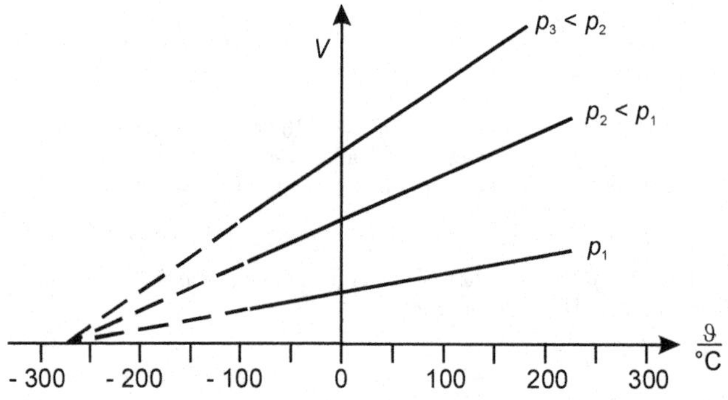

Bild 7.2. Gasvolumen in Abhängigkeit von der Temperatur bei verschiedenen Drücken

Die Verlängerungen aller Geraden über den gemessenen Temperaturbereich hinaus schneiden sich auf der Abszisse im gleichen Punkt, nämlich bei $\vartheta = -\,273{,}15\,°C$, also im absoluten Nullpunkt.

Ersetzt man in der Volumen-Temperatur-Beziehung von Gay-Lussac die Celsius-Temperatur ϑ durch die thermodynamische Temperatur T nach (4.10)

$$\vartheta = \left(\frac{T}{K} - 273{,}15\right)°C ,$$

so erhält man zunächst

[12] Robert Boyle (1627 bis 1691), englischer Chemiker, Franzose E. Mariotte, Seigneur de Chazeuil (1620 bis 1684)

$$V = V_0 \left(1 + \frac{\left(\frac{T}{K} - 273{,}15 \right) {}^\circ\mathrm{C}}{273{,}15\,{}^\circ\mathrm{C}} \right) = V_0 \, \frac{T}{273{,}15\,\mathrm{K}}$$

und mit Beachtung, daß $T_0 = 273{,}15$ K gilt, schließlich

$$\frac{V}{V_0} = \frac{T}{T_0} \, .$$

Betrachtet man zwei beliebige Zustände 1 und 2 desselben Gases bei konstantem Druck, dann ergibt sich

$$\frac{V_2 / V_0}{V_1 / V_0} = \frac{T_2 / T_0}{T_1 / T_0}$$

und daraus

$$\frac{V_2}{V_1} = \frac{T_2}{T_1} \, .$$

7.3.2 Gesetz von Boyle-Mariotte

Das Produkt aus dem Druck p und dem Volumen V eines idealen Gases ist bei gleichbleibender Temperatur konstant.

Die Zustandsänderung eines idealen Gases bei konstanter Temperatur wird demnach beschrieben durch das Gesetz

$$p \cdot V = \text{const} \, .$$

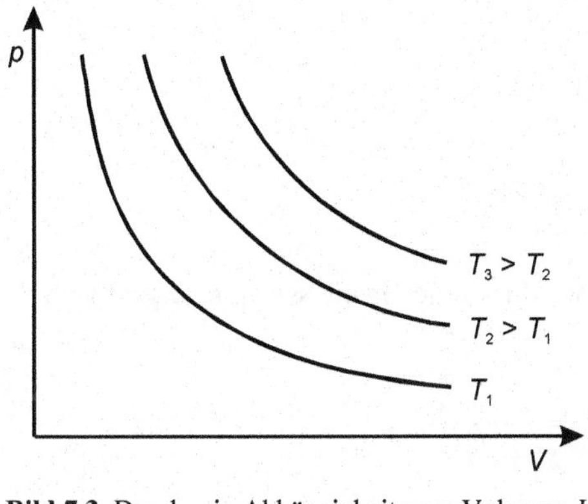

Bild 7.3. Druck p in Abhängigkeit vom Volumen V bei verschiedenen konstanten Temperaturen

Für zwei beliebige Zustände 1 und 2 eines idealen Gases bei gleicher Temperatur gilt dann

$$p_1 \cdot V_1 = p_2 \cdot V_2 .$$

Die Kurven der Zustandsfunktion $p = p(V)$ sind Hyperbeln und in Bild 7.3 mit der Temperatur T als Parameter aufgetragen.

7.3.3 Thermische Zustandsgleichung idealer Gase

Die *Thermische Zustandsgleichung idealer Gase* ergibt sich durch Kombination der Gesetze von Gay-Lussac und Boyle-Mariotte.

Wir betrachten dazu eine Zustandsänderung, bei der der Druck von p_1 auf p_2 und die Temperatur von T_1 auf T_2 steigen soll. Im ersten Schritt erfolgt die Druckerhöhung von p_1 auf p_2 unter Beibehaltung der Temperatur T_1.

Nach dem Gesetz von Boyle-Mariotte errechnet sich das Gasvolumen $V = V(p_2, T_1)$ beim Druck p_2 und der Temperatur T_1 aus dem Volumen $V(p_1, T_1)$ im Anfangszustand zu

$$V\left(p_2, T_1\right) = \frac{p_1}{p_2} \cdot V(p_1, T_1) .$$

Bei konstantem Druck p_2 soll nun die Temperatur von T_1 auf T_2 steigen. Das Volumen wächst dabei auf $V(p_2, T_2)$. Nach dem Gesetz von Gay-Lussac gilt dann

$$\frac{V(p_2, T_1)}{V(p_2, T_2)} = \frac{T_1}{T_2} .$$

Einsetzen von $V(p_2, T_1)$ in diese Gleichung bringt, wenn zur Abkürzung $V_1 = V(p_1, T_1)$, $V_2 = V(p_2, T_2)$ gesetzt wird,

$$\frac{\frac{p_1}{p_2} \cdot V_1}{V_2} = \frac{T_1}{T_2} ,$$

bzw.

$$\frac{p_1 \cdot V_1}{T_1} = \frac{p_2 \cdot V_2}{T_2} .$$

Dividiert man auf beiden Seiten die Zähler durch die Gasmasse m, so ergibt sich

$$\frac{p_1 \cdot \frac{V_1}{m}}{T_1} = \frac{p_2 \cdot \frac{V_2}{m}}{T_2} ,$$

und da der Quotient von Volumen und Masse gleich dem spezifischen Volumen υ ist, folgt

$$\frac{p_1 \cdot \upsilon_1}{T_1} = \frac{p_2 \cdot \upsilon_2}{T_2}$$

oder allgemein

$$\frac{p \cdot \upsilon}{T} = \text{const}.$$

Die Konstante auf der rechten Seite heißt *Gaskonstante*. Sie ist eine Stoffeigenschaft, weil mit der Division durch die Masse m die Stoffeigenschaft „spezifisches Volumen" eingeführt wurde. Mit dem Symbol R für die Gaskonstante schreibt man

$$\frac{p \cdot \upsilon}{T} = R$$

mit der Einheit $\frac{\mathrm{N \cdot m}}{\mathrm{kg \cdot K}}$ bzw. $\frac{\mathrm{J}}{\mathrm{kg \cdot K}}$.

Gase, die diesem Gesetz gehorchen heißen *ideale Gase*.

Die meisten der für technische Anwendungen interessierenden Gase verhalten sich bei niedrigen Drücken und Dichten wie ein ideales Gas. Die Drücke und Dichten, die die Gültigkeit des Gasgesetzes einschränken, werden in technischen Prozessen nur selten überschritten. Die thermische Zustandsgleichung der idealen Gase ist deshalb in den meisten Fällen in der technischen Thermodynamik eine ausreichend genaue Näherung.

Tabelle 7.6. Gaskonstanten und Dichten einiger Gase bei einer Temperatur von 0°C und einem Druck von 1,0132 bar (weitere Stoffwerte im Anhang B, Tabellen B1 und B7)

Gas	Chemisches Symbol	Dichte ρ [kg/m³]	Gaskonstante R [J/(kg K)]
Helium	He	0,1785	2077,30
Wasserstoff	H_2	0,08987	4124,50
Stickstoff	N_2	1,2505	296,80
Sauerstoff	O_2	1,42895	259,84
Luft	---	1,2928	287,10
Kohlenmonoxid	CO	1,2500	296,84
Kohlendioxid	CO_2	1,9768	188,92
Schwefeldioxid	SO_2	2,9265	129,78
Methan	CH_4	0,7168	518,26

Die thermische Zustandsgleichung idealer Gase, die Gasgleichung

$$p \cdot \upsilon = R \cdot T\,, \tag{7.5}$$

kann man in verschiedenen Formen anschreiben:
Wählt man statt des spezifischen Volumens die Dichte $\rho = 1/\upsilon$, dann ergibt sich

$$p = \rho \cdot R \cdot T\,. \tag{7.6}$$

Bei Verwendung der extensiven Größen V und m ist

$$p \cdot V = m \cdot R \cdot T\,. \tag{7.7}$$

Ersetzt man in (7.7) die Masse m durch das Produkt von Stoffmenge n und Molmasse M, $m = n \cdot M$, dann erhält man zunächst

$$p \cdot V = n \cdot M \cdot R \cdot T\,. \tag{7.8}$$

Mit dem *Molvolumen*

$$\upsilon_{\mathrm{m}} = \frac{V}{n} \tag{7.9}$$

folgt eine weitere Version der thermischen Zustandsgleichung idealer Gase:

$$p \cdot \upsilon_{\mathrm{m}} = M \cdot R \cdot T \tag{7.10}$$

Nach Division von (7.7) durch (7.10) ergibt sich

$$\frac{V}{\upsilon_{\mathrm{m}}} = \frac{m}{M}\,. \tag{7.11}$$

Danach verhält sich das Volumen zum Molvolumen wie die Masse zur Molmasse. Mit (7.11) läßt sich die Dichte $\rho = m/V$ auch durch Molmasse M und Molvolumen υ_{m} ausdrücken:

$$\rho = \frac{M}{\upsilon_{\mathrm{m}}}\,. \tag{7.12}$$

Beispiel 7.5
Eine Luftmasse von m = 1,6 kg nimmt bei einem Druck von p = 1,0132 bar, einer Temperatur von T = 293 K ein Volumen von V = 1,32839 m^3 ein. Es soll die Gaskonstante berechnet werden.

Lösung
Das spezifische Volumen ist

$$\upsilon = \frac{V}{m} = \frac{1{,}32839\,\mathrm{m}^3}{1{,}6\,\mathrm{kg}} = 0{,}830244\,\frac{\mathrm{m}^3}{\mathrm{kg}}\,.$$

Die Gaskonstante von Luft wird damit

$$R = \frac{p \cdot \upsilon}{T} = 287{,}100\,\frac{\mathrm{N \cdot m}}{\mathrm{kg \cdot K}} = 287{,}1\,\frac{\mathrm{J}}{\mathrm{kg \cdot K}}.$$

Beispiel 7.6
Ein Stahltank enthält $V_1 = 17{,}84\ \mathrm{m}^3$ Stickstoff bei einem Druck von $p_1 = 2{,}7$ bar und einer Temperatur von $\vartheta_1 = 19{,}5°\mathrm{C}$. Durch Schweißarbeiten an der Außenhaut bedingt steigt die Temperatur auf $\vartheta_2 = 48°\mathrm{C}$.
Es sollen berechnet werden
a) die Stickstoffmasse,
b) die Molzahl,
c) der Druck p_2 nach dem Erwärmen.

Lösung:
Die Gaskonstante von Stickstoff ist $R = 296{,}80\ \mathrm{J/(kg\ K)}$, die Molmasse gleich $M = 28{,}0134\ \mathrm{kg/kmol}$.
a) Die Stickstoffmasse errechnet man aus der Gasgleichung:

$$m = \frac{p_1 \cdot V_1}{R \cdot T_1} = 55{,}46\ \mathrm{kg}.$$

b) Die Molzahl ist

$$n = \frac{m}{M} = 1{,}98\ \mathrm{kmol}.$$

c) Der Temperaturanstieg erfolgt isochor. Die Gasgleichung liefert für den Druck

$$p_2 = p_1 \cdot \frac{T_2}{T_1} = 2{,}96\ \mathrm{bar}.$$

Beispiel 7.7
Helium wird isobar von $\vartheta_1 = -5°\mathrm{C}$ auf $\vartheta_2 = 84°\mathrm{C}$ erwärmt. Man berechne die prozentuale Volumenzunahme ΔV.

Lösung
Für isobare Zustandsänderung ergibt sich aus der Gasgleichung

$$\frac{V_2}{T_2} = \frac{V_1}{T_1}.$$

Der Ersatz von V_2 durch $V_2 = V_1 + \Delta V$ liefert nach kurzer Rechnung

$$\frac{\Delta V}{V_1} = \left(\frac{T_2}{T_1} - 1\right) \cdot 100\% = 33{,}19\,\%.$$

Beispiel 7.8
Ein Luftvolumen von $V_1 = 10{,}47\ \mathrm{m}^3$ wird isotherm komprimiert. Dabei steigt der Druck von $p_1 = 1{,}06\ \mathrm{bar}$ auf $p_2 = 8{,}72\ \mathrm{bar}$. Welches Volumen V_2 nimmt die Luft nach der Verdichtung ein?

Lösung
Für isotherme Zustandsänderung ergibt sich aus der Gasgleichung (7.7)

$$V_2 = V_1 \cdot \frac{p_1}{p_2} = 1{,}273\ \mathrm{m}^3.$$

Beispiel 7.9
Ein ideales Gas, Anfangsvolumen $V_1 = 24{,}3\ \mathrm{m}^3$, wird bei konstanter Temperatur $\vartheta_1 = 19{,}85°\mathrm{C}$ von $p_1 = 1{,}7\ \mathrm{bar}$ auf $p_2 = 11{,}04\ \mathrm{bar}$ verdichtet. An die Kompression schließt

sich eine isobare Expansion auf das Anfangsvolumen an. Danach erfolgt eine isochore Temperaturreduktion um 200°C.
Zu berechnen sind
a) das Verdichtungsendvolumen V_2,
b) die Temperatur T_3 am Ende der Expansion.

Lösung

a) Aus der Gasgleichung erhält man bei isothermer Kompression für das Volumen:

$$V_2 = V_1 \cdot \cdot \frac{p_1}{p_2} = 3{,}742\,\mathrm{m}^3$$

b) Für die isobare Expansion bekommt man aus (7.7) wegen $V_3 = V_1$ und mit $T_2 = T_1 = 293\,\mathrm{K}$

$$T_3 = T_2 \cdot \frac{V_1}{V_2} = 1902{,}8\,\mathrm{K}\;.$$

7.3.4 Gesetz von Avogadro

Der italienische Physiker Amadeo Avogadro veröffentlichte 1811 die folgende Vermutung, die später als zutreffend bewiesen wurde:

Gleiche Volumen aller idealen Gase enthalten bei gleicher Temperatur und gleichem Druck die gleiche Anzahl von Molekülen.

Daraus folgt umgekehrt, daß die Volumen idealer Gase bei gleicher Temperatur und gleichem Druck dann gleich groß sind, wenn sie dieselbe Zahl von Molekülen enthalten.

Zu diesen Volumen zählen die Molvolumen. Sie geben per definitionem (7.9) den Raumbedarf für die Stoffmenge $n = 1$ mol an, die für jede beliebige Substanz aus derselben Zahl von Teilchen - Atomen, Molekülen - besteht.

Die Teilchenzahl pro mol ist die in Kapitel 4 bereits angegebene *Avogadro-Konstante* oder *Loschmidt'sche Zahl*

$$N_\mathrm{A} = 6{,}0221367 \cdot 10^{23}\;\frac{1}{\mathrm{mol}}\;.$$

Damit gilt nach Avogadro für alle Molvolumen:

Die Molvolumen aller idealen Gase sind bei gleichem Druck und gleicher Temperatur gleich groß.

7.3.5 Die universelle Gaskonstante

Wir betrachten die Gasgleichung in der Form

$$\frac{p \cdot \upsilon_\mathrm{m}}{T} = M \cdot R\;. \tag{7.13}$$

Für N beliebige und zur Unterscheidung mit $1 \leq i \leq N$ numerierte ideale Gase gilt dann bei gleichem Druck p und gleicher Temperatur T zunächst

$$\frac{p \cdot \upsilon_{m\,1}}{T} = M_1 \cdot R_1\,, \quad \frac{p \cdot \upsilon_{m\,2}}{T} = M_2 \cdot R_2\,, \; .... \; \frac{p \cdot \upsilon_{mN}}{T} = M_N \cdot R_N\;.$$

Nach Avogadro sind die Molvolumen υ_m aller idealen Gase bei gleichem Druck und gleicher Temperatur gleich und somit auch die Produkte

$$M_1 \cdot R_1 = M_2 \cdot R_2 = ...M_N \cdot R_N\,.$$

Daraus folgt die Erkenntnis:

Das Produkt aus individueller Molmasse M und individueller Gaskonstante R hat für jedes ideale Gas denselben Wert. Es wird *allgemeine* oder *molare* oder *universelle Gaskonstante* genannt und mit R_m bezeichnet:

$$R_m = M \cdot R \tag{7.14}$$

Nach Einführung der universellen Gaskonstante in (7.10) erhält man die thermische Zustandsgleichung eines idealen Gases

$$p \cdot \upsilon_m = R_m \cdot T\;. \tag{7.15}$$

Nach neueren Messungen ist die universelle Gaskonstante gleich

$$R_m = 8314{,}471 \, \frac{\text{J}}{\text{kmol} \cdot \text{K}}\,. \tag{7.16}$$

Aus der universellen Gaskonstante kann man bei bekannter Molmasse die individuelle Gaskonstante, bzw. bei bekannter individueller Gaskonstante die Molmasse eines bestimmten (idealen) Gases berechnen.

Beispiel 7.10

Ein Kugelbehälter mit einem Innendurchmesser von 6,36 m enthält $N = 9{,}036216 \cdot 10^{27}$ Sauerstoffmoleküle. Die Temperatur im Behälter ist 27°C. Die Molmasse von Sauerstoff beträgt $M = 31{,}9988$ kg / kmol.

Es sollen ermittelt werden

a) die Stoffmenge,
b) das Molvolumen,
c) die Gaskonstante,
d) der Gasdruck.

Lösung

Das Speichervolumen des kugelförmigen Behälters berechnet man mit der bekannten Formel

$V = \frac{\pi}{6} D^3$ zu $V = 134{,}701\,\text{m}^3$.

a) Mit der Avogadrokonstante $N_A = 6{,}0221367 \cdot 10^{26}$ / kmol ergibt sich die Stoffmenge

$$n = \frac{N}{N_A} = 15{,}005\,\text{kmol}\,.$$

b) Das Molvolumen ist

$$\upsilon_{\mathrm{m}} = \frac{V}{n} = 8{,}977 \frac{\mathrm{m}^3}{\mathrm{kmol}} .$$

c) Mit der universellen Gaskonstante R_{m} und der Molmasse M ergibt sich aus (7.14)

$$R = \frac{R_{\mathrm{m}}}{M} = 259{,}84 \frac{\mathrm{J}}{\mathrm{kg} \cdot \mathrm{K}} .$$

d) Der Gasdruck ergibt sich aus der Gasgleichung (7.8) zu

$$p = \frac{n \cdot R_{\mathrm{m}} \cdot T}{V} = 2{,}78 \text{ bar} .$$

Beispiel 7.11
Wie groß ist das Molvolumen eines idealen Gases bei einem Druck von $p = 0{,}87$ bar und einer thermodynamischen Temperatur $T = 305$ K?

Lösung
Gleichung (7.15) liefert

$$\upsilon_{\mathrm{m}} = \frac{T}{p} \cdot R_{\mathrm{m}} = 29{,}148 \text{ m}^3/\text{kmol} .$$

7.3.6 Normzustand

Mit Normzustand bezeichnet man einen Bezugszustand für thermische Zustandsgrößen. Vereinbart wurden die Temperatur und der Druck des Normzustandes. In der Physik wird der Normzustand wie folgt definiert:
Physikalischer Normzustand:

$$T_{\mathrm{n}} = 273{,}15 \text{ K}$$
$$p_{\mathrm{n}} = 1{,}01325 \text{ bar}$$

In den technischen Disziplinen legt man die Jahresdurchschnittstemperatur von Amsterdam in Meereshöhe als Bezugsgröße für die Temperatur zugrunde. Der Normdruck ist gleich dem des physikalischen Normzustandes.
Technischer Normzustand:

$$T_{\mathrm{n}} = 288{,}15 \text{ K}$$
$$p_{\mathrm{n}} = 1{,}01325 \text{ bar}$$

Normvolumen V_{n}, Normdichte ρ_{n} und spezifisches Volumen υ_{n} liefert die Gasgleichung in der Form (7.7), indem man darin die Bezugsgrößen des Normzustandes einsetzt.

Das molare Normvolumen oder Normmolvolumen υ_{mn} bestimmt sich aus der Gasgleichung (7.15) mit den Werten des physikalischen Normzustandes für Druck und Temperatur. Es hat für alle idealen Gase den gleichen Wert:

$$\upsilon_{\mathrm{mn}} = \frac{R_{\mathrm{m}} \cdot T_{\mathrm{n}}}{p_{\mathrm{n}}} = 22{,}4140 \frac{\mathrm{m}^3}{\mathrm{kmol}} \qquad (7.17)$$

Die Normdichte beliebiger idealer Gase kann bei bekanntem Wert ihrer Molmasse unter Einbeziehung von (7.17) nach (7.12) sofort angegeben werden:

$$\rho_n = \frac{M}{\upsilon_{mn}} \tag{7.18}$$

Sie gilt dann für den physikalischen Normzustand. Die Normdichte des technischen Normzustandes liefert die Gasgleichung in der Form (7.6) mit den vereinbarten Werten des technischen Normzustandes.

Beispiel 7.12
Es sollen Normvolumen, Normdichte und spezifisches Normvolumen einer Luftmasse von $m = 48{,}3$ kg für den physikalischen Normzustand ermittelt werden. Die Gaskonstante von Luft ist $R = 287{,}10$ J/(kg K) .
Lösung
Das Normvolumen ist

$$V_n = \frac{m \cdot R \cdot T_n}{p_n} = 37{,}38 \text{ m}^3 .$$

Die Normdichte errechnet sich zu

$$\rho_n = \frac{p_n}{R \cdot T_n} = 1{,}292 \frac{\text{kg}}{\text{m}^3} .$$

Für das spezifische Normvolumen erhält man

$$\upsilon_n = \frac{1}{\rho_n} = 0{,}774 \frac{\text{m}^3}{\text{kg}} .$$

7.3.7 Mischungen idealer Gase

Die meisten der in der Technik verwendeten Gase sind Gemische chemisch einheitlicher Gase. So ist beispielsweise die bei der Verbrennung fossiler Brennstoffe als Sauerstofflieferant dienende Luft eine Mischung der reinen Stoffe Stickstoff, Sauerstoff, Kohlendioxid und einiger Edelgase wie Neon und Argon.

Kennt man die Zusammensetzung der Mischung und die Gaskonstanten der einzelnen Komponenten, dann lassen sich die Gaskonstante der Mischung, die Molmasse und alle für die Mischung relevanten thermodynamischen Größen berechnen.

Die Zusammensetzung der Mischung wird durch Angabe der Massenanteile der Einzelgase oder ihrer Raumanteile und Molanteile beschrieben.

Massenanteile
Seien $m_1, m_2, .., m_N$ die Massen der Komponenten und N ihre Anzahl, dann ist

$$m = m_1 + m_2 + ... + m_N = \sum_{i=1}^{N} m_i \tag{7.19}$$

die Gesamtmasse m der Mischung und

$$\mu_i = \frac{m_i}{m} \tag{7.20}$$

der auf die Gesamtmasse bezogene Massenanteil der i-ten Komponente. Offensichtlich gilt für die Summe der Massenanteile

$$\sum_{i=1}^{N} \mu_i = 1 .$$

Raumanteile

Mit $V_1, V_2, \ldots\ldots, V_N$ werden die Volumen der Einzelgase bezeichnet, die diese vor der Mischung einnehmen.

Der Vorgang der Mischung wird in Bild 7.4 erläutert:

In Bild 7.4a sind die Einzelgase durch eine dünne Wand voneinander getrennt. Sie nehmen bei gleichem Druck p und gleicher Temperatur T die Volumen V_1 bzw. V_2 ein.

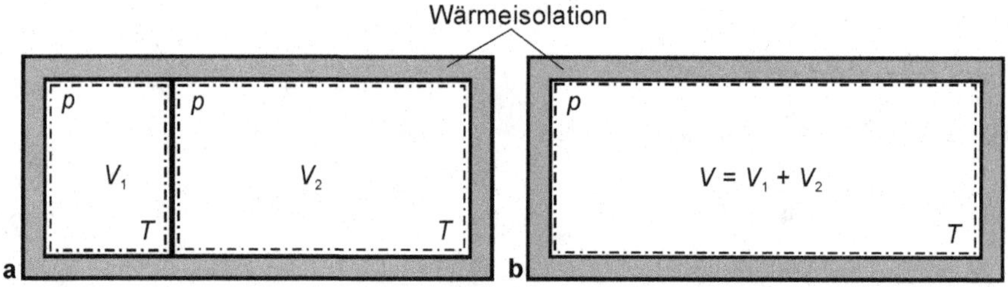

Bild 7.4. Mischung zweier Gase. **a** Zustand vor der Mischung, **b** Zustand nach der Mischung

Nach dem Entfernen der Trennwand vermischen sich die Gase. Druck und Temperatur ändern sich dabei nicht, wenn das Gefäß wärmedicht gegen die Umgebung isoliert ist. Nach Abschluß des Mischungsprozesses haben sich die Einzelgase auf das gesamte Volumen $V = V_1 + V_2$ ausgedehnt (vgl. Bild 7.4b).

Für das Mischungsvolumen von N Gasen gilt dann

$$V = V_1 + V_2 + \ldots + V_N = \sum_{i=1}^{N} V_i . \tag{7.21}$$

Als Raumanteil r_i der i-ten Komponente wird das auf das Mischungsvolumen V bezogene Teilvolumen V_i beim Druck p und der Temperatur T definiert

$$r_i = \frac{V_i}{V} . \tag{7.22}$$

Offenkundig gilt wegen (7.21)

$$\sum_{i=1}^{N} r_i = 1 .$$

Gaskonstante der Mischung

Wir formulieren zunächst die Zustandsgleichungen von N reinen Gasen vor der Mischung. Ihre Teilmassen seien mit $m_1, m_2,..., m_N$ und die Gaskonstanten mit $R_1, R_2,..., R_N$ bezeichnet. Alle Komponenten haben gleichen Druck p und gleiche Temperatur T. Es lassen sich nun folgende N Zustandsgleichungen aufstellen:

$$p \cdot V_1 = m_1 \cdot R_1 \cdot T ,$$
$$p \cdot V_2 = m_2 \cdot R_2 \cdot T ,$$
$$\ldots\ldots\ldots\ldots\ldots\ldots$$
$$p \cdot V_N = m_N \cdot R_N \cdot T$$

Summiert über alle N Gleichungen folgt

$$p \cdot \sum_{i=1}^{N} V_i = \left(\sum_{i=1}^{N} m_i \cdot R_i \right) \cdot T .$$

Mit der Beziehung (7.21) für die Summe der Teilvolumen und mit $m_i = m \cdot \mu_i$ aus (7.19) ergibt sich

$$p \cdot V = m \cdot \left(\sum_{i=1}^{N} \mu_i \cdot R_i \right) \cdot T . \tag{7.23}$$

Der Term in der Klammer ist die Gaskonstante der Mischung. Sie ist gleich der Summe der Produkte der Massenanteile und der Gaskonstanten der Komponenten:

$$R = \sum_{i=1}^{N} \mu_i \cdot R_i \tag{7.24}$$

Sind statt der Gaskonstanten R_i die Molmassen M_i der Einzelgase gegeben, dann kann wegen $R_m = R_i \cdot M_i$ nach (7.14) die Gaskonstante der Mischung auch aus

$$R = R_m \cdot \sum_{i=1}^{N} \frac{\mu_i}{M_i} \tag{7.25}$$

berechnet werden.

Molmasse der Mischung

Die Molmasse M der Mischung errechnet sich mit $R_m = R \cdot M$ nach (7.14) nach Einsetzen in die linke Seite von (7.25) und Wegheben von R_m zu

$$\frac{1}{M} = \sum_{i=1}^{N} \frac{\mu_i}{M_i} . \tag{7.26}$$

Die Molmasse der Mischung läßt sich auch durch die Raumanteile der Mischung ausdrücken. Man eliminiert dazu aus (7.11) die Molmasse

$$M = \frac{m}{V} \cdot \upsilon_m$$

und ersetzt darin die Masse m durch die Summe (7.19) der Teilmassen m_i.
Es ergibt sich

$$M = \frac{m_1 + m_2 + ... + m_N}{V} \cdot \upsilon_m = \frac{\frac{m_1}{V_1} \upsilon_m \cdot V_1 + \frac{m_2}{V_2} \cdot \upsilon_m \cdot V_2 + ... + \frac{m_N}{V_N} \cdot \upsilon_m \cdot V_N}{V}$$

$$= \frac{M_1 \cdot V_1 + M_2 \cdot V_2 + ... + M_N \cdot V_N}{V} = r_1 \cdot M_1 + r_2 \cdot M_2 + ... + r_N \cdot M_N ,$$

$$M = \sum_{i=1}^{N} r_i \cdot M_i . \tag{7.27}$$

Die nach (7.26) bzw. (7.27) errechnete Molmasse ist keine Molmasse im Sinne der Bedeutung des Wortes „Mol“, weil in der Mischung die Moleküle der reinen Stoffe voneinander getrennt bleiben, also keine „Mischgasmoleküle“ bilden. Die Molmasse einer Mischung wird deshalb als *scheinbare Molmasse* bezeichnet.

Dichte der Mischung

Die Dichte der Mischung läßt sich mit folgenden identischen Umformungen aus den Raumanteilen und den Dichten der Mischungskomponenten vor der Mischung ermitteln:

$$\rho = \frac{m}{V} = \frac{m_1 + m_2 + ... + m_N}{V} = \frac{V_1 \cdot \frac{m_1}{V_1} + V_2 \cdot \frac{m_2}{V_2} + ... + V_N \cdot \frac{m_N}{V_N}}{V}$$

$$= r_1 \cdot \rho_1 + r_2 \cdot \rho_2 + ... + r_N \cdot \rho_N ,$$

kurz

$$\rho = \sum_{i=1}^{N} r_i \cdot \rho_i . \tag{7.28}$$

Spezifisches Volumen der Mischung

Das spezifische Volumen der Mischung erhält man über

$$\upsilon = \frac{V}{m} = \frac{V_1 + V_2 + ... + V_N}{m} = \frac{m_1 \cdot \frac{V_1}{m_1} + m_2 \cdot \frac{V_2}{m_2} + ... + m_N \cdot \frac{V_N}{m_N}}{m}$$

$$= \frac{m_1}{m} \cdot \frac{V_1}{m_1} + \frac{m_2}{m} \cdot \frac{V_2}{m_2} + ... + \frac{m_N}{m} \cdot \frac{V_N}{m_N} = \mu_1 \cdot \upsilon_1 + \mu_2 \cdot \upsilon_2 + ... + \mu_N \cdot \upsilon_N$$

zu

$$\upsilon = \sum_{i=1}^{N} \mu_i \cdot \upsilon_i \,. \tag{7.29}$$

Molanteile

Drückt man die Teilvolumina V_i der Komponenten und das Volumen V der Mischung bei gleichen Werten von Druck und Temperatur mit Hilfe von (7.8) durch Stoffmenge n und Molmasse M aus, dann erhält man nach Einsetzen dieser Terme in (7.22) mit Beachtung von (7.14)

$$r_i = \frac{V_i}{V} = \frac{\frac{n_i \cdot M_i \cdot R_i \cdot T}{p}}{\frac{n \cdot M \cdot R \cdot T}{p}} = \frac{n_i \cdot M_i \cdot R_i}{n \cdot M \cdot R} = \frac{n_i}{n} \,.$$

Das Verhältnis der auf die Stoffmenge n der Mischung bezogenen Stoffmenge n_i der i-ten Komponente wird auch Molenbruch genannt. Molenbrüche und Raumanteile idealer Gase sind identisch:

$$r_i = \frac{n_i}{n} = \frac{V_i}{V} \tag{7.30}$$

Beziehungen zwischen Massenanteilen und Raumanteilen

Die Massenanteile und Raumanteile lassen sich ineinander umwandeln. Mit μ_i , definiert durch Gl. (7.20) und mit $m_i = n_i \cdot M_i$, $m = n \cdot M$ erhält man zunächst

$$\mu_i = \frac{m_i}{m} = \frac{n_i \cdot M_i}{n \cdot M}$$

und mit r_i nach (7.30)

$$\mu_i = r_i \cdot \frac{M_i}{M} ,$$

oder mit $R_m = R \cdot M = R_i \cdot M_i$

$$\mu_i = r_i \cdot \frac{M_i}{M} = r_i \cdot \frac{R_m / R_i}{R_m / R} = r_i \cdot \frac{R}{R_i} \,. \tag{7.31}$$

Partialdrücke

Im Verlaufe der isobar-isothermen Mischung expandiert jede Komponente von ihrem Anfangsvolumen V_i auf das größere Gesamtvolumen V. Als Folge sinkt der Druck der Einzelgase vom Ausgangswert p auf den kleineren Wert p_i. Nach der Mischung hat also jede Komponente einen anderen Druck, *Teildruck* oder *Partialdruck* genannt. Die Teildrücke oder Partialdrücke kann man nicht messen, jedoch berechnen. Die Basis der Rechnung ist das von *John Dalton*[13] gefundene Gesetz:

In einer idealen Gasmischung verhält sich jede Komponente so, als wäre sie allein vorhanden.

Man darf also auf jede Komponente im Zustand nach der Mischung die thermische Zustandsgleichung idealer Gase anwenden und erhält so die N Zustandsgleichungen

$$p_1 \cdot V = m_1 \cdot R_1 \cdot T \ ,$$
$$p_2 \cdot V = m_2 \cdot R_2 \cdot T \ ,$$
$$\dots\dots\dots\dots \ ,$$
$$p_N \cdot V = m_N \cdot R_N \cdot T \ ,$$

mit $p_1, p_2, \dots\dots, p_N$ als den Teildrücken oder Partialdrücken der Einzelgase, V als dem Mischungsvolumen und T als absoluter Temperatur des Gasgemisches.

Summation der N Gasgleichungen liefert

$$\left(\sum_{i=1}^{N} p_i\right) \cdot V = \left(\sum_{i=1}^{N} m_i \cdot R_i\right) \cdot T = m \cdot \left(\sum_{i=1}^{N} \mu_i \cdot R_i\right) \cdot T \ .$$

Der Vergleich mit (7.23) bringt die Erkenntnis, daß der Druck p der Mischung gleich der Summe der Partialdrücke p_i ist:

$$p = p_1 + p_2 + \dots\dots + p_N = \sum_{i=1}^{N} p_i \tag{7.32}$$

Berechnung der Partialdrücke

Die Gasgleichung (7.7) liefert für die i-te Komponente beim Mischungsvolumen V und der Mischungstemperatur T den Partialdruck

$$p_i = m_i \cdot R_i \cdot \frac{T}{V} \ . \tag{7.33}$$

Eliminiert man aus der Gasgleichung der Mischung das Verhältnis T/V und setzt

$$\frac{T}{V} = \frac{p}{m \cdot R}$$

[13] John Dalton (1766 bis 1844), englischer Naturforscher

in die Gleichung für p_i, so erhält man

$$p_i = \frac{m_i \cdot R_i}{m \cdot R} \cdot p \tag{7.34}$$

bzw.

$$p_i = \mu_i \cdot \frac{R_i}{R} \cdot p \,. \tag{7.35}$$

Mit der Verknüpfung von Raum- und Masseanteilen nach (7.31) ergibt sich

$$p_i = r_i \cdot p \,. \tag{7.36}$$

Beispiel 7.13
Luft besteht im wesentlichen aus ungefähr 78 Volumenprozent Stickstoff (N_2), 21 Volumenprozent Sauerstoff (O_2) und 1 Volumenprozent Argon (Ar). Für den Normdruck $p_n = 1{,}01325$ bar sollen berechnet werden
a) die molare Masse,
b) die Dichte im Normzustand,
c) die Gaskonstante und
d) die Partialdrücke.

Lösung
Der Tabelle 4.1 entnimmt man

$$M_{N_2} = 28{,}0134\ \frac{\text{kg}}{\text{kmol}},\quad M_{O_2} = 31{,}9988\ \frac{\text{kg}}{\text{kmol}},\quad M_{Ar} = 39{,}948\ \frac{\text{kg}}{\text{kmol}}\,.$$

a) Die Molmasse der Mischung ist

$$M = r_{N_2} \cdot M_{N_2} + r_{O_2} \cdot M_{O_2} + r_{Ar} \cdot M_{Ar} = 28{,}97 \frac{\text{kg}}{\text{kmol}}.$$

b) Mit dem Normmolvolumen $\upsilon_{mn} = 22{,}4140\ \text{m}^3/\text{kmol}$ errechnet sich die Normdichte

$$\rho_n = \frac{M}{\upsilon_{mn}} = 1{,}293 \frac{\text{kg}}{\text{m}^3}.$$

c) Die Gaskonstante ist

$$R = \frac{R_m}{M} = 287{,}003 \frac{\text{J}}{\text{kg} \cdot \text{K}}.$$

d) Mit $p_i = r_i \cdot p$ nach (7.36) erhält man:

Partialdruck des Stickstoffs $p_{N_2} = 0{,}78 \cdot 1{,}01325\ \text{bar} = 0{,}79034\ \text{bar}$
Partialdruck des Sauerstoffs $p_{O_2} = 0{,}21 \cdot 1{,}01325\ \text{bar} = 0{,}21278\ \text{bar}$
Partialdruck des Argon $p_{Ar} = 0{,}01 \cdot 1{,}01325\ \text{bar} = 0{,}01325\ \text{bar}$

7.4 Reale Gase

Der Gültigkeitsbereich der thermischen Zustandsgleichung idealer Gase ist in der Vergangenheit in zahlreichen Experimenten untersucht worden. Dabei zeigte sich, daß die Verknüpfung $p \cdot \upsilon / (R \cdot T)$ der thermischen Zustandsgrößen p, υ, T und der indviduellen Gaskonstante R aller Gase mit abnehmendem Druck dem Grenzwert

$$\lim_{p \to 0} \frac{p \cdot v}{R \cdot T} = 1$$

zustrebt. Bei sehr kleinen Drücken besitzen also alle Gase Idealgascharakter.

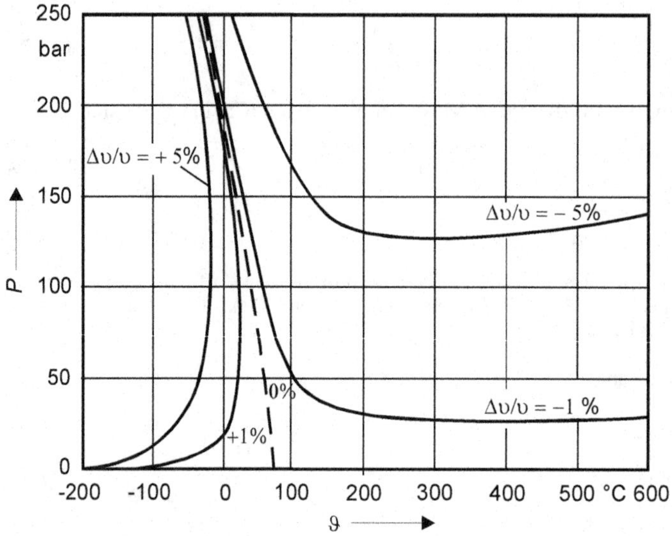

Bild 7.5. Relative Abweichungen $\Delta v / v = (v - R \cdot T / p) / v$ des spez. Volumens der Luft von den Werten nach der Zustandsgleichung idealer Gase. Nach [1]

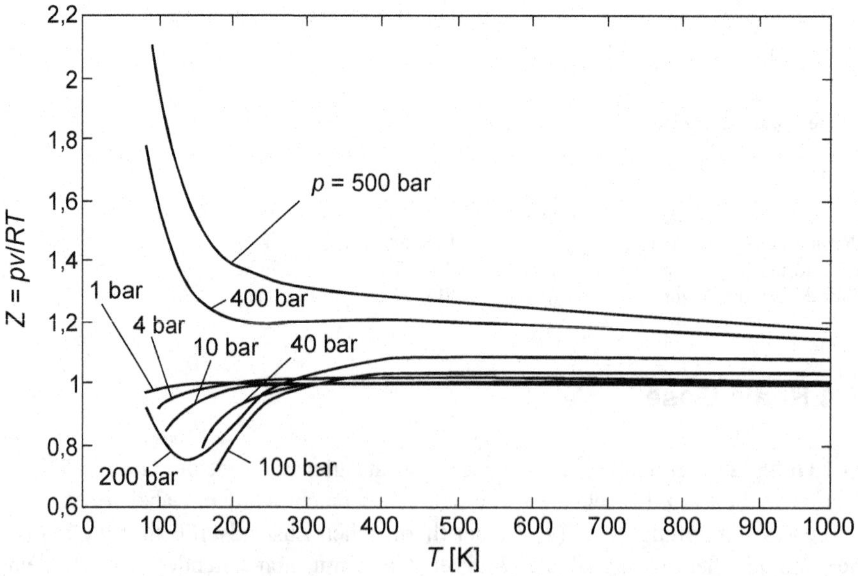

Bild 7.6. Realgasfaktor *Z* für Luft. Nach [16]

Einen Eindruck über den Grad der Abweichung des Idealgasverhaltens von dem realer Gase erhält man bei der Betrachtung des Bildes 7.5. Es veranschaulicht am Beispiel des Gasgemisches „Luft“ die Differenz zwischen dem spezifischen Volumen, berechnet aus der Idealgasgleichung und dem empirischen Befund. Danach beträgt die Differenz weniger als 1% bei Drücken unter 20 bar in einem Temperaturbereich von 0°C bis weit über 800°C.

Wenn die Idealgasgleichung große, nicht mehr tolerierbare Abweichungen liefert, kann man das vom Idealgas abweichende Verhalten des Realgases durch Einführung eines Realgasfaktor Z genannten Korrekturwertes in die thermische Zustandsgleichung berücksichtigen. Die thermische Zustandsgleichung des Realgases lautet damit

$$\frac{p \cdot v}{R \cdot T} = Z \ . \tag{7.37}$$

Darin ist R die Gaskonstante des idealen Gases. Für $Z = 1$ ist die Gleichung mit der thermischen Zustandsgleichung des idealen Gases identisch.

Der Realgasfaktor Z ist eine stoffspezifische, temperatur- und druckabhängige Größe. Er muß experimentell ermittelt werden.

In Bild 7.6 ist der Realgasfaktor Z von Luft in Abhängigkeit von der Temperatur wiedergegeben. Im Temperaturbereich von etwa 270 K $\leq T \leq$ 1000 K und höher, sowie Drücken bis etwa 10 bar weicht der Realgasfaktor Z von Luft nur geringfügig vom Wert 1 ab.

7.5 Dämpfe

Dämpfe unterscheiden sich in ihren physikalischen Eigenschaften grundsätzlich nicht von den Gasen. Ihre Besonderheit besteht darin, daß sie im thermodynamischen Gleichgewicht ein Zweiphasensystem mit der zugehörigen flüssigen oder festen Phase bilden.

Der Übergang eines Stoffes von seiner flüssigen (oder auch festen Phase) in die Gasphase heißt Verdampfen und vollzieht sich unter Wärmezufuhr.

7.5.1 Dampfarten

Bei der Dampfbildung unterscheidet man drei verschiedene Arten von Dämpfen, nämlich den *Naßdampf*, den *trocken gesättigten Dampf oder Sattdampf* und den *überhitzten Dampf*. Die Unterschiede werden in Bild 7.7 erläutert, das den Verdampfungsprozeß in seinen verschiedenen Stadien darstellt:
In ein zylindrisches Gefäß wird eine Flüssigkeit, beispielsweise Wasser eingefüllt. Das Gefäß wird durch einen Kolben verschlossen, der durch sein Eigengewicht und ein Zusatzgewicht belastet den Druck p_S konstant hält. Die Zustandsänderung der Flüssigkeit erfolgt also isobar. Führt man dem System Wärme zu, so

steigt die Temperatur. Das Volumen ändert sich dabei zunächst nur wenig. Bei einer ganz bestimmten vom Druck p_S abhängigen Temperatur T_S beginnt unter starker Volumenzunahme die Dampfbildung aus der Flüssigkeit heraus (Bild 7.7b). Die Temperatur T_S heißt *Sättigungstemperatur* oder *Verdampfungstemperatur*, der Druck p_S ist der *Sättigungsdruck*. Die Sättigungstemperatur bei einem Druck von 1,01325 bar wird auch *Siedetemperatur* genannt. Wasser beispielsweise siedet bei einem Druck von 1,01325 bar bei 100 °C.

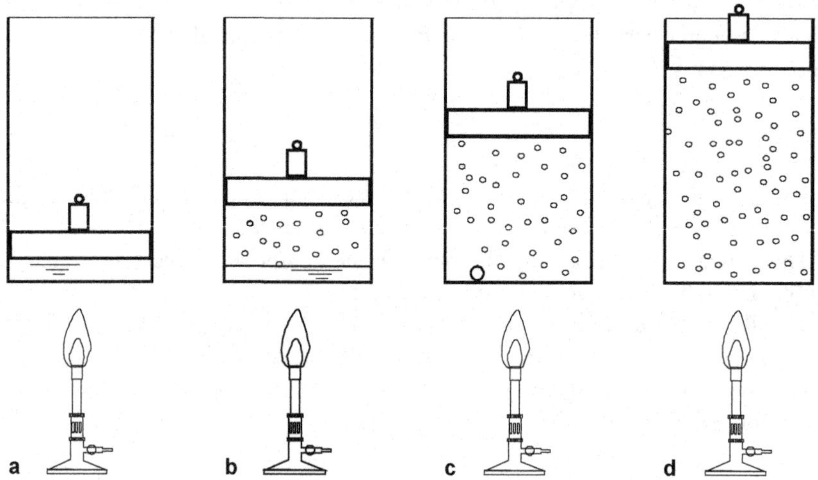

Bild 7.7. Verdampfungsprozeß in verschiedenen Stadien

Naßdampf. Das Gemisch aus Flüssigkeit und des mit ihr im thermodynamischen Gleichgewicht befindlichen Dampfes heißt *nasser Dampf* oder *Naßdampf.* In Bild 7.7b befindet sich das Wasser am Behälterboden, Wasser und Sattdampf sind also voneinander getrennt. Häufig ist aber das Wasser in Form kleinster Tröpfchen im Dampf verteilt. In dieser Form ist er als Nebel sichtbar.

Trocken gesättigter Dampf oder Sattdampf. Bei weiterer Wärmezufuhr bleibt die Temperatur bei konstantem Druck solange konstant, bis wie in Bild 7.7d der letzte Wassertropfen verdampft ist. Der nun das ganze Gefäß ausfüllende Dampf heißt *trocken erhitzter Dampf* oder *Sattdampf.* Die Bezeichnung *gesättigt* beschreibt die Eigenart des Dampfes, in diesem Zustand bei geringster Abkühlung unter konstantem Druck wieder Wassertröpfchen auszuscheiden.

Überhitzter Dampf. Wird die Wärmezufuhr über diesen Punkt hinaus fortgesetzt, dann steigt die Temperatur wieder an. Der Dampf hat nun die gleichen Eigenschaften wie ein Realgas. Als *überhitzter Dampf* wird der Dampf bezeichnet, dessen Temperatur höher ist als die zu seinem Druck gehörende Sättigungstemperatur.

7.5.2 Dampfdruckkurven

Zu jedem Sättigungdruck p_S eines Stoffes gehört eine ganz bestimmte Sättigungstemperatur T_S. Trägt man die Wertepaare in einem Diagramm auf, so erhält man die Dampfdruckkurve $p_S = f(T_S)$. Sie ist stoffspezifisch, beginnt am Schmelzpunkt und endet am kritischen Punkt. Der kritische Punkt K kennzeichnet jenen Druck, bei dessen Überschreiten keine Unterscheidung von flüssiger und gasförmiger Phase mehr möglich ist. In Bild 7.8 sind die Dampfdruckkurven einiger Stoffe wiedergegeben.

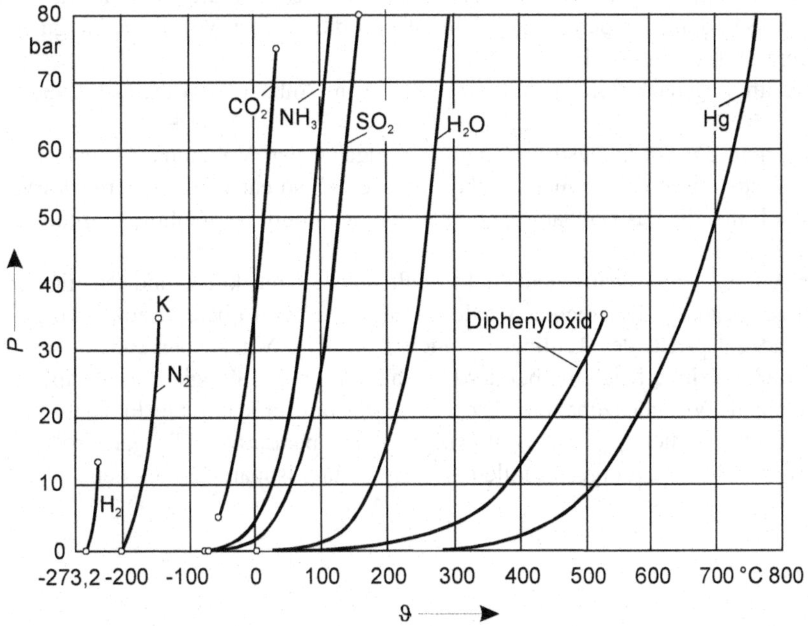

Bild 7.8. Dampfdruckkurven einiger Stoffe. Nach [18]

7.5.3 Grenzkurven

Die thermischen Daten der Dämpfe aller für die technischen Anwendungen wichtigen Stoffe sind in Sättigungsdampftafeln niedergelegt. Sie enthalten die Koordinaten der Dampfdruckkurve, also die Wertepaare des Sättigungsdruckes p_S und der Sättigungstemperatur T_S, sowie neben weiteren erst später zu behandelnden thermodynamischen Größen die spezifischen Volumen υ' des Stoffes auf der Siedelinie und die spezifischen Volumen υ'' auf der Taulinie (vgl. Bild 7.1). Das spezifische Volumen υ' ist gleich dem der Flüssigkeit im Sättigungszustand, während υ'' das spezifische Volumen des Sattdampfes ist.

Es gibt zwei verschiedene Ausführungen der Sättigungsdampftafeln, die *Drucktafel* und die *Temperaturtafel*:

In der *Drucktafel* für Wasser im Anhang B, Tabelle B2, sind in der ersten Spalte die Werte des Sättigungsdruckes über dem interessierenden Gesamtintervall in äquidistanter Verteilung aufgelistet. Die zweite Spalte enthält die Werte der Sättigungstemperatur. Die Drucktafel wird benutzt, wenn man für einen gegebenen Sättigungsdruck die Sättigungstemperatur und die übrigen ihm zugeordneten Zustandsgrößen des Dampfes sucht.

In der *Temperaturtafel* im Anhang B, Tabelle B3, findet man in der ersten Spalte die äquidistante Verteilung der Sättigungstemperaturen und daneben die zugehörigen Sättigungsdrücke. Die Anwendung der Temperaturtafel ist angezeigt, wenn die Sättigungstemperatur gegeben ist und die übrigen von ihr abhängigen Werte ermittelt werden sollen.

Die Sättigungsdampftafel von Ammoniak ist im Anhang B, Tabelle B4 abgedruckt.

Trägt man die Sättigungsdrücke und die zugehörigen Volumina υ' und υ'' über dem spezifischen Volumen υ als Abszisse auf, so entsteht eine Grenzkurve genannte Linie, die das Naßdampfgebiet zusammen mit der Tripellinie umschließt (vgl. Bild 7.9).

Der Ast links vom kritischen Punkt heißt untere Grenzkurve und ist mit der Siedelinie identisch. Der rechte Ast der Grenzkurve wird obere Grenzkurve genannt und entspricht der Taulinie (s. auch Bild 7.1). Mit zunehmendem Sättigungsdruck verringert sich die bei der Umwandlung von Flüssigkeit in Dampf zu verzeichnende Volumenzunahme $\Delta\upsilon = \upsilon'' - \upsilon'$, um im kritischen Punkt K mit dem kritischen Druck p_{kr} und dem kritischen Temperaturwert T_{kr} ganz zu verschwinden. Im Naßdampfgebiet fallen Isothermen und Isobaren zusammen.

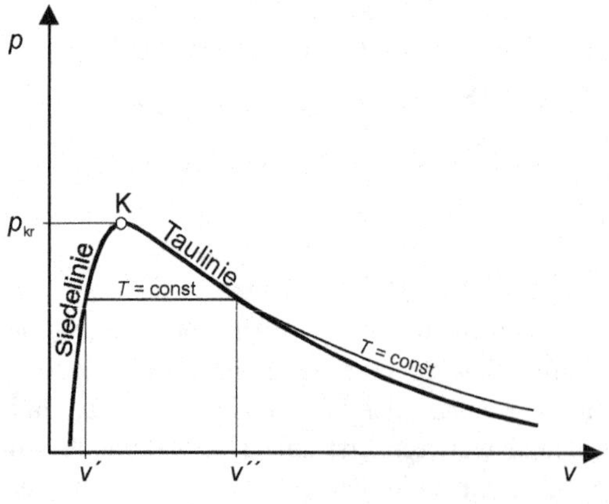

Bild 7.9. Grenzkurven des Naßdampfgebietes im p, υ - Diagramm

7.5.4 Thermische Zustandsgleichung des Dampfes

Naßdampfgebiet. Das Naßdampf- oder Sättigungsgebiet ist ein Zweiphasengebiet. Beide Phasen, die flüssige und die gasförmige haben im Zustand des thermodynamischen Gleichgewichts gleichen Druck und gleiche Temperatur, die über die Dampfdruckkurve miteinander verknüpft und deshalb nicht unabhängig voneinander sind. Der Zustand des Systems im Naßdampfgebiet läßt sich aus diesem Grund durch Angabe von Druck oder Temperatur nicht ausreichend beschreiben. Erst die Angabe des Mengenverhältnisses der beiden Phasen legt den Zustand eindeutig fest.

Das Mengenverhältnis ist der *Dampfgehalt* x und wird mit der Masse m' der flüssigen Phase und der Masse m'' des gasförmigen Teiles des Flüssigkeits-Dampf-Gemisches als Verhältnis der Dampfmasse zur Gesamtmasse m des Naßdampfes definiert:

$$x = \frac{m''}{m' + m''} = \frac{m''}{m} \tag{7.38}$$

Für die Punkte der unteren oder linken Grenzkurve gilt wegen $m'' = 0$ auch $x = 0$. Auf der rechten Grenzkurve gilt für jeden Punkt $x = 1$, weil hier die gesamte Masse in Sattdampf umgewandelt ist und der Anteil der flüssigen Phase $m' = 0$ ist. Der Dampfgehalt x variiert also stets zwischen den Grenzen 0 und 1.

Die Differenz

$$1 - x = \frac{m'}{m} \tag{7.39}$$

beschreibt den Flüssigkeitsanteil des Naßdampfes, also den Massenanteil der noch zu verdampfenden Flüssigkeit. Sie wird *Nässe* oder *Feuchtigkeit* des Naßdampfes genannt.

Der Dampfanteil x ist über die Massenbilanz $m = m' + m''$ und die Volumenbilanz mit dem spezifischen Volumen υ verknüpft. Die Volumenbilanz verlangt, daß das Gesamtvolumen V des Naßdampfes gleich der Summe des Volumens V' der Nässe und des Volumens V'' des Sattdampfes ist:

$$V = V' + V'' \tag{7.40}$$

Drückt man die extensiven Volumen des Naßdampfes, der Flüssigkeit und des Sattdampfes in (7.40) durch die spezifischen Volumen $\upsilon = V / m$, $\upsilon' = V' / m'$ und $\upsilon'' = V'' / m''$ aus, so ergibt sich zunächst

$$m \cdot \upsilon = m' \cdot \upsilon' + m'' \cdot \upsilon''$$

und über

$$\upsilon = \frac{m'}{m} \cdot \upsilon' + \frac{m''}{m} \cdot \upsilon''$$

mit (7.38) und (7.39)

$$\upsilon = (1 - x)\cdot\upsilon' + x\cdot\upsilon'' = \upsilon' + x\cdot(\upsilon'' - \upsilon'). \tag{7.41}$$

Gleichung (7.41) legt den Naßdampfzustand auf jeder Isobare zusammen mit ihren spezifischen Grenzvolumen durch das spezifische Volumen in Abhängigkeit vom Dampfgehalt fest. Umgekehrt kann man aus (7.41) den Dampfgehalt x errechnen:

$$x = \frac{\upsilon - \upsilon'}{\upsilon'' - \upsilon'} \tag{7.42}$$

Jeder durch υ oder x festgelegte Zustandspunkt teilt die Isobaren im Sättigungsgebiet im Verhältnis $x : (1 - x)$. Man kann diese Eigenschaft dazu benutzen, Kurven gleichen Dampfgehaltes in das p, υ-Diagramm einzuzeichnen. Man teilt dazu eine Reihe von Isobaren des Sättigungsgebietes in äquidistante Abschnitte. Jeder Schnittpunkt repräsentiert einen bestimmten Zahlenwert von x. Die Verbindung der Punkte gleicher x-Werte liefert die Kurven konstanten Dampfgehalts, auch *Isovaporen* genannt.

Nach Einführung der Zustandsgröße x stellt sich der thermische Zustand des Naßdampfes als implizite Funktion

$$\mathrm{F}(\upsilon, \mathrm{p}(T), x) = 0 \tag{7.43}$$

oder explizit als

$$\upsilon = \upsilon(\mathrm{p}(T), x) \tag{7.44}$$

dar.

Überhitzter Dampf. An die rechte Grenzkurve schließt sich im Zustandsdiagramm das Gebiet des überhitzten Dampfes an, der in seinen Eigenschaften denen des Realgases entspricht.

Die Zustandsgrößen des überhitzten Dampfes bei höheren Drücken lassen sich wegen der Kompliziertheit seiner Gesetzmäßigkeiten nur mit Einsatz elektronischer Rechenanlagen ermitteln. Für die praktische und manuelle Berechnung von Dampfprozessen benutzt man Dampftafeln oder Zustandsdiagramme.

Bei niedrigen Drücken und hohen Temperaturen nimmt der Dampf Idealgascharakter an.

Beispiel 7.14

Für eine Sättigungstemperatur von 25°C von Wasser sind zu bestimmen

a) der Sättigungsdruck p_S ,

b) die spezifischen Volumen auf der Siede- und der Taulinie,

c) das spezifische Volumen für einen Dampfgehalt von $x = 0{,}37$.

Lösung

Aus der Temperaturtafel im Anhang B, Tabelle B3 für Wasser liest man ab

a) $p_S(25°\,C) = 0{,}03166$ bar.

b) Die spezifischen Volumen auf der Siede- und der Taulinie sind laut Tabelle B3

$\upsilon' = 1{,}0029 \cdot 10^{-3}$ m³/kg ; $\upsilon'' = 43{,}40$ m³/kg.

c) Nach (7.41) ist

$$\upsilon = \upsilon' + x \cdot (\upsilon'' - \upsilon') = 16{,}0586 \frac{\mathrm{m}^3}{\mathrm{kg}} \; .$$

Beispiel 7.15

Es soll

a) die Sättigungstemperatur des Wassers bei einem Druck von 0,08 bar ermittelt werden.

b) Wie groß ist der Dampfgehalt bei diesem Druck, wenn das spezifische Naßdampfvolumen $\upsilon = 11{,}84\,\mathrm{m}^3/\mathrm{kg}$ ist?

Lösung

a) Aus der Drucktafel im Anhang B, Tabelle B2, ergibt sich für Wasser eine Sättigungstemperatur von $\vartheta_S = 41{,}53\ °\mathrm{C}$ beim Druck 0,08 bar.

b) Das spezifische Volumen auf der Siedelinie ergibt sich aus der Tafel B2 zu $\upsilon' = 1{,}008 \cdot 10^{-3}\ \mathrm{m}^3/\mathrm{kg}$ bei 0,08 bar. Das spezifische Volumen auf der Taulinie ist nach der Drucktafel bei diesem Druck gleich $\upsilon'' = 18{,}10\ \mathrm{m}^3/\mathrm{kg}$. Mit (7.42) errechnet man den Dampfgehalt $x = 0{,}6541$.

8 Kinetische Gastheorie

Die klassische oder phänomenologische Thermodynamik untersucht den Ablauf thermodynamischer Prozesse im Experiment und leitet aus den Meßergebnissen Gesetze ab. Die auf solchem Weg gefundenen Beziehungen nennt man empirische Gesetze.

Die kinetische Gastheorie betrachtet die mikroskopische Struktur der gasförmigen Materie und beschreibt ihre Eigenschaften und Gesetzmäßigkeiten rein theoretisch mit Hilfe der Gesetze der klassischen Mechanik und der Statistik. Ihr liegen folgende vereinfachenden Annahmen zugrunde:

Die Gasmoleküle oder Atome sind punktförmige Gebilde - kleine Kugeln - , die sich in ständiger und ungeordneter Bewegung befinden. Zwischen zwei Zusammenstößen bewegen sie sich geradlinig und gleichförmig. Stoßvorgänge zwischen Molekülen oder Wänden gehorchen dem Gesetz des elastischen Stoßes. Das Gas hat eine geringe Dichte, so daß Anziehungskräfte der Moleküle oder Atome untereinander vernachlässigt werden können. Ein solches Gas entspricht in seinen Eigenschaften denen eines idealen Gases.

Auf der Grundlage dieser Modellvorstellung liefert die kinetische Gastheorie Verknüpfungen der makroskopischen Größen eines Systems wie Druck, Volumen und absolute Temperatur mit seinen mikroskopischen Daten, nämlich der Zahl der in einem Volumen enthaltenen Atome oder Moleküle, ihrer Masse und Geschwindigkeit.

Insbesondere zeigt sie, daß der von einem Gas auf Wände ausgeübte Druck durch die Teilchenstöße auf die Wände hervorgerufen wird und die absolute Temperatur ein Maß für die mittlere kinetische Energie der Gasteilchen ist.

8.1 Druck als Summe von Stoßvorgängen

Der Quader von Bild 8.1 enthalte N Gasteilchen der Masse m_T, die sich in unterschiedlichen Richtungen mit unterschiedlichen Geschwindigkeiten bewegen.

Wir wollen die Kraft berechnen, die die Masseteilchen auf die Innenwände des Quaders ausüben und ziehen dazu das zweite Newton'sche Axiom heran, demzufolge die zeitliche Änderung des Impulses einer Masse gleich der auf die Masse wirkenden Kraft ist.

Impulse, Kräfte und Geschwindigkeiten sind Vektoren. Wir vereinbaren, daß die Vorzeichen ihrer Komponenten in Richtung der drei Koordinatenachsen positiv sein sollen, wenn sie mit den positiven Halbachsen richtungsgleich sind.

Alle Stoßvorgänge werden als volkommen elastisch angenommen. Beim Aufprall auf die Wand ändert sich nur die wandnormale Komponente des Impulses $\vec{I} = m_T \cdot \vec{c}$ [14] eines Masseteilchens, mit $\vec{c} = \vec{c}_x + \vec{c}_y + \vec{c}_z$ als seinem orts- und zeitabhängigen Geschwindigkeitsvektor.

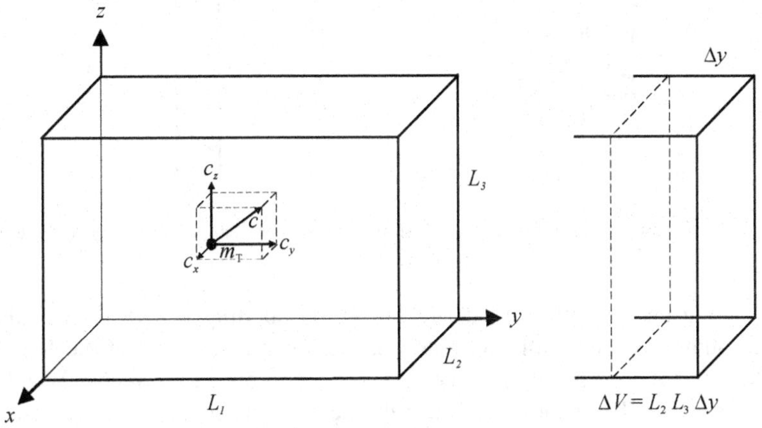

Bild 8.1. Kinetische Gastheorie

Wir numerieren die Masseteilchen mit i, $1 \leq i \leq N$, und greifen aus ihrer Menge ein i-tes beliebig heraus, beispielsweise eines, das sich gerade auf die rechte Seitenwand zu bewegt. Beim elastischen Aufprall auf die Wand ändert sich die wandnormale y-Impulskomponente. War sie vor dem Stoß gleich $m_T \cdot c_{yi}$, dann ist sie danach gleich $m_T \cdot (-c_{yi})$ (Bild 8.2, links). Die y-Impulskomponente ändert sich also um

$$I_{yi}(t+\Delta t) - I_{yi}(t) = \Delta I_{yi} = m_T \cdot (-c_{yi}) - m_T \cdot c_{yi} = -2 m_T \cdot c_{yi}\,,$$

wobei t die Zeit kurz vor dem Stoß und $t + \Delta t$ die Zeit kurz nach dem Stoß ist. Nach dem zweiten Newton'schen Axiom ist die auf das Zeitintervall Δt bezogene y-Impulsdifferenz gleich der von der Wand auf das Teilchen ausgeübten Kraft

$$F_{Ti} = \frac{\Delta I_{yi}}{\Delta t} = -\frac{2 \cdot m_T}{\Delta t} \cdot c_{yi}\,.$$

Die umgekehrt von dem Masseteilchen auf die Wand wirkende Kraft F_i ist nach dem 3. Newtonschen Axiom, dem Prinzip von Actio und Reactio (Bild 8.2 rechts) betragsgleich entgegengesetzt:

---

[14] Im Gegensatz zur Schreibweise in der Mechanik wird für den Impuls das Formelzeichen I und für die Geschwindigkeit das Formelzeichen c verwendet, um Verwechslungen mit den Formelzeichen für den Druck p und das spezifische Volumen υ zu vermeiden.

$$F_i = \frac{2 \cdot m_T}{\Delta t} \cdot c_{yi}$$

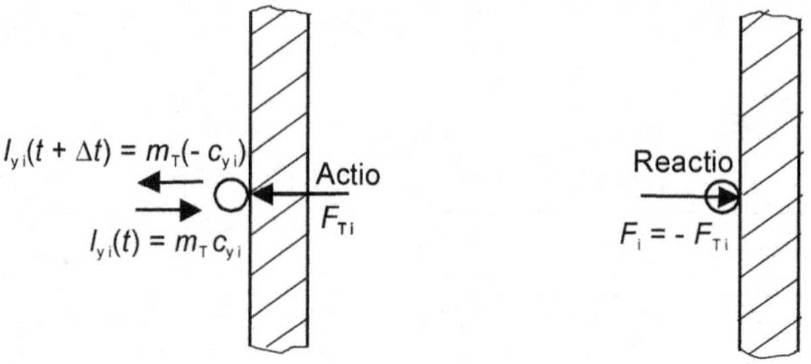

Bild 8.2. Impulsänderung beim elastischen Stoß eines Masseteilchens auf die rechte Seitenwand

Der Betrag der gesamten auf die rechte Wand übertragenen Kraft F ergibt sich durch Summation über alle Gasteilchen, die im Intervall Δt auf die Wand auftreffen. Nur die nach rechts fliegenden Teilchen können die rechte Wand überhaupt erreichen. Bezeichnet man die Zahl dieser Teilchen mit ΔN, dann ist

$$F = \sum_{i=1}^{\Delta N} F_i = \frac{2 \cdot m_T}{\Delta t} \sum_{i=1}^{\Delta N} c_{yi} \, .$$

Die Geschwindigkeitskomponenten in der Summe sind allesamt positiv, aber unterschiedlich in ihren Beträgen. Wir führen nun einen für alle Teilchen geltenden Mittelwert ein, also nicht nur für die nach rechts fliegenden Teilchen mit $c_y > 0$, sondern auch für die sich nach links bewegenden, für die $c_y < 0$ ist. Da sich im zeitlichen Mittel genau soviele nach rechts wie nach links bewegen, scheidet das über alle Geschwindigkeitskomponenten gebildete arithmetische Mittel als ungeeignet aus, weil es den für unser Problem sinnlosen Wert Null liefert. Wir gehen deshalb von dem über alle Geschwindigkeitsquadrate c_{yi}^2 gebildeten Mittelwert $\langle c_y^2 \rangle$ aus und nehmen davon die positive Wurzel. Wir erhalten dann für die Summe

$$\sum_{i=1}^{\Delta N} c_{yi} = \Delta N \cdot \sqrt{\langle c_y^2 \rangle}$$

und für die Kraft

$$F = \Delta N \cdot \frac{2 \cdot m_T}{\Delta t} \cdot \sqrt{\langle c_y^2 \rangle} \, .$$

Die Zahl ΔN der in der Zeit Δt auf die Wand treffenden Teilchen ergibt sich aus folgender Überlegung:

Im Zeitintervall Δt können nur solche Gasteilchen die rechte Wand erreichen, deren Abstand höchstens gleich $\Delta y = \sqrt{\langle c_y^2 \rangle} \cdot \Delta t$ ist. Alle Teilchen, die diese Bedingung erfüllen, befinden sich in der Scheibe der Dicke Δy (Bild 8.1 rechts), deren Volumen ΔV sich mit der Wandfläche $A = L_2 \cdot L_3$ zu

$$\Delta V = \Delta y \cdot A = \sqrt{\left\langle c_y^2 \right\rangle} \cdot \Delta t \cdot A$$

errechnet. Wenn sich N Teilchen im Gesamtvolumen $V = L_1 \cdot L_2 \cdot L_3$ des Quaders befinden, dann sind im Teilvolumen ΔV

$$\mathrm{N}_{\Delta V} = \frac{\mathrm{N}}{V} \cdot \Delta V = \frac{\mathrm{N}}{V} \cdot \sqrt{\left\langle c_y^2 \right\rangle} \cdot \Delta t \cdot A$$

enthalten. Darin mit erfaßt sind auch die Teilchen mit den negativen Geschwindigkeitskomponenten $c_{yi} < 0$. Da sich im zeitlichen Mittel die Hälfte aller Teilchen nach links und die andere Hälfte nach rechts bewegt, ist die Zahl der Teilchen, die die rechte Wand im Zeitintervall Δt erreicht, nur halb so groß wie die Zahl aller Teilchen im Volumen ΔV. Die Anzahl der bei der Berechnung von F zu berücksichtigenden Teilchen ist demnach gleich

$$\Delta \mathrm{N} = \frac{1}{2} \cdot \mathrm{N}_{\Delta \mathrm{V}} = \frac{1}{2} \cdot \frac{\mathrm{N}}{V} \cdot \sqrt{\langle c_y^2 \rangle} \cdot \Delta t \cdot A .$$

Man erhält damit die Druckkraft

$$F = \Delta \mathrm{N} \cdot \frac{2 \cdot m_\mathrm{T}}{\Delta t} \cdot \sqrt{\langle c_y^2 \rangle} = \frac{\mathrm{N}}{V} \cdot A \cdot m_\mathrm{T} \cdot \langle c_y^2 \rangle$$

und nach Division durch die Wandfläche A den Druck mit $p = F / A$ zu

$$p = \frac{\mathrm{N}}{V} \cdot m_\mathrm{T} \cdot \langle c_y^2 \rangle . \tag{8.1}$$

Da die Bewegung der Teilchen völlig regellos ist, ist keine der durch die drei Raumachsen definierten Richtungen bevorzugt. Man kann deshalb die Mittelwertquadrate der drei Geschwindigkeitskomponenten gleichsetzen,

$$\langle c_x^2 \rangle = \langle c_y^2 \rangle = \langle c_z^2 \rangle$$

und wegen

$$\langle c^2 \rangle = \langle c_x^2 \rangle + \langle c_y^2 \rangle + \langle c_z^2 \rangle$$

den quadratischen Mittelwert $\langle c_y^2 \rangle$ in (8.1) durch $\langle c^2 \rangle / 3$ ersetzen. Die Quadratwurzel aus dem mittleren Geschwindigkeitsquadrat, die quadratisch gemittelte Geschwindigkeit $\overline{c} = \sqrt{\langle c^2 \rangle}$ wird *mittlere thermische Geschwindigkeit* genannt.

Damit geht (8.1) über in $p = \frac{1}{3} \cdot \frac{\mathrm{N}}{V} \cdot m_\mathrm{T} \cdot \overline{c}^2 .$ (8.2)

Die Gl. (8.2) verknüpft die makroskopischen Größen Druck und Volumen mit den mikroskopischen Daten des Systems, nämlich der Anzahl der im Systemvolumen eingeschlossenen Moleküle, ihrer Masse und ihrer mittleren thermischen Geschwindigkeit. Die Herleitung zeigt, daß der Druck als Folge von Stoßvorgängen der Gasmoleküle auf die Behälterwände interpretiert werden kann.

8.2 Die absolute Temperatur und die kinetische Energie

Betrachtet man (8.2) in der Form

$$p \cdot V = \frac{1}{3} \cdot \mathrm{N} \cdot m_\mathrm{T} \cdot \overline{c}^2 = \frac{2}{3} \cdot \mathrm{N} \cdot \frac{1}{2} \cdot m_\mathrm{T} \cdot \overline{c}^2$$

und beachtet, daß der Term $\frac{1}{2} \cdot m_\mathrm{T} \cdot \overline{c}^2$ die mittlere kinetische Energie $\overline{E}_\mathrm{T}$ eines Teilchens darstellt, dann bringt der Vergleich von

$$p \cdot V = \frac{2}{3} \cdot \mathrm{N} \cdot \overline{E}_\mathrm{T}$$

mit der thermischen Zustandsgleichung (7.7) der idealen Gase

$$p \cdot V = m \cdot R \cdot T = \mathrm{N} \cdot m_\mathrm{T} \cdot R \cdot T$$

die Erkenntnis, daß die mittlere kinetische Energie

$$\overline{E}_\mathrm{T} = \frac{3}{2} \cdot m_\mathrm{T} \cdot R \cdot T \tag{8.3}$$

eines Gasteilchens proportional der thermodynamischen Temperatur des Gases ist. Die gesamte kinetische Energie aller Teilchen im Volumen ist das N-fache von $\overline{E}_\mathrm{T}$. Sie wird nachfolgend mit dem Symbol U bezeichnet:

$$U = \mathrm{N} \cdot \sum_{i=1}^{\mathrm{N}} \overline{E}_\mathrm{T} = \mathrm{N} \cdot \frac{3}{2} \cdot m_\mathrm{T} \cdot R \cdot T$$

Mit der Gesamtmasse aller Teilchen $m = \mathrm{N} \cdot m_T$ ergibt sich

$$U = \frac{3}{2} \cdot m \cdot R \cdot T\,. \tag{8.4}$$

Die kinetische Energie der regellosen Bewegung der Gasteilchen ist eine im Innern des Systems gespeicherte Energie (s. a. Kapitel 10). Sie ist auch dann vorhanden, wenn sich die Gasmasse als Gesamtheit in Ruhe befindet.

Ersetzt man in (8.4) die Masse m durch das Produkt von Stoffmenge n und Molmasse M, $m = n \cdot M$, und berücksichtigt $M \cdot R = R_\mathrm{m}$, dann gewinnt man mit

$$U = \frac{3}{2} \cdot n \cdot R_{\text{m}} \cdot T$$

die Erkenntnis, daß die kinetische Energie der chaotischen Bewegung der Moleküle bzw. Atome eines idealen Gases nur von der Teilchenzahl und nicht von der Teilchenmasse abhängt.

Beispiel 8.1

Für Luft von $T = 288{,}15\,\text{K}$ soll die mittlere thermische Geschwindigkeit ihrer Moleküle berechnet werden. Die Gaskonstante von Luft ist $R = 287{,}1$ J/(kg K).

Lösung

Mit $\overline{E}_{\text{T}} = \frac{1}{2} m_{\text{T}} \cdot \overline{c}^2$ und (8.3) ergibt sich

$\overline{c} = \sqrt{3 \cdot R \cdot T} = 498{,}18 m/s = 1793{,}45 km/h$.

Der Wert entspricht in der Größenordnung der Schallgeschwindigkeit, die sich aus

$\upsilon_{\text{Schall}} = \sqrt{\kappa R T}$

für Luft mit $\kappa = 1{,}4$ und derselben Temperatur wie oben zu

$\upsilon_{\text{Schall}} = 340{,}3$ m/s = 1225,2 km/h errechnet.

9 Arbeit

Arbeit bezeichnet in den technischen Naturwissenschaften eine besondere Art der Energieübertragung. Sie beruht auf der Wechselwirkung zwischen einer Kraft und einem Körper. Eine Kraft verrichtet Arbeit, wenn unter ihrem Einfluß ein Körper bewegt oder deformiert wird.

9.1 Definition der Arbeit

Verschiebt sich der Angriffspunkt einer konstanten Kraft $\vec{F}$ um die Strecke $\vec{s}$, dann verrichtet sie die Arbeit W

$$W = \vec{F}\,\vec{s} = F \cdot s \cdot \cos\alpha \ , \quad 0 \le \alpha \le 180° \, . \tag{9.1}$$

Das ist die bekannte Definition der Mechanik. Sie beschreibt die Arbeit als Skalarprodukt der beiden Vektoren $\vec{F}$ und $\vec{s}$ und gilt in dieser Form nur für die Arbeit eines Kraftvektors, der längs einer geradlinigen Strecke $\vec{s}$ nach Betrag und Richtung konstant bleibt. Der Winkel α ist die Richtungsänderung, die der Kraftvektor erfährt, wenn man ihn auf kürzestem Weg in die Richtung des Vektors $\vec{s}$ dreht (Bild 9.1).

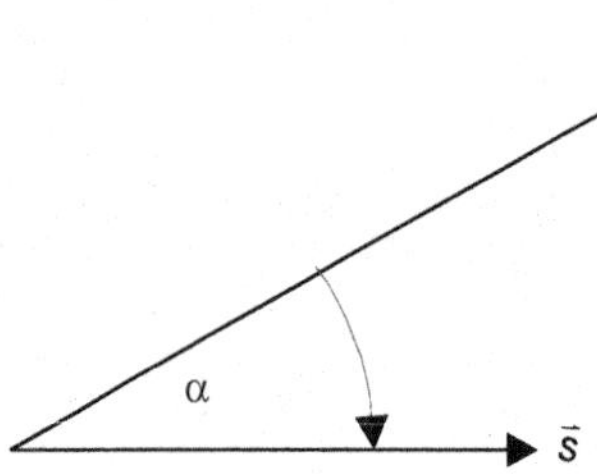

Bild 9.1. Skalarprodukt zweier Vektoren

Für Winkel $0 \le \alpha \le 90°$ ist die Arbeit positiv und für $\alpha = 0°$, wenn Kraft und Weg gleichgerichtet sind, mit

$$W = \left|\vec{F}\right| \cdot \left|\vec{s}\right| = F \cdot s, \quad \alpha = 0° \tag{9.2}$$

gleich dem Produkt der Absolutbeträge beider Vektoren. Stehen beide Vektoren

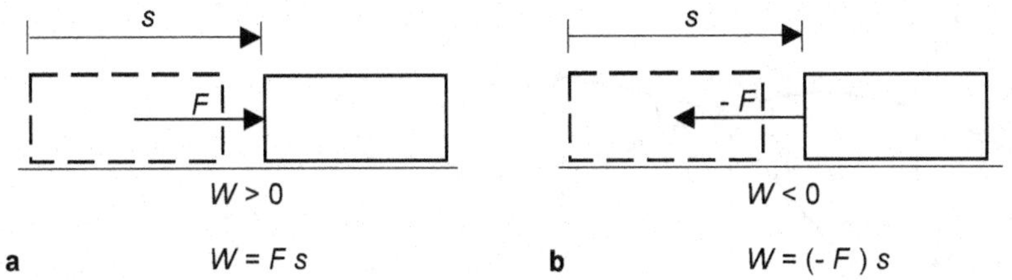

Bild 9.2. Zum Vorzeichen der Arbeit. **a** Kraft und Verschiebung des Kraftangriffpunktes sind gleichgerichtet, die Arbeit ist positiv. **b** Kraft und Verschiebung des Angriffspunktes sind entgegengerichtet, die Arbeit ist negativ.

senkrecht aufeinander, so ist die Arbeit gleich null. Im Intervall $90° < \alpha \leq 180°$ ist sie negativ und für $\alpha = 180°$, wenn Kraft und Weg entgegengesetzt gerichtet sind, gleich dem negativen Produkt ihrer Beträge

$$W = -\left|\vec{F}\right| \cdot \left|\vec{s}\right| = -\ F \cdot s, \quad \alpha = 180° . \tag{9.3}$$

9.2 Arbeit und Energieübertragung

Wir verallgemeinern die Definition der Arbeit, indem wir in Bild 9.3 eine punktförmige Masse m betrachten, die sich unter dem Einfluß einer Kraft entlang einer räumlichen Bahn bewegt.

Die Bahnkurve sei in einem räumlichen ortsfesten kartesischen Koordinatensystem mit den Einheitsvektoren e_x, e_y, e_z durch den Ortsvektor $\vec{r}$ beschrieben. Die Kraft wird als veränderlich und als gegebene Funktion des Weges

$$\vec{F} = F(\vec{r}\,)$$

eingeführt.

Die zwischen den Bahnpunkten 1 und 2 verrichtete Arbeit ergibt sich mit

$$d\vec{s} = d\vec{r}$$

und dem nach (9.1) gebildeten Differential der Arbeit

$$dW = \vec{F}\, d\vec{r}$$

durch Integration zu

$$W_{12} = \int_{r_1}^{r_2} \vec{F}\, d\vec{r} . \tag{9.4}$$

Wir ersetzen die Kraft im Integranden durch das 2. Newtonsche Axiom

$$\vec{F} = m \cdot \vec{a} = m \cdot \frac{d\vec{c}}{dt}$$

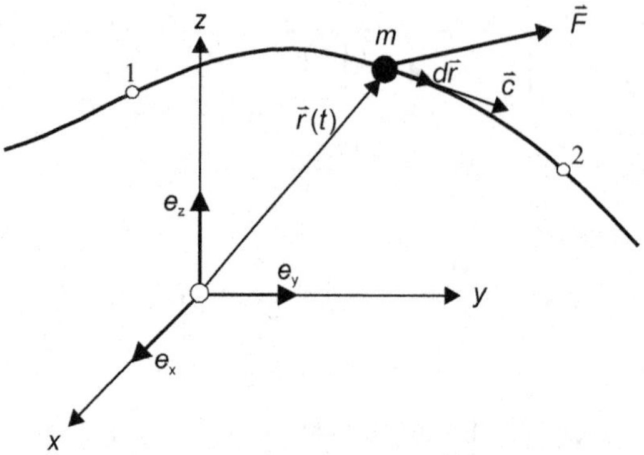

Bild 9.3. Bewegung eines Massepunktes in einem räumlichen kartesischen Koordinatensystem

und verknüpfen dadurch die Arbeit W_{12} [15] mit der Masse m, ihrer Beschleunigung $\vec{a}$ und ihrer Geschwindigkeit $\vec{c}$ und erhalten

$$W_{12} = \int_{\vec{r}_1}^{\vec{r}_2} m \cdot \frac{d\vec{c}}{dt}\, d\vec{r} = m \cdot \int_{\vec{c}_1}^{\vec{c}_2} \frac{d\vec{r}}{dt}\, d\vec{c} = m \cdot \int_{\vec{c}_1}^{\vec{c}_2} \vec{c}\, d\vec{c} = \frac{1}{2}\, m \cdot c_2^2 - \frac{1}{2}\, m \cdot c_1^2 \,.$$

Die beiden letzten Terme sind die kinetischen Energien im Punkt 1 und 2. Mit der Definition

$$E_{\text{kin}} = \frac{1}{2} m \cdot c^2$$

für die kinetische Energie ist die Arbeit, die von der Kraft $\vec{F}$ bei der Bewegung zwischen den Bahnpunkten 1 und 2 an der Masse verrichtet wurde, gleich der Änderung ihrer kinetischen Energie

$$W_{12} = E_{\text{kin2}} - E_{\text{kin1}} \,. \tag{9.5}$$

Wir untersuchen nun die Bewegung einer Masse im Erdschwerefeld. Im Erdschwerefeld erfährt jeder Körper eine zur Erdoberfläche senkrechte nach unten gerichtete Gewichtskraft $\vec{F}_{\text{G}}$. Zusammen mit einer längs der Bahnkurve beliebig anzunehmenden nach Betrag und Richtung veränderlichen Kraft $\vec{F}_{\text{A}}$ ist dann die gesamte auf die Masse wirkende Kraft gleich der Vektorsumme

$$\vec{F} = \vec{F}_{\text{G}} + \vec{F}_{\text{A}} \,. \tag{9.6}$$

[15] Gesprochen „W eins zwei“.

Die von der resultierenden Kraft $\vec{F}$ zwischen den Bahnpunkten 1 und 2 verrichtete Arbeit ergibt sich nach Einsetzen von (9.6) in (9.4) zu

$$W_{12} = W_{\mathrm{G}12} + W_{\mathrm{A}12} = \int_{r_1}^{r_2} \vec{F}_{\mathrm{G}} \cdot d\vec{r} + \int_{r_1}^{r_2} \vec{F}_{\mathrm{A}} \cdot d\vec{r} \,. \tag{9.7}$$

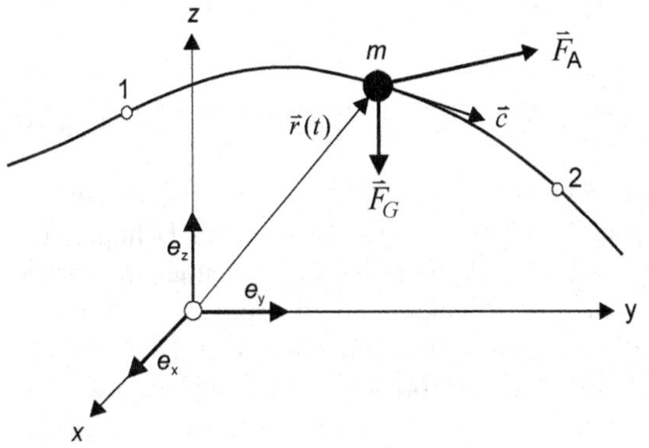

Bild 9.4. Kräfte am Körper im Erdschwerefeld

Die Lösung des ersten Integrals kann sofort angegeben werden:

Die Gewichtskraft im näheren Erdschwerefeld ($g \approx const$) ist mit konstantem Betrag $\left|\vec{F}_{\mathrm{G}}\right| = m \cdot g$ und der zur z-Achse von Bild 9.4 entgegengesetzten Richtung gegeben. Mit den Einheitsvektoren $e_{\mathrm{x}}, e_{\mathrm{y}}, e_{\mathrm{z}}$ (Bild 9.4) und der Komponentendarstellung der Vektoren

$$\vec{F}_{\mathrm{G}} = - m \cdot g \cdot e_z \,,$$

$$d\vec{r} = dx \cdot e_x + dy \cdot e_y + dz \cdot e_z \,,$$

erhält man

$$W_{\mathrm{G}12} = \int_{\vec{r}_1}^{\vec{r}_2} \vec{F}_{\mathrm{G}} \cdot d\vec{r} = - \int_{z_1}^{z_2} m \cdot g \cdot dz = - m \cdot g \cdot \left(z_2 - z_1\right). \tag{9.8}$$

Die Arbeit der Schwerkraft ist unabhängig vom Weg, auf dem der Körper von der Höhe z_1 zur Höhe z_2 gelangt. Das liegt in der Eigenschaft des Gravitationsfeldes der Erde begründet. Das Schwerefeld der Erde gehört zu den sog. konservativen Kraftfeldern, die sich dadurch auszeichnen, daß die Arbeit der durch sie hervorgerufenen Kräfte wegunabhängig ist. Führt man in (9.8) die potentielle Energie im Schwerefeld

$$E_{\mathrm{pot}} = m \cdot g \cdot z \tag{9.9}$$

ein, ergibt sich

$$W_{G12} = -(E_{pot2} - E_{pot1})\,. \tag{9.10}$$

Die gesamte zwischen den Bahnpunkten 1 und 2 verrichtete Arbeit ist nach (9.7) mit Berücksichtigung von (9.10) und (9.5)

$$W_{12} = E_{kin\,2} - E_{kin\,1} = -\left(E_{pot\,2} - E_{pot\,1}\right) + W_{A12}\,.$$

Darin ist W_{A12} die Arbeit der Kraft, die nicht aus einem konservativen Kraftfeld abgeleitet werden kann.

Betrachtet man das Ergebnis in der Form

$$E_{kin\,1} + E_{pot\,1} + W_{A12} = E_{kin\,2} + E_{pot\,2}\,, \tag{9.11}$$

in der auf der linken Seite die kinetische und potentielle Energie im Bahnpunkt 1 und auf der rechten Seite kinetische und potentielle Energien im Bahnpunkt 2 stehen, so erkennt man, daß die Summe der kinetischen und potentiellen Energie beim Durchlaufen der Bahn zwischen den Punkten 1 und 2 um den Betrag der Arbeit von $\vec{F}_A$ anwächst, wenn diese positiv ist und um den Betrag der Arbeit abnimmt, wenn sie negativ ist. Positive Arbeit wirkt also wie eine Energiezufuhr, negative Arbeit wie ein Energieentzug. Die Gleichung (9.11) ist der Energiesatz der Mechanik. Bezeichnet man die Summe von potentieller und kinetischer Energie als mechanische Gesamtenergie

$$E_{mech} = E_{kin} + E_{pot}\,, \tag{9.12}$$

dann lautet der Energiesatz der Mechanik in kurzer Form

$$W_{A\,12} = E_{mech2} - E_{mech1}\,. \tag{9.13}$$

Arbeit und mechanische Energie sind also Größen gleicher Art, nämlich der Grössenart „Energie". Ihre Einheiten sind deshalb gleich. Für die Arbeit erhält man aus der Definition (9.1) die Einheit *Newtonmeter* [Nm], die nach Tabelle 2.2 gleich der SI-Einheit *Joule* [J] für die Energie ist.

Der für eine punktförmige Masse abgeleitete Energiesatz (9.13) der Mechanik läßt sich auch auf räumlich ausgedehnte, nicht rotierende Massen anwenden. An die Stelle des Massenpunktes tritt dann der Massenschwerpunkt.

Beispiel 9.1

Ein Personenkraftwagen wird 6,9 s mit $a = 0{,}38\,\mathrm{g}$ beschleunigt ($g = 9{,}81\,\mathrm{m/s^2}$). Der Wagen hat ein Gewicht von $F_G = 17{,}168\,\mathrm{kN}$, der Rollwiderstandsbeiwert wird auf $\mu = 0{,}014$ geschätzt. Welche Arbeit in kWh wird von der Antriebskraft im Zeitraum $\Delta t = 6{,}9\mathrm{s}$ verrichtet?

Lösung

Die Antriebskraft F_A ist nach dem 2. Newtonschen Axiom

$$F_A = m \cdot a + \mu \cdot F_G = F_G \cdot \left(\frac{a}{g} + \mu\right) = 6{,}764\,\mathrm{kN}\,.$$

Der im Zeitraum Δt zurückgelegte Weg ist

$$\Delta s = \frac{1}{2} \cdot a \cdot \Delta t^2 = 88{,}740\,\text{m}\,.$$

Dabei wird die Arbeit

$W_A = F_A \cdot \Delta s = 600{,}237\,\text{kJ} = 0{,}1667\,\text{kWh}$

verrichtet.

9.3 Arbeit an fluiden Systemen

In der Thermodynamik spielen die Arbeiten jener Kräfte eine untergeordnete Rolle, die den energetischen Zustand eines Festkörpers oder den Bewegungszustand und die Position eines Systems im ganzen verändern. In der Hauptsache interessieren die Arbeiten der Kräfte, die Energie in ruhende fluide Systeme transferieren. Da zur Verrichtung von Arbeit die Verschiebung von Kräften erforderlich ist, läßt sich Arbeit auf ein insgesamt ruhendes System nur durch Bewegung der Systemgrenzen oder Teilen von ihr übertragen. Führt die Wirkung einer Kraft zu einer Deformation der Systemgrenze derart, daß sich das Systemvolumen ändert, dann spricht man von einer *Volumenänderungsarbeit*.

Mit *Wellenarbeit* bezeichnet man den Vorgang, bei dem Teile der Systemgrenze rotieren und dabei die Arbeit eines Drehmomentes übertragen.

9.3.1 Volumenänderungsarbeit

Als Beispiel für die Berechnung der Volumenänderungsarbeit betrachten wir in Bild 9.5 eine Gasmasse, die in einem Zylinder mit Kolben eingeschlossen ist.

Bei einer Verschiebung des Kolbens um die Strecke ds ändert sich das Volumen der Gasmasse und die Kolbenkraft $|\vec{F}| = F = p \cdot A$ verrichtet die Arbeit

$$dW_v = p \cdot A \cdot ds\,.$$

Darin ist p der Druck am Kolbenboden und das Produkt $A \cdot ds$ das Volumen, das der Kolbenboden bei seiner Bewegung überstreicht.

Um diesen Betrag ändert sich das Systemvolumen. Mit dV als differentieller Änderung gilt

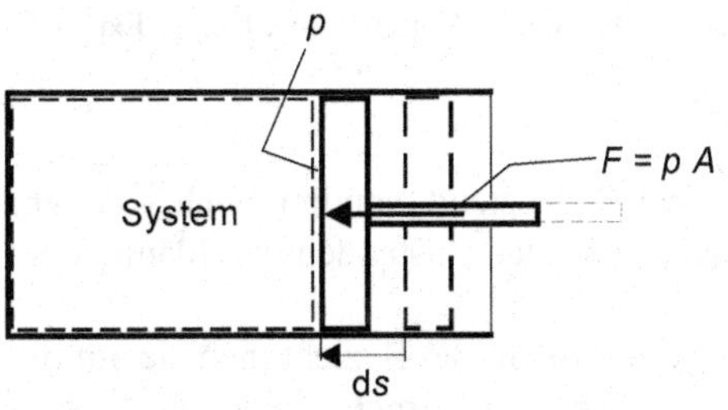

Bild 9.5. Volumenänderungsarbeit durch Kolbenbewegung

$$dW_v = -\,p \cdot dV\,. \tag{9.14}$$

Das negative Vorzeichen in (9.14) berücksichtigt die in der Thermodynamik vereinbarte Vorzeichenkonvention, nach der zugeführte Arbeit oder Energie positiv, abgegebene negativ anzusetzen ist.

So wird bei einer Verdichtung dem System Arbeit zugeführt und wegen $dV < 0$ die Arbeit positiv, $dW_v > 0$. Expandiert das Gas, dann gibt das System Arbeit ab und mit $dV > 0$ wird die Arbeit negativ, $dW_v < 0$.

Die Volumenänderungsarbeit bei einer Volumenänderung von V_1 auf V_2 ergibt sich durch Integration von (9.14) zu

$$W_{v12} = -\int_1^2 p \cdot dV\,. \tag{9.15}$$

Bei quasistatischer Zustandsänderung stimmt der Druck am Kolbenboden mit dem Druck des Fluids überein und kann in Abhängigkeit von Volumen und Temperatur aus der thermischen Zustandsgleichung $p = p(V,T)$ berechnet werden. Quasistatische Zustandsänderungen kann man in einem p,V-Diagramm als stetige Kurve darstellen. Die Fläche unter dieser Kurve entspricht dem Betrag der Volumenänderungsarbeit W_{v12} (vgl. Bild 9.6). Sie hängt von der Zustandskurve ab, die ihrerseits von dem Prozeß geprägt wird, der das System vom Zustand 1 in den Zustand 2 überführt.

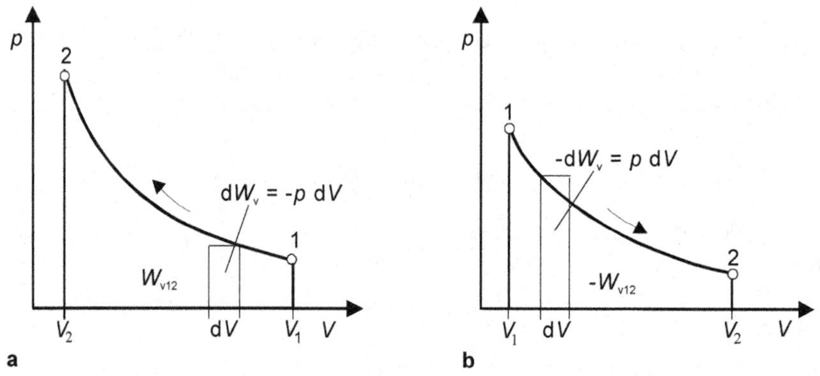

Bild 9.6. Volumenänderungsarbeit im p-V-Diagramm bei **a** einer Kompression, **b** einer Expansion

Größen, die nicht nur vom Anfangs- und Endzustand, sondern auch von dem Weg abhängen, den das System zwischen den beiden Zuständen durchläuft, werden *Prozeßgrößen* genannt.

Die Volumenänderungsarbeit ist eine extensive Größe. Bezieht man sie auf die Systemmasse, dann erhält man mit dem spezifischen Volumen $\upsilon = V\,/\,m$ die spezifische Volumenänderungsarbeit

$$w_{v12} = \frac{W_{v12}}{m} \tag{9.16}$$

bzw.

$$w_{v12} = -\int_1^2 p \cdot dv\,. \tag{9.17}$$

Befindet sich das System wie in Bild 9.7 in einer Umgebung mit dem konstanten Druck p_u, beispielsweise in der Erdatmosphäre, dann wird bei einer Bewegung des Kolbens auch Arbeit an die Umgebung abgegeben oder von der Umgebung geleistet. Um den Betrag dieser Arbeit vermindert oder erhöht sich die von der Kolbenstangenkraft

$$F_N = (p - p_u) \cdot A$$

verrichtete und als *Nutzarbeit* bezeichnete Arbeit

$$W_{N12} = \int_1^2 F_N \cdot ds = \int_1^2 (p - p_u) \cdot A \cdot ds\,.$$

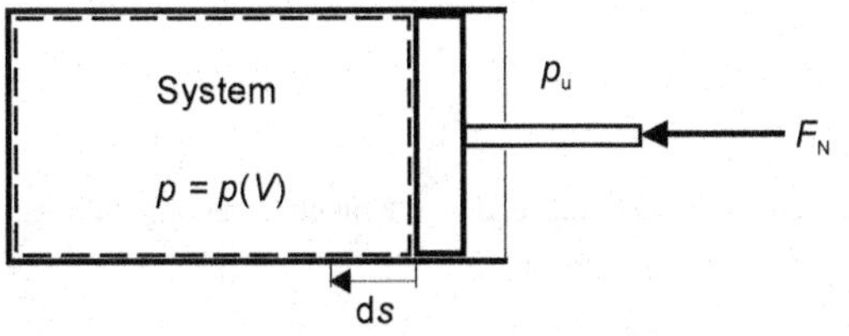

Bild 9.7. Kolbenstangenkraft und Nutzarbeit bei Umgebungsdruck

Mit $W_{v12} = -\int_1^2 p \cdot dV$ erhält man

$$W_{N12} = W_{v12} - p_u \cdot \left(V_1 - V_2\right). \tag{9.18}$$

Bei einer Kompression ist die Nutzarbeit um den Atmosphärenbeitrag $p_u \cdot \left(V_1 - V_2\right)$ kleiner als die dem System zugeführte Volumenänderungsarbeit (vgl. Bild 9.8).

Bei einer Expansion sind sowohl Nutzarbeit als auch Volumenänderungsarbeit negativ. In diesem Fall ist die vom System geleistete Volumenänderungsarbeit mit

$$-W_{v12} = -W_{N12} - p_u \cdot \left(V_1 - V_2\right)$$

dem Betrage nach größer als die von der Kolbenstange abgegebene Nutzarbeit.

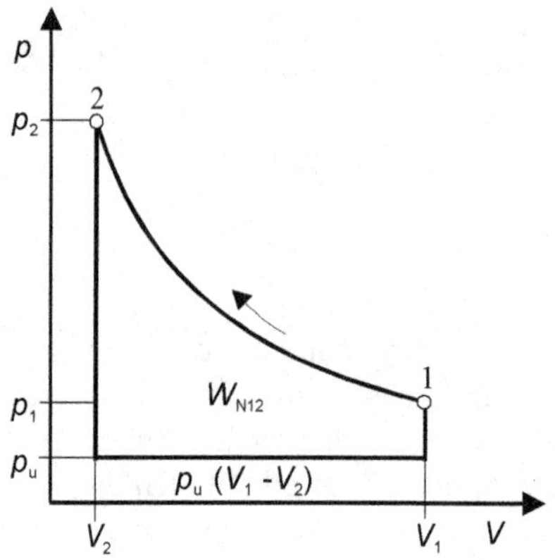

Bild 9.8. p, V-Diagramm der Nutzarbeit an der Kolbenstange bei einer Kompression

Beispiel 9.2
In einem Zylinder mit reibungsfrei beweglichem und gasdicht eingepaßtem Kolben sind $V_1 = 2{,}47\text{m}^3$ Luft bei der Temperatur $T_1 = 273\,\text{K}$ und dem Druck von $p_1 = 2{,}8$ bar eingeschlossen. Der Innendurchmesser des Zylinders ist $D = 920\,\text{mm}$. Es sollen die extensive und die spezifische Volumenänderungsarbeit berechnet werden, wenn durch eine Kolbenbewegung von $\Delta s = 32\text{cm}$ die Luft isotherm verdichtet wird.

Lösung
Das Volumen nach der Kolbenbewegung ist

$$V_2 = V_1 - \frac{\pi}{4} \cdot D^2 \cdot \Delta s = 2{,}257\,\text{m}^3 .$$

Für isotherme Zustandsänderung ergibt sich aus (7.7) während der Kolbenbewegung für den Druck

$$p = p_1 \cdot V_1 \cdot \frac{1}{V} .$$

Eingesetzt in (9.15) liefert die Integration die extensive Volumenänderungsarbeit

$$W_{v12} = -\, p_1 \cdot V_1 \cdot \ln \frac{V_2}{V_1} = 62369{,}6\ \text{J} .$$

Die auf die Masse bezogene spezifische Volumenänderungsarbeit erhält man nach (9.16) mit

$$m = \frac{p_1 \cdot V_1}{R \cdot T_1}$$

und der Gaskonstante von Luft $R = 287{,}1\,\text{J}/(\text{kg K})$ zu

$$w_{v12} = \frac{W_{v12}}{m} = -\, R \cdot T_1 \cdot \ln \frac{V_2}{V_1} = 7068{,}3\ \text{J/kg} .$$

Beispiel 9.3
Ein reibungsfrei gleitender Kolben verdichtet ein ideales Gas vom Volumen $V_1 = 0{,}18\,\text{m}^3$ bei einem Druck von $p_1 = 1340\,\text{hPa}$ isotherm auf $V_2 = 0{,}03\,\text{m}^3$. Der Umgebungsdruck ist $p_u = 980\,\text{hPa}$ (vgl. Bild 9.7). Man berechne die von der Kolbenstangenkraft F_N verrichtete Nutzarbeit W_{N12}.

Lösung
Nach (9.18) ist die Nutzarbeit

$$W_{N12} = W_{v12} - p_u \cdot (V_1 - V_2) .$$

Mit

$$W_{v12} = -p_1 \cdot V_1 \cdot \ln\frac{V_2}{V_1}$$

als Volumenänderungsarbeit bei isothermer Verdichtung ergibt sich

$$W_{N12} = -p_1 \cdot V_1 \cdot \ln\frac{V_2}{V_1} - p_u \cdot (V_1 - V_2) = 28{,}517\,\text{kJ}\,.$$

9.3.2 Wellenarbeit

Um die Wellenarbeit zu berechnen, betrachten wir in Bild 9.9 eine Welle, die in ein System hineinragt. Die Welle wird von der Systemgrenze durchschnitten und bildet als rotierende Kreisfläche einen beweglichen Teil der Systemgrenze. In der Schnittfläche greifen über die gesamte Fläche verteilt Schubspannungen an, die durch die Torsionswirkung des Drehmomentes hervorgerufen werden.

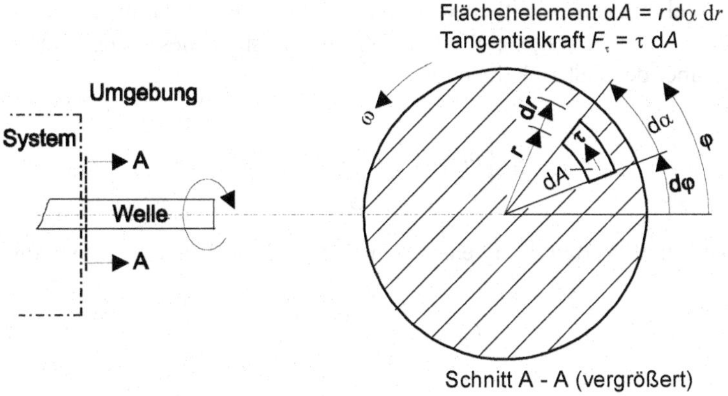

Bild 9.9. Zur Berechnung der Wellenarbeit

Die Schubspannungen sind aus Symmetriegründen auf konzentrischen Kreisringen konstant. Sie ändern sich ausschließlich in radialer Richtung. Sie sollen mit $\tau = \tau(r)$ bezeichnet werden. Damit errechnet sich die auf ein Flächenelement $dA = r \cdot d\alpha \cdot dr$ wirkende Tangentialkraft zu $F_\tau = \tau(r) \cdot r \cdot d\alpha \cdot dr$.

Die Arbeit der Tangentialkraft ergibt sich durch Multiplikation mit dem Streckenelement $ds = r \cdot d\varphi$, um das sich der Kraftangriffspunkt im Zeitintervall dt infolge der Rotation der Welle weiter bewegt. Danach ist die von der Tangentialkraft verrichtete Arbeit gleich $dW_\tau = F_\tau \cdot r \cdot d\varphi$. Das Produkt $F_\tau \cdot r$ ist das auf den Kreismittelpunkt bezogene Moment $dM_\tau = F_\tau \cdot r = \tau(r) \cdot r^2 \cdot d\alpha \cdot dr$ der am Flächenelement angreifenden Tangentialkraft.

Die Arbeit aller Tangentialkräfte im Zeitintervall dt liefert das über den gesamten Kreisquerschnitt A zu bildende Integral

$$dW = \int_{(A)} dW_\tau = \int_{(A)} dM_\tau \cdot d\varphi = M_\tau \cdot d\varphi .$$

Das von den Schubspannungen erzeugte Drehmoment M_τ ist dem von der Welle übertragenen Drehmoment M_W gleich

$$M_\tau = M_\mathrm{W} .$$

Dividiert man die im Zeitintervall dt *verrichtete* Wellenarbeit

$$dW_\mathrm{W} = M_\mathrm{W} \cdot d\varphi$$

durch dt, dann erhält man mit der Winkelgeschwindigkeit $\omega = \dfrac{d\varphi}{dt}$ die momentane Wellenleistung

$$P(t) = M_\mathrm{W}(t) \cdot \omega(t) . \tag{9.19}$$

Die Schreibweise von (9.19) berücksichtigt, daß Drehmoment, Drehzahl und damit auch die Wellenleistung zeitlich veränderliche Größen sein können. Die im Zeitraum $\Delta t = t_2 - t_1$ übertragene Wellenarbeit W_W12 ist in diesem Fall durch eine Integration über der Zeit zu berechnen

$$W_\mathrm{W12} = \int_{t_1}^{t_2} P(t) \cdot dt = \int_{t_1}^{t_2} M_\mathrm{W}(t) \cdot \omega(t) \cdot dt . \tag{9.20}$$

Bei zeitlich konstanten Werten des Drehmomomentes und der Winkelgeschwindig keit gilt

$$W_\mathrm{W12} = M_\mathrm{W} \cdot \omega \cdot \Delta t = P \cdot \Delta t . \tag{9.21}$$

Beispiel 9.4

Die Kurbelwelle eines Kolbenmotors überträgt bei einer Drehzahl von $n = 2700\,\mathrm{min}^{-1}$ ein Drehmoment von 392 Nm.

Es sollen berechnet werden

a) die Wellenleistung,

b) die im Zeitintervall von 28 min bei konstanter Drehzahl verrichtete Wellenarbeit in kWh.

Lösung

a) Die Wellenleistung ist nach (9.19)

$$P = M_\mathrm{W} \cdot \omega = M_\mathrm{W} \frac{\pi \cdot n}{30} = 110{,}84\,\mathrm{kW} .$$

b) Die Wellenarbeit erhält man nach (9.21) zu

$$W_\mathrm{W12} = P \cdot \Delta t = 51{,}72\,\mathrm{kWh} .$$

9.4 Arbeit und Dissipationsenergie

Geschlossene Systeme. Führt man einem geschlossenen fluiden System Wellenarbeit zu, dann entstehen durch die Reibungskräfte an der Grenze zwischen Fluid und der die Wellenarbeit übertragenden Einrichtung, etwa einem Propeller oder dem Laufrad einer Turbomaschine, Wirbel im Inneren des Systems, deren kinetische Energie aus der Wellenarbeit gespeist wird. Unter dem Einfluß der Reibung zerfallen die Wirbel einige Zeit nach ihrer Entstehung. Ihre Energie geht dabei in die kinetische Energie der regellosen, chaotischen Molekularbewegung über und erhöht so die innere Energie des fluiden Systems. Der Prozeß der Umwandlung der mechanischen Wellenarbeit in innere Energie heißt *Dissipation.* Die dabei dissipierte Arbeit oder *Dissipationsenergie* wird im Innern des Systems gespeichert. Die Umwandlung von Wellenarbeit in innere Energie ist ein irreversibler Prozeß. Ein geschlossenes System ist nicht in der Lage, innere Energie in Wellenarbeit zurückzuverwandeln. Dissipationsenergie ist deshalb stets positiv, weil sie dem System nur zugeführt werden kann.

Die Dissipation von Wellenarbeit ist nicht das einzige Beispiel für die Erzeugung von Dissipationsenergie. Auch bei der Volumenänderung eines geschlossenen Systems können Wirbel entstehen und bei ihrem Zerfall durch Reibungseinwirkung mechanische Energie dissipieren.

Zur Überwindung der Reibungsarbeit wird Energie benötigt. Sie muß dem System von außen über die Systemgrenze als Arbeit zugeführt werden. Man bezeichnet diese Arbeit als *Dissipationsarbeit* W_d.

Die gesamte am geschlossenen System zwischen zwei Zustandsänderungen verrichtete Arbeit W_{12} ist die Summe von Volumenänderungsarbeit und Dissipationsarbeit

$$W_{12} = W_{v12} + W_{d12}\,. \tag{9.22}$$

Wird dem geschlossenen System auch Wellenarbeit zugeführt, so ist in der Dissipationsarbeit auch die dissipierte Wellenarbeit erfaßt.

Während die Volumenänderungsarbeit als zugeführte oder abgeführte Arbeit sowohl positiv als auch negativ sein kann, ist die Dissipationsarbeit als zugeführte Arbeit immer positiv zu werten. Es gilt also stets

$$W_{d12} \geq 0\,. \tag{9.23}$$

Nur im Grenzfall eines reversiblen Prozesses verschwindet die Dissipationsarbeit und es ist $W_{d12} = 0$.

Die Dissipationsarbeit ist eine extensive Größe. Bezieht man sie auf die Systemmasse m, dann erhält man die spezifische Dissipationsarbeit oder Dissipationsenergie

$$j_{12} = \frac{W_{d12}}{m}\,. \tag{9.24}$$

Offene Systeme. Offene Systeme können Wellenarbeit sowohl aufnehmen als auch abgeben. Der Prozeß der Energiewandlung vollzieht sich in den das offene System durchquerenden Fluidströmen dadurch, daß zugeführte Wellenarbeit in Strömungsarbeit (s. Kapitel 17) und mechanische Energien umgewandelt wird. Umgekehrt wird Wellenarbeit abgegeben, indem dem Stoffstrom mechanische Energie und Strömungsarbeit entzogen wird.

Beispiel 9.5

In einem zylindrischen Gefäß befindet sich Stickstoff, der durch einen gewichtsbelasteten Kolben auf einem konstanten Druck von $p = 2{,}03\,\text{bar}$ gehalten wird. Das Gasvolumen ist $V_1 = 0{,}57\,\text{m}^3$ bei einer Temperatur von $T_1 = 293\,\text{K}$. In die Gasmasse ragt ein Rührwerk hinein, dessen Antriebsleistung $P = 135\,\text{W}$ beträgt. Das Rührwerk wird für 10,4 min eingeschaltet. Danach wird eine Gastemperatur von $T_2 = 353{,}91\,\text{K}$ gemessen. Eine Wärmeisolation des Gefäßes stellt sicher, daß die gesamte Arbeit des Rührwerks an die Gasmasse übergeht. Es sollen ermittelt werden:

a) die spezifische Dissipationsenergie,
b) das Volumen V_2 nach dem Abschalten des Rührwerks,
c) die Volumenänderungsarbeit.

Lösung

a) Die Arbeit des Rührwerks ist

$$W_{\text{W12}} = P \cdot \Delta t = 84{,}24\,\text{kJ}\,.$$

Da das System ein geschlossenes ist, wird die gesamte Rührwerksarbeit dissipiert. Es gilt also

$$W_{\text{d12}} = W_{\text{W12}} = 84{,}24\,\text{kJ}\,.$$

Die Stickstoffmasse erhält man aus der Gasgleichung (7.7) mit

$$m = \frac{p_1 \cdot V_1}{R \cdot T_1} = 1{,}331\,\text{kg}\,.$$

Die spezifische Dissipationsenergie wird damit

$$j_{12} = \frac{W_{\text{d12}}}{m} = 63{,}32\,\frac{\text{kJ}}{\text{kg}}\,.$$

b) Die Zustandsänderung ist isobar. Mit $p = \text{const}$ gilt nach (7.7):

$$V_2 = V_1 \cdot \frac{T_2}{T_1} = 0{,}688\,\text{m}^3$$

c) Die Volumenänderungsarbeit bei isobarer Zustandsänderung errechnet sich zu

$$W_{\text{v12}} = -p \cdot \left(V_2 - V_1\right) = -23{,}954\,\text{kJ}\,.$$

10 Innere Energie und Enthalpie

Unabhängig von seinem Bewegungszustand besitzt jedes System Energie, die in seinem Innern gespeichert ist und auch dann vorhanden ist, wenn das System relativ zu seinem Bezugssystem ruht. Sie besteht aus der kinetischen Energie der ungeordneten Bewegung seiner Moleküle und deren Rotations- und Schwingungsenergie. Man nennt sie *innere Energie* und bezeichnet sie mit dem Symbol U. Ihre Einheit ist das *Joule* : 1 Joule = 1 J = 1 Nm (s. a. Tabelle 2.2).

Die gesamte Energie E_g eines thermodynamischen Systems setzt sich zusammen aus innerer Energie, kinetischer Energie und potentieller Energie:

$$E_g = U + E_{kin} + E_{pot}$$

Die innere oder auch innere thermische Energie umfaßt allerdings nicht die gesamte im Innern eines Systems gespeicherte Energie. Hinzu treten die *chemische Energie* und die *Kernenergie*.

Chemische Energie ist die Energie, die auf den Bindungskräften der Atome im Molekülverband beruht. Sie wird freigesetzt und in innere thermische Energie umgewandelt, wenn sich durch chemische Prozesse die Moleküle in ihre atomaren Bausteine aufspalten und diese sich zu neuen Molekülen formieren. Beispiel für chemisch gebundene Energie ist die bei der Verbrennung von Brennstoffen abgegebene Energie.

Nukleare Energie ist Energie, die auf den Bindungskräften der Kernbauteile beruht. Die Kernenergie ist um Größenordnungen größer als die Summe von innerer Energie und chemischer Energie. Die in Atomkraftwerken eingesetzten Brennelemente enthalten als spaltbares Material meistens Uran.

Die Kernenergie wird in diesem Buch nicht behandelt.

10.1 Innere Energie

Die innere Energie ist eine extensive Größe. Sie beschreibt den energetischen Zustand eines Systems und gehört deshalb zu den Zustandsgrößen.

Für homogene Systeme läßt sich eine *spezifische innere Energie* u als intensive Größe nach Division durch die Systemmasse m angeben:

$$u = \frac{U}{m} \tag{10.1}$$

Eine erste Begegnung mit dem Phänomen „innere Energie" hatten wir bereits in Kapitel 8. Dort wurde nach den Modellvorstellungen der kinetischen Gastheorie die innere Energie idealer Gase berechnet. Danach ist die innere thermische Energie des idealen Gases nach (8.4) mit

$$U = \frac{3}{2} \cdot m \cdot R \cdot T \tag{10.2}$$

eine nur von der absoluten Temperatur abhängige Größe.

10.2 Enthalpie

In den Energiebilanzen offener Systeme tritt stets eine Summe von innerer Energie U und dem Produkt $p \cdot V$ auf. Zur Vereinfachung der Schreibweise faßt man diese Summe zu einer neuen Größe, der *Enthalpie*[16] H zusammen:

$$H = U + p \cdot V \tag{10.3}$$

Der Term $p \cdot V$ stellt die Schubarbeit dar, die von der Strömung für den Stofftransport über die Grenzen des offenen Systems aufzuwenden ist.

Die Enthalpie ist als Verknüpfung der Zustandsgröße U und der thermischen Zustandsgrößen p und V ebenfalls eine Zustandsgröße und läßt sich gleichwohl für die Zustandsbeschreibung offener Systeme als auch geschlossener Systeme anwenden. Aus diesem Grunde wird sie an dieser Stelle bereits eingeführt. Ihre physikalische Bedeutung wird nach Herleitung der Energiebilanzgleichungen für offene Systeme in Kapitel 17 erläutert.

Die spezifische Enthalpie h homogener Systeme erhält man durch Bezug auf die Systemmasse m:

$$h = \frac{H}{m} \tag{10.4}$$

Dividiert man (10.3) durch die Systemmasse m, dann ergibt sich als Verknüpfung der spezifischen Enthalpie mit der spezifischen inneren Energie und dem spezifischen Volumen:

$$h = u + p \cdot v \tag{10.5}$$

[16] Enthalpie (griech): Erwärmung.

10.3 Kalorische Zustandsgleichungen der inneren Energie und der Enthalpie

Innere Energie und Enthalpie beschreiben den inneren energetischen Zustand eines Systems. Zur Unterscheidung von den thermischen Zustandsgrößen werden sie *kalorische Zustandsgrößen*[17] genannt. Da die thermischen Variablen den Zustand eines Systems beschreiben, bestimmen sie auch die kalorischen Zustandsgrößen solcher Systeme und zwar in Gestalt einer Funktion von zwei der drei thermischen Variablen. Welche Kombination man dazu auswählt, ist an sich beliebig, weil jede von ihnen aus der thermischen Zustandsgleichung

$$\mathrm{F}(p,T,V) = 0$$

des Stoffes durch die beiden anderen ausgedrückt werden kann (s. Kapitel 7).

Meistens gibt man die innere Energie als Funktion der absoluten Temperatur und des Volumens an. Betrachtet man spezifische Größen, so gilt

$$u = \mathrm{u}(T,\upsilon)\,. \qquad (10.6)$$

Die Enthalpie h wird meistens als Funktion von T und p angegeben:

$$h = \mathrm{h}(T,p) \qquad (10.7)$$

Sie gilt in dieser Form nur für Einphasensysteme, weil Druck und Temperatur von Zweiphasensystemen nicht unabhängig voneinander sind (s. Kapitel 7.5, Dämpfe).

Die Funktionen (10.6) und (10.7) heißen *kalorische Zustandsgleichungen* und sind ebenso wie die thermische Zustandsgleichung stoffspezifisch und müssen empirisch bestimmt werden.

Um den Einfluß der thermischen Zustandsgrößen T, υ, p auf innere Energie und Enthalpie zu untersuchen, geht man von der Differentialform der kalorischen Zustandsgleichungen aus.

Mit den partiellen Ableitungen der spezifischen inneren Energie u nach den unabhängigen Variablen T und υ erhält man für das Differential der Zustandsfunktion (10.6)

$$du = \left(\frac{\partial u}{\partial T}\right)_{\mathrm{v}} \cdot dT + \left(\frac{\partial u}{\partial \upsilon}\right)_{\mathrm{T}} \cdot d\upsilon\,. \qquad (10.8)$$ [18]

Der erste partielle Differentialquotient wird *spezifische Wärmekapazität bei konstantem Volumen* oder auch *spezifische isochore Wärmekapazität* c_{v} genannt,

---

[17] Von *calor* (lat.) für Wärme. Bis zum Ende des 19. Jahrhunderts wurden Wärme und innere Energie begrifflich nicht voneinander getrennt.

[18] Die tiefgestellten Indizes geben an, welche der thermischen Variablen bei der Differentiation konstant gehalten wurden.

$$c_v = \left(\frac{\partial u}{\partial T}\right)_v = c_v(T, \upsilon), \tag{10.9}$$

und ist eine von Temperatur und Volumen abhängige stoffspezifische Größe[19].

Das Differential der spezifischen Enthalpie ergibt sich durch partielle Differentiation von (10.7) nach ihren unabhängigen Variablen T und p zu

$$dh = \left(\frac{\partial h}{\partial T}\right)_p \cdot dT + \left(\frac{\partial h}{\partial p}\right)_T \cdot dp. \tag{10.10}$$

Der erste partielle Differentialquotient in (10.10) heißt *spezifische Wärmekapazität bei konstantem Druck* oder auch *isobare spezifische Wärmekapazität*

$$c_p = \left(\frac{\partial h}{\partial T}\right)_p = c_p(T, p). \tag{10.11}$$

Zustandsgrößen sind unabhängig vom Ablauf der Zustandsänderung. Die Differentiale (10.8) und (10.10) der kalorischen Zustandsgrößen sind demnach vollständige Differentiale und ihre Integrale von der Wahl des Integrationsweges unabhängig. Der Integrationsweg muß nicht mit dem tatsächlichen Verlauf der Zustandsänderung übereinstimmen. Man kann einen beliebigen, also etwa auch einen rechentechnisch besonders einfachen Weg von 1 nach 2 wählen.

In den nachfolgenden Abschnitten dieses Kapitels werden die Verfahren zur Berechnung der inneren Energie und Enthalpie fester und flüssiger Phasen sowie der idealen Gase und der Dämpfe behandelt.

10.3.1 Innere Energie und Enthalpie fester und flüssiger Phasen

Festkörper und Flüssigkeiten sind inkompressibel. Ihr Volumen ändert sich selbst unter hoher Druckbelastung praktisch nicht (s. Kapitel 7). Die Veränderung des Volumens mit der Temperatur ist in begrenzten Temperaturintervallen gering und kann häufig vernachlässigt werden. Die Zustandsgleichung von Festkörpern und idealen Flüssigkeiten nimmt dann für geschlossene homogene Systeme die einfache Form an (s. Kapitel 7)

$$\upsilon = \text{const.}$$

---

[19] Die Bezeichnung *spezifische Wärmekapazität* hat historische Gründe und geht auf jene Zeiten zurück, als man Wärme noch für einen Stoff hielt, den man *caloricum* nannte. Die Zufuhr und Speicherung von *caloricum* im Innern eines Körpers wurde als Ursache für dessen an einer Temperaturerhöhung erkennbaren Erwärmung vermutet. Aus der „Wärmestofftheorie" resultierte der Begriff des Speichervermögens oder der Wärmekapazität einer Materiemenge, als deren Maß man mit *spezifischer Wärmekapazität* die „Wärmestoffmenge" beschrieb, die pro kg zur Temperaturerhöhung um 1°C benötigt wird.

Nach der „Entdeckung" des 1. Hauptsatzes wurde die Wärmestofftheorie aufgegeben, aber die Bezeichnung *spezifische isochore Wärmekapazität* als Kurzform für die partielle erste Ableitung der inneren Energie nach der Temperatur beibehalten.

Mit $d\upsilon = 0$ sind die innere Energie und die spezifische isochore Wärmekapazität der volumenbeständigen Phasen nur noch von der Temperatur abhängig. Die partielle Ableitung von (10.8) nach der Temperatur wird deshalb durch den gewöhnlichen Differentialquotienten

$$c_v = \frac{du}{dT} = c_v(T)$$

ersetzt. Damit reduziert sich (10.8) auf

$$du = \frac{du}{dT} \cdot dT = c_v(T) \cdot dT \,. \tag{10.12}$$

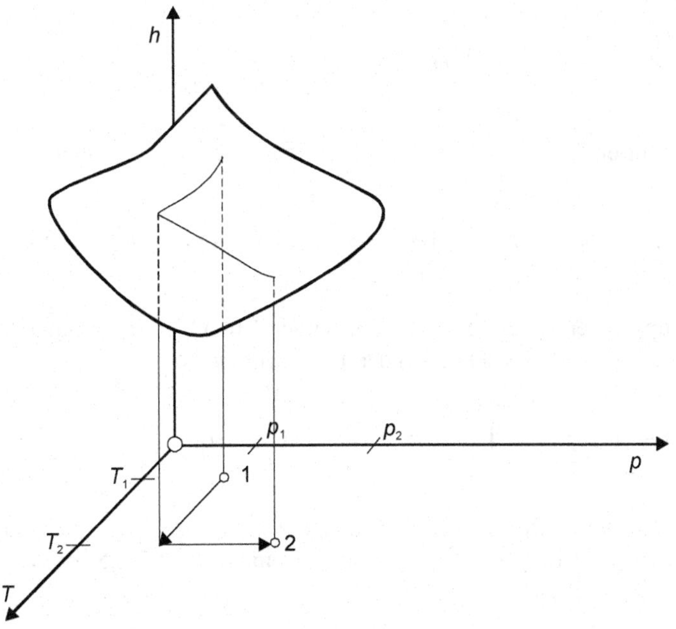

Bild 10.1. Integrationsweg zur Bestimmung der Enthalpiedifferenz

Die Änderung der inneren Energie bei einer Temperaturerhöhung von T_2 auf T_1 ergibt sich nach Integration von (10.12) zu

$$\int_1^2 du = u(T_2) - u(T_1) = \int_{T_1}^{T_2} c_v(T) \cdot dT \,. \tag{10.13}$$

Die Enthalpiedifferenz zwischen zwei Zuständen 1 und 2 erhalten wir, indem wir mit dem Integrationsweg von Bild 10.1 das Integral von (10.10) bilden:

$$\int_1^2 dh = h(T_2, p_2) - h(T_1, p_1) = \int_1^2 \left[\left(\frac{\partial h(T,p)}{\partial T} \right)_p \cdot dT + \left(\frac{\partial h(T,p)}{\partial p} \right)_T \cdot dp \right] \quad (10.14)$$

Der Integrationsweg von Bild 10.1 führt zunächst bei konstantem Druck p_1 von T_1 auf T_2 und anschließend bei konstanter Temperatur T_2 von p_1 auf p_2.

1. Integrationsschritt: Isobare Zustandsänderung mit p_1 = const, also $dp = 0$:

$$\int_{T_1}^{T_2} \left(\frac{\partial h(T,p_1)}{\partial T} \right)_p \cdot dT = \int_{T_1}^{T_2} c_p(T,p_1) \cdot dT \quad (10.15)$$

2. Integrationsschritt: Isotherme Zustandsänderung mit T_2 = const, also $dT = 0$:

$$\int_{p_1}^{p_2} \left(\frac{\partial h(T_2,p}{\partial p} \right)_T \cdot dp = h(T_2,p_2) - h(T_2,p_1)$$

Wir führen die Definition (10.5) der Enthalpie ein. Mit $h = u + p \cdot \upsilon$ erhalten wir

$$\int_{p_1}^{p_2} \left(\frac{\partial h(T_2,p}{\partial p} \right)_T \cdot dp = u(T_2) + p_2 \cdot \upsilon - \left[u(T_2) + p_1 \cdot \upsilon \right] = \upsilon \cdot (p_2 - p_1). \quad (10.16)$$

Die gesamte Enthalpiedifferenz zwischen den Zuständen 1 und 2 ergibt sich durch Addition der Ergebnisse (10.15) und (10.16) der Teilschritte mit

$$h(T_2,p_2) - h(T_1,p_1) = \int_{T_1}^{T_2} c_p(T,p_1) \cdot dT + \upsilon \cdot (p_2 - p_1) . \quad (10.17)$$

Speziell für eine Enthalpiedifferenz bei konstantem Druck $p_1 = p_2 = p$, also einer isobaren Zustandsänderung liefert (10.17) in Verbindung mit (10.5) das Ergebnis

$$h(T_2,p) - h(T_1,p) = \int_{T_1}^{T_2} c_p(T,p) \cdot dT = u(T_2) - u(T_1) = \int_{T_1}^{T_2} c_v(T) \cdot dT$$

und damit die Erkenntnis, daß wegen

$$\int_{T_1}^{T_2} c_p(T,p) \cdot dT = \int_{T_1}^{T_2} c_v(T) \cdot dT$$

die spezifischen isobaren Wärmekapazitäten c_p und die spezifischen isochoren Wärmekapazitäten c_v von Festkörpern und idealen Flüssigkeiten übereinstimmen, und die isobare spezifische Wärmekapazität ebenfalls wie die isochore eine reine Temperaturfunktion ist

$$c_{\mathrm{p}}(T) = c_{\mathrm{v}}(T). \tag{10.18}$$

Wegen dieser Übereinstimmung läßt man meistens bei Festkörpern und Flüssigkeiten die Indizes weg und bezeichnet beide, c_{p} und c_{v}, mit $c = c(T)$.

Bei kleinen Temperaturdifferenzen kann man oft die Abhängigkeit der spezifischen Wärmekapazitäten vernachlässigen und mit konstanten Werten rechnen. Es gilt dann für die Differenz der inneren spezifischen Energie nach (10.13)

$$u(T_2) - u(T_1) = c \cdot (T_2 - T_1) \tag{10.19}$$

und für die spezifische Enthalpiedifferenz nach (10.17) für Festkörper und ideale Flüssigkeiten

$$h(T_2, p_2) - h(T_1, p_1) = c \cdot (T_2 - T_1) + (p_2 - p_1) \cdot \upsilon_1 . \tag{10.20}$$

10.3.2 Innere Energie und Enthalpie idealer Gase

Die innere Energie idealer Gase hängt nur von der Temperatur ab. Das ist sowohl das Resultat der Theorie der kinetischen Gastheorie als auch des Versuches, den 1807 Gay-Lussac mit Gasen geringer Dichte durchgeführt hat.

Die Versuchsanordnung ist in Bild 10.2 skizziert. Sie bestand aus zwei durch ein Rohr miteinander verbundenen wärmeisolierten Behältern.

Im linken Teil befand sich ein Gas der Temperatur T_1 und dem Druck p_1, das durch ein zunächst geschlossenes Ventil von der rechten Hälfte getrennt war (Bild 10.2, links). Das rechte Gefäß war evakuiert. Nach dem Öffnen des Ventils strömte Gas in den rechten Behälter.

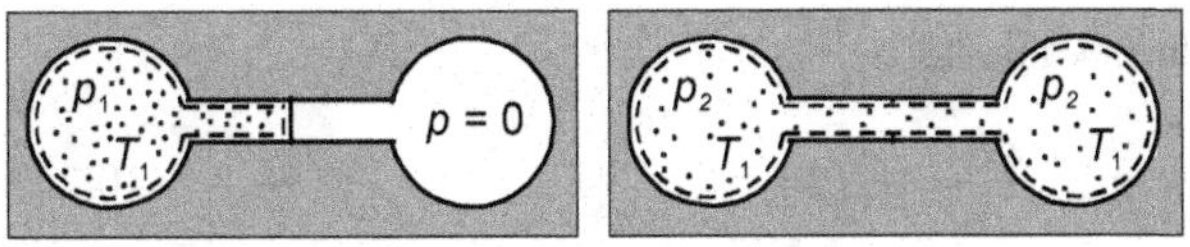

Bild10.2. Überströmversuch nach Gay-Lussac

Nach Beendigung des Überströmvorganges und Einstellung eines neuen thermodynamischen Gleichgewichts herrschte in beiden Gefäßen gleicher Druck p_2 und dieselbe Temperatur T_1 wie vor Beginn des Überströmens im linken Gefäß.

Beim Übergang vom Zustand 1 in den Zustand 2 hat das System weder Energie noch Arbeit mit seiner Umgebung ausgetauscht. Seine innere Energie mußte also konstant geblieben sein, obschon sich sein Volumen verdoppelt hatte.

Das bedeutet offensichtlich, daß die innere Energie eines idealen Gases nicht vom Volumen, sondern nur von der Temperatur abhängt.

Das totale Differential der inneren Energie idealer Gase hat also dieselbe Form wie (10.12) für Festkörper und ideale Flüssigkeiten, nämlich

$$du = \left(\frac{du}{dT}\right) \cdot dT \,,$$

und die spezifische isochore Wärmekapazität

$$c_\mathrm{v} = \frac{du}{dT} = c_\mathrm{v}(T)$$

ist ebenso wie die der Festkörper und idealen Flüssigkeiten eine reine Temperaturfunktion.

Nach Integration von

$$du = c_\mathrm{v}.(T) \cdot dT \qquad (10.21)$$

ergibt sich die Änderung der inneren Energie eines *idealen Gases* bei jeder beliebigen Zustandsänderung von T_1 auf T_2 :

$$u_2 - u_1 = \int_{T_1}^{T_2} c_\mathrm{v}(T) \cdot dT \qquad (10.22)$$

Darin wurde abkürzend $u(T_1) = u_1$ und $u(T_2) = u_2$ gesetzt.

Auch die spezifische Enthalpie idealer Gase ist eine reine Temperaturfunktion, wie man sofort verifiziert, wenn man in der Definition (10.5) den Term $p \cdot \upsilon$ durch den Term $R \cdot T$ der rechten Seite der thermischen Zustandsgleichung idealer Gase (7.5) ersetzt. Es ergibt sich dann

$$h(T) = u(T) + p \cdot \upsilon = u(T) + R \cdot T \,. \qquad (10.23)$$

Die spezifische isobare Wärmekapazität

$$c_\mathrm{p} = \frac{dh}{dT} = c_\mathrm{p}(T) \qquad (10.24)$$

ist gleichfalls nur von der Temperatur abhängig.

Die Enthalpiedifferenz idealer Gase zwischen zwei Zuständen 1 und 2 ist

$$h_2 - h_1 = \int_{T_1}^{T_2} c_\mathrm{p}(T) \cdot dT \,. \qquad (10.25)$$

Differenziert man (10.23) nach T , dann erhält man mit (10.24) und $c_\mathrm{v} = \dfrac{du}{dT} = c_\mathrm{v}(T)$ die Verknüpfung der spezifischen isobaren und isochoren Wärmekapazitäten idealer Gase mit

$$c_p(T) - c_v(T) = R. \tag{10.26}$$

Obgleich die beiden spezifischen Wärmekapazitäten temperaturabhängig sind, ist ihre Differenz unabhängig von der Temperatur T und gleich der Gaskonstanten R des idealen Gases.

Die Verhältnisse bei *realen Gase* sind komplizierter. Ihre spezifischen Wärmekapazitäten sind sowohl temperatur- als auch im allgemeinen volumen- oder druckabhängig. Im Bedarfsfall muß man auf Tafelwerke oder Diagramme zurückgreifen.

10.3.3 Innere Energie und Enthalpie der Dämpfe

Dämpfe im Naßdampfgebiet bilden Zweiphasensysteme. Druck und Temperatur sind hier nicht unabhängig voneinander.

Die für die Berechnung von Energiewandlungsprozessen benötigten Werte der inneren Energie und der Enthalpie der Dämpfe entnimmt man den Dampftafeln. Sie enthalten neben den Werten der spezifischen Volumen auf der Siede- und der Taulinie auch die in gleicherweise wie diese (s. Kapitel 7, Abschnitt 7.5.4) gekennzeichneten spezifischen Enthalpien h' und h'' der flüssigen und gasförmigen Phase in Abhängigkeit von Sättigungsdruck p_S (Drucktafel) oder Sättigungstemperatur ϑ_S (Temperaturtafel). Bei bekanntem Dampfgehalt x kann man damit die Enthalpie $h = h(x)$ durch sinngemäße Anwendung von (7.41) berechnen, indem man darin die spezifischen Volumen durch die spezifischen Enthalpien ersetzt. Man erhält

$$h = h' + x \cdot (h'' - h'). \tag{10.27}$$

Die Differenz der spezifischen Enthalpien auf den Grenzkurven ist die *Verdampfungsenthalpiedifferenz*

$$\Delta h_D = h'' - h'.$$

Sie ist aus Gründen der bequemen Auswertung ebenfalls in den Dampftafeln angegeben (in den Tabelle B1 bis B5 aus Platzgründen weggelassen).

Die in den Dampftafeln nicht aufgeführten Werte der inneren spezifischen Energie errechnet man aus (10.5) zu

$$u = h - p_S \cdot \upsilon. \tag{10.28}$$

Das spezifische Volumen υ liefert (7.41).

Als Bezugszustand für die Enthalpiefunktionen des Wasserdampfes in den Dampftafeln (Tabellen B2 und B3 im Anhang B) wurden der Druck mit $p_{Tr}=0{,}0061$ bar und die näherungsweise mit 0°C angenommene Temperatur des Tripelpunktes des Wassers vereinbart.

Im Bezugszustand wird die Enthalpie gleich null gesetzt. Grundsätzlich hätte man jeden anderen Wert festlegen können, weil in den Energiebilanzen immer nur Enthalpiedifferenzen erscheinen und deshalb der Enthalpiewert im Bezugspunkt bei der Differenzbildung herausfällt.

Die innere Energie im Bezugspunkt ist nicht gleich null. Sie errechnet sich mit (10.28) und dem spezifischen Volumen des Wassers $\upsilon = 0{,}001\,\text{m}^3/\text{kg}$ zu

$$u_{Tr} = -0{,}0061 \cdot 10^5\ \text{N/m}^2 \cdot 0{,}001\text{m}^3/\text{kg} = -0{,}61\ \text{J/kg}\,.$$

Beispiel 10.1

Der Dampfgehalt eines Zweiphasensystems aus flüssigem und gasförmigem Ammoniak mit der Gesamtmasse $m = 28{,}85\,\text{kg}$ beträgt $x = 0{,}28$ bei einer Temperatur von -25°C.
Wie groß sind Enthalpie und innere Energie?

Lösung

Aus der Sättigungsdampftafel für Ammoniak, Tabelle B4 im Anhang B ergibt sich der zur Sättigungstemperatur $\vartheta_S = -\,25°\,\text{C}$ gehörende Sättigungsdruck $p_S = 1{,}515\,\text{bar}$.
Weiter liest man ab:

Spezifische Volumen von Flüssigkeit und Dampf:

$$\upsilon' = 1{,}489 \cdot 10^{-3}\ \text{m}^3/\text{kg}\,,\quad \upsilon'' = 0{,}7705\ \text{m}^3/\text{kg}\,.$$

Spezifische Enthalpien von Flüssigkeit und Dampf:

$$h' = 86{,}90\,\text{kJ/kg}\,,\quad h'' = 1430\,\text{kJ/kg}\,.$$

Nach (10.27) ist die spezifische Enthalpie beim Dampfgehalt $x = 0{,}28$

$$h = h' + x \cdot (h'' - h') = 462{,}97\ \text{kJ/kg}$$

und die Enthalpie

$$H = m \cdot h = 13356{,}63\,\text{kJ}\,.$$

Das spezifische Volumen für $x = 0{,}28$ ist nach (7.41)

$$\upsilon = \upsilon' + x \cdot (\upsilon'' - \upsilon) = 0{,}217\,\text{m}^3/\text{kg}\,.$$

Damit errechnet sich die spezifische innere Energie nach (10.26) zu

$$u = h - p_S \cdot \upsilon = 430{,}09\ \text{kJ/kg}$$

und die innere Energie zu

$$U = m \cdot u = 12408{,}10\,\text{kJ}\,.$$

10.4 Spezifische Wärmekapazitäten

10.4.1 Wahre spezifische Wärmekapazitäten

Die innere Energie von Gasen, die wie die einatomigen Gase Helium, Neon, Krypton, Argon den Modellvorstellungen der kinetischen Gastheorie entsprechen, ist nach (10.2)

$$U = \frac{3}{2} \cdot m \cdot R \cdot T \,.$$

Die spezifische innere Energie ist

$$u = \frac{3}{2} \cdot R \cdot T \,.$$

Durch Differentiation nach T erhält man die *spezifische isochore Wärmekapazität*

$$c_{\mathrm{v}} = \frac{du}{dT} = \frac{3}{2} \cdot R$$

und die *spezifische isobare Wärmekapazität* nach (10.26) mit $c_{\mathrm{p}} - c_{\mathrm{v}} = R$ zu

$$c_{\mathrm{p}} = \frac{5}{2} \cdot R \,.$$

Die spezifischen Wärmekapazitäten einatomiger Gase sind temperaturunabhängige konstante Größen. Für zweiatomige Gase hat c_{υ} / R den gleichen Wert.

Die spezifischen Wärmekapazitäten aller übrigen Stoffe sind temperaturabhängig und i.allg. auch volumen- bzw. druckabhängig und nehmen mit wachsender Temperatur zu. Die spezifischen Wärmekapazitäten der mehratomigen Gase lassen sich nicht durch einfache mathematische Funktionen darstellen. Ihre Zahlenwerte kann man aber recht genau durch Kombination spektroskopischer und kalorischer Messungen mit quantenmechanischen und statistischen Berechnungsverfahren ermitteln.

Einen Eindruck von der Temperaturabhängigkeit von Festkörpern vermittelt Bild 10.3. Darin sind die spezifischen Wärmekapazitäten einiger Metalle und des Kohlenstoffs (Graphit) über der Temperatur aufgetragen. Man entnimmt diesem Bild, daß sich die spezifische Wärmekapazität von Graphit sehr stark mit der Temperatur ändert, während sie für Kupfer Cu von 100°C bis 1000°C fast konstant bleibt.

Für den bei der Stromerzeugung in Dampfkraftanlagen als Energietransportmedium eingesetzten so wichtigen Stoff *Wasser* kann man bis zur Sättigungstemperatur von 170 °C mit einem konstanten Wert $c = 4{,}186\ \mathrm{kJ/(kg\ K)}$ rechnen. Der Fehler ist kleiner als $\pm 1\%$.

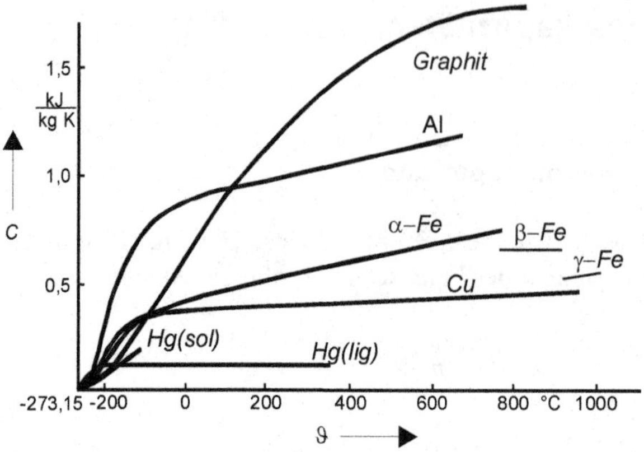

Bild 10.3. Spezifische Wärmekapazität c von Kohlenstoff und einigen Metallen in Abhängigkeit von der Temperatur. Nach [3]

In Bild 10.4 sind die spezifischen isobaren Wärmekapazitäten von Gasen wiedergegeben.

Die Temperaturfunktionen $c_p(T)$ und $c_v(T)$ bezeichnet man zur Unterscheidung von den anschließend behandelten Mittelwerten auch als *wahre spezifische Wärmekapazitäten.*

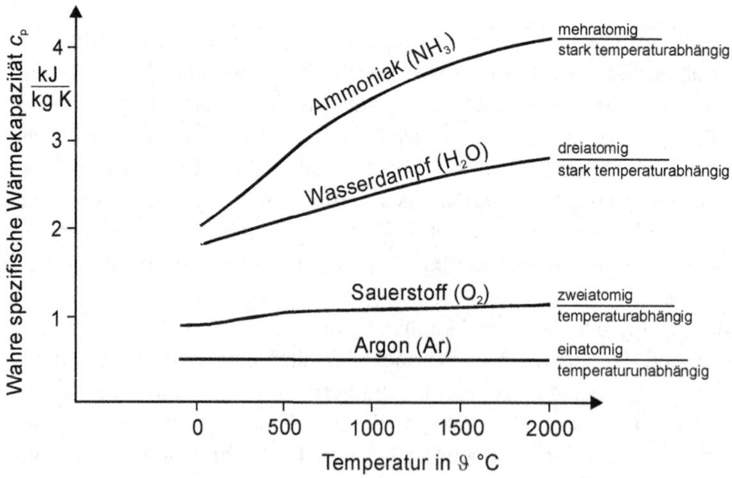

Bild 10.4. Spezifische Wärmekapazitäten c_p einiger Gase in Abhängigkeit von der Temperatur. Nach [4]

10.4.2 Mittlere spezifische Wärmekapazitäten

Die Differenzen der inneren Energie und der Enthalpie werden durch die bestimmten Integrale in (10.13) und (10.17) bzw. (10.25) berechnet. Die Temperaturabhängigkeit der spezifischen isochoren und isobaren Wärmekapazitäten wird dabei durch Mittelwerte für c_v und c_p über dem Temperaturintervall $T_2 - T_1$ berücksichtigt:

$$\left.\bar{c}_v\right|_{T_1}^{T_2} = \bar{c}_{v12} = \frac{1}{T_2 - T_1}\int_{T_1}^{T_2} c_v(T)\cdot dT \tag{10.29}$$

$$\left.\bar{c}_p\right|_{T_1}^{T_2} = \bar{c}_{p12} = \frac{1}{T_2 - T_1}\int_{T_1}^{T_2} c_p(T)\cdot dT \tag{10.30}$$

Für die Differenz der inneren Energie von Festkörpern, idealen Flüssigkeiten und idealen Gasen gilt dann

$$u_2 - u_1 = \bar{c}_{v12}\cdot\left(T_2 - T_1\right)$$

und für die Enthalpiedifferenz von Festkörpern und idealen Flüssigkeiten

$$h_2 - h_1 = \bar{c}_{v12}\cdot\left(T_2 - T_1\right) + \upsilon\cdot(p_2 - p_1)$$

bzw.

$$h_2 - h_1 = \bar{c}_{p12}\cdot\left(T_2 - T_1\right)$$

für ideale Gase.

Die Mittelwerte der spezifischen Wärmekapazitäten lassen sich anschaulich als Höhe eines mit dem Integral flächengleichen Rechtecks der Breite $T_2 - T_1$ deuten, wie in Bild 10.5 am Beispiel der spezifischen isobaren Wärmekapazität gezeigt ist.

Führt man eine grundsätzlich beliebig wählbare untere Bezugstemperatur T_0 ein, dann kann man das Integral als Differenz zweier Integrale ausdrücken. Wie man in Bild 10.5 abliest, ist

$$\int_{T_1}^{T_2} c_p(T)\cdot dT = \int_{T_0}^{T_2} c_p(T)\cdot dT - \int_{T_0}^{T_1} c_p(T)\cdot dT\,.$$

Beschreibt man die in (10.29) und (10.30) rechtsstehenden Integrale ebenfalls durch Mittelwerte der spezifischen Wärmekapazität, dann entsteht beispielsweise für (10.30) mit

$$\int_{T_1}^{T_2} c_p(T)\cdot dT = \bar{c}_{p12}\cdot\left(T_2 - T_1\right) = \bar{c}_{p02}\cdot\left(T_2 - T_0\right) - \bar{c}_{p01}\cdot\left(T_1 - T_0\right) \tag{10.31}$$

eine Beziehung, die die über dem Temperaturintervall $T_2 - T_1$ gemittelte Wärmekapazität $\overline{c}_{p12}$ durch die auf dieselbe Bezugstemperatur bezogenen Mittelwerte ausdrückt:

$$\overline{c}_{p12} = \frac{\overline{c}_{p02} \cdot (T_2 - T_0) - \overline{c}_{p01} \cdot (T_1 - T_0)}{T_2 - T_1} \tag{10.32}$$

Da in (10.32) lediglich Temperaturdifferenzen eingehen und die Einheiten der Celsiustemperatur und der Kelvintemperatur übereinstimmen, kann man (10.32) auch benutzen, wenn man mit Celsiustemperaturen rechnet. Man muß dazu ledig

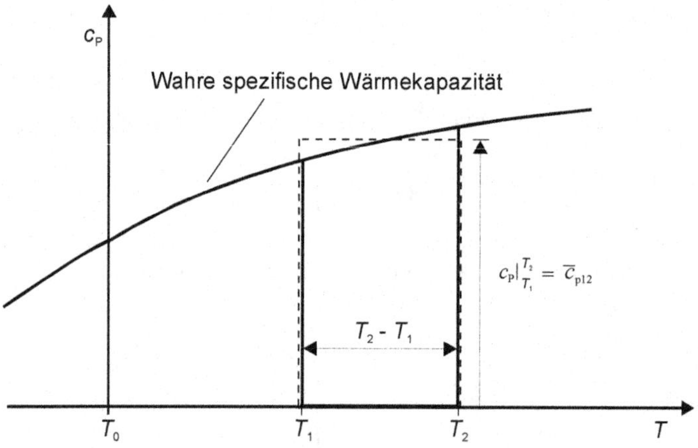

Bild 10.5. Berechnung der mittleren spezifischen Wärmekapazität

lich das Kelvinzeichen T durch das Celsiuszeichen ϑ ersetzen. Ist die Bezugstemperatur mit $\vartheta_0 = 0°\,C$ angegeben, dann lautet die (10.32) entsprechende Gleichung für Celsius-Temperaturen

$$\overline{c}_{p12} = \frac{\overline{c}_{p02} \cdot \vartheta_2 - \overline{c}_{p01} \cdot \vartheta_1}{\vartheta_2 - \vartheta_1} . \tag{10.33}$$

Die mittleren spezifischen Wärmekapazitäten zwischen den Temperaturen T_0 und T sind für alle interessierenden Stoffe tabelliert. Die Bezugstemperatur ist in der Regel $T_0 = 273{,}15\,K$ bzw. $\vartheta_0 = 0°\,C$. Die Temperaturintervalle in den Tabellen sind so bemessen, daß eine lineare Interpolation ausreichend genau ist. Tabelle B5 im Anhang B enthält die Mittelwerte einiger idealer Gase. In diesen Tabellen sind die Mittelwerte nur der spezifischen isobaren Wärmekapazitäten angegeben. Sofern es sich um feste Körper und ideale Flüssigkeiten handelt, stimmen diese wegen (10.18) mit den isochoren überein. Für ideale Gase errechnet man die Werte der isochoren spezifischen Wärmekapazität bei gegebenen Werten der isobaren aus (10.26) zu

$$c_v = c_p - R\,.$$

Beispiel 10.2
Es soll die mittlere isobare und isochore Wärmekapazität von Luft für das Intervall von $\vartheta_1 = 34°C$ bis $\vartheta_2 = 67°C$ ermittelt werden
Lösung
Aus Tabelle B5 erhält man durch lineare Interpolation die Werte $\bar{c}_p\Big|_0^{34°C} = 1{,}00445\,\frac{\text{kJ}}{\text{kgK}}$ und $\bar{c}_p\Big|_0^{67°C} = 1{,}00531\,\frac{\text{kJ}}{\text{kg K}}$. Einsetzen dieser Werte und der Temperaturen ϑ_1 und ϑ_2 in (10.33) bringt

$$\bar{c}_p\Big|_{34°C}^{67°C} = 1{,}00620\,\frac{\text{kJ}}{\text{kg K}}\,.$$

Mit der Gaskonstante von Luft $R = 0{,}2871\,\frac{\text{kJ}}{\text{kg K}}$ liefert (10.26):

$$\bar{c}_v\Big|_{34°C}^{67°C} = \bar{c}_p\Big|_{34°C}^{67°C} - R = 0{,}7191\,\frac{\text{kJ}}{\text{kg K}}$$

11 Äquivalenz von Wärme und Arbeit

Die Stofftheorie der Wärmeerscheinungen, bis zur Mitte des 19. Jahrhunderts gültige Hypothese der Thermodynamik, beruhte auf der Vorstellung, daß Wärme eine Substanz sei, die beim Kontakt zweier Körper unterschiedlicher Temperaturen vom wärmeren in den kälteren hineinfließt. Sie wurde *caloricum* genannt und galt als unzerstörbar. Da die Versuche, die Masse von *caloricum* durch Wägung zu bestimmen, ergebnislos verliefen, mußte man den Stoff außerdem als gewichtslos annehmen.

Zweifel an der Stofftheorie kamen zu Beginn des 19. Jahrhunderts auf, als man feststellte, daß Kanonenrohre beim Aufbohren heiß wurden, ohne mit einem heissen Körper oder einer Flamme in Berührung gekommen zu sein. Die Vermutung, daß die über den Bohrapparat übertragene Reibungsarbeit die gleiche Wirkung hat wie eine Wärmezufuhr veranlaßte James Prescott Joule[20], experimentell das sogenannte mechanische Wärmeäquivalent zu bestimmen. Auch der französische Wissenschaftler Léonard Sidi Carnot[21] war zu der Erkenntnis gelangt, daß Wärme eine Energieform sei, wie die in seinem Nachlaß gefundenen unveröffentlichten Notizen belegen. Es war dann Julius Robert Mayer[22] vorbehalten, im Jahr 1842 das Prinzip von der Äquivalenz von Wärme und Arbeit als erster öffentlich auszusprechen. Im Jahr 1845 veröffentlichte er den 1. Hauptsatz und widerlegte damit die Stofftheorie. Von den Arbeiten von J. P. Joule hatte er keine Kenntnis.

Wir wollen im folgenden die Äquivalenz von Wärme und Arbeit am Beispiel dreier Gedankenexperimente verifizieren.

Wir betrachten dazu als erstes die Anordnung von Bild 11.1. Sie besteht aus einem Zylinder mit Kolben, einem im Zylinder wärmeisoliert eingeschlossenen idealen Gas und einem Thermometer. Das Gas nimmt zunächst das Volumen V_1 bei einer Temperatur T_1 ein. Eine Verschiebung des Kolbens überträgt Volumenänderungsarbeit W_{v12}, verdichtet das adiabate System auf das Volumen V_2 und bewirkt einen Temperaturanstieg auf die Temperatur T_2. Der Temperaturanstieg zeigt, daß die innere Energie des Systems zugenommen hat.

---

[20] James Prescott Joule (1818-1889), englischer Physiker und Privatgelehrter, führte außer seinen Experimenten zur Bestimmung des mechanischen Wärmeäquivalents Untersuchungen über die Erwärmung stromdurchflossener elektrischer Leiter durch.

[21] Léonard Sidi Carnot (1796-1832), französischer Militäringenieur und Physiker. Er entwickelte die physikalischen Grundlagen der Dampfmaschine und berechnete das mechanische Wärmeäquivalent, ohne sein Ergebnis jedoch zu veröffentlichen.

[22] Julius Robert Mayer (1814-1878), deutscher Arzt und Physiker

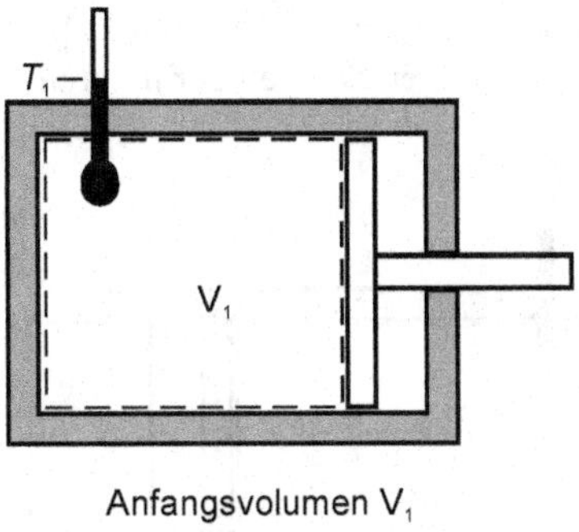

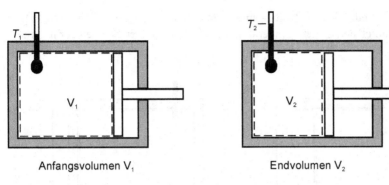

Bild 11.1. Verdichtung einer Gasmasse

In der Versuchseinrichtung von Bild 11.2 des zweiten Experiments ist der Kolben durch ein Rührwerk ersetzt, das über eine Welle von einem Motor der Leistung P angetrieben wird. Nach dem Einschalten des Rührwerkes steigt die Temperatur des Systems vom Wert T_1 an und mit ihr auch seine innere Energie. Der Temperaturanstieg endet nach Abschalten des Rührwerkes mit dem Erreichen des thermodynamischen Gleichgewichtes. Soll die Temperatur ebenfalls auf den Endwert T_2 steigen, dann wird dazu eine bestimmte Einschaltzeit Δt des Motors benötigt, in der der Motor die Wellenleistung $W_{W12} = P \cdot \Delta t$ auf das System überträgt.

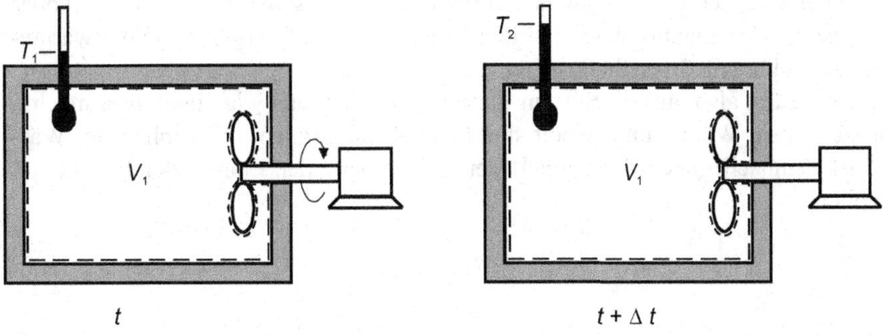

Bild 11.2. Dissipation von Wellenarbeit

Im dritten Experiment wird das geschlossene System von Bild 11.3 über eine diatherme (wärmedurchlässige) Wand mit einem Körper in Kontakt gebracht, dessen Temperatur $T > T_2$ ist. Man beobachtet einen Temperaturanstieg des Gases, der mit dem Anfangswert T_1 beginnend solange anhält, bis beide Systeme voneinander getrennt werden. Bemißt man die Kontaktdauer so, daß bei Erreichen des thermodynamischen Gleichgewichtes die Endtemperatur des Systems gleich T_2 ist, dann hat der Kontakt mit dem heißen Körper auf das System die gleiche

Wirkung ausgeübt wie der Kolben im ersten und das Rührwerk im zweiten Experiment, nämlich den an der Temperaturzunahme erkennbaren Anstieg der inneren

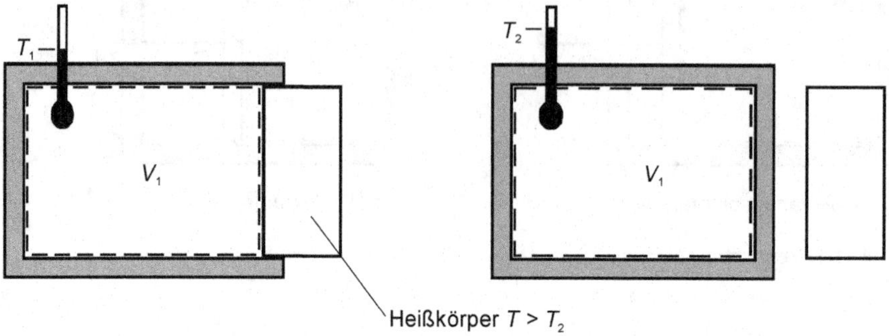

Bild 11.3. Übertragung von Wärme

Energie.

Da im dritten Experiment keine mechanische Arbeit, weder in Form von Kolbenarbeit noch von Wellenarbeit auf das System übertragen wurde, läßt sich der tatsächlich stattgefundene Energietransfer nur durch die Existenz der Temperaturdifferenz zwischen dem heißen Körper und dem mit ihm in Kontakt stehenden Teil der Systemgrenze erklären.

Energie, deren Übertragung ausschließlich auf einer Temperaturdifferenz zwischen den Grenzen eines Systems und seiner Umgebung beruht, wird *Wärme* oder *Wärmeenergie* genannt. Die Erfahrung lehrt, daß diese Energie stets vom wärmeren zum kälteren Körper fließt.

Wärme übt also auf ein System dieselbe Wirkung aus wie zugeführte mechanische Arbeit. Wärme und Arbeit sind äquivalente Größen. Die Einheit der Wärme ist demnach gleich der Einheit der Arbeit bzw. der Einheit der Energie (s. Kapitel 9).

12 Der erste Hauptsatz der Thermodynamik für geschlossene Systeme

Der erste Hauptsatz ist die thermodynamische Formulierung des Satzes von der Erhaltung der Energie. Er besagt, daß Energie weder erzeugt noch vernichtet werden kann. Energie ist nur wandelbar in ihren Erscheinungsformen. Die Einbeziehung der inneren Energie der Materie und der Wärme erweitert den Energiesatz der Mechanik zu einem alle Energieformen einschließenden Prinzip der Energieerhaltung.

Der erste Hauptsatz ist kein Gesetz, das man durch Bezug auf andere Gesetze beweisen könnte. Er ist eine Erfahrungstatsache, die bisher nie widerlegt wurde.

12.1 Der erste Hauptsatz für geschlossene ruhende Systeme

Wenn Energieproduktion und Energievernichtung ausgeschlossen sind, läßt sich die innere Energie eines geschlossenen Systems offensichtlich nur dadurch ändern, daß Energie über die Systemgrenze transferiert wird. Mögliche Formen der Energieübertragung sind mechanische Arbeit und Wärme. Findet eine Energieübertragung statt, dann führt sie das System von einem Anfangszustand 1 in den Zustand 2 eines neuen thermodynamischen Gleichgewichts. Bezeichnet man die dabei übertragene Wärme mit Q_{12} und die gesamte zugeführte mechanische Arbeit mit W_{12}, dann ist die innere Energie U_2 des Systems nach Abschluß des Energietransportes im Zustand 2 um die zugeführte Wärme und mechanische Arbeit größer als die innere Energie U_1 des Anfangszustandes 1:

$$U_2 = U_1 + Q_{12} + W_{12}$$

Umgekehrt nimmt die innere Energie des Systems ab, wenn ihm Wärme und Arbeit entzogen werden.

Die Änderung der inneren Energie eines geschlossenen Systems läßt sich als algebraische Summe der über die Systemgrenze transferierten Wärme und Arbeit darstellen:

$$U_2 - U_1 = Q_{12} + W_{12} \tag{12.1}$$

Gleichung (12.1) ist die quantitative Formulierung des 1. Hauptsatzes. Sie wird in der Literatur häufig ebenfalls 1. Hauptsatz genannt.

Die Arbeit W_{12} setzt sich im Allgemeinfall zusammen aus Volumenänderungs- Wellen- und Dissipationsarbeit (s. Kapitel 9):

$$W_{12} = W_{v12} + W_{W12} + W_{d12} \tag{12.2}$$

Mit $W_{v12} = -\int_1^2 p \cdot dV$ nach (9.15) erhalten wir

$$W_{12} = -\int_1^2 p \cdot dV + W_{W12} + W_{d12} \, . \tag{12.3}$$

Darin ist stets

$$W_{d12} \geq 0 \, , \tag{12.4}$$

weil Dissipationsarbeit dem System nur zugeführt werden kann. Sie hat die gleiche Wirkung wie eine Wärmezufuhr.

Wellenarbeit kommt in den Energiebilanzen geschlossener Systeme bei technischen Anwendungen selten vor. Sie spielt nur dann eine Rolle, wenn es um die Untersuchung der Energieumsetzung in Rührwerken o. ä . Maschinen geht.

Wellenarbeit wird im geschlossenen System durch Reibungswirkung vollständig dissipiert (s. Abschnitt 9.4) und ist deshalb im folgenden in W_{d12} enthalten.

Mit (12.3) geht der 1. Hauptsatz über in

$$U_2 - U_1 = Q_{12} - \int_1^2 p \cdot dV + W_{d12}, \qquad W_{d12} \geq 0. \tag{12.5}$$

Für Einphasensysteme erhält man nach Bezug auf die Systemmasse m mit den Definitionen von Kapitel 9 und 10 und der Definition der spezifischen Wärmemenge

$$q_{12} = \frac{Q_{12}}{m} \tag{12.6}$$

den 1. Hauptsatz mit spezifischen Größen

$$u_2 - u_1 = q_{12} - \int_1^2 p \cdot dv + j_{12}, \qquad j_{12} \geq 0 \, . \tag{12.7}$$

Für bestimmte theoretische Untersuchungen ist es nützlich, den 1. Hauptsatz in der differentiellen Form zu betrachten. Sie lautet

$$dU = dQ - p \cdot dV + dW_d \, , \qquad dW_d \geq 0 \tag{12.8}$$

und

$$du = dq - p \cdot dv + dj \, , \qquad dj \geq 0 \tag{12.9}$$

für spezifische Größen.

Wir gewinnen eine weitere Form des 1. Hauptsatzes, wenn wir mit Gleichung (10.3) die Enthalpie

$$H = U + p \cdot V \tag{10.3}$$

einführen. Wir differenzieren (10.3) und setzen das daraus berechnete Differential der inneren Energie

$$dU = dH - p \cdot dV - V \cdot dp$$

in die differentielle Form (12.8) ein und erhalten

$$dH = dQ + V \cdot dp + dW_{\mathrm{d}} \tag{12.10}$$

für extensive und

$$dh = dq + \upsilon \cdot dp + dj \tag{12.11}$$

für spezifische Größen homogener Systeme.

Die Enthalpiedifferenz zwischen den Zuständen 1 und 2 wird durch Integration erhalten. Für extensive Größen gilt dann

$$H_2 - H_1 = Q_{12} + \int_1^2 V \cdot dp + W_{\mathrm{d}12}, \quad W_{\mathrm{d}12} \geq 0 \tag{12.12}$$

und

$$h_2 - h_1 = q_{12} + \int_1^2 \upsilon \cdot dp + j_{12}, \qquad j_{12} \geq 0 \tag{12.13}$$

für spezifische Größen.

Die Differentiale dU bzw. du und dH bzw. dh in (12.8), (12.9), (12.10), (12.11) sind als Differentiale von Zustandsgrößen vollständige Differentiale. Ihre Integrale sind wegunabhängig. Sie besitzen eine Stammfunktion und lassen sich als Differenzen der Stammfunktion an der unteren und oberen Grenze ausdrücken. Damit gilt in mathematisch korrekter Schreibweise

$$\int_1^2 dU = U_2 - U_1 \text{ bzw. } \int_1^2 du = u_2 - u_1$$

und

$$\int_1^2 dH = H_2 - H_1 \text{ bzw. } \int_1^2 dh = h_2 - h_1 \,.$$

Alle übrigen Symbole und Terme auf den rechten Seiten der vorhin aufgeführten Gleichungen stellen unvollständige Differentiale dar. Ihre Integrale sind wegabhängige Prozeßgrößen, wie am Beispiel der Volumenänderungsarbeit in Kapitel 6 erläutert wurde. Sie haben keine Stammfunktion und es wäre falsch, zu schreiben

$$\int_1^2 dQ = Q_2 - Q_1 \quad \textit{Falsch!}$$

Man verwendet deshalb für Prozeßgrößen folgende Schreibweise

$$\int_1^2 dQ = Q_{12}. \qquad \textit{Richtig!}$$

Die tiefgestellten Indizes sollen darauf hinweisen, daß Q_{12} diejenige Wärmemenge ist, die während des Prozesses übertragen wird, der das System vom Zustand 1 in den Zustand 2 überführt. Für die übrigen Prozeßgrößen gilt sinngemäß die gleiche Schreibweise.

Beispiel 12.1
Ein Stahlzylinder enthält 7,8 kg Wasser von 15°C bei einem Druck von 1,74 bar, der durch einen reibungsfrei beweglichen gewichtsbelasteten Kolben erzeugt wird.

Man berechne die Änderung der inneren Energie, der Temperatur und der Enthalpie, wenn durch Erhöhung des Kolbengewichts der Druck auf 3,8 bar gesteigert und eine Wärmemenge von 489,8 kJ zugeführt wird.

Die spezifische Wärmekapazität von Wasser ist mit $c = 4{,}186\,\text{kJ/(kgK)}$, das spezifische Volumen mit $\upsilon = 0{,}001\,\text{m}^3\text{/kg}$ anzusetzen.

Lösung
Festkörper und Flüssigkeiten sind praktisch volumenbeständig. Es gilt $dV = 0$. Druckerhöhung und Wärmezufuhr erfolgen in diesem Fall ohne Dissipation. Mit $W_{d12} = 0$ und $dV = 0$ liefert der 1. Hauptsatz (12.5) für die Differenz der inneren Energie

$$U_2 - U_1 = Q_{12} = 489{,}8\,\text{kJ}\,.$$

Die Temperaturerhöhung errechnet sich mit

$$U_2 - U_1 = m \cdot c \cdot (T_2 - T_1)$$

nach (10.19) zu

$$T_2 - T_1 = \frac{Q_{12}}{m \cdot c} = 15{,}0\,\text{K}\,.$$

Die Enthalpiedifferenz ist nach (10.3)

$$H_2 - H_1 = U_2 - U_1 + m \cdot \upsilon \cdot (p_2 - p_1)\,.$$

Mit $\upsilon = \text{const}$ und $U_2 - U_1 = Q_{12}$ ergibt sich nach (12.12)

$$H_2 - H_1 = Q_{12} + m \cdot \upsilon \cdot (p_2 - p_1) = 491{,}4\ \text{kJ}\,.$$

12.2 Der erste Hauptsatz für geschlossene bewegte Systeme

Durch Einbeziehung der kinetischen und potentiellen Energie in den 1. Hauptsatz wird dessen Aussage auf die Gesamtenergie

$$E_g = E_{kin} + E_{pot} + U \qquad (12.14)$$

erweitert. Für bewegte geschlossene Systeme nimmt der 1. Hauptsatz so folgende Gestalt an:

$$E_{g2} - E_{g1} = Q_{12} + W_{12} \tag{12.15}$$

Darin ist Q_{12} die Wärmemenge und W_{12} die gesamte Arbeit, die zwischen den Zuständen 1 und 2 über die Systemgrenze transferiert wurde. In ausführlicher Form lautet der 1. Hauptsatz für bewegte geschlossene Systeme

$$E_{kin2} + E_{pot2} + U_2 - \left(E_{kin1} + E_{pot1} + U_1\right) = Q_{12} + W_{12}\,. \tag{12.16}$$

13 Wärme

Mit der Verknüpfung von Wärme, innerer Energie und mechanischer Arbeit im 1. Hauptsatz (12.1) läßt sich die Energieform *Wärme* auch quantitativ erfassen. Mit

$$Q_{12} = U_2 - U_1 - W_{12}$$

stellt sich die während einer Zustandsänderung über die Systemgrenze transferierte Wärmemenge als Differenz der Änderung der inneren Energie und der während der Zustandsänderung mit der Umgebung ausgetauschten mechanischen Arbeit dar.

Obschon Wärme und innere Energie im 1. Hauptsatz eng miteinander verknüpft sind, ist es wichtig, beide streng zu unterscheiden:

Wärme ist eine Energieform, die durch die Art ihrer Übertragung definiert ist. Sie tritt zwischen den Grenzen von Systemen mit unterschiedlichen Temperaturen in Erscheinung und erhöht beim Kontakt der Systeme die Energie des einen Systems um den gleichen Betrag, um den die Energie des andern abnimmt.

Die im System gespeicherte Energie als Wärme oder Wärmeinhalt zu bezeichnen, ist deshalb falsch. Im Systeminnern existiert keine Wärme, sondern ausschließlich *innere Energie.*

13.1 Einheit der Wärme

Ursprünglich wurde als Einheit der Wärmemenge die Kalorie bzw. Kilokalorie festgelegt. Mit Kalorie (cal) bzw. Kilokalorie (kcal) wurde diejenige Wärmemenge bezeichnet, die die Temperatur von 1 g bzw. 1 kg Wasser um ein Grad, genauer von 14,5 °C auf 15,5 °C Grad erhöht.

Mit der Einführung des Internationalen Einheitensystems (SI) wurde auch die Einheit der Wärmemenge neu definiert. Sie heißt Joule [J] und ist festgesetzt als Wärmewert eines Newtonmeters

$$1\,\mathrm{J} = 1\mathrm{Nm}\,.$$

Die früher benutzte Einheit der Wärmemenge, die Kilokalorie (kcal), ist im MKSA-System eine systemfremde Einheit. Beide Einheiten können mit der Einheitengleichung

$$1 \text{ kcal} = 4186{,}8 \text{ Nm} = 4{,}1868 \text{ kJ}$$

ineinander umgewandelt werden.

13.2 Wärmemengenberechnung

Wir beschränken uns vorläufig auf reversible Prozesse. Mit der Bezeichnung $W_{d\,12}$ für die Dissipationsenergie und Berücksichtigung von $W_{d\,12} = 0$ für reversible Prozesse gilt für die bei einer Zustandsänderung von 1 nach 2 transferierte Wärmemenge nach (12.5)

$$Q_{12} = U_2 - U_1 + \int_1^2 p \cdot dV \,. \tag{13.1}$$

Bei der Berechnung der Wärmemenge müssen sowohl Anfangs- und Endzustand sowie der Verlauf der Zustandsänderung bekannt sein.

13.2.1 Wärmemenge bei isochorer Zustandsänderung

Durchläuft ein System eine isochore Zustandsänderung, dann ist die vom System verrichtete Arbeit wegen $dV = 0$ gleich null.

Die dabei übertragene Wärmemenge ergibt sich als Differenz der inneren thermischen Energie

$$Q_{12} = U_2 - U_1 = m \cdot \int_1^2 c_V(T, \upsilon) \cdot dT \,. \tag{13.2}$$

Darin ist $c_V(T, \upsilon)$ die in Kapitel 10 durch (10.9) definierte spezifische isochore Wärmekapazität. Sie läßt sich in Verbindung mit dem Begriff „Wärme“ anschaulich deuten.

Wir greifen dazu auf die differentielle Form des 1. Hauptsatzes (12.8) zurück. Mit $dV = 0$ und $dW_d = 0$ erhalten wir zunächst zunächst $dU = dQ$ und mit $dU = m \cdot c_v \cdot dT$ folgt schließlich die gesuchte Beziehung

$$\left. \frac{dQ/m}{dT} \right|_{V = \text{const}} = c_v(T, \upsilon) \,.$$

Danach beschreibt die spezifische isochore Wärmekapazität diejenige Wärmemenge, die reversibel bei konstantem Volumen zugeführt, die Temperatur des Stoffes pro kg Masse um 1 Grad erhöht.

Bei der Berechnung von Q_{12} nach (13.2) bestimmt man zunächst die mittlere spezifische isochore Wärmekapazität $\overline{c}_{v\,12}$ nach der in Abschnitt 10.4 beschriebenen Methode. Im nächsten Schritt wird damit die Wärmemenge

$$Q_{12} = m \cdot \bar{c}_{v12} \cdot (T_2 - T_1) \tag{13.3}$$

berechnet.

13.2.2 Wärmemenge bei isothermer Zustandsänderung

Bleibt bei einer Zustandsänderung die innere thermische Energie des Systems ungeändert, dann sind wegen $dU = 0$ Wärmeumsatz und Volumenänderungsarbeit gleich:

$$Q_{12} = \int_1^2 p \cdot dV = -W_{v\,12} \tag{13.4}$$

Hängt die innere Energie des Systems nur von der Temperatur ab, dann ist eine Zustandsänderung bei konstanter innerer Energie zugleich eine isotherme Zustandsänderung mit $dT = 0$.

Für ideales Gas errechnet sich bei isothermer Zustandsänderung der Druck als Funktion des Volumens mit den Werten des Anfangszustandes (p_1, V_1) aus der Gasgleichung zu

$$p = p(V) = p_1 \cdot V_1 \cdot \frac{1}{V}.$$

Nach Einsetzen in (13.4) liefert die Integration die für den Übergang in den Zustand (p_2, V_2) benötigte Wärmemenge

$$Q_{12} = -W_{v\,12} = \int_{V_1}^{V_2} p_1 \cdot V_1 \cdot \frac{1}{V} \cdot dV = p_1 \cdot V_1 \cdot \ln \frac{V_2}{V_1} = p_1 \cdot V_1 \cdot \ln \frac{p_1}{p_2}. \tag{13.5}$$

13.2.3 Wärmemenge bei isobarer Zustandsänderung

Eine Gleichung zur Berechnung des Wärmeumsatzes bei isobarer Zustandsänderung erhalten wir für reversible Prozesse mit $W_{d12} = 0$ aus (12.12), wenn wir darin die isobare Zustandsänderung mit $dp = 0$ berücksichtigen:

$$Q_{12} = H_2 - H_1 = m \cdot \int_1^2 c_p(T, p) \cdot dT \tag{13.6}$$

In Verbindung mit dem Begriff „Wärme“ kann nun auch die in Kapitel 10 mit (10.11) definierte spezifische isobare Wärmekapazität $c_p(T, p)$ anschaulich gedeutet werden.

Man setzt dazu in der differentiellen Form (12.10) $dp = 0$ und $dW_d = 0$ und erhält mit $dH = dQ$ unter Berücksichtigung von $dH = m \cdot c_p \cdot dT$

$$\left.\frac{dQ/m}{dT}\right|_{p\,=\,\mathrm{const}} = c_p(T,p).$$

Die isobare spezifische Wärmekapazität ist also diejenige reversibel zugeführte Wärmemenge, die die Temperatur pro kg eines Stoffes bei konstantem Druck um 1 Grad erhöht.

Bei der Auswertung des Integrals von (13.6) verwendet man gemittelte spezifische isobare Wärmekapazitäten, berechnet nach dem im Abschnitt 10.4 vorgestellten Verfahren:

$$Q_{12} = H_2 - H_1 = m \cdot \bar{c}_{p\,12} \cdot (T_2 - T_1) \qquad (13.7)$$

13.3 Wärmebilanzen

Bringt man Körper unterschiedlicher Temperaturen miteinander in wärmeleitenden Kontakt, dann fließt solange Wärme von den wärmeren zu den kälteren Körpern, bis alle dieselbe Temperatur haben (Nullter Hauptsatz der Thermodynamik, Kapitel 5). Sofern nur Festkörper und ideale Flüssigkeiten miteinander reagieren, wird während des Ausgleichsvorganges wegen $dV = 0$ keine Volumenänderungsarbeit verrichtet.

Werden die beteiligten Stoffe nach dem Zusammenbringen außerdem gegen die Umgebung wärmedicht isoliert, dann bleibt nach dem 1. Hauptsatz die innere Energie des adiabaten Systems konstant und ist gleich der Summe der inneren Energien der Komponenten vor der Kontaktaufnahme.

Daraus folgt, daß die Summe der umgesetzten Wärmemengen gleich null sein muß und die kälteren Körper genau die Wärmemenge aufnehmen, die die wärmeren abgeben. Nach dieser Überlegung läßt sich die Mischungs- oder Endtemperatur berechnen.

13.3.1 Mischungstemperatur

Wir beschränken uns auf Temperaturausgleichprozesse von Festkörpern und idealen Flüssigkeiten und führen die Überlegung beispielhaft durch für ein System von drei Komponenten mit den Anfangstemperaturen $\vartheta_1, \vartheta_2, \vartheta_3$, den Massen m_1, m_2, m_3 und den als konstant angenommenen spezifischen Wärmekapazitäten c_1, c_2, c_3. Die Endtemperatur oder Mischungstemperatur wird mit ϑ_M bezeichnet. Die Zustandsänderung ist isochor, also gilt (13.3) für jedes Teilsystem, angeschrieben mit den Celsius-Temperaturen an Stelle der Kelvin-Temperaturen:

$$Q_{1M} = m_1 \cdot c_1 \cdot (\vartheta_M - \vartheta_1)$$
$$Q_{2M} = m_2 \cdot c_2 \cdot (\vartheta_M - \vartheta_2)$$
$$Q_{3M} = m_3 \cdot c_3 \cdot (\vartheta_M - \vartheta_3)$$

Die Addition der Gleichungen liefert unter Berücksichtigung, daß die Summe aller umgesetzten Wärmemengen gleich null sein muß, $Q_{1M} + Q_{2M} + Q_{3M} = 0$,

$$m_1\, c_1 \cdot (\vartheta_M - \vartheta_1) + m_2 \cdot c_2 \cdot (\vartheta_M - \vartheta_2) + m_3 \cdot c_3 \cdot (\vartheta_M - \vartheta_3) = 0\,. \tag{13.8}$$

Daraus ergibt sich die Mischungstemperatur

$$\vartheta_M = \frac{m_1 \cdot c_1 \cdot \vartheta_1 + m_2 \cdot c_2 \cdot \vartheta_2 + m_3 \cdot c_3 \cdot \vartheta_3}{m_1 \cdot c_1 + m_2 \cdot c_2 + m_3 \cdot c_3}\,. \tag{13.9}$$

Soll zur Erhöhung der Genauigkeit des Ergebnisses die Temperaturabhängigkeit der spezifischen Wärmekapazitäten durch Verwendung der Mittelwerte $\bar{c}_1\big|_{\vartheta_1}^{\vartheta_M}$, $\bar{c}_2\big|_{\vartheta_2}^{\vartheta_M}$, $\bar{c}_3\big|_{\vartheta_3}^{\vartheta_M}$ erfaßt werden, dann muß ausgehend von einem geschätzten Startwert die Mischungstemperatur ϑ_M iterativ berechnet werden.

13.3.2 Messung der spezifischen Wärmekapazität

Die Geräte zur Messung der spezifischen Wärmekapazitäten heißen Kalorimeter. Der Vorgang der Messung wird Kalorimetrie genannt. Von den unterschiedlichen Bauarten sei hier nur das Metallkalorimeter kurz vorgestellt:

Es besteht aus einem wärmeisolierten metallischen Gefäß, in dem sich eine Flüssigkeit - meistens Wasser - befindet. Der Prüfling - etwa ein Metallstück - wird gewogen und anschliessend auf eine bestimmte Temperatur ϑ_{Pr} gebracht, beispielsweise auf die Temperatur des siedenden Wassers, indem man ihn längere Zeit in siedendes Wasser legt.

Nachdem das Metallstück die gewünschte Temperatur erreicht hat, wird es in die Kalorimeterflüssigkeit verbracht. Kalorimetergefäß und Flüssigkeit haben zu diesem Zeitpunkt beide die gleiche Temperatur ϑ_K. Der nun ablaufende Ausgleichsvorgang endet im thermischen Gleichgewicht aller drei beteiligten Teilsysteme mit der Mischungstemperatur ϑ_M.

Mit den bekannten Werten der Masse m_K und der spezifischen Wärmekapazität c_K des metallischen Kalorimetergefäßes, der Masse m_W und der spezifischen Wärmekapazität c_W des eingefüllten Wassers errechnet sich aus der Bilanzgleichung entsprechend (13.8)

$$m_K \cdot c_K \cdot (\vartheta_M - \vartheta_K) + m_W \cdot c_W \cdot (\vartheta_M - \vartheta_K) + m_{Pr} \cdot c_{Pr} \cdot (\vartheta_M - \vartheta_{Pr}) = 0$$

die spezifische Wärmekapazität c_{Pr} des Prüflings mit der Masse m_{Pr}

$$c_{Pr} = \frac{m_K . c_K + m_W \cdot c_W}{m_{Pr}} \cdot \frac{\vartheta_M - \vartheta_K}{\vartheta_{Pr} - \vartheta_M}\,. \tag{13.10}$$

Beispiel 13.1
Ein Metallstück der Masse 350g wird auf 99°C erwärmt und anschließend in die Wasserfüllung eines kupfernen Kalorimeters gelegt. Die Wassertemperatur steigt danach von 20°C auf 21,39°C.

Die Masse des Wassers im Kalorimeter beträgt 520 g, die des Kalorimeters 678 g. Die spezifischen Wärmekapazitäten sind mit $c_K = 390$ J/(kg K) für das Kalorimetergefäß und mit $c_W = 4{,}186$ kJ/(kg K) für das Wasser anzusetzen. Es soll die spezifische Wärmekapazität des Prüflings berechnet werden.

Lösung

$$c_{Pr} = \frac{(0{,}678 \cdot 390 + 0{,}520 \cdot 4186)\ \mathrm{J/K}}{0{,}35\ \mathrm{kg}} \cdot \frac{(21{,}39 - 20)\,°\mathrm{C}}{(99 - 21{,}39)\,°\mathrm{C}} = 124{,}92 \frac{\mathrm{J}}{\mathrm{kg\,K}}\,.$$

13.4 Wärmeübertragung

Ein Wärmetransfer von einem System auf ein anderes kommt nur zustande, wenn zwischen beiden eine Temperaturdifferenz besteht. Die Temperaturdifferenz ist der „Motor" der Wärmeübertragung. Wärmeübertragung ist ein Prozeß, der Zeit benötigt. Es ist deshalb sinnvoll, den Begriff *Wärmestrom* $\dot{Q}$ einzuführen und den Wärmestrom als die pro Zeiteinheit über die Systemgrenze transportierte Wärmemenge zu definieren:

$$\dot{Q} = \lim_{\Delta t \to 0} \frac{\Delta Q}{\Delta t} \tag{13.11}$$

Bei zeitkonstantem Wärmestrom $\dot{Q} = \mathrm{const}$ ist die im Zeitintervall $\Delta t = t_2 - t_1$ transportierte Wärmemenge

$$Q_{12} = \dot{Q} \cdot \Delta t\,. \tag{13.12}$$

Bei zeitlich veränderlichem Wärmestrom $\dot{Q} = \dot{Q}(t)$ ist sie

$$Q_{12} = \int_{t_1}^{t_2} \dot{Q}(t) \cdot dt\,. \tag{13.13}$$

Zur Unterscheidung zeitkonstanter und zeitlich veränderlicher Ströme verwendet man die Begriffe *stationär* und *instationär*. Danach ist ein zeitlich konstanter ein *stationärer Wärmestrom*, ein über der Zeit veränderlicher ist ein *instationärer Wärmestrom*.

Beispiel 13.2

In einer Heizungsanlage sollen pro Sekunde 10 kg Wasser isobar von 10 °C auf 42 °C erwärmt werden. Man berechne den erforderlichen Wärmestrom in kJ/s und kW, sowie den stündlichen Heizölverbrauch in Litern bei einer durch Verbrennung freigesetzten chemischen Energie von rund 10 kWh pro kg Heizöl und einer Heizöldichte von 0,85 kg/l. Die spezifische Wärmekapazität von Wasser ist mit c = 4,19 kJ/(kg K) anzunehmen.

Lösung

Der aufzuheizende Wasserstrom ist $\dot{m} = 10$ kg/s. Der Wärmestrom errechnet sich damit zu

$$\dot{Q} = \dot{m} \cdot c \cdot \Delta\vartheta = 1340{,}8\,\mathrm{kJ/s}\,.$$

Mit der Einheitengleichung 1 kJ/s = 1 kW erhält man

$\dot{Q} = 1340{,}8\,\mathrm{kW}$.

Pro Stunde müssen zur Erzeugung des Wärmestroms

$$\frac{1340{,}8\,\mathrm{kWh}}{10\,\dfrac{\mathrm{kWh}}{\mathrm{kg}}} = 134{,}08\ \mathrm{kg\ \ Heizöl}$$

bzw.

$$\frac{134{,}08\,\mathrm{kg}}{0{,}85\,\dfrac{\mathrm{kg}}{\mathrm{ltr}}} = 157{,}74\ \mathrm{ltr\ \ Heizöl}$$

verbrannt werden.

Es werden drei Arten der Wärmeübertragung unterschieden. Das sind die Wärmeleitung, die Wärmeübertragung durch Konvektion und die Wärmeübertragung durch Strahlung.

Wärmeleitung

Wärmeleitung bezeichnet den Wärmetransport durch Wände oder ruhende Fluidschichten.

Der Wärmestrom $\dot{Q}$, der von der Umgebung mit der Temperatur T_U durch eine wärmeleitende ebene Wand der Dicke δ über eine Fläche A in ein System der Temperatur T fließt (siehe. Bild 13.1), ist nach dem *Fourier'schen Gesetz*[23]

$$\dot{Q} = -\lambda \cdot A \cdot \frac{T - T_U}{\delta} . \qquad (13.14)$$

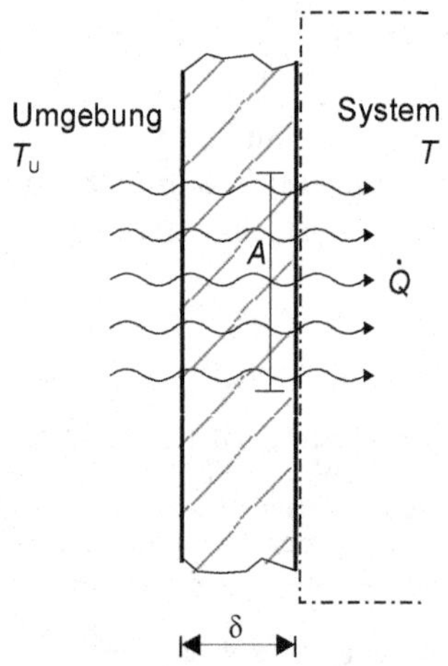

Bild 13.1. Wärmeleitung durch eine Wand

[23] Joseph Baron de Fourier (1768-1830), französischer Mathematiker und Physiker. Er erforschte die Wärmeausbreitung und entwickelte die nach ihm benannte Fourier-Reihe.

Darin ist λ mit der Einheit (J/s)/(m K) oder W/(m K) die Wärmeleitfähigkeit des Werkstoffes, aus dem die Wand besteht. Gl. (13.14) gilt nur unter der Voraussetzung, daß die Temperaturen T_U und T während des Wärmetransports konstant gehalten werden. Der Wärmestrom ist dann stationär. Das negative Vorzeichen in (13.14) berücksichtigt die Vorzeichenregel für zu- oder abgeführte Energien. Wenn beispielsweise die Umgebungstemperatur T_U größer ist als die Systemtemperatur T, dann ergibt sich nach (13.14), wie es sein muß, ein positiver Wärmestrom. Das System nimmt Energie auf.

Beispiel 13.3

Eine 19,5 m^2 große Fensterscheibe besteht aus 2 Glasscheiben, die durch eine 15 mm dicke Luftschicht voneinander getrennt sind. Die äußere Scheibe ist 12 mm, die innere 10 mm dick. Die Oberflächentemperatur an der Außenseite der dreischichtigen Fensterscheibe beträgt -10°C, an der Innenseite 13°C. Die Wärmeleitfähigkeit von Glas ist $\lambda_G = 1{,}16 \text{ W/(m K)}$, die von Luft $\lambda_L = 0{,}0242 \text{ W/(m K)}$.

a) Wie groß ist der durch die Scheibe fließende Wärmestrom?

b) Welcher Wärmestrom fließt durch eine Fensterscheibe gleicher Größe ohne Luftschicht bei einer Glasdicke von 22 mm?

Lösung

Bei stationärem Wärmestrom fließt durch jede der drei Schichten derselbe Wärmestrom.

a) Bezeichnet man die Temperaturen an den Oberflächen der verschiedenen Schichten von außen nach innen mit T_U, T_1, T_2, T, die Schichtdicken in derselben Reihenfolge mit $\delta_1, \delta_2, \delta_3$ und die Scheibenfläche mit A, dann gilt nach Fourier (13.14):

$$\dot{Q} = -\lambda_G \cdot A \cdot \frac{T_1 - T_U}{\delta_1} \qquad \text{Schicht 1 (äußere Glasscheibe),}$$

$$\dot{Q} = -\lambda_L \cdot A \cdot \frac{T_2 - T_1}{\delta_2} \qquad \text{Schicht 2 (Luftschicht),}$$

$$\dot{Q} = -\lambda_G \cdot A \cdot \frac{T - T_2}{\delta_3} \qquad \text{Schicht 3 (innere Glasscheibe).}$$

Eliminiert man aus den 3 Gleichungen die Zwischentemperaturen T_1 und T_2, dann erhält man den Wärmestrom

$$\dot{Q} = -\frac{A \cdot (T - T_U)}{\frac{\delta_1}{\lambda_G} + \frac{\delta_2}{\lambda_L} + \frac{\delta_3}{\lambda_G}} = -702{,}1 \text{ W}.$$

Das Minuszeichen zeigt an, daß die Wärme vom Innenraum in die kältere Umgebung abgegeben wird.

b) Ohne Luftschicht wird bei gleicher Gesamtglasdicke ein rund 34 mal größerer Wärmestrom von

$$\dot{Q} = -\frac{A \cdot (T - T_U)}{\frac{\delta_1 + \delta_3}{\lambda_G}} = -23648{,}2 \text{ W}$$

abgeführt.

Wärmeübertragung durch Konvektion

Der Wärmetransfer zwischen einer Wand und einem an ihr entlang strömenden Fluid gehört zum Mechanismus der *konvektiven Wärmeübertragung*. Nach *I. Newton*[24] setzt man für den Wärmestrom

$$\dot{Q} = \alpha \cdot A \cdot (T_{\text{w}} - T_{\text{fl}})\,. \tag{13.15}$$

In Newton's Ansatz ist T_{w} die Oberflächentemperatur der Wand, T_{fl} die mittlere Temperatur des Fluides und α in W/(m^2 K) eine Größe, die *Wärmeübergangskoeffizient* genannt wird.

Der Wärmeübergangskoeffizient hängt in komplizierter Weise vom Strömungsverlauf in Wandnähe, insbesondere vom Geschwindigkeitsprofil und den Stoffparametern des Fluides, wie Zähigkeit und Dichte ab.

In Bild 13.2 sind Geschwindigkeits- und Temperaturverlauf einer Strömung längs einer ebenen Wand skizziert.

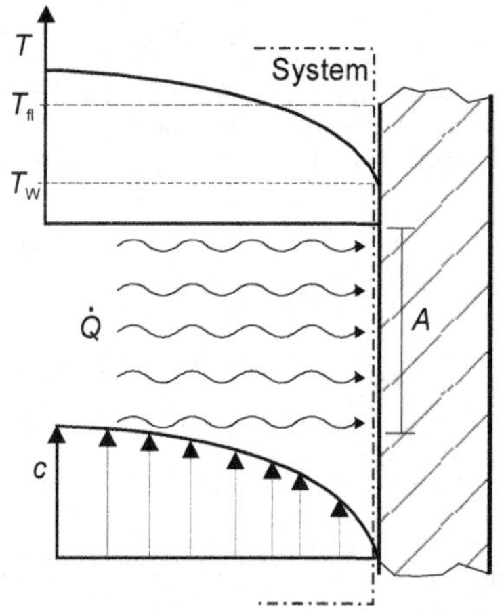

Bild 13.2. Wärmeübergang von einer Strömung an eine Wand

Unmittelbar an der Wand ist die Strömungsgeschwindigkeit gleich null, weil reale Fluide wegen ihrer Zähigkeit an festen Wänden haften. Mit wachsendem Abstand von der Wand steigt die Geschwindigkeit an. Das Temperaturprofil der Strömung wird sowohl durch das Geschwindigkeitsprofil als auch durch die Wandtemperatur geprägt.

Bei den meisten technischen Apparaten zur Wärmeübertragung, wie etwa Wärmetauschern oder Dampferzeugern etc., treten beide vorgenannten Formen des Wärmetransfers zusammen auf.

---

[24] Sir Isaac Newton (1643 - 1727), englischer Mathematiker, Physiker und Astronom. Gilt als Begründer der klassischen theoretischen Physik. Entwickelte gleichzeitig mit Gottfried Wilhelm Leibniz (1646 – 1716) die Differential-und Integralrechnung.

Diese Art der Wärmeübertragung nennt man *Wärmedurchgang*. Beim Wärmedurchgang wird von einem strömenden Fluid Wärme in eine Wand geleitet und von dort auf ein anderes strömendes Fluid übertragen. Bezeichnet man die mittleren Fluidtemperaturen mit T_{fl1} und T_{fl2}, dann berechnet sich der Wärmestrom bei einem Wärmedurchgang aus

$$\dot{Q} = k \cdot A \cdot \left(T_{fl1} - T_{fl2}\right). \tag{13.16}$$

Darin ist k der sog. Wärmedurchgangskoeffizient. Er ist mit den Wärmeübergangskoeffizienten α_1 und α_2 der beiden Wärme austauschenden Fluidströme und der Wärmeleitfähigkeit der Wand verknüpft, wie anschließend gezeigt wird.

Ist die Wärmeströmung stationär, dann ist der vom Fluidstrom 1 an die Wand abgegebene und der nach Wärmeleitung durch die Wand von dieser auf den Fluidstrom 2 übertragene Wärmestrom räumlich konstant. Nach dem Newton'schen Ansatz (13.16) gilt dann für alle an der Wärmeübertragung beteiligten Systeme mit den Bezeichnungen von Bild 13.3

$\dot{Q} = \alpha_1 \cdot A \cdot (T_{fl1} - T_{W1})$ Wärmestrom vom Fluidsystem 1 in die Wand,

$\dot{Q} = -\dfrac{\lambda}{\delta} \cdot A \cdot (T_{W2} - T_{W1})$ Wärmestrom durch die Wand,

$\dot{Q} = \alpha_2 \cdot A \cdot (T_{W2} - T_{fl2})$ Wärmestrom von der Wand an das Fluidsystem 2.

Addiert man die drei Gleichungen, dann erhält man nach Umformung

$$(T_{fl1} - T_{fl2}) = \frac{\dot{Q}}{A} \cdot \left(\frac{1}{\alpha_1} + \frac{\delta}{\lambda} + \frac{1}{\alpha_2}\right).$$

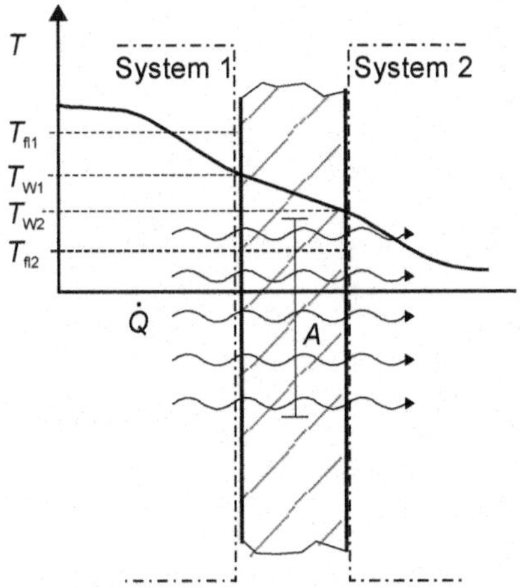

Bild 13.3. Wärmedurchgang

Der Vergleich mit (13.16) liefert

$$\frac{1}{k} = \frac{1}{\alpha_1} + \frac{\delta}{\lambda} + \frac{1}{\alpha_2} . \tag{13.17}$$

Die Gleichungen (13.14), (13.15) und (13.16) besagen, daß der zwischen zwei Systemen ausgetauschte Wärmestrom mit der Temperaturdifferenz beider Systeme und der dem Wärmestrom zur Verfügung stehenden Fläche wächst.

Wärmeübertragung durch Strahlung

Die berührungsfreie Wärmeübertragung durch Strahlung wird erst bei sehr hohen Temperaturen wirksam. Sie wird in diesem Buch nicht behandelt.

14 Wärme und Arbeit bei reversiblen Zustandsänderungen idealer Gase

In diesem Kapitel werden einige spezielle Zustandsänderungen behandelt, die bei technischen Prozessen der Energiewandlungen sehr häufig vorkommen.

14.1 Isochore Zustandsänderung

Aus der Zustandsgleichung (7.7) erhält man für isochore Zustandsänderungen $V = \text{const}$ zwischen den Zuständen 1 und 2

$$\frac{p_2}{T_2} = \frac{p_1}{T_1} . \tag{14.1}$$

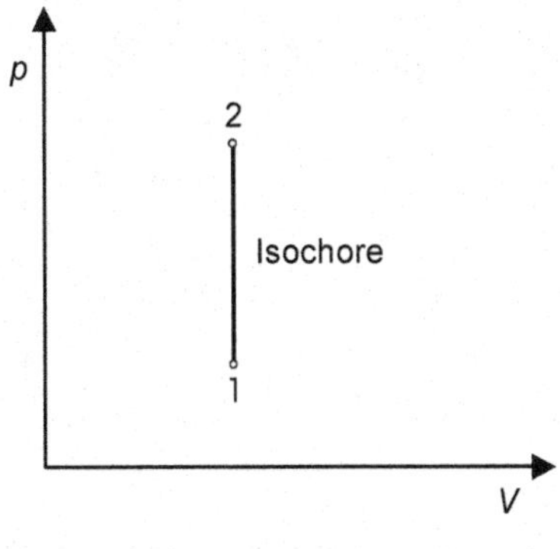

Bild 14.1. Isochore im p, V-Diagramm

Die dabei verrichtete Volumenänderungsarbeit ist $W_{v12} = 0$. Die Zustandsänderung kommt also nur durch Wärmetransfer zustande. Die Energiebilanz (12.5) des ersten Hauptsatzes liefert bei reversiblem Prozeß mit $W_{d12} = 0$ für die Wärmemenge

$$Q_{12} = U_2 - U_1 \ .$$

Die während einer isochoren Zustandsänderung über die Systemgrenze transferierte Wärmemenge bewirkt also ausschließlich eine Änderung der inneren Energie des Systems.

Im p,V-Diagramm bildet sich die Isochore als vertikale Gerade ab (Bild 14.1).

Beispiel 14.1

In einem geschlossenen Behälter sollen 1,84 kg Luft bei einem Druck von $p_1 = 1{,}74$ bar von der Temperatur $\vartheta_1 = 10\,°\mathrm{C}$ auf einen Wert $\vartheta_2 = 98\,°\mathrm{C}$ aufgeheizt werden.

Zu berechnen sind

a) die zuzuführende Wärmemenge,

b) der Druck p_2 nach Abschluß des Prozesses,

c) das Luftvolumen,

d) die Änderung der inneren Energie.

Lösung

a) Die Wärmemenge bei isochorer Zustandsänderung errechnet sich aus (13.2)

$$Q_{12} = U_2 - U_1 = m \cdot \int_{T_1}^{T_2} c_\mathrm{v}(T) \cdot dT \,.$$

In den Tabellen im Anhang B werden nicht die *spezifischen isochoren* Wärmekapazitäten, sondern die *spezifischen isobaren* Wärmekapazitäten angegeben. Die spezifische isochore Wärmekapazität ermittelt man dann mit dem Wert der Gaskonstante R aus (10.26) zu

$$c_\mathrm{v}(T) = c_\mathrm{p}(T) - R \,.$$

Nach Tabelle B1 ist die Gaskonstante der Luft $R = 287{,}1$ J/(kg K). Aus Tabelle B5 ergibt sich durch Interpolation

$$\bar{c}_\mathrm{p}\Big|_{0°C}^{98°C} = 1{,}0064 \text{ kJ/(kg K) und } \bar{c}_\mathrm{p}\Big|_{0°C}^{10°C} = 1{,}0039 \text{ kJ/(kg K)}.$$

Damit liefert (10.33)

$$\bar{c}_\mathrm{p}\Big|_{\vartheta_1}^{\vartheta_2} = \frac{\bar{c}_\mathrm{p}\big|_0^{\vartheta_2} \cdot \vartheta_2 - \bar{c}_\mathrm{p}\big|_0^{\vartheta_1} \cdot \vartheta_1}{\vartheta_2 - \vartheta_1} = \bar{c}_\mathrm{p}\Big|_{10°C}^{98°C} = 1{,}00668 \text{ kJ/(kgK)} \,.$$

Aus (10.26) folgt

$$\bar{c}_\mathrm{v}\Big|_{10°C}^{98°C} = \bar{c}_\mathrm{p}\Big|_{10°C}^{98°C} - R = 0{,}7197 \text{ kJ(/kg K)}.$$

Für die Wärmemenge erhält man mit (13.3)

$$Q_{12} = m \cdot \bar{c}_\mathrm{v}\Big|_{\vartheta_1}^{\vartheta_2} \cdot (\vartheta_2 - \vartheta_1) = 116{,}53 \text{ kJ} \,.$$

b) Der Druck ist nach (14.1)

$$p_2 = p_1 \frac{T_2}{T_1} = 2{,}28 \text{ bar}.$$

c) Das Volumen ergibt sich aus der Gasgleichung zu

$$V = \frac{m \cdot R \cdot T_1}{p_1} = 0{,}85937 \text{ m}^3 \,.$$

d) Wegen $Q_{12} = U_2 - U_1 = \Delta U$ ist

$$\Delta U = 116{,}53 \text{ kJ}.$$

14.2 Isobare Zustandsänderungen

Mit p = const ergibt sich aus der Gasgleichung für den Übergang vom Zustand 1 in den Zustand 2

$$\frac{V_2}{V_1} = \frac{T_2}{T_1} . \tag{14.2}$$

Das ist das von Gay-Lussac gefundene Gesetz.

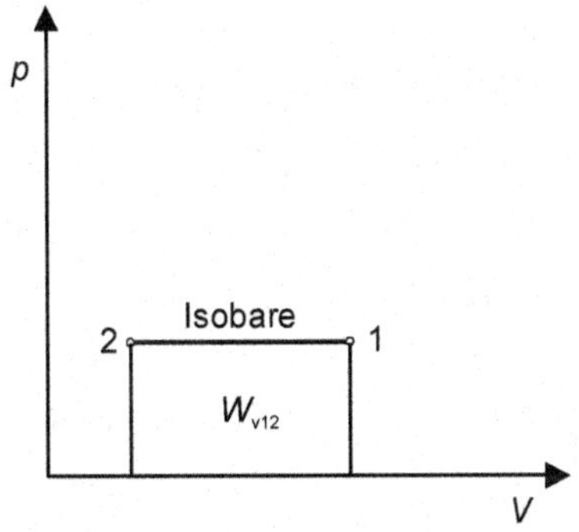

Bild 14.2. Isobare im p, V- Diagramm

Die während der Zustandsänderung geleistete Volumenänderungsarbeit ist wegen $p = p_1 = p_2$ = const

$$W_{v12} = - p_1 \int_{V_1}^{V_2} dV = - p_1 (V_2 - V_1).$$

Setzt man den Ausdruck für die Volumenänderungsarbeit in den 1. Hauptsatz (12.5) ein, dann ergibt sich die für die während des isobaren Prozesses zu- oder abgeführte Wärmemenge als Enthalpiedifferenz

$$Q_{12} = U_2 - U_1 + p_1 \cdot (V_2 - V_1) = U_2 + p_2 \cdot V_2 - (U_1 + p_1 \cdot V_1) = H_2 - H_1 .$$

Im p, V -Diagramm stellt sich die Isobare als horizontale Gerade dar (Bild 14.2). Die von ihr und der Abszisse eingeschlossene Fläche entspricht der Volumenänderungsarbeit.

Beispiel 14.2
Luft expandiert bei konstantem Druck $p_1 = 2{,}74$ bar durch Wärmezufuhr vom Volumen $V_1 = 3{,}74\ \mathrm{m}^3$ bei der Temperatur $\vartheta_1 = 13\,°\mathrm{C}$ auf das Volumen $V_2 = 8{,}81\,\mathrm{m}^3$. Die Gaskonstante der Luft ist $R = 287{,}1\ \mathrm{J/(kg\,K)}$.
Man berechne
a) die Masse m der Luft,
b) die Temperatur T_2,

c) die erforderliche Wärmemenge,
d) die Volumenänderungsarbeit.

Lösung

a) Aus der Gasgleichung errechnet man

$$m = \frac{p_1 \cdot V_1}{R \cdot T_1} = 12{,}474 \text{ kg.}$$

b) Mit dem Gesetz von Gay-Lussac (14.2) ergibt sich die Temperatur

$$T_2 = T_1 \cdot \frac{V_2}{V_1} = 674{,}1\,\text{K}\,, \ \vartheta_2 = 400{,}9\,°\text{C}.$$

c) Die Wärmemenge ist nach (13.7)

$$Q_{12} = m \cdot \bar{c}_{\text{p}12} \cdot (\vartheta_2 - \vartheta_1)\,.$$

Mit $c_{\text{p}}\Big|_{\vartheta_1}^{\vartheta_2} = c_{\text{p}}\Big|_{13°C}^{401°C} = \bar{c}_{\text{p}12} = 1{,}02953$ kJ/(kg K) aus Tabelle B5, Anhang B erhält man

$$Q_{12} = 4981{,}53\,\text{kJ}\,.$$

d) Die Volumenänderungsarbeit ist

$$W_{\text{v}12} = -p_1 \cdot (V_2 - V_1) = -1389{,}2 \text{ kJ}\,.$$

14.3 Isotherme Zustandsänderung

Aus der thermischen Zustandsgleichung für ideale Gase erhält man mit $T = \text{const}$ das Gesetz von Boyle-Mariotte:

$$\frac{p_2}{p_1} = \frac{V_1}{V_2} \tag{14.3}$$

Der 1. Hauptsatz liefert mit $U_2 - U_1 = 0$ für reversiblen Prozeß

$$Q_{12} = -W_{\text{v}12}\,.$$

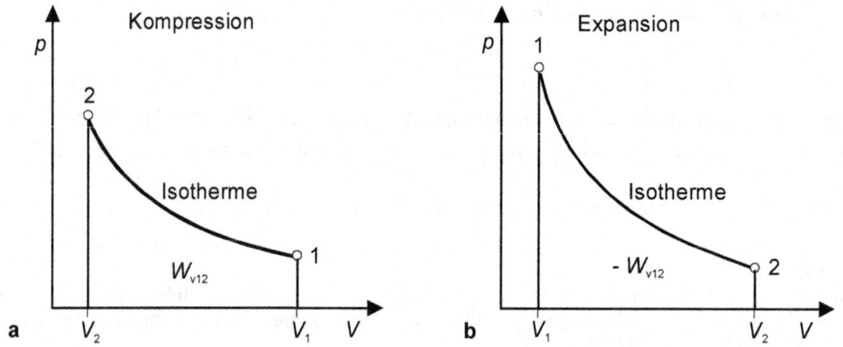

Bild 14.3. Isotherme im p, V-Diagramm. **a** Kompression, **b** Expansion

Die umgesetzte Wärmemenge ist dem Betrag nach gleich der Volumenänderungsarbeit und nach (13.5) zu berechnen.

Die isotherme Zustandsänderung wird im p, V-Diagramm (Bild 14.3) durch eine Hyperbel dargestellt. Die Fläche unter dem Hyperbelabschnitt zwischen V_1 und V_2 entspricht bis auf das Vorzeichen der Volumenänderungsarbeit

$$W_{v12} = - p_1 \cdot V_1 \cdot \ln \frac{V_2}{V_1} .$$

Bild 14.3a stellt die Zustandsänderung bei einer Kompression dar. Die Volumenänderungsarbeit ist positiv und stimmt im Vorzeichen mit dem stets positiven Vorzeichen einer Fläche überein. Für Bild 14.3b ist eine Expansion angenommen. Die Volumenänderungsarbeit ist hier negativ. In die die Volumenänderungsarbeit repräsentierende Fläche ist deshalb $-W_{v12}$ als mit der Fläche vorzeichengleiche Größe eingetragen.

Beispiel 14.3

Bei konstanter Temperatur $\vartheta_1 = 25°\,\text{C}$ soll Luft vom Volumen $V_1 = 0{,}83\,\text{m}^3$ und dem Druck $p_1 = 3{,}02$ bar auf $V_2 = 0{,}42\,\text{m}^3$ komprimiert werden.

Zu berechnen sind

a) die Masse m der Luft,

b) der Druck p_2,

c) die Volumenänderungsarbeit W_{v12},

d) die über die Systemgrenze transferierte Wärmemenge,

e) die Änderung der inneren Energie.

Lösung

a) Die Gasgleichung liefert

$$m = \frac{p_1 \cdot V_1}{R \cdot T_1} = 2{,}93\,\text{kg}.$$

b) Mit (14.3) gilt

$$p_2 = p_1 \cdot \frac{V_1}{V_2} = 5{,}97\,\text{bar}.$$

c) Nach (13.5) ist die Volumenänderungsarbeit

$$W_{v12} = - p_1 \cdot V_1 \cdot \ln \frac{V_2}{V_1} = 170{,}7\,\text{kJ}.$$

d) Die Wärmemenge errechnet sich zu

$$Q_{12} = - W_{v12} = - 170{,}7\,\text{kJ} .$$

e) Die innere Energie bleibt konstant:

$$\Delta U = 0$$

14.4 Adiabate Zustandsänderung

Die Grenzen adiabater Systeme sind wärmeundurchlässig. Energie kann nur in Form von mechanischer Arbeit mit der Umgebung ausgetauscht werden. Bei der Berechnung der Zustandsänderung hat man also in (12.5) die Wärmemenge $Q_{12} = 0$ zu setzen. Der 1. Hauptsatz lautet danach bei reversibler Prozeßführung mit $W_{d12} = 0$

$$U_2 - U_1 = -\int_1^2 p\,dV$$

Die zur Auswertung des Integrals benötigte Funktion $p = p(V)$ beschaffen wir uns mit Hilfe der Differentialform (12.8) des 1. Hauptsatzes mit $dW_d = 0$,

$$dU = dQ - p \cdot dV\,,$$

indem wir darin wegen der adiabaten Zustandsänderung $dQ = 0$ setzen. Es bleibt dann

$$dU = -\,p \cdot dV\,.$$

Mit $dU = m \cdot c_v \cdot dT$ nach Gleichung (10.21) ergibt sich für die Änderung der inneren Energie

$$m \cdot c_v \cdot dT = -\,p \cdot dV\,.$$

Das Temperaturdifferential läßt sich mit Hilfe der thermischen Zustandsgleichung idealer Gase eliminieren. Aus

$$d(p \cdot V) = d(m \cdot R \cdot T)\,,$$

$$dp \cdot V + p \cdot dV = m \cdot R \cdot dT$$

errechnet man

$$dT = \frac{1}{m \cdot R} \cdot (dp \cdot V + p \cdot dV)\,.$$

Nach Einsetzen in den 1. Hauptsatz erhält man zunächst

$$\left(\frac{c_v}{R} + 1\right) p \cdot dV + \frac{c_v}{R} \cdot dp \cdot V = 0$$

und nach Multiplikation mit $R/(p \cdot V)$

$$\left(c_v + R\right)\frac{dV}{V} + c_v \cdot \frac{dp}{p} = 0\,.$$

Mit $c_p = c_v + R$ gemäß (10.26) ergibt sich schließlich

$$c_p \cdot \frac{dV}{V} + c_v \cdot \frac{dp}{p} = 0 \,.$$

Wir führen als neue Größe das *Verhältnis der spezifischen Wärmekapazitäten* ein, das mit dem Symbol κ bezeichnet wird:

$$\kappa = \frac{c_p}{c_v} \tag{14.4}$$

Wir erhalten damit die Differentialgleichung

$$\kappa \cdot \frac{dV}{V} + \frac{dp}{p} = 0 \,,$$

die für konstantes κ integriert werden kann. Mit C als Integrationskonstante lautet die Lösung

$$p \cdot V^{\kappa} = \mathrm{C} \,. \tag{14.5}$$

Da (14.5) Druck und Volumen bei einer adiabaten und reversiblen Zustandsänderung verknüpft, sollte sie eigentlich *reversible Adiabate* heißen. Meistens wird sie jedoch *Isentrope* genannt. Die Begründung dafür wird im Anschluß an das Kapitel 19 nachgeliefert. Der Exponent κ heißt *Isentropenexponent*. Er ist als Verhältnis der spezifischen Wärmekapazitäten ebenso wie diese i.allg. temperaturabhängig. Die Konstante in (14.5) läßt sich aus den Daten irgendeines bekannten Zustandes, beispielsweise des Anfangszustandes 1 ermitteln:

$$\mathrm{C} = p_1 \cdot V_1^{\kappa}$$

Für zwei beliebige Zustände 1 und 2 gilt dann

$$p_2 \cdot V_2^{\kappa} = p_1 \cdot V_1^{\kappa} \,. \tag{14.6}$$

Für isentrope Zustandsänderungen gelten auch die folgenden Beziehungen, die sich aus der Kombination der Isentropengleichung (14.5) mit der Gasgleichung (7.7) herleiten lassen:

$$\frac{p_2}{p_1} = \left(\frac{V_1}{V_2}\right)^{\kappa} = \left(\frac{\upsilon_1}{\upsilon_2}\right)^{\kappa} = \left(\frac{T_2}{T_1}\right)^{\frac{\kappa}{\kappa - 1}} \tag{14.7}$$

$$\frac{T_2}{T_1} = \left(\frac{p_2}{p_1}\right)^{\frac{\kappa - 1}{\kappa}} = \left(\frac{V_1}{V_2}\right)^{\kappa - 1} = \left(\frac{\upsilon_1}{\upsilon_2}\right)^{\kappa - 1} \tag{14.8}$$

$$\frac{V_2}{V_1} = \frac{\upsilon_2}{\upsilon_1} = \left(\frac{p_1}{p_2}\right)^{\frac{1}{\kappa}} = \left(\frac{T_1}{T_2}\right)^{\frac{1}{\kappa - 1}} \tag{14.9}$$

Die Volumenänderungsarbeit bei isentroper Zustandsänderung erhält man durch Einsetzen der aus (14.5) folgenden Beziehung $p = p_1 \left(\frac{V_1}{V} \right)^{\kappa}$ in das Integral von $W_{v12} = -\int_1^2 p \cdot dV$:

$$W_{v12} = -p_1 V_1^{\kappa} \int_{V_1}^{V_2} \frac{dV}{V^{\kappa}} = \frac{p_1 V_1}{\kappa - 1} \left[\left(\frac{V_1}{V_2} \right)^{\kappa - 1} - 1 \right]$$

Sie läßt sich mit

$$U_2 - U_1 = -\int_1^2 p\, dV = W_{v12}$$

auch unmittelbar als Differenz der inneren Energie ausdrücken. Mit der mittleren isochoren Wärmekapazität $\bar{c}_{v12}$ ist

$$W_{v12} = U_2 - U_1 = m \cdot \bar{c}_{v12} \cdot (T_2 - T_1) = m \cdot \bar{c}_{v12} | \cdot T_1 \left(\frac{T_2}{T_1} - 1 \right).$$

Weitere Beziehungen für die Volumenänderungsarbeit gewinnt man mit (14.9):

$$W_{v12} = \frac{p_1 V_1}{\kappa - 1} \left[\left(\frac{\upsilon_1}{\upsilon_2} \right)^{\kappa - 1} - 1 \right] = \frac{p_1 V_1}{\kappa - 1} \left[\left(\frac{p_2}{p_1} \right)^{\frac{\kappa - 1}{\kappa}} - 1 \right]$$

$$= \frac{p_1 V_1}{\kappa - 1} \left[\left(\frac{T_2}{T_1} \right) - 1 \right]. \tag{14.10}$$

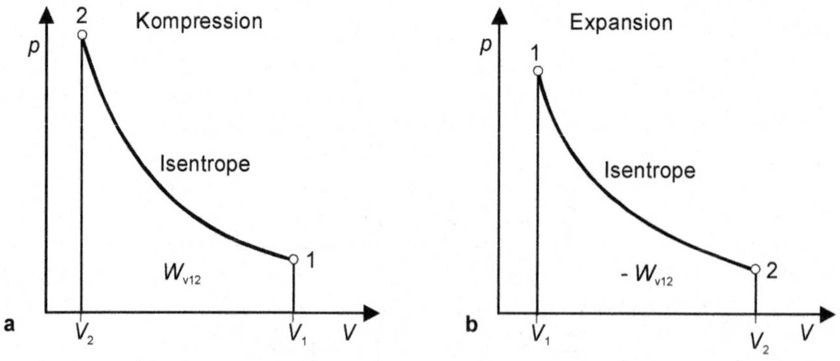

Bild 14.4. Isentrope Zustandsänderung und Volumenänderungsarbeit im p,V-Diagramm, **a** bei Kompression, **b** bei Expansion

Mit Bezug auf die Systemmasse m erhält man die spezifische Volumenänderungsarbeit

$$w_{v12} = \frac{p_1 \upsilon_1}{\kappa - 1}\left[\left(\frac{\upsilon_1}{\upsilon_2}\right)^{\kappa - 1} - 1\right] = \frac{p_1 \upsilon_1}{\kappa - 1}\left[\left(\frac{p_2}{p_1}\right)^{\frac{\kappa - 1}{\kappa}} - 1\right]$$

$$= \frac{p_1 \upsilon_1}{\kappa - 1}\left[\left(\frac{T_2}{T_1}\right) - 1\right]. \qquad (14.11)$$

In Bild 14.4 ist die Adiabate zusammen mit ihrer Volumenänderungsarbeit dargestellt.

Beispiel 14.4

Mit den Daten von Beispiel 14.3 sind für isentrope Zustandsänderung zu berechnen:
a) der Druck p_2,
b) die Temperatur T_2,
c) die Volumenänderungsarbeit W_{v12} in kWh,
d) die Änderung der inneren Energie $U_2 - U_1$.
Das Verhältnis der spezifischen Wärmekapazitäten von Luft ist mit $\kappa = 1{,}4$ einzusetzen.

Lösung

a) Aus der Isentropengleichung (14.7) erhält man

$$p_2 = p_1 \cdot \left(\frac{\upsilon_1}{\upsilon_2}\right)^{\kappa} = p_1 \cdot \left(\frac{V_1}{V_2}\right)^{\kappa} = 7{,}84\,\text{bar}.$$

b) Auflösen nach T_2 und Einsetzen der Zahlenwerte bringt

$$T_2 = T_1 \cdot \left(\frac{\upsilon_1}{\upsilon_2}\right)^{\kappa - 1} = T_1 \cdot \left(\frac{V_1}{V_2}\right)^{\kappa - 1} = 391{,}5\,\text{K}.$$

c) Die Volumenänderungsarbeit erhält man aus (14.10) mit

$$W_{v12} = \frac{p_1 \cdot V_1}{\kappa - 1}\left[\left(\frac{V_1}{V_2}\right)^{\kappa - 1} - 1\right] = 1{,}96268 \cdot 10^5\,\text{J} = 0{,}055\,\text{kWh}.$$

d) Für die Differenz der inneren Energie ergibt sich

$$U_2 - U_1 = W_{v12} = 1{,}96268 \cdot 10^5\,\text{J}.$$

15 Wärme und Arbeit bei polytroper Zustandsänderung

In Bild 15.1 sind die bisher behandelten Zustandskurven des idealen Gases zusammengestellt. Sie bilden eine Kurvenschar, die sich mit einer Konstanten C durch die Funktion

$$p \cdot V^n = \mathrm{C} \tag{15.1}$$

mit variablem Exponenten beschreiben läßt.

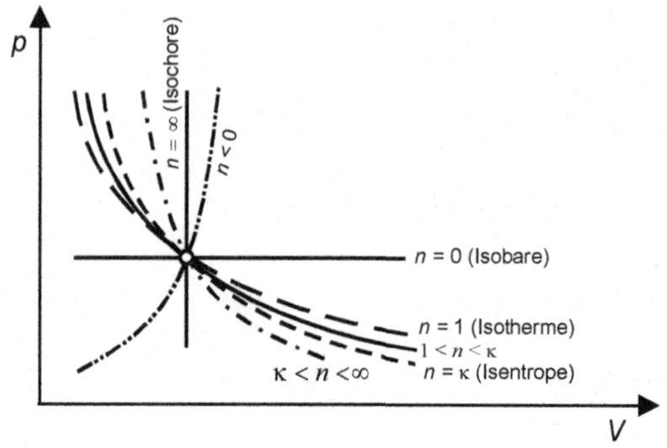

Bild 15.1. Polytropen im *p, V*-Diagramm

Die Funktion (15.1) ist die von der Mathematik her bekannte allgemeine Potenzfunktion. In der Thermodynamik wird sie *Polytropengleichung*[25] genannt. Der Exponent n heißt Polytropenexponent.

Alle bisher behandelten Zustandsänderungen gehen aus der Polytropengleichung durch Einsetzen verschiedener Werte für n hervor. Man gewinnt diese Werte durch Umformung von (15.1):

Isochore Zustandsänderung: $$V = \left(\frac{\mathrm{C}}{p}\right)^{\frac{1}{n}} = \text{const für } n \to \infty$$

[25] Polytrope (gr.): die Vielgestaltige

Isobare Zustandsänderung: $p = \dfrac{C}{V^n} = \text{const}$ für $n = 0$

Isotherme Zustandsänderung: $T = \dfrac{p \cdot V}{m \cdot R} = \dfrac{C}{m \cdot R \cdot V^{n-1}} = \text{const}$ für $n = 1$

Isentrope Zustandsänderung: $p \cdot V^n = \text{const}$ für $n = \kappa$

Um die bei polytroper Zustandsänderung für $n \neq 1$ am System verrichtete Arbeit und die umgesetzte Wärme zu berechnen, bilden wir zunächst das Differential von (15.1):

$$d\left(p \cdot V^n\right) = dp \cdot V^n + p \cdot n \cdot V^{n-1} \cdot dV = 0$$

Division durch V^{n-1} und Addition von $p \cdot dV - p \cdot dV$ bringt

$$dp \cdot V + p \cdot dV + (n-1) \cdot p \cdot dV = d(p \cdot V) + (n-1) \cdot p \cdot dV = 0\,.$$

Daraus erhält man für das (negative) Differential der polytropen Volumenänderungsarbeit

$$p \cdot dV = -\frac{d(p \cdot V)}{n-1}, \text{ für } n \neq 1. \tag{15.2}$$

Für konstantes n, $n \neq 1$, ergibt sich die zwischen den Zuständen 1 und 2 geleistete Kompressions- oder Expansionsarbeit mit (15.2) durch Integration zu

$$W_{v12} = -\int_1^2 p \cdot dV = \frac{1}{n-1} \int_1^2 d(p \cdot V) = \frac{1}{n-1}(p_2 \cdot V_2 - p_1 \cdot V_1)\,.$$

Weitere Umformungen mit Berücksichtigung von (15.1) bringen für $n \neq 1$

$$W_{v12} = \frac{p_1 \cdot V_1}{n-1} \cdot \left[\left(\frac{V_1}{V_2}\right)^{n-1} - 1\right] \quad , \tag{15.3}$$

$$W_{v12} = \frac{p_1 \cdot V_1}{n-1} \cdot \left[\left(\frac{p_2}{p_1}\right)^{\frac{n-1}{n}} - 1\right]. \tag{15.4}$$

Diese Beziehungen gelten unter der Voraussetzung quasistatischer Zustandsänderung mit konstantem Polytropenexponent n für ideale und reale Gase ebenso wie für Zustandsänderungen ohne und mit Dissipation, denn in ihre Herleitung sind keine Einschränkungen hinsichtlich reibungsfreier Zustandsänderungen oder der Eigenschaften der Gase eingeflossen.

Die zwischen dem System und seiner Umgebung bei polytroper Zustandsänderung und reversiblem Prozeß ausgetauschte Wärme ermitteln wir aus der Differentialform (12.8) des ersten Hauptsatzes

$$dQ = dU + p \cdot dV \,,$$

indem wir darin das Differential der polytropen Arbeit nach (15.2) einsetzen. Wir erhalten zunächst

$$dQ = dU - \frac{d(p \cdot V)}{n - 1}, \; n \neq 1$$

und bei Beschränkung auf ideale Gase mit $d(p \cdot V) = m \cdot R \cdot dT$ und $dU = m \cdot c_v \cdot dT$ schließlich

$$dQ = m \cdot c_v \cdot \frac{n - \kappa}{n - 1} \cdot dT \,, \; n \neq 1 \,. \tag{15.5}$$

Dividiert man (15.5) durch $m \cdot dT$, dann erkennt man, daß der Term

$$c_n = c_v \cdot \frac{n - \kappa}{n - 1}, \; n \neq 1 \tag{15.6}$$

den Charakter einer spezifischen Wärmekapazität hat, denn

$$c_n = \frac{d(Q / m)}{dT} = \frac{dq}{dT}$$

kann man als diejenige Wärmemenge deuten, die benötigt wird, wenn bei polytroper Zustandsänderung die Temperatur pro kg eines Stoffes um 1K erhöht werden soll.

Man bezeichnet c_n deshalb auch als polytrope spezifische Wärmekapazität. Sie ist nicht nur vom Zustand eines Systems abhängig wie die spezifische isochore oder isobare Wärmekapazität, sondern schließt mit dem Zahlenwert des Polytropenexponenten n auch eine Aussage über die Zustandsänderung ein.

Wenn die Werte von c_v, n und κ während der Zustandsänderung als konstant angenommen werden können, dann ergibt sich die bei einer polytropen Zustandsänderung zwischen den Zuständen 1 und 2 umgesetzte Wärmemenge als Integral von (15.5):

$$Q_{12} = m \cdot c_v \cdot \frac{n - \kappa}{n - 1} \cdot T_1 \cdot \left(\frac{T_2}{T_1} - 1 \right) \tag{15.7}$$

Kompressions- und Expansionsprozesse verlaufen in technischen Apparaten überwiegend im Bereich zwischen Adiabate und Isotherme. Die reversible Adiabate bzw. Isentrope mit $n = \kappa$ und die isotherme Zustandsänderung $n = 1$ sind Grenzfälle, die sich nicht exakt verwirklichen lassen.

Eine streng adiabate Zustandsänderung läßt sich deshalb nicht realisieren, weil man keine absolut wärmedichten Maschinengehäuse bauen kann. Eine Annäherung an adiabate Zustandsänderung gelingt jedoch umso besser, je schneller die Zustandsänderung durchlaufen wird, wie das etwa in Kolbenmaschinen bei hohen

Drehzahlen oder in Turbomaschinen bei großer Strömungsgeschwindigkeit der Fall ist.

Die Verwirklichung einer streng isothermen Kompression oder Expansion scheitert daran, daß Wärme ausgetauscht werden muß, und die Wärmeübertragung ein Vorgang ist, der Zeit braucht.

Die tatsächliche Zustandsänderung verläuft auf einer Polytropen mit einem Polytropenexponent $1 < n < \kappa$. Für diesen Polytropenbereich ist die spezifische polytrope Wärmekapazität c_n nach (15.6) negativ.

Das hat zur Folge, daß bei einer Expansion dem System Wärme zugeführt werden muß. Bei einer Expansion sinkt nämlich die Temperatur und mit $dT < 0$ und $c_n < 0$ wird nach (15.5) $dQ > 0$.

Bei einer Kompression ist es umgekehrt. Wegen des nun positiven Temperaturdifferentials $dT > 0$ muß bei einer polytropen Verdichtung Wärme abgeführt werden.

Der für den konkreten Einzelfall einer Zustandsänderung in die Polytropengleichung (15.1) einzusetzende Exponent ist in der Regel unbekannt. Für Luft als Arbeitsmedium würde er zwischen $1 < n < 1{,}4$ anzunehmen sein.

Kennt man aber die Werte des Anfangs- und des Endzustandes, so läßt sich der Polytropenexponent aus der Polytropengleichung (15.1) berechnen. Durch Logarithmieren von

$$p_1 \cdot V_1^n = p_2 \cdot V_2^n$$

ergibt sich die gesuchte Beziehung

$$n = \frac{\ln \frac{p_2}{p_1}}{\ln \frac{V_1}{V_2}}. \tag{15.8}$$

Für ideale Gase erhält man die Beziehungen zwischen den thermischen Variablen für polytrope Zustandsänderungen, indem man in (14.7) bis (14.11) formal den Isentropenexponent κ durch den Polytropenexponent n ersetzt:

$$\frac{p_2}{p_1} = \left(\frac{V_1}{V_2}\right)^n = \left(\frac{\upsilon_1}{\upsilon_2}\right)^n$$

$$\frac{p_2}{p_1} = \left(\frac{T_2}{T_1}\right)^{\frac{n}{n-1}}, n \neq 1 \tag{15.9}$$

$$\frac{T_2}{T_1} = \left(\frac{p_2}{p_1}\right)^{\frac{n-1}{n}} = \left(\frac{V_1}{V_2}\right)^{n-1} = \left(\frac{\upsilon_1}{\upsilon_2}\right)^{n-1} \tag{15.10}$$

$$\frac{V_2}{V_1} = \frac{\upsilon_2}{\upsilon_1} = \left(\frac{p_1}{p_2}\right)^{\frac{1}{n}}$$

$$\frac{V_2}{V_1} = \frac{\upsilon_2}{\upsilon_1} = \left(\frac{T_1}{T_2}\right)^{\frac{1}{n-1}} \quad , n \neq 1 \tag{15.11}$$

Für die polytrope Volumenänderungsarbeit idealer Gase bekommt man

$$W_{v12} = \frac{p_1 V_1}{n-1}\left[\left(\frac{V_1}{V_2}\right)^{n-1} - 1\right] = \frac{p_1 V_1}{n-1}\left[\left(\frac{p_2}{p_1}\right)^{\frac{n-1}{n}} - 1\right]$$

$$= \frac{p_1 \cdot V_1}{n-1} \cdot \left[\frac{T_2}{T_1} - 1\right], \ n \neq 1, \tag{15.12}$$

und nach Bezug auf die Systemmasse m homogener Systeme die spezifische polytrope Volumenänderungsarbeit

$$w_{v12} = \frac{p_1 \cdot \upsilon_1}{n-1}\left[\left(\frac{\upsilon_1}{\upsilon_2}\right)^{n-1} - 1\right] = \frac{p_1 \cdot \upsilon_1}{n-1}\left[\left(\frac{p_2}{p_1}\right)^{\frac{n-1}{n}} - 1\right]$$

$$= \frac{p_1 \cdot \upsilon_1}{n-1}\left[\left(\frac{T_2}{T_1}\right) - 1\right], \quad n \neq 1. \tag{15.13}$$

Die bei polytroper Zustandsänderung transferierte Wärmemenge läßt sich aus (15.7) mit der Gasgleichung (7.7) und mit $c_v / R = 1/(\kappa - 1)$ für extensive Größen in Abhängigkeit von den thermischen Variablen T, V *und* p ausdrücken:

$$Q_{12} = \frac{n-\kappa}{\kappa-1} \cdot \frac{p_1 \cdot V_1}{n-1} \cdot \left[\frac{T_2}{T_1} - 1\right] = \frac{n-\kappa}{\kappa-1} \cdot \frac{p_1 \cdot V_1}{n-1} \cdot \left[\left(\frac{V_1}{V_2}\right)^{n-1} - 1\right]$$

$$= \frac{n-\kappa}{\kappa-1} \cdot \frac{p_1 \cdot V_1}{n-1} \cdot \left[\left(\frac{p_2}{p_1}\right)^{\frac{n-1}{n}} - 1\right], \ n \neq 1 \tag{15.14}$$

Mit $Q_{12} / m = q_{12}$ gilt für die spezifischen Größen von Einphasensystemen:

$$q_{12} = \frac{n - \kappa}{\kappa - 1} \cdot \frac{p_1 \cdot \upsilon_1}{n - 1} \cdot \left[\frac{T_2}{T_1} - 1 \right] = \frac{n - \kappa}{\kappa - 1} \cdot \frac{p_1 \cdot \upsilon_1}{n - 1} \cdot \left[\left(\frac{\upsilon_1}{\upsilon_2} \right)^{n-1} - 1 \right]$$

$$= \frac{n - \kappa}{\kappa - 1} \cdot \frac{p_1 \cdot \upsilon_1}{n - 1} \cdot \left[\left(\frac{p_2}{p_1} \right)^{\frac{n-1}{n}} - 1 \right], \quad n \neq 1 \tag{15.15}$$

Dividiert man (15.14) durch (15.12), erhält man als Verhältnis von Wärme und Arbeit bei Zustandsänderungen idealer Gase

$$\frac{Q_{12}}{W_{12}} = \frac{n - \kappa}{\kappa - 1}. \tag{15.16}$$

Das Wärme-Arbeitsverhältnis Q_{12} / W_{12} ist

bei isochorer Zustandsänderung mit $n = \infty$: $\frac{Q_{12}}{W_{v12}} = \infty$, weil $W_{v12} = 0$ ist,

bei isobarer Zustandsänderung mit $n = 0$: $\frac{Q_{12}}{W_{v12}} = -\frac{\kappa}{\kappa - 1}$,

bei isothermer Zustandsänderung mit $n = 1$: $\frac{Q_{12}}{W_{v12}} = -1$, weil $U_2 - U_1 = 0$ ist,

bei adiabater Zustandsänderung mit $n = \kappa$: $\frac{Q_{12}}{W_{v12}} = 0$, weil $Q_{12} = 0$ ist.

16 Die Entropie

Die *Entropie* ist eine Zustandsgröße. Sie wurde von *J. E. Clausius*[26] eingeführt. Die Entropie ist ein Maß für die Irreversibilität thermodynamischer Prozesse und ein Kriterium zur Vorhersage der Richtung ihrer Abläufe.

16.1 Entropie als Zustandsgröße

Reversible Prozesse. Clausius definierte die Entropie[27] als Verhältnis von reversibel zugeführter Wärmemenge und der absoluten Temperatur T an der Stelle des Wärmeübergangs. Sie wird mit dem Symbol S bezeichnet und formalmathematisch über ihr Differential definiert

$$dS = \frac{dQ}{T}. \tag{16.1}$$

Die Entropie S ist wie die Wärmemenge Q eine extensive Größe. Ihre Einheit ist J/K.

Da die absolute Temperatur T eine stets positive Größe ist, wird das Vorzeichen des Entropiedifferentials vom Vorzeichen der Wärmemenge dQ bestimmt. Nach der Vorzeichenregel ist zugeführte Wärme positiv zu zählen. Mit $dQ > 0$ ist auch $dS > 0$. Zugeführte Wärme erhöht also die Entropie eines Systems, während sie bei Wärmeentzug wegen $dQ < 0$ abnimmt.

Für reversible Prozesse liefert der 1. Hauptsatz (12.8) mit $dW_\mathrm{d} = 0$ für die reversibel zugeführte Wärmemenge

$$dQ = dU + p \cdot dV. \tag{16.2}$$

Nach Einsetzen in (16.1) bekommt man

$$dS = \frac{1}{T} \cdot dU + \frac{p}{T} \cdot dV. \tag{16.3}$$

Die Entropieänderung zwischen zwei Zuständen erhält man nach Integration von (16.1) zu

---

26 *Rudolf Julius Emanuel Clausius (1822 - 1888)*, deutscher Physiker. Professor in Zürich, Würzburg und Bonn. Er ist Mitbegründer der mechanischen Wärmetheorie und der statistischen Mechanik.

27 Entropie bedeutet „Verwandelte“. Von „entrepein“ (grch.): verwandeln

$$S_2 - S_1 = \int_1^2 \frac{dQ}{T} \,. \tag{16.4}$$

Die Entropiedifferenz können wir auch als Integral von (16.3) erhalten:

$$S_2 - S_1 = \int_1^2 \left(\frac{1}{T} \cdot dU + \frac{p}{T} \cdot dV \right) \tag{16.5}$$

Gehen wir statt von (12.8) von der Version (12.10) des 1. Hauptsatzes für reversible Prozesse aus, dann ergibt sich für das Entropiedifferential

$$dS = \frac{1}{T} dH - \frac{V}{T} \cdot dp \tag{16.6}$$

und durch Integration die Entropiedifferenz

$$S_2 - S_1 = \int_1^2 \left(\frac{1}{T} \cdot dH - \frac{V}{T} \cdot dp \right) . \tag{16.7}$$

Irreversible Prozesse. Wir fassen die zugeführte Wärmemenge dQ und die Dissipationsenergie dW_{d} in der differentiellen Form des 1. Hauptsatzes (12.8) auf einer Gleichungsseite zusammen und erhalten nach Division durch die absolute Temperatur die Beziehung

$$\frac{dQ + dW_{\mathrm{d}}}{T} = \frac{1}{T} \cdot dU + \frac{p}{T} \cdot dV \,. \tag{16.8}$$

Der Term auf der rechten Seite von (16.8) stimmt mit der rechten Seite von (16.3) überein. Offenbar ist dann die linke Seite von (16.8) ebenfalls ein Entropiedifferential, das in Erweiterung der ursprünglichen Definition (16.1) auch die Dissipationsenergie mit einschließt. Die Entropie ändert sich also nicht nur durch Wärmetransfer über die Systemgrenze, sondern auch durch Dissipation im Innern eines Systems.

Wir schreiben jetzt als allgemeine Entropiedefinition, die sowohl die Wärme als auch die Dissipation umfaßt:

$$dS = \frac{dQ + dW_{\mathrm{d}}}{T} = \frac{dQ}{T} + \frac{dW_{\mathrm{d}}}{T}, \qquad dW_{\mathrm{d}} > 0 \tag{16.9}$$

Das Entropiedifferential setzt sich bei irreversiblen Prozessen demnach additiv zusammen aus

$$dS_{\mathrm{Q}} = \frac{dQ}{T} \tag{16.10}$$

und

$$dS_{\mathrm{irr}} = \frac{dW_{\mathrm{d}}}{T} \tag{16.11}$$

zu

$$dS = dS_Q + dS_{irr}, \qquad dS_{irr} > 0. \tag{16.12}$$

Der Term (16.10) beschreibt die Kopplung von Entropie- und Wärmetransport. Der Quotient (16.11) stellt die Entropieänderung des Systems infolge Dissipation dar. Dissipation als Umwandlung einer dem System zugeführten mechanischen Arbeit in innere Energie hat dieselbe Wirkung wie eine zugeführte Wärmemenge und ist deshalb immer positiv.

Dissipation erhöht also die Entropie, weshalb man diesen Vorgang auch *Entropieproduktion* nennt.

Zur Berechnung von Entropiedifferenzen zwischen zwei Zustandsänderungen muß man die Integrale (16.5) oder (16.7) auswerten. Da die Entropie eine Zustandsgröße ist, sind beide Integrale wegunabhängig und der Integrationsweg kann beliebig gewählt werden. Er muß nicht mit der tatsächlichen Zustandsänderung übereinstimmen, die das System zwischen den Zuständen 1 und 2 durchläuft. Es spielt auch keine Rolle, ob der Prozeß reversibel oder irreversibel ist.

Durch Bezug auf die Systemmasse m führen wir für Einphasensysteme die spezifische Entropie s ein:

$$s = \frac{S}{m} \tag{16.13}$$

Sie hat die Einheit J/(kg K).

Die für die Berechnung der spezifischen Entropiedifferenzen benötigten Gleichungen liefern (16.10) bis (16.12) und (16.3) sowie (16.6) nach Division durch m:

$$ds = \frac{dq}{T} + \frac{dj}{T} = ds_Q + ds_{irr} \tag{16.14}$$

$$ds = \frac{1}{T} \cdot du + \frac{p}{T} \cdot d\upsilon \tag{16.15}$$

$$ds = \frac{1}{T} \cdot dh - \frac{\upsilon}{T} \cdot dp \tag{16.16}$$

Meistens betrachtet man (16.15) und (16.16) in der Form

$$T \cdot ds = du + p \cdot d\upsilon, \tag{16.17}$$

$$T \cdot ds = dh - \upsilon \cdot dp. \tag{16.18}$$

Sie heißen *Gibbs'sche*[28] *Fundamentalgleichungen* und verknüpfen die kalorischen Zustandsgrößen u und h mit der Entropie s und den thermischen Zustandsgrößen p, T und υ. Sie enthalten sämtliche Informationen über ein thermodynamisches System.

---

[28] Josiah Willard Gibbs (1839-1903), amerikanischer Physiker und Mathematiker. Er gilt als einer der Begründer der modernen Thermodynamik.

16.1.1 Entropie fester und flüssiger Phasen

Feste Körper und Flüssigkeiten sind in guter Näherung volumenkonstant. Wir setzen in (16.15) $d\upsilon = 0$ und erhalten mit $du = c(T) \cdot dT$ nach Kapitel 10 durch Integration die Entropiedifferenz zwischen zwei Zuständen 1 und 2:

$$s_2 - s_1 = s(T_2) - s(T_1) = \int_{T_1}^{T_2} c(T) \cdot \frac{dT}{T} = \int_{\ln T_1}^{\ln T_2} c(T) \cdot d\ln T \qquad (16.19)$$

Stellt man sich die wahre spezifische Wärmekapazität statt über T über $\ln T$ aufgetragen vor, dann kann man in Analogie zu (10.29) eine *logarithmisch gemittelte spezifische isochore Wärmekapazität* definieren:

$$\bar{\bar{c}}\Big|_{T_1}^{T_2} = \bar{\bar{c}}_{12} = \frac{1}{\ln(T_2 / T_1)} \cdot \int_{\ln T_1}^{\ln T_2} c(\ln T) \cdot d\ln T \qquad (16.20)$$

Damit geht (16.19) über in

$$s_2 - s_1 = \bar{\bar{c}}_{12} \cdot \ln\frac{T_2}{T_1}. \qquad (16.21)$$

Aus den Tabellen der auf eine feste Temperatur T_0 bezogenen über T_0 bis T logarithmisch gemittelten spezifischen Wärmekapazitäten (s. Anhang B, Tabelle B6) errechnet sich der logarithmische Mittelwert für das Temperaturintervall von T_1 bis T_2 analog zu (10.32):

$$\bar{\bar{c}}_{12} = \frac{\bar{\bar{c}}\big|_{T_0}^{T_2} \cdot \ln(T_2 / T_0) - \bar{\bar{c}}\big|_{T_0}^{T_1} \cdot \ln(T_1 / T_0)}{\ln(T_2 / T_1)} \qquad (16.22)$$

Kann man die Temperaturabhängigkeit vernachlässigen, dann gilt

$$s_2 - s_1 = c \cdot \ln\frac{T_2}{T_1}. \qquad (16.23)$$

16.1.2 Entropie idealer Gase

Mit $du = c_v(T) \cdot dT$ und der thermischen Zustandsgleichung idealer Gase $p / T = R / \upsilon$ ergibt sich nach Einsetzen in (16.15)

$$ds = c_v(T) \cdot \frac{dT}{T} + R \cdot \frac{d\upsilon}{\upsilon} = c_v(T) \cdot d\ln T + R \cdot d\ln\upsilon. \qquad (16.24)$$

Integration bringt für die Entropiedifferenz zwischen zwei Zuständen 1 und 2

$$s_2 - s_1 = s(T_2, \upsilon_2) - s(T_1, \upsilon_1) = \int_{T_1}^{T_2} c_v(T) \cdot d\ln T + R \cdot \ln \frac{\upsilon_2}{\upsilon_1}. \tag{16.25}$$

Mit dem analog zu Gleichung (16.22) gebildeten logarithmischen Mittelwert der spezifischen isochoren Wärmekapazität

$$\overline{\overline{c}}_{v12} = \frac{\overline{\overline{c}}_v\big|_{T_0}^{T_2} \cdot \ln(T_2 / T_0) - \overline{\overline{c}}_v\big|_{T_0}^{T_1} \cdot \ln(T_1 / T_0)}{\ln(T_2 / T_1)} \tag{16.26}$$

geht (16.25) über in

$$s_2 - s_1 = \overline{\overline{c}}_{v12} \cdot \ln \frac{T_2}{T_1} + R \cdot \ln \frac{\upsilon_2}{\upsilon_1}. \tag{16.27}$$

Die Variablen T und υ kann man mit Hilfe der Zustandsgleichung idealer Gase durch jeweils zwei andere der drei thermischen Zustandsgrößen ersetzen. So erhält man mit

$$\frac{T_2}{T_1} = \frac{p_2 \cdot \upsilon_2}{p_1 \cdot \upsilon_1}$$

für (16.27)

$$s_2 - s_1 = s(p_2, \upsilon_2) - s(T_1, \upsilon_1) = \overline{\overline{c}}_{v12} \cdot \ln \frac{p_2}{p_1} + \left(R + \overline{\overline{c}}_{v12}\right) \cdot \ln \frac{\upsilon_2}{\upsilon_1},$$

und mit $R = \overline{\overline{c}}_{p12} - \overline{\overline{c}}_{v12}$

$$s_2 - s_1 = \overline{\overline{c}}_{v12} \cdot \ln \frac{p_2}{p_1} + \overline{\overline{c}}_{p12} \cdot \ln \frac{\upsilon_2}{\upsilon_1}. \tag{16.28}$$

Im nächsten Schritt soll die Entropiedifferenz als Funktion von T und p dargestellt werden.

Wir setzen dazu in (16.16) die Terme

$$dh = c_p(T) \cdot dT$$

und

$$\upsilon / T = R / p$$

ein und erhalten nach Integration

$$s_2 - s_1 = s(T_2, p_2) - s(T_1, p_1) = \int_{T_1}^{T_2} c_p(T) \cdot \frac{dT}{T} - R \cdot \ln \frac{p_2}{p_1}. \tag{16.29}$$

Mit dem logarithmischen Mittelwert $\overline{\overline{c}}_{p12}$ der spezifischen isobaren Wärmekapazität ergibt sich

$$s_2 - s_1 = \overline{\overline{c}}_{p12} \cdot \ln \frac{T_2}{T_1} - R \cdot \ln \frac{p_2}{p_1}. \tag{16.30}$$

Kann man die Temperaturabhängigkeit der spezifischen Wärmekapazitäten vernachlässigen oder ist sie wie bei den einatomigen Gasen (Edelgasen) konstant, dann gilt einfacher:

$$s_2 - s_1 = c_v \cdot \ln\frac{T_2}{T_1} + R \cdot \ln\frac{\upsilon_2}{\upsilon_1} \tag{16.31}$$

$$s_2 - s_1 = c_v \cdot \ln\frac{p_2}{p_1} + c_p \cdot \ln\frac{\upsilon_2}{\upsilon_1} \tag{16.32}$$

$$s_2 - s_1 = c_p \cdot \ln\frac{T_2}{T_1} - R \cdot \ln\frac{p_2}{p_1} \tag{16.33}$$

16.1.3 Entropie der Dämpfe

Die spezifische Entropie des Naßdampfes wird mit dem gleichen Verfahren berechnet, mit dem das spezifische Volumen in Kapitel 7 und die spezifische Enthalpie als Funktion des Dampfgehaltes x in Kapitel 10 ermittelt wurde. Mit den aus den Dampftafeln zu entnehmenden Werten der spezifischen Entropie s' und s'' auf den Grenzkurven des Naßdampfgebietes gilt

$$s = s' + x \cdot (s'' - s') . \tag{16.34}$$

Die *Verdampfungsentropie* genannte Differenz $s'' - s'$ ist mit der Verdampfungsenthalpie Δh_D verknüpft. Für die Isobaren im Naßdampfgebiet liefert die Gleichung (16.18)

$$T \cdot ds = dh - \upsilon \cdot dp$$

mit $dp = 0$ und mit der konstanten Sattdampftemperatur T_S nach Integration zwischen den beiden Grenzkurven des Naßdampfgebietes das Ergebnis

$$\Delta h_D = h'' - h' = T_S \cdot \left(s'' - s'\right) . \tag{16.35}$$

Die in den Wasserdampftafeln aufgeführten Werte der Entropie sind auf den Wert der siedenden Flüssigkeit am Tripelpunkt bezogen und dort willkürlich gleich null gesetzt. Es handelt sich also nicht um absolute Entropiewerte. Dieser Umstand ist jedoch ohne Bedeutung, weil in die thermodynamischen Prozeßrechnungen nur Entropiedifferenzen eingehen.

16.1.4 Die absolute Temperatur als integrierender Faktor

Am Beispiel des idealen Gases läßt sich leicht nachweisen, daß das Entropiedifferential

$$ds = \left(\frac{\partial s}{\partial T}\right)_{\text{v}} \cdot dT + \left(\frac{\partial s}{\partial \upsilon}\right)_{\text{T}} \cdot d\upsilon$$

ein vollständiges Differential ist. Man muß dazu zeigen, daß es die Integrabilitätsbedingung

$$\frac{\partial^2 s}{\partial T\, \partial \text{v}} = \frac{\partial^2 s}{\partial \text{v}\, \partial T}$$

erfüllt.

Durch Vergleich mit (16.24) findet man $\left(\frac{\partial s}{\partial T}\right)_{\text{v}} = \frac{c_{\text{v}}(T)}{T}$, $\left(\frac{\partial s}{\partial \upsilon}\right)_{\text{T}} = \frac{R}{\upsilon}$ und nach nochmaligem partiellen Differenzieren

$$\frac{\partial^2 s}{\partial T\, \partial \upsilon} = \frac{\partial^2 s}{\partial \upsilon\, \partial T} = 0\,.$$

Die Integrabilitätsbedingung ist also erfüllt.

Der Beweis, daß das Entropiedifferential für beliebige Stoffe ein vollständiges ist, ist mathematisch aufwendiger.

Die Verwandlung des unvollständigen Differentials aus (12.9)

$$dq + dj = du + p \cdot d\upsilon$$

in das vollständige Differential ds nach (16.15) gelang durch eine Division durch die thermodynamische Temperatur T. Die absolute Temperatur übernimmt hier mit der Funktion $\Phi = 1/T$ die Rolle des aus den Lehrbüchern der höheren Mathematik bekannten *integrierenden Faktors*.

16.2 Entropiebilanz geschlossener Systeme

Als Beispiel für die Aufstellung einer Entropiebilanz betrachten wir in Bild 16.1 ein geschlossenes System, dessen Grenze an drei Stellen von Wärmeströmen durchflossen wird.

Jeder Wärmetransport über die Systemgrenze ist zwangsläufig mit einem Entropietransport gekoppelt. Mit dem Wärmestrom nach (13.11) definieren wir zunächst den mit dem Wärmestrom gekoppelten *Entropietransportstrom*

$$\dot{S}_{\text{Q}} = \frac{\dot{Q}}{T} \tag{16.36}$$

mit der Einheit $\frac{\text{J}}{\text{s} \cdot \text{K}}$.

In Gleichung (16.36) ist T die Temperatur der Systemgrenze an der Stelle des Wärmeübergangs. Sowohl Wärmestrom und Temperatur und damit auch der En-

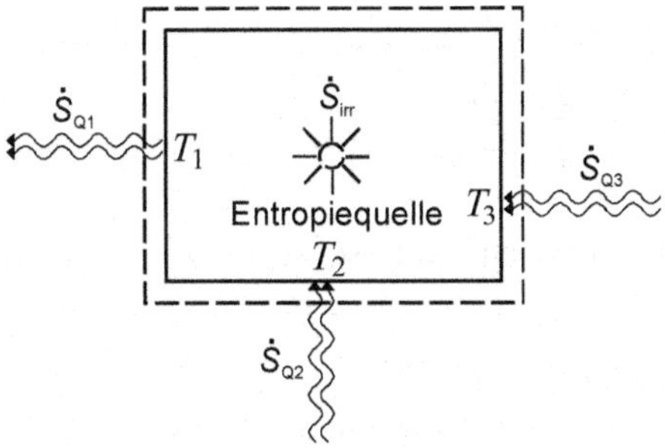

Bild 16.1. Entropietransportströme $\dot{S}_Q$ und Entropiequelle eines geschlossenen Systems

tropietransportstrom können zeitabhängig sein.

Der gesamte Entropietransportstrom über die Systemgrenzen ist gleich der Summe der drei Teilströme

$$\dot{S}_{Q1} + \dot{S}_{Q2} + \dot{S}_{Q3} = \sum_{i=1}^{3} \dot{S}_{Qi} = \sum_{i=1}^{3} \left(\frac{\dot{Q}}{T} \right)_i .$$

Da das Vorzeichen des Entropietransportstromes durch das Vorzeichen des Wärmestromes festgelegt wird, und zugeführte Wärme als positiv, abgeführte Wärme als negativ vereinbart sind, kann die Summe der Entropietransportströme positiv, negativ oder gleich null sein.

In einem irreversiblen Prozeß tritt zum Entropietransportstrom der im Innern des Systems durch Dissipation erzeugte *Entropieproduktionsstrom*, den wir mit

$$\dot{S}_{irr} = \frac{dS_{irr}}{dt} \tag{16.37}$$

einführen. Er ist im Gegensatz zum Entropietransportstrom immer positiv,

$$\dot{S}_{irr} \geq 0$$

und verschwindet nur im Grenzfall reversibler Prozesse.

Wir berechnen nun die zeitliche Änderung der Entropie S des Systems

$$\frac{dS}{dt} = \lim_{\Delta t \to 0} \frac{S(t + \Delta t) - S(t)}{\Delta t} .$$

Die Entropie $S(t + \Delta t)$ zur Zeit $t + \Delta t$ ergibt sich als Summe der Entropie $S(t)$ zur Zeit t und der im Zeitintervall Δt über die Systemgrenze mit dem Wärmestrom transferierten Entropie und der in diesem Zeitintervall im System produzierten Entropie zu

$$S(t + \Delta t) = S(t) + \sum_{i=1}^{3} \dot{S}_{Qi} \cdot \Delta t + \dot{S}_{irr} \cdot \Delta t . \tag{16.38}$$

Die zeitliche Änderung der Entropie des Systems wird damit

$$\frac{dS}{dt} = \sum_{i=1}^{3} \dot{S}_{Qi} + \dot{S}_{irr} = \sum_{i=1}^{3} \left(\frac{\dot{Q}}{T} \right)_i + \dot{S}_{irr} .$$

Wenn N Wärmeströme die Systemgrenze passieren, dann ist

$$\frac{dS}{dt} = \sum_{i=1}^{N} \left(\frac{\dot{Q}}{T} \right)_i + \dot{S}_{irr} , \qquad \dot{S}_{irr} \geq 0 . \tag{16.39}$$

Gleichung (16.39) stellt die Entropiebilanz für geschlossene Systeme und extensive Größen dar. Wie man dieser Gleichung entnimmt, hängt die zeitliche Änderung der Entropie eines geschlossenen Systems von der Bilanzierung der Entropietransportströme und der Entropieproduktion ab. Für die Entropie existiert kein Erhaltungssatz.

Indiziert man den Systemzustand zur Zeit t mit 1, den zur Zeit $t + \Delta t$ mit 2, erhält man aus Gl. (16.38) und mit $S(t) = S_1$, $S(t + \Delta t) = S_2$, $\dot{S}_{irr} \cdot \Delta t = (S_{irr})_{12}$ die im Zeitintervall Δt produzierte Entropie

$$S_{irr12} = S_2 - (S_1 + S_{Q12}) . \tag{16.40}$$

Darin ist

$$S_{Q12} = \sum_{i=1}^{N} \dot{S}_{Q\,i} \cdot \Delta t$$

die mit N zeitlich stationären Wärmeströmen im Zeitintervall Δt über die Systemgrenze transferierte Entropie.

17 Der erste Hauptsatz für offene Systeme

Die Prozesse kontinuierlicher Energieumwandlung laufen in offenen Systemen ab. Kennzeichen offener Systeme ist die Materiedurchlässigkeit ihrer Grenzen.

Beispiele für offene Systeme sind Verbrennungsmotoren, Turbinen, Kompressoren, Gasturbinen, Dampfturbinen, Strahltriebwerke, etc.

In offenen Systemen findet ein Masse- und Energietransport durch Rohre und Kanäle statt. An die Stelle der Masse bei geschlossenen Systemen tritt der *Massenstrom*, der einen *Energiestrom* mit sich führt.

Wir werden diese Größen nachfolgend soweit erläutern, wie es für die Behandlung von Energiebilanzen offener Systeme notwendig ist.

17.1 Strömungsmechanische Grundlagen

Mit *Stoffstrom* bezeichnet man die pro Zeiteinheit über eine gedachte Grenze transportierte, meist fluide Materie. Zur Beschreibung des Stoffstromes gehört die Angabe seiner Stoffart, seines Aggregatzustandes und seiner physikalischen Eigenschaften wie etwa Dichte, Viskosität, Kompressibilität.

Der Stoffstrom wird quantifiziert durch die pro Zeiteinheit durchgesetzte Masse, gemessen in Masseneinheiten pro Zeiteinheit, also beispielsweise in kg/s. Man spricht dann von einem Massenstrom. Da sich die Masse als Produkt von Dichte und Volumen darstellen läßt, kann man Massenstrom bei zeitlich konstanter Dichte auch als Produkt von Dichte und Volumenstrom ausdrücken.

17.1.1 Volumenstrom

Volumenstrom $\dot{V}$ ist das pro Zeiteinheit durch einen Querschnitt hindurchgeflossene Stoffvolumen in m^3/s

$$\dot{V} = \lim_{\Delta t \to 0} \frac{\Delta V}{\Delta t}\,. \tag{17.1}$$

Der Volumenstrom hängt vom Strömungsquerschnitt und der Verteilung der Strömungsgeschwindigkeit über dem Querschnitt ab. Ist die Geschwindigkeit, wie in Bild 17.1 angenommen, konstant über dem Querschnitt, dann ist das im Zeitintervall Δt durch den Querschnitt A geströmte Volumen gleich

$$\Delta V = A \cdot \Delta s\,,$$

denn alle Fluidteilchen legen im Zeitraum Δt mit der Geschwindigkeit c die gleiche Strecke $\Delta s = c \cdot \Delta t$ zurück.

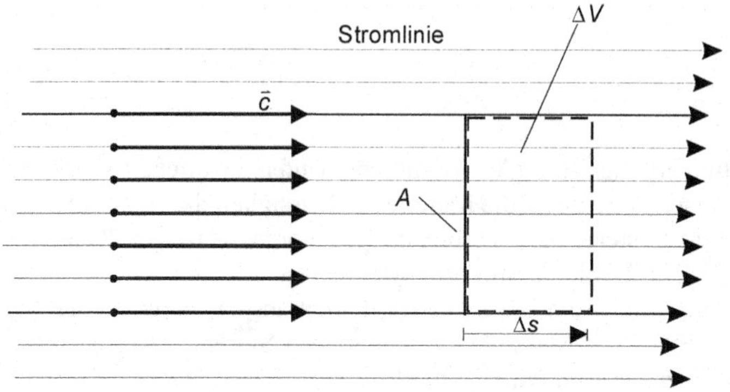

Bild 17.1. Parallelströmung mit konstanter Geschwindigkeit

Für den Volumenstrom erhält man dann

$$\dot{V} = \lim_{\Delta t \to 0} \frac{\Delta V}{\Delta t} = \lim_{\Delta t \to 0} \frac{\Delta s}{\Delta t} \cdot A = c \cdot A \,.$$

Stoffströme, die in Rohren und Kanälen geführt werden, haben keine konstante Geschwindigkeitsverteilung über dem Querschnitt. Das liegt daran, daß Fluide als Folge ihrer Viskosität an festen Wänden haften. Die Geschwindigkeit steigt dann wie in Bild 17.2 gezeigt vom Wert null an der Wand auf einen Maximalwert in der Rohrmitte. Der Volumenstrom läßt sich in diesen Fällen nur berechnen, wenn die Geschwindigkeitsverteilung als Funktion des Radius vorliegt. Man erhält dann den Volumenstrom als das über den gesamten Strömungsquerschnitt A zu erstreckende Integral

$$\dot{V} = \int_{(A)} c \cdot dA \,.$$

Die Berechnung der Geschwindigkeitsverteilung gelingt nur in wenigen Fällen wie z. B. für laminare Strömungen in kreiszylindrischen Rohren. Für thermodynamische Aufgabenstellungen ist dieses Problem in der Regel auch nicht relevant. Meistens wird in den Energiebilanzen ein gegebener Massen- oder Volumenstrom betrachtet, aus dem man über den Ansatz

$$\dot{V} = \bar{c} \cdot A$$

die volumenstromgemittelte Geschwindigkeit

$$\bar{c} = \frac{\dot{V}}{A} \tag{17.2}$$

erhält.

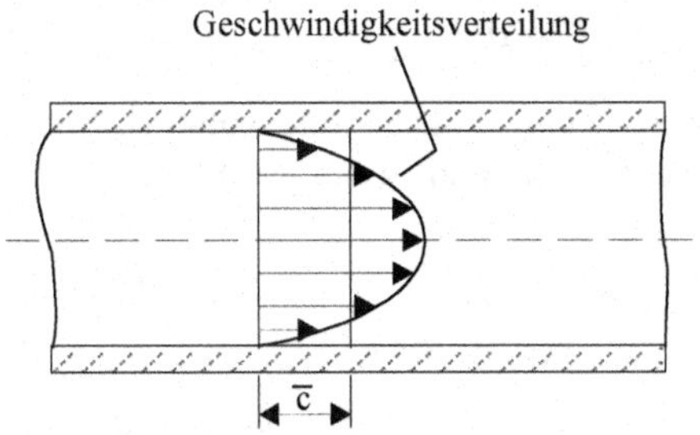

Bild 17.2. Geschwindigkeitsverteilung und Mittelwert $\bar{c}$ einer laminaren Rohrströmung

17.1.2 Massenstrom

Die Definition des Massenstroms $\dot{m}$ folgt sinngemäß der Definition des Volumenstroms nach Gleichung (17.1) und lautet

$$\dot{m} = \lim_{\Delta t \to 0} \frac{\Delta m}{\Delta t} . \tag{17.3}$$

Er gibt die Masse an, die pro Zeiteinheit durch den Querschnitt fließt. Nach Multiplikation des im Zeitintervall durch den Querschnitt A geströmten Volumens ΔV (Bild 17.1) mit einer zeitlich konstanten Dichte ρ ergibt sich die im Zeitintervall Δt hindurchgeflossene Masse

$$\Delta m = \rho \cdot \Delta V = \rho \cdot c \cdot \Delta t \cdot A .$$

Nach Division durch Δt und Grenzübergang $\Delta t \to 0$ erhält man den Massenstrom

$$\dot{m} = \rho \cdot c \cdot A$$

bei über A konstanten Werten der Geschwindigkeit und der Dichte. Bei veränderlichen Werten muß ein Integral berechnet werden:

$$\dot{m} = \int_{(A)} \rho \cdot c \cdot dA$$

Sind der Massenstrom $\dot{m}$ und die Fluiddichte ρ bekannt, so erhält man analog zu (17.2) eine über dem Querschnitt massenstromgemittelte Geschwindigkeit

$$\overline{c} = \frac{\dot{m}}{\rho \cdot A} . \tag{17.4}$$

Aus (17.4) erhält man bei gegebener mittlerer Geschwindigkeit $\overline{c}$ und bekannter Fluiddichte ρ den Massenstrom

$$\dot{m} = \rho \cdot \overline{c} \cdot A = \rho \cdot \dot{V} . \tag{17.5}$$

Es sei hier ohne Beweis darauf hingewiesen, daß massen- und volumenstromgemittelte Geschwindigkeiten nur dann gleich groß sind, wenn das Fluid inkompressibel, also dichtebeständig ist.

17.1.3 Energiestrom

In Anlehnung an den Begriff des Massenstroms definieren wir den Strom der Gesamtenergie $\dot{E}_g$:

Mit der massenstromgemittelten Geschwindigkeit $\overline{c}$, der geodätischen Höhe z des durchströmten Querschnittes über einem beliebigen Bezugsniveau sowie der spezifischen inneren Energie u erhält man

$$\dot{E}_g = \dot{E}_{kin} + \dot{E}_{pot} + \dot{U} = \dot{m} \cdot \left(\frac{\overline{c}^2}{2} + g \cdot z + u \right) + \text{const} \tag{17.6}$$

als Summe des kinetischen Energiestromes

$$\dot{E}_{kin} = \frac{1}{2} \dot{m} \cdot \overline{c}^2 + \text{const} , \tag{17.7}$$

des Stromes der potentiellen Energie

$$\dot{E}_{pot} = \dot{m} \cdot g \cdot z + \text{const} \tag{17.8}$$

und des Stromes der inneren Energie

$$\dot{U} = \dot{m} \cdot u + \text{const} . \tag{17.9}$$

Als Enthalpiestrom bezeichnen wir den Ausdruck

$$\dot{H} = \dot{m} \cdot h + \text{const} . \tag{17.10}$$

Die in den Gleichungen aufgeführten Konstanten sind ohne weitere Bedeutung, weil in den Energiebilanzen nur Differenzen von Energien auftreten und sich darin die Konstanten wegheben.

17.1.4 Zeitverhalten von Strömungen

Ein besonderes Merkmal von Strömen ist ihr zeitliche Abhängigkeit. Bleiben alle

Strömungsvariablen zeitlich konstant und ändern sie sich nur mit dem Ort, dann spricht man von einer *stationären Strömung.* Zeitlich veränderliche Variable kennzeichnen dagegen eine *instationäre Strömung.*

Die Begriffe stationär und instationär wurden bereits in Kapitel 13 in Verbindung mit der Definition des Wärmestromes eingeführt.

17.1.5 Massenstrombilanz

Wir formulieren die Massenbilanz für das in Bild 17.3 dargestellte offene System, das von einem Stoffstrom durchflossen wird.

Wir berechnen dazu die zeitliche Änderung der im Kontrollraum eingeschlossenen Masse. Bezeichnet $m(t)$ die Masse des offenen Systems zur Zeit t und $m(t + \Delta t)$ die Masse zum Zeitpunkt $t + \Delta t$, dann ist die zeitliche Änderung von m gleich

$$\frac{dm}{dt} = \lim_{\Delta t \to 0} \frac{m(t + \Delta t) - m(t)}{\Delta t}.$$

Im Zeitraum Δt dringt ein Massenelement Δm_e des Stoffstromes in den Kontrollraum ein und erhöht die darin eingeschlossene Masse um diesen Betrag.

Im gleichen Zeitintervall reduziert das Massenelement Δm_a die Masse im Kontrollraum, indem es ihn verläßt. Die Masse des offenen Systems zur Zeit $t + \Delta t$ ist

$$m(t+\Delta t) = m(t) + \Delta m_e - \Delta m_a .$$

Die zeitliche Änderung der Masse im offenen System ergibt sich damit zu

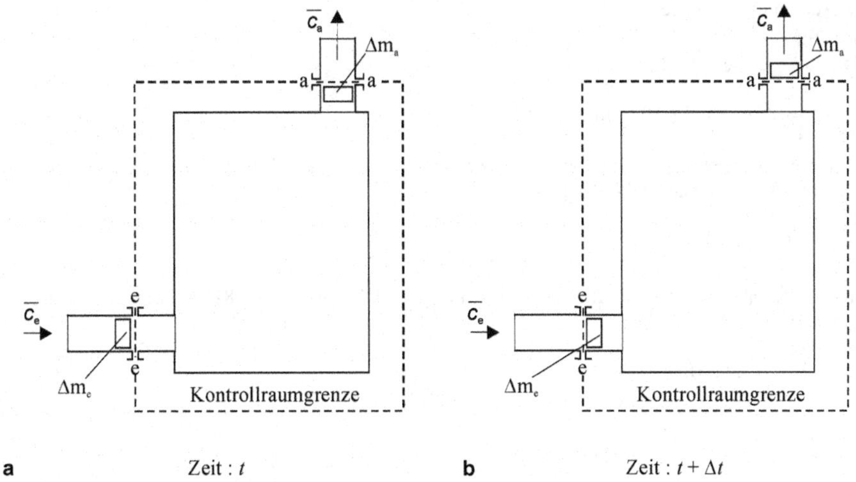

Bild 17.3. Massenbilanz eines offenen Systems. **a** Zustand zur Zeit t, **b** Zustand zur Zeit $t + \Delta t$

$$\frac{dm}{dt} = \lim_{\Delta t \to 0} \frac{m(t+\Delta t) - m(t)}{\Delta t} = \lim_{\Delta t \to 0} \frac{\Delta m_e}{\Delta t} - \lim_{\Delta t \to 0} \frac{\Delta m_a}{\Delta t}.$$

Mit der Definition (17.3) des Massenstromes erhalten wir die Massenstrombilanz

$$\frac{dm}{dt} = \dot{m}_e - \dot{m}_a . \tag{17.11}$$

Die Masse im Kontrollgebiet nimmt also zu, wenn der einströmende Massenstrom größer ist als der ausströmende Massenstrom. Dagegen nimmt die Masse ab, wenn pro Zeiteinheit mehr Masse aus- als einströmt.

Bei stationärer Strömung sind wegen $dm / dt = 0$ die in ein Kontrollgebiet ein- und austretenden Massenströme gleich groß. Die Massenstrombilanz für stationäre Strömungen lautet damit

$$\dot{m}_e = \dot{m}_a . \tag{17.12}$$

Gl. (17.12) ist die Kontinuitätsgleichung der Strömungsmechanik.

Wird das Kontrollgebiet von mehreren Massenströmen durchflossen, dann muß bei stationärer Strömung die Summe der eintretenden gleich der Summe der austretenden Massenströme sein:

$$\sum_{i=1}^{N_e} (\dot{m}_e)_i = \sum_{k=1}^{N_a} (\dot{m}_a)_k \tag{17.13}$$

Beispiel 17.1

Durch eine Rohrleitung vom Durchmesser $d = 10{,}2\,\mathrm{cm}$ fließen pro Minute 4,8 kg Helium. An einer bestimmten Stelle des Rohres wird ein Druck $p = 1{,}87\,\mathrm{bar}$ und eine Temperatur $T = 388\,\mathrm{K}$ des Heliumgases gemessen. Wie groß ist die massenstromgemittelte Geschwindigkeit an dieser Stelle?

Lösung

Die Rohrquerschnittsfläche ist

$$A = \frac{\pi}{4} \cdot d^2 = 8{,}1713 \cdot 10^{-3}\,\mathrm{m}^2 .$$

Mit der Gaskonstante $R = 2077{,}30\,\mathrm{J/(kg\,K)}$ von Helium aus Tabelle 7.6 errechnet man die Dichte des Heliums aus Gl.(7.6) zu

$$\rho = \frac{p}{R \cdot T} = 0{,}232\,\mathrm{kg/m^3}$$

und erhält über (17.5) mit dem Massenstrom $\dot{m} = 4{,}8\,\mathrm{kg/min} = 0{,}08\,\mathrm{kg/s}$ die massenstromgemittelte Geschwindigkeit

$$\bar{c} = \frac{\dot{m}}{\rho \cdot A} = 42{,}20\,\mathrm{m/s} .$$

17.2 Energie und Arbeit bei Fließprozessen offener Systeme

Wir entwickeln die Energiebilanz für offene Systeme und betrachten dazu in Bild 17.4 ein raumfestes Kontrollgebiet, das durch eine gedachte gestrichelt dargestellte Linie von der Umgebung abgetrennt ist. Es wird von einem Stoffstrom durchflossen, der beim Querschnitt „e" in das Gebiet eintritt und es bei „a" wieder verläßt. Eine Welle überträgt Leistung auf das System oder entzieht sie ihm und von außen wird ein Wärmestrom zu- oder abgeführt.

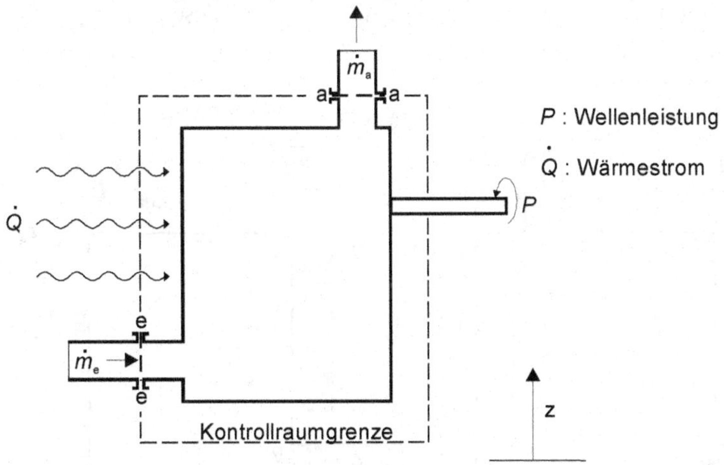

Bild 17.4. Offenes System und Kontrollgebiet

17.2.1 Energiebilanz instationärer Fließprozesse

Bei der Herleitung der Energiebilanz für ein Kontrollgebiet gehen wir von der Energiebilanz (12.15) für geschlossene bewegte Systeme aus:

$$E_{g2} - E_{g1} = Q_{12} + W_{12} \tag{12.15}$$

Mit E_g ist nach (12.14) die Summe von kinetischer, potentieller und innerer Energie des Systemes bezeichnet

$$E_g = E_{kin} + E_{pot} + U\,. \tag{12.14}$$

Als geschlossenes System definieren wir die Masse m, die zur Zeit t den Kontrollraum ausfüllt, vgl. Bild 17.5a. Bewegt sich dieses geschlossene System oder ein

Teil von ihm, dann muß sich seine Grenze ständig der Bewegung so anpassen, daß sich innerhalb dieser Grenze immer dieselben Masseteilchen befinden.

So wandert im Zeitraum Δt die die geschlossene Masse im Austrittsquerschnitt abschließende Grenze mit dem Fluidstrom um die Strecke Δs_a nach außen, während der Teil der Systemgrenze, der die geschlossene Masse gegen den nachströmenden Fluidstrom abgrenzt, sich um die kleine Strecke Δs_e in das Kontrollgebiet hinein bewegt. Nach dieser Überlegung ergibt sich die gestrichelte Grenze des geschlossenen Systems zur Zeit $t + \Delta t$ in Bild 17.5b.

Dem im 1. Hauptsatz (12.15) für bewegte geschlossene Systeme mit 1 bezeichneten Zustand entspricht nun der Zustand zur Zeit t, Zustand 2 ist mit dem Zustand zur Zeit $t + \Delta t$ gleichzusetzen. Mit ΔQ als der im Zeitintervall Δt über die Systemgrenze geflossenen Wärmemenge und ΔW für die in diesem Zeitraum am

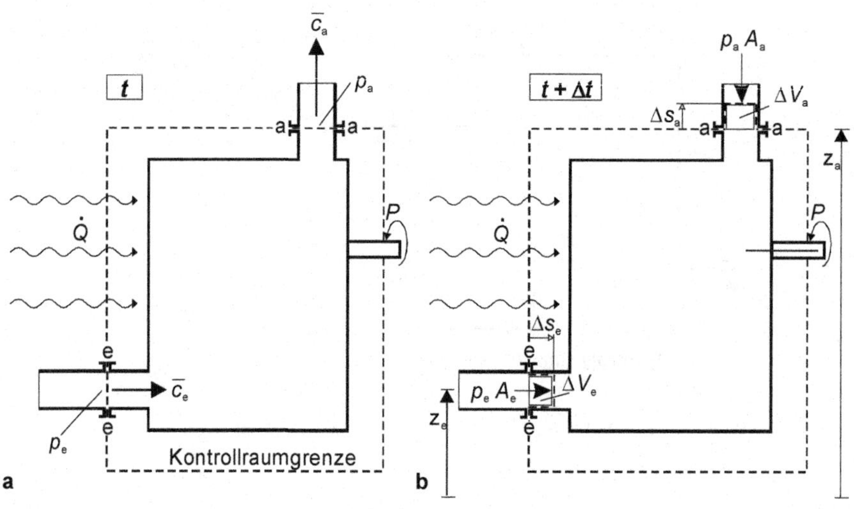

Bild 17.5. Energiebilanz eines offenen Systems. **a** Kontrollraum und geschlossenes System zur Zeit t. **b** Geschlossenes System zur Zeit $t + \Delta t$

System verrichtete Arbeit, lautet die Energiebilanz nach (12.15)

$$E_g(t+\Delta t) - E_g(t) = \Delta Q + \Delta W . \qquad 17.14)$$

Die Gesamtenergie des offenen Systems unterscheiden wir von der des geschlossenen bewegten Systems durch einen hochgestellten Stern $(*)$.

Zur Zeit t stimmen die Energien beider Systeme überein und es ist

$$E_g(t) = E_g^*(t) . \qquad (17.15)$$

Die Gesamtenergie $E_g(t+\Delta t)$ des geschlossenen Systems läßt sich in Form einer algebraischen Summe bilanzieren und mit der Gesamtenergie des offenen Systems zur Zeit $t + \Delta t$ verknüpfen

$$E_g(t+\Delta t) = E_g^*(t+\Delta t) + \Delta E_{ga} - \Delta E_{ge}\,. \tag{17.16}$$

Darin ist $E_g^*(t+\Delta t)$ die Gesamtenergie der Masse im Kontrollraum, also die Energie des offenen Systems zur Zeit $t + \Delta t$.

Mit ΔE_{ga} ist die Gesamtenergie des Massenelements Δm_a des geschlossenen Systems bezeichnet, das im Zeitintervall Δt den Kontrollraum verlassen hat, während ΔE_{ge} die Gesamtenergie eines Massenelementes Δm_e ist, das in diesem Zeitintervall in das Kontrollgebiet nachgeströmt ist, aber nicht zur Masse des geschlossenen Systems gehört.

Wir subtrahieren von der linken Seite von (17.16) die Gesamtenergie $E_g(t)$ des geschlossenen Systems, von der rechten Seite die nach (17.15) mit ihr gleiche Gesamtenergie $E_g^*(t)$ des offenen Systems und erhalten

$$E_g(t + \Delta t) - E_g(t) = E_g^*(t + \Delta t) - E_g^*(t) + \Delta E_{ga} - \Delta E_{ge}\,.$$

Ersetzt man die links stehende Änderung der Gesamtenergie des geschlossenen bewegten Systems durch die Summe der im Zeitintervall Δt über die Systemgrenze transferierten Wärme und Arbeit nach (17.14), dann ergibt sich

$$\Delta Q + \Delta W = E_g^*(t + \Delta t) - E_g^*(t) + \Delta E_{ga} - \Delta E_{ge}\,. \tag{17.17}$$

Wir setzen im folgenden voraus, daß das Zeitintervall Δt und damit die von den Massenelementen Δm_e und Δm_a eingenommenen Volumen ΔV_e und ΔV_a so klein gewählt werden, daß man darin alle thermischen, kalorischen und strömungsmechanischen Variablen durch über die Querschnitte A_e und A_a gebildete Mittelwerte ersetzen kann.

Mit $\bar{c}_e$ und $\bar{c}_a$ als massenstromgemittelten Geschwindigkeiten im Ein- und Austrittsquerschnitt erhalten wir analog (17.6) für die Gesamtenergie, die mit den Massenelementen über die Systemgrenze getreten ist:

$$\Delta E_{ga} - \Delta E_{ge} = \Delta m_a \cdot \left(\frac{\bar{c}_a^{\,2}}{2} + g \cdot z_a + u_a \right) - \Delta m_e \cdot \left(\frac{\bar{c}_e^{\,2}}{2} + g \cdot z_e + u_e \right) \tag{17.18}$$

Die im Zeitintervall Δt zwischen System und Umgebung ausgetauschte Wärmemenge ist mit dem Wärmestrom $\dot{Q}$ gleich

$$\Delta Q = \dot{Q} \cdot \Delta t\,. \tag{17.19}$$

Die am System verrichtete Arbeit ΔW setzt sich aus zwei Anteilen zusammen, aus der Wellenarbeit und der Arbeit der Druckkräfte, die diese im Ein- und Austrittsquerschnitt leisten.

Die Wellenarbeit ist

$$\Delta W_W = P \cdot \Delta t\,. \tag{17.20}$$

Die Arbeit der Druckkräfte ergibt sich wie folgt:

Im Eintrittsquerschnitt, Fläche A_e, verschiebt das nachströmende Fluid das geschlossene System um die Strecke Δs_e in das Kontrollgebiet und überträgt dabei die *Verschiebearbeit,* oder kurz, *Schubarbeit*

$$\Delta W_{se} = p_e \cdot A_e \cdot \Delta s_e = p_e \cdot \Delta V_e$$

auf das System. Darin ist p_e der Druck im Eintrittquerschnitt und ΔV_e das Volumen, das das in das Kontrollgebiet nachgeströmte Fluid einnimmt.

Im Austrittsquerschnitt, Fläche A_a, Druck p_a, verschiebt sich die Systemgrenze des geschlossenen Systems um die Strecke Δs_a und gibt dabei im Intervall Δt die Schubarbeit

$$\Delta W_{sa} = -\ p_a \cdot A_a \cdot \Delta s_a = -\, p_a \cdot \Delta V_a$$

an das vor ihm strömende Fluid ab. Hier ist ΔV_a das aus dem Kontrollgebiet ausgetretene Teilvolumen des geschlossenen bewegten Systems. Die gesamte Schubarbeit ist

$$\Delta W_s = p_e \cdot \Delta V_e - p_a \cdot \Delta V_a$$

bzw. mit $\Delta V_e = \Delta m_e \cdot \upsilon_e$, $\Delta V_a = \Delta m_a \cdot \upsilon_a$ und υ_e, υ_a als den spezifischen Volumen des Fluides in den Ein- und Austrittsquerschnitten

$$\Delta W_s = \Delta m_e \cdot p_e \cdot \upsilon_e - \Delta m_a \cdot p_a \cdot \upsilon_a .$$

Mit der Wellenarbeit und der Schubarbeit ergibt sich die gesamte am geschlossenen System im Intervall Δt verichtetete Arbeit

$$\Delta W = P \cdot \Delta t + \Delta m_e \cdot p_e \cdot \upsilon_e - \Delta m_a \cdot p_a \cdot \upsilon_a . \tag{17.21}$$

Einsetzen von (17.18), (17.19) und (17.21) in (17.17) bringt nach Division durch Δt und Zusammenfassen aller Terme mit den Indizes e und a auf der rechten Seite

$$\dot{Q} + P = \frac{E_g^*(t+\Delta t) - E_g^*(t)}{\Delta t} +$$

$$+ \frac{\Delta m_a}{\Delta t} \cdot \left(\frac{\overline{c}_a^{\,2}}{2} + g \cdot z_a + u_a + p_a \cdot \upsilon_a \right) - \frac{\Delta m_e}{\Delta t} \cdot \left(\frac{\overline{c}_e^{\,2}}{2} + g \cdot z_e + u_e + p_e \cdot \upsilon_e \right).$$

Führt man den Grenzübergang für $\Delta t \to 0$ aus, dann erhält man mit

$$\frac{dE_g^*}{dt} = \frac{E_g^*(t+\Delta t) - E_g^*(t)}{\Delta t}$$

als zeitlicher Änderung der Gesamtenergie des offenen Systems und mit den durch (17.3) definierten Massenströmen $\dot{m}_a$ und $\dot{m}_e$ die Energiebilanz

$$\dot{Q}+P=\frac{dE_{\mathrm{g}}^{*}}{dt}+$$
$$+\dot{m}_{\mathrm{a}}\cdot\left(\frac{\overline{c}_{\mathrm{a}}^{\,2}}{2}+g\cdot z_{\mathrm{a}}+u_{\mathrm{a}}+p_{\mathrm{a}}\cdot\upsilon_{\mathrm{a}}\right)-\dot{m}_{\mathrm{e}}\cdot\left(\frac{\overline{c}_{\mathrm{e}}^{\,2}}{2}+g\cdot z_{\mathrm{e}}+u_{\mathrm{e}}+p_{\mathrm{e}}\cdot\upsilon_{\mathrm{e}}\right). \quad (17.22)$$

Die Produkte der Massenströme und der Summen in den Klammern stellen die *Energieflüsse* durch die Ein- und Austrittsquerschnitte dar. Sie setzen sich aus drei unterschiedlichen Energieformen zusammen, nämlich der mechanischen Energie als Summe von kinetischer und potentieller Energie, der inneren Energie des Fluides und der Schubarbeit. Mechanische Energie und innere Energie sind an die Fluidmasse gebundene Energien und strömen mit ihr durch das offene System. Die Schubarbeit ist hingegen keine in der Fluidmasse gespeicherte Energie, sondern wird durch die Strömung übertragen. Da in den Energiebilanzen offener Systeme die innere Energie und die Schubarbeit stets zusammen auftreten, hat man ihre Summe zusammengefaßt zu einer neuen Größe, nämlich der in Kapitel 10 durch (10.5) bereits eingeführten *Enthalpie*

$$h=u+p\cdot\upsilon\,. \quad (10.5)$$

Enthalpie ist also die Summe von innerer Energie des Fluides und der von der Strömung geleisteten Schubarbeit.

Da u eine Zustandsfunktion ist und p und υ Zustandsgrößen sind, ist auch die Enthalpie eine Zustandsfunktion, die mit dem Zustand des Körpers eindeutig gegeben ist. Sie ist deshalb nicht auf offene Systeme beschränkt, sondern gilt sowohl für offene als auch für geschlossene Systeme.

Nach Einführen der Enthalpien $h_{\mathrm{a}}=u_{\mathrm{a}}+p_{\mathrm{a}}\cdot\upsilon_{\mathrm{a}}$ und $h_{\mathrm{e}}=u_{\mathrm{e}}+p_{\mathrm{e}}\cdot\upsilon_{\mathrm{e}}$ nimmt die Energiebilanz (17.22) die Form an:

$$\dot{Q}+P=\frac{dE_{\mathrm{g}}^{*}}{dt}+\dot{m}_{\mathrm{a}}\cdot\left(\frac{\overline{c}_{\mathrm{a}}^{\,2}}{2}+g\cdot z_{\mathrm{a}}+h_{\mathrm{a}}\right)-\dot{m}_{\mathrm{e}}\cdot\left(\frac{\overline{c}_{\mathrm{e}}^{\,2}}{2}+g\cdot z_{\mathrm{e}}+h_{\mathrm{e}}\right) \quad (17.23)$$

Durchfließen mehrere Stoffströme das System, dann ist die Gleichung entsprechend zu erweitern. Bezeichnet N_{e} die Zahl der eintretenden und N_{a} die Zahl der austretenden Stoffströme, dann lautet die erweiterte Gleichung (17.23):

$$\dot{Q}+P=\frac{dE_{\mathrm{g}}^{*}}{dt}+\sum_{\mathrm{k}=1}^{N_{\mathrm{a}}}\left[\dot{m}_{\mathrm{a}}\left(\frac{\overline{c}_{\mathrm{a}}^{\,2}}{2}+g\cdot z_{\mathrm{a}}+h_{\mathrm{a}}\right)\right]_{\mathrm{k}}-\sum_{\mathrm{i}=1}^{N_{\mathrm{e}}}\left[\dot{m}_{\mathrm{e}}\left(\frac{\overline{c}_{\mathrm{e}}^{\,2}}{2}+g\cdot z_{\mathrm{e}}+h_{\mathrm{e}}\right)\right]_{\mathrm{i}} \quad (17.24)$$

Ebenso können Wärmeströme und Leistungsflüsse an mehreren Stellen die Systemgrenze passieren. In diesem Fall steht das Symbol $\dot{Q}$ für die Summe aller $\mathrm{N_Q}$ Wärmeströme

$$\dot{Q}=\sum_{\mathrm{i}=1}^{\mathrm{N_Q}}\dot{Q}_{\mathrm{i}} \quad (17.25)$$

und P für die Summe aller N_P Leistungen

$$P = \sum_{k=1}^{N_P} P_k \,. \tag{17.26}$$

Im allgemeinen Fall sind alle physikalischen Größen in den Gleichungen (17.23) bzw. (17.24) zeitabhängig. Die Gleichungen stellen dann die Energiebilanzen eines instationär durchströmten offenen Systems dar.

Beispiele für das Auftreten instationärer Prozesse sind das Auffüllen oder Leeren von Behältern, der Anfahrvorgang von Maschinenanlagen wie etwa Dampfkraftwerken oder Gasturbinen. Die Änderung der Drehzahlen von Motoren oder die unterschiedliche Entnahme von Leistungen lösen gleichfalls instationäre Prozesse in den Maschinen aus. Instationäre Prozesse sind i.allg. schwierig zu berechnen.

17.2.2 Energiebilanz stationärer Fließprozesse

In den meisten Fällen interessieren die Energiewandlungsprozesse, die stationär verlaufen, wie etwa in unter Grundlast arbeitenden Kraftwerken oder in mit konstanter Drehzahl und konstanter Leistungsabgabe arbeitenden Verbrennungsmotoren. Bei einem stationären Prozeß sind die Ableitungen aller Zustands- und Prozeßgrößen nach der Zeit gleich null. Die Massenbilanz (17.11) geht dann über in die Kontinuitätsgleichung (17.12) oder (17.13) und die Energiebilanzgleichung lautet mit $dE_g^* / dt = 0$:

$$\dot{Q} + P = \sum_{k=1}^{N_a} \left[\dot{m}_a \left(\frac{\bar{c}_a^{\,2}}{2} + g \cdot z_a + h_a \right) \right]_k - \sum_{i=1}^{N_e} \left[\dot{m}_e \left(\frac{\bar{c}_e^{\,2}}{2} + g \cdot z_e + h_e \right) \right]_i \tag{17.27}$$

Die Energiebilanz (17.27) verknüpft die zwischen System und Umgebung ausgetauschten Wärmeströme und Leistungen mit den Enthalpien und mechanischen Energien, die mit den Stoffströmen die Grenzen des raumfesten Kontrollgebietes überschreiten.

Bemerkenswert an dieser Gleichung ist, daß die Voraussetzungen eines stationären Fließprozesses nur an den Systemgrenzen erfüllt sein müssen. Im Inneren des Kontrollgebietes können durchaus zeitlich veränderliche Vorgänge auftreten. Dazu gehören beispielsweise periodische Vorgänge wie in Verbrennungsmotoren, Kolbendampfmaschinen, Kolbenpumpen etc., denn die Vorgänge im Innern des Kontrollgebietes gehen in die Bilanzgleichung nicht ein.

Die Bilanzgleichung enthält auch keine Aussage über Reversibilität oder Irreversibilität des thermodynamischen Prozesses im Innern. Sie gilt deshalb gleichermaßen für reversible als auch für nichtreversible Prozesse.

Wird das System nur von einem Stoffstrom durchflossen, so erhält man mit der Kontinuitätsgleichung für stationäre Fließprozesse

$$\dot{m}_e = \dot{m}_a = \dot{m} \tag{17.28}$$

die Energiebilanzgleichung für stationäre Fließprozesse

$$\dot{Q} + P = \dot{m} \cdot \left[\left(h_a + \frac{\overline{c}_a^{\,2}}{2} + g \cdot z_a \right) - \left(h_e + \frac{\overline{c}_e^{\,2}}{2} + g \cdot z_e \right) \right]. \tag{17.29}$$

Durchfließt ein Stoffstrom mehrere hintereinandergeschaltete offene Systeme, dann ist es meistens praktischer, die Zustandsgrößen an den Grenzen der Systeme durch Ziffern zu indizieren, die in Strömungsrichtung aufsteigend angeordnet sind. Wir ersetzen deshalb die Indizes e und a durch 1 und 2 und erhalten nach Bezug auf den Massenstrom $\dot{m}$ mit

$$q_{12} = \frac{\dot{Q}}{\dot{m}} = \frac{Q_{12}}{m} \tag{17.30}$$

und

$$w_{t12} = \frac{P}{\dot{m}} \tag{17.31}$$

die Energiebilanzgleichung für spezifische Größen

$$q_{12} + w_{t12} = h_2 + \frac{\overline{c}_2^2}{2} + g \cdot z_2 - \left(h_1 + \frac{\overline{c}_1^2}{2} + g \cdot z_1 \right). \tag{17.32}$$

Darin ist q_{12} die zwischen Ein- und Austritt über die Systemgrenze pro Masseneinheit transferierte spezifische Wärmemenge. Die auf den Massendurchsatz bezogene Leistung wird *technische Arbeit* w_t genannt.

Fließprozesse, bei denen technische Arbeit ausgetauscht wird, heißen *Arbeitsprozesse.* Fließprozesse ohne Arbeitsumsatz nennt man *Strömungsprozesse.*

Wir fassen nun die technische Arbeit und die mechanischen Energien von Gleichung (17.32) auf einer Seite zusammen:

$$\left(w_{t12} + \frac{1}{2} c_1^2 + g \cdot z_1 \right) - \left(\frac{1}{2} c_2^2 + g \cdot z_2 \right) = h_2 - \left(h_1 + q_{12} \right) \tag{17.33}$$

Der erste Term auf der linken Seite ist die Summe der dem Kontrollraum zugeführten Arbeit und der mechanischen Energie, der zweite Term auf der linken Seite die abgeführte mechanische Energie. Die linke Seite stellt demnach den Überschuß der dem Kontrollraum zugeführten über die aus ihm abgeführten mechanischen Energien dar. Die rechte Seite enthält nur thermische Energien. Ist der Überschuß der mechanischen Energieformen positiv, dann nimmt auch die thermische Energie des Fluides zu. Der dem System zugeführte Überschuß der mechanischen Energien wurde in thermische Energie umgewandelt. Ist umgekehrt die rechte Seite negativ, dann wurde thermische Energie in mechanische Energie und Arbeit transformiert. Maschinen, die mechanische Energieformen in thermische Energie umwandeln heißen *Wärmearbeitsmaschinen.* Zu dieser Gruppe gehören Verdichter bzw. Kompressoren. Wird thermische Energie in mechanische Energie umgesetzt, dann spricht man von *Wärmekraftmaschinen*. Dazu zählen beispielsweise die Gasturbinen und Dampfturbinen.

Die Summe von spezifischer Enthalpie, spezifischer kinetischer und potentieller Energie bezeichnet man *als spezifische Total-* oder *Gesamtenthalpie*

$$h_g = h + \frac{\bar{c}^2}{2} + g \cdot z \,. \tag{17.34}$$

Nach Einführung in (17.32) nimmt die Energiebilanzgleichung die Form an

$$q_{12} + w_{t12} = h_{g2} - h_{g1} \,.$$

17.2.3 Technische Arbeit und Dissipation bei stationären Fließprozessen

Die bei Energiewandlungen durch Reibung und andere irreversible Vorgänge dissipierte Energie tritt in der Energiebilanzgleichung (17.32) nicht in Erscheinung. Sie kann also keine Auskunft darüber geben, wie Dissipation und technische Arbeit miteinander verknüpft sind. Gerade die Kenntnis dieses Zusammenhangs ist aber zur Beurteilung der Güte von Energiewandlungsprozessen wichtig.

Dissipation ist ein Prozeß, der im Inneren des offenen Systems abläuft. Eine Bilanzgleichung, in der sowohl die technische Arbeit als auch die Dissipation vorkommen, kann man offenbar nur erhalten, indem man den gesamten Fließprozeß zwischen den Kontrollraumgrenzen verfolgt.

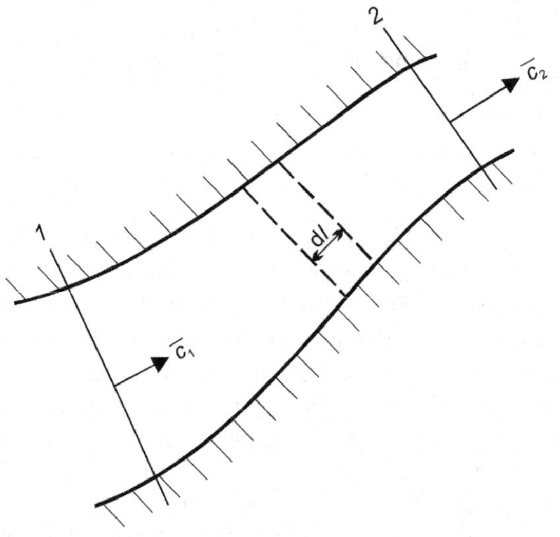

Bild 17.6. Strömungskanal mit Kontrollraumabschnitt

Wir betrachten dazu in Bild 17.6 den von zwei Querschnitten 1 und 2 begrenzten Strömungskanal. Er stellt in schematischer Vereinfachung die technischen Einrichtungen dar, wie etwa Rohrleitungen, Brennkammern, Wärmetauscher, Turbinen etc., die das Fluid auf seinem Weg durch das offene System zwischen Ein- und Austritt durchströmt. Die Strömung wird als eindimensional angenommen. Alle Parameter auf der Kanalachse sind dann repräsentativ für den jeweiligen Querschnitt. Man kann sich auch vorstellen, daß man für jeden Querschnitt Mittelwerte der Zustandsgrößen einsetzt (eindimensionale Theorie). Die Änderungen der Zustandsgrößen in Strömungsrichtung werden als quasistatisch vorausgesetzt.

Unterteilt man den Kanalbereich in Kontrollräume mit hinreichend kleiner Längsabmessung *dl,* dann kann man in jedem dieser Abschnitte lokales thermodynamisches Gleichgewicht annehmen.

Im ersten Schritt berechnen wir die Dissipationsenergie. Sie ist mit dem Wärmetransport und der Änderung der Entropie verknüpft. Für spezifische, auf den Massenstrom bezogene Größen gilt nach (16.14):

$$dq + dj = T \cdot ds$$

Beim Durchströmen des Kontrollraumabschnittes ändert sich die Entropie des Fluides vom Wert s auf $s + ds$, also um ds. Ersetzt man ds durch die Fundamentalgleichung (16.18),

$$dj + dq = dh - \upsilon \cdot dp\,,$$

erhält man nach Integration über den Bereich zwischen Ein- und Austrittsquerschnitt 1 und 2 die Verknüpfung von Dissipation, Wärmetransport mit den Zustandsgrößen des Fluides:

$$j_{12} + q_{12} = h_2 - h_1 - \int_1^2 \upsilon \cdot dp$$

Eliminiert man daraus die Enthalpiedifferenz $h_2 - h_1$ und setzt sie in die nach Enthalpien und mechanischen Energien geordnete Energiebilanzgleichung

$$q_{12} + w_{t12} = h_2 - h_1 + \frac{1}{2} \cdot \left(\overline{c}_2^2 - \overline{c}_1^2 \right) + g \cdot \left(z_2 - z_1 \right) \tag{17.35}$$

ein, so ergibt sich mit

$$w_{t12} = \int_1^2 \upsilon \cdot dp + \frac{1}{2} \left(\overline{c}_2^2 - \overline{c}_1^2 \right) + g \cdot \left(z_2 - z_1 \right) + j_{12} \tag{17.36}$$

die gesuchte Verknüpfung von technischer Arbeit, Dissipationsenergie und den mechanischen Energien mit einem Integral, das mit dem Druck als Integrationsvariable und den Querschnittsmittelwerten des spezifischen Volumens des Fluides über den gesamten Strömungsweg vom Ein- bis zum Austritt des offenen Systems zu berechnen ist.

Das Integral in (17.36) heißt *spezifische Strömungsarbeit* und wird nachfolgend mit dem Symbol y_{12} bezeichnet:

$$y_{12} = \int_1^2 \upsilon \cdot dp \tag{17.37}$$

Die umgesetzte Wärmemenge q_{12} kommt in der Energiegleichung (17.36) explizit nicht vor. Sie ist jedoch implizit in den Werten der spezifischen Strömungsarbeit und der Dissipation enthalten. Beide hängen vom Verlauf der Zustandsänderung des Fluides ab, die vom Wärmeaustausch mit der Umgebung des Systems geprägt wird.

Im p, υ -Diagramm wird das Integral durch die in Bild 17.7 dargestellte Fläche repräsentiert. Zu beachten ist, daß p die Integrationsvariable ist, die Integration also über p durchgeführt wird.

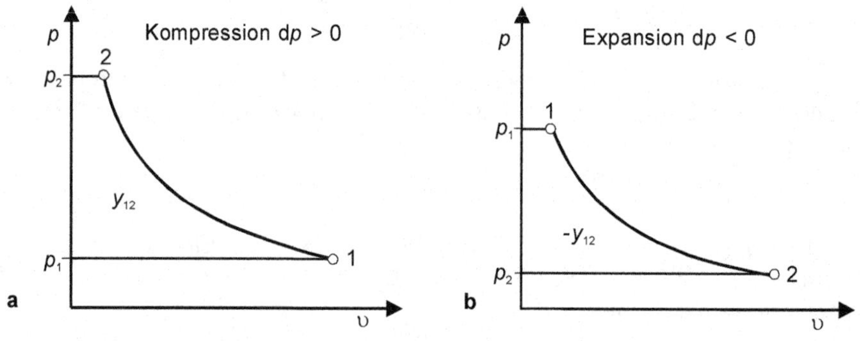

Bild 17.7. Strömungsarbeit im p, υ - Diagramm

Löst man Gl. (17.36) nach j_{12} auf, dann ergibt sich die spezifische Dissipationsenergie als Differenz von technischer Arbeit und der Summe von Strömungsarbeit und mechanischen Energien:

$$j_{12} = w_{t12} - \left[y_{12} + \frac{1}{2} \cdot \left(\bar{c}_2^2 - \bar{c}_1^2 \right) + g \cdot \left(z_2 - z_1 \right) \right] \tag{17.38}$$

Mit Hilfe dieser Beziehung ermittelt man die dissipierte Energie, wenn bei gegebener technischer Arbeit und bekannter Änderung der mechanischen Energie das Integral der spezifischen Strömungsenergie berechnet werden kann. Im allgemeinen Fall ist das eine sehr schwierige Aufgabe, weil man dazu den gesamten Verlauf der Zustandsänderung zwischen Ein- und Austrittquerschnitten kennen muß. In der Praxis löst man diese Aufgabe durch Einführung einer Näherungsbeziehung für den Zusammenhang zwischen spezifischem Volumen und dem Druck $\upsilon = \upsilon(p)$. Darüber wird in Kapitel 24 berichtet.

Für inkompressible Fluide vereinfacht sich das Problem erheblich, weil hier υ = const ist. Es gilt dann

$$y_{12} = \int_1^2 \upsilon \cdot dp = \upsilon \cdot \left(p_2 - p_1\right). \qquad (17.39)$$

Wie man Gl. (17.37) entnimmt, ist die spezifische Strömungsarbeit proportional zum spezifischen Volumen des Fluides. Gase und Dämpfe haben sehr große spezifische Volumina. In der Energiebilanz für gasförmige Phasen überwiegt deshalb der Anteil der Strömungsarbeit gegenüber dem der mechanischen Energien. Besonders bei strömenden Bewegungen heißer Gase kann man deshalb die mechanischen Energien gegen die Strömungsarbeit meistens vernachlässigen.

Die spezifischen Volumina von Flüssigkeiten sind etwa bis zum Faktor 1000 kleiner als die der Gase und Dämpfe. Hier liefern die mechanischen Energien, insbesondere die potentielle Energie den verglichen mit der Strömungsarbeit grösseren Beitrag zur Gewinnung technischer Arbeit, beispielsweise in Wasserkraftwerken.

Beispiel 17.2

In einer adiabaten Turbine expandieren stündlich 14049 m^3 980°C heißes Verbrennungsgas von 18,9 bar reversibel auf 1,02 bar. Der Strömungsquerschnitt im Eintrittsbereich der Turbine ist gleich 0,01942 m^2, im Austritt 0,4306 m^2. Die Höhendifferenz zwischen Turbinenein- und austritt ist gleich null.

Es sind die Stoffwerte von Luft mit $\kappa = 1{,}34$ und konstante spezifische Wärmekapazitäten anzunehmen.

Es sollen berechnet werden

a) die technische Arbeit,

b) die abgegebene Wellenleistung.

Lösung

Mit den Daten des Eintrittszustandes, der Temperatur $\vartheta_1 = 980\,°\mathrm{C} = 1253{,}15\ \mathrm{K}$, dem Druck $p_1 = 18{,}9\,\mathrm{bar}$ und der Gaskonstante der Luft $R = 287{,}1\ \mathrm{J/(kg\,K)}$ errechnet man mit (7.6) die Dichte des einströmenden Gases

$$\rho_1 = \frac{p_1}{R \cdot T_1} = 5{,}253\,\mathrm{kg/m^3}.$$

Der Massenstrom ist nach (17.5) mit

$$\dot{V}_1 = 14049\,\mathrm{m^3/h} = 3{,}903\,\mathrm{m^3/s}$$

gleich

$$\dot{m} = \rho_1 \cdot \dot{V}_1 = 20{,}50\,\mathrm{kg/s}.$$

Die massenstromgemittelte Geschwindigkeit im Turbineneintritt erhält man aus (12.4) zu

$$\overline{c}_1 = \frac{\dot{m}}{\rho_1 \cdot A_1} = 200{,}95\,\mathrm{m/s}.$$

Die Expansion verläuft isentrop. Die Temperatur nach der Expansion von $p_1 = 18{,}9\,\mathrm{bar}$ auf $p_2 = 1{,}02\,\mathrm{bar}$ liefert die Auswertung von (14.8) mit

$$T_2 = T_1 \cdot \left(\frac{p_2}{p_1}\right)^{\frac{\kappa - 1}{\kappa}} = 597{,}5\,\mathrm{K}.$$

Die Dichte des ausströmenden Gases ist

$$\rho_2 = \frac{p_2}{R \cdot T_2} = 0{,}595\,\text{kg}/\text{m}^3 .$$

Die massenstromgemittelte Geschwindigkeit errechnet sich zu

$$\bar{c}_2 = \frac{\dot{m}}{\rho_2 \cdot A_2} = 80{,}07\,\text{m/s} .$$

a) Die technische Arbeit ist nach (17.35) mit $q_{12} = 0$ und $z_2 - z_1 = 0$:

$$w_{t12} = h_2 - h_1 + \frac{1}{2} \cdot \left(c_2^2 - c_1^2\right) = c_p \cdot \left(T_2 - T_1\right) + \frac{1}{2} \cdot \left(c_2^2 - c_1^2\right)$$

Mit der spezifischen isobaren Wärmekapazität

$$c_p = \frac{\kappa}{\kappa - 1} \cdot R = 1{,}1315\,\text{kJ}/(\text{kg K})$$

erhält man

$$w_{t12} = (-741{,}913 - 16{,}984)\,\text{kNm}/\text{kg} = -\ 758{,}9\ \text{kWs}/\text{kg} .$$

Der Anteil der spezifischen kinetischen Energie $\Delta e_{kin} = (c_2^2 - c_1^2)/2 = -16{,}984\,\text{kWs}/\text{kg}$ an der technischen Arbeit des Prozesses beträgt lediglich 2,24 %. Das Zahlenbeispiel zeigt, daß man bei der Berechnung von Fließprozessen von Gasen die kinetische Energie gegenüber der Enthalpiedifferenz meistens vernachlässigen kann.

b) Die abgegebene Wellenleistung ist

$$P = \dot{m} \cdot w_{t12} = -15557{,}4\,\text{kW} .$$

Beispiel 17.3

Der adiabaten Turbine eines Wasserkraftwerkes strömen pro Sekunde 4,2 m³ Wasser aus einem sehr großen See zu, dessen Spiegel 15,8 m über dem zur Atmosphäre offenen Austrittsquerschnitt der Turbine liegt. Die Turbinenaustrittsgeschwindigkeit ist 4,7 m/s, das spezifische Wasservolumen 0,001 m³/kg.

Unter Annahme reibungsfreier Strömung soll die an die Turbine abgegebene Leistung berechnet werden.

Lösung

Die Spiegelfläche des Sees wird als Eintrittsquerschnitt für ein Kontrollgebiet festgelegt, das den See, die Turbine und ihren Abfluß beinhaltet. Da der See sehr groß ist, ist die Sinkgeschwindigkeit vernachlässigbar klein. Indiziert man alle Strömungsparameter der Spiegelfläche mit 1, dann ist die Eintrittsgeschwindigkeit $\bar{c}_1 \approx 0$ und der Druck $p_1 = p_0$, mit p_0 als Atmosphärendruck, der auch wegen der geringen Höhendifferenz von 15,8 m im mit 2 indizierten Austrittsquerschnitt herrscht, $p_2 = p_0$. Bei der Berechnung der technischen Arbeit geht man im vorliegenden Fall zweckmäßig von der Energiebilanz (17.36) aus. Da Wasser zu den volumenbeständigen Fluiden gehört, läßt sich das Integral in (17.36) leicht auswerten und liefert nach (17.39) mit $p_1 = p_0 = p_2$ für die spezifische Strömungsarbeit $y_{12} = 0$. Bei reibungsfreier Strömung ist zudem die Dissipation gleich null und mit $j_{12} = 0$, $\bar{c}_1 = 0$, $z_2 - z_1 = \Delta z = -\ 15{,}8\,\text{m}$ errechnet man die technische Arbeit bei reversiblem Prozeß nach (17.36) zu

$$\left(w_{t12}\right)_{rev} = \frac{1}{2} \cdot \bar{c}_2^2 + g \cdot \Delta z = -\ 143{,}953\,\frac{\text{N m}}{\text{kg}} .$$

Die abgegebene Leistung ist mit $\upsilon = 0{,}001\,\text{m}^3/\text{kg}$ als spezifischem Volumen des Wassers und dem Volumenstrom $\dot{V} = 4{,}2\,\text{m}^3/\text{s}$

$$P_{rev} = \dot{m} \cdot \left(w_{t12}\right)_{rev} = \frac{1}{\upsilon} \cdot \dot{V} \cdot \left(w_{t12}\right)_{rev} = -604{,}6\,\text{kW} .$$

Das Beispiel zeigt, daß die abgegebene technische Arbeit ausschließlich durch Umwandlung der spezifischen potentiellen Energie $g \cdot \Delta z = -154{,}998$ Nm/kg, vermindert um den Verlust an spezifischer kinetischer Energie $\bar{c}_2^2 / 2 = 11{,}045$ Nm/kg erzeugt wird.

Beispiel 17.4

Durch Reibungsverluste in Rohrleitungen, Schaufelkanälen etc. werden 23% der verfügbaren potentiellen Energie zwischen See und Turbinenaustritt des in Beispiel 17.3 beschriebenen Wasserkraftwerkes dissipiert. Mit sonst unveränderten Daten sollen die abgegebene Leistung und die Temperaturdifferenz $\Delta T = T_2 - T_1$ zwischen Ein- und Austritt berechnet werden.

Lösung

In die Energiebilanzgleichung (17.36) wird nun die stets positive spezifische Dissipationsenergie mit $j_{12} = 0{,}23 \cdot g \cdot |\Delta z| = 35{,}650$ Nm/kg zusammen mit $y_{12} = 0$ und $\bar{c}_1 = 0$ eingesetzt. Man erhält

$$w_{t12} = \frac{1}{2} \cdot \bar{c}_2^2 + g \cdot \Delta z + j_{12} = \left(w_{t12}\right)_{rev} + j_{12} = -108{,}30 \text{ Nm/kg}.$$

Die abgegebene Leistung ist

$$P = \dot{m} \cdot w_{t12} = \frac{1}{\upsilon} \dot{V} \cdot w_{t12} = 454{,}9 \,\text{kW} .$$

Die Berechnung der Temperaturdifferenz wird mit der Energiebilanzgleichung (17.35) durchgeführt. Da die Turbine als adiabat angenommen wird, ist die von außen zugeführte Wärmemenge $q_{12} = 0$ und mit $\bar{c}_1 = 0$ und $z_2 - z_1 = \Delta z$ folgt

$$w_{t12} = h_2 - h_1 + \frac{1}{2} \cdot \bar{c}_2^2 + g \cdot \Delta z .$$

Der Vergleich der technischen Arbeit nach (17.35) mit der nach (17.36) berechneten zeigt mit Beachtung von $y_{12} = 0$, daß die Enthalpiedifferenz

$$h_2 - h_1 = j_{12}$$

und damit die Temperaturerhöhung eine Folge der Dissipation ist. Die Enthalpiedifferenz volumenbeständiger Phasen ist nach (10.20)

$$h_2 - h_1 = c \cdot (T_2 - T_1) + (p_2 - p_1) \cdot \upsilon .$$

Daraus ergibt sich mit $p_2 = p_1 = p_0$ und der spezifischen Wärmekapazität des Wassers $c = 4{,}19 \,\text{kJ} / (\text{kg K})$ die Temperaturdifferenz

$$T_2 - T_1 = \frac{h_2 - h_1}{c} = \frac{j_{12}}{c} = 0{,}009 \text{K} .$$

17.3 Entropiebilanz offener Systeme

Die Entropiebilanz offener Systeme ergibt sich durch eine Erweiterung von (16.39). Wir berücksichtigen dabei, daß jeder in das System hineinfließende Stoffstrom mit seinem Massenstrom einen Entropietransportstrom

$$\dot{S} = \dot{m} \cdot s \tag{17.40}$$

in das System einbringt und beim Verlassen mit sich wegführt.

Indiziert man die Größen am Eintritt (vgl. Bild 17.8) mit e und die am Austritt mit a , so lautet die um die Massenstromentropien erweiterte Bilanz für N_a austretende, N_e eintretende Stoffströme und N mit Wärmeströmen über die System-

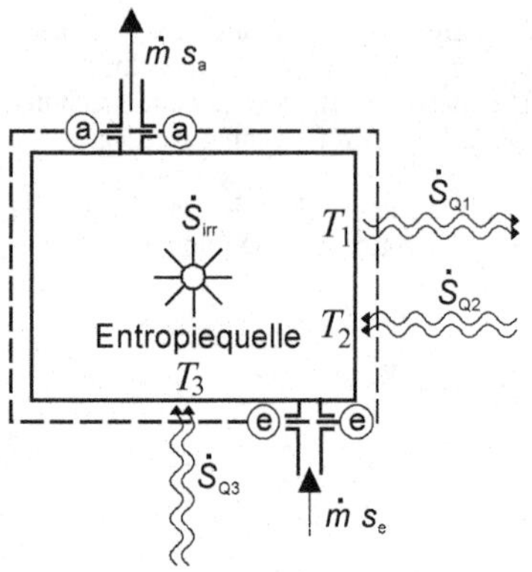

Bild 17.8. Zur Entropiebilanz offener Systeme

grenze transferierten Entropietransportströmen

$$\sum_{i=1}^{N}\left(\dot{Q}(t)/T\right)_i = \sum_{i=1}^{N}\left(\dot{S}(t)_Q\right)_i :$$

$$\frac{dS}{dt} = \sum_{i=1}^{N}\left(\dot{S}(t)_Q\right)_i + \dot{S}(t)_{irr} + \sum_{j=1}^{N_e}\left(\dot{m}_e \cdot s_e\right)_j - \sum_{k=1}^{N_a}\left(\dot{m}_a \cdot s_a\right)_k, \quad \dot{S}(t)_{irr} \geq 0 \qquad (17.41)$$

Diese Gleichung beschreibt den allgemeinen Fall, daß alle Größen der Bilanz zeitabhängig sind. Arbeitet das offene System im stationären Betrieb, dann sind alle Größen zeitlich konstant und damit auch die Entropie des Systems. Mit $dS\,/\,dt = 0$ lautet die Entropiebilanz für stationäre Fließprozesse

$$\sum_{i=1}^{N}\left(\dot{S}_Q\right)_i + \dot{S}_{irr} + \sum_{j=1}^{N_e}\left(\dot{m}_e \cdot s_e\right)_j - \sum_{k=1}^{N_a}\left(\dot{m}_a \cdot s_a\right)_k = 0, \quad \dot{S}_{irr} \geq 0 . \qquad (17.42)$$

Wird das System von nur einem Stoffstrom stationär durchflossen, dann ergibt sich mit Berücksichtigung der Massenstrombilanz $\dot{m}_e = \dot{m}_a = \dot{m}$, den Indizes 1 für den Eintrittsbereich, 2 für den Abströmbereich und $\dot{S}_{Q12}$, dem von 1 bis 2 übertragenen Entropietransportstrom, aus (17.42) die Entropiebilanzgleichung

$$\dot{S}_{Q12} + \dot{S}_{irr12} + \dot{m}\cdot\left(s_1 - s_2\right) = \dot{S}_{Q12} + \dot{S}_{irr12} + \dot{S}_1 - \dot{S}_2 = 0 . \qquad (17.43)$$

Im allgemeinen Fall werden sich Wärmestrom und Temperatur längs des Weges vom Ein- bis zum Austritt ändern. Der Entropietransportstrom $\dot{S}_{Q12}$ muß dann durch eine Integration ermittelt werden.

Wir unterteilen dazu den gesamten Strömungsweg von 1 bis 2 in die Wegelemente dl (s. etwa Bild 17.6). Längs eines Wegelementes wird der Wärmestrom $d\dot{Q} = \dot{m} \cdot dq$ und mit der lokalen Temperatur T des Fluides der differentielle Entropietransportstrom $d\dot{S}_Q = d\dot{Q} / T = \dot{m} \cdot dq / T$ übertragen. Der gesamte Entropietransportstrom ist dann

$$\dot{S}_{Q12} = \int_1^2 \frac{d\dot{Q}}{T}. \tag{17.44}$$

In sinngemäßer Anwendung von Gl. (16.14) ersetzen wir den Integranden in (17.44) durch

$$\frac{d\dot{Q}}{T} = d\dot{S} - d\dot{S}_{irr}$$

und erhalten nach Integration den von 1 bis 2 zugeführte Entropietransportstrom

$$\dot{S}_{Q12} = \int_1^2 \frac{d\dot{Q}}{T} = \dot{S}_2 - \dot{S}_1 - \dot{S}_{irr12}, \quad \dot{S}_{irr12} \geq 0. \tag{17.45}$$

Der Entropietransportstrom wird nach (17.45) durch die Differenz der Entropieströme $\dot{S}_1$ und $\dot{S}_2$ an Ein- und Austritt und den bei irreversiblem Prozeß produzierten Entropiestrom $\dot{S}_{irr12}$ beschrieben. Die Entropieströme sind Zustandsgrössen, die sich bei bekanntem Massenstrom $\dot{m}$ mit den in Kapitel 16 angegebenen Beziehungen berechnen lassen.

Im Grenzfall eines reversiblen Prozesses ist $\dot{S}_{irr12} = 0$.

18 Der zweite Hauptsatz der Thermodynamik

Der erste Hauptsatz ermöglicht mit seinen mathematischen Formulierungen die quantitative Beschreibung der Umwandlungen von Energie in ihre unterschiedlichen Erscheinungsformen. Eine über das Prinzip der Erhaltung der Energie hinausgehende Aussage enthält er nicht. So gibt er insbesondere auch keine Auskunft über die Möglichkeit oder Unmöglichkeit oder die Grenzen von Energieumwandlungen. Wir wollen das an einem Beispiel verdeutlichen:

Ein Stück Aluminium durchmißt im freien Fall eine Höhendifferenz von 1000 m. Die Geschwindigkeit zu Beginn der Bewegung in der Höhe $z_1 = 1000\,\mathrm{m}$ und die Geschwindigkeit nach dem Aufprall auf dem Erdboden ($z_2 = 0$) sei gleich null. Luftreibung wird vernachlässigt und ein Energieaustausch mit der Umgebung ausgeschlossen. Beim Aufprall dringt der Körper etwas in den Erdboden ein. Durch die dabei auftretende Reibung erwärmt sich der Körper. Nach dem 1. Hauptsatz wird die potentielle Energie vollständig in innere Energie des Aluminiumstückes umgewandelt. Aus (12.15)

$$U_2 + E_{\mathrm{pot}2} - \left(U_1 + E_{\mathrm{pot}1}\right) = 0$$

und

$$U_2 - U_1 = m \cdot c \cdot \Delta T = E_{\mathrm{pot}1} - E_{\mathrm{pot}2} = m \cdot g \cdot z_1$$

errechnet man mit $c = 920$ J/(kg K), der spezifischen Wärmekapazität von Aluminium, eine Temperaturerhöhung von

$$\Delta T = \frac{g \cdot z_1}{c} = \frac{9{,}81\,\mathrm{m/s^2} \cdot 1000\,\mathrm{m}}{920\,\mathrm{J/(kg\,K)}} = 10{,}7\,\mathrm{K}\,.$$

Man kann die Aufgabenstellung nun umkehren und fragen, um wieviel Grad sich die Temperatur des Aluminiums ändern würde, wenn es sich unter sonst gleichen Bedingungen wie eben vom Erdboden 1000 m senkrecht von selbst nach oben bewegen würde. Der erste Hauptsatz liefert in diesem Fall als energetisch korrekte Antwort eine Temperaturabnahme um $\Delta T = -\,10{,}7$ K. Das Ergebnis würde aber niemand akzepieren, denn ein solcher Vorgang ist noch nie beobachtet worden. Das spontane Emporsteigen eines Gegenstandes bei gleichzeitiger Abkühlung widerspricht zwar nicht dem Prinzip der Energieerhaltung, wohl aber jeder Erfahrung.

Betrachtet man die Energiewandlung in beiden Fällen, dann zeichnet sich der freie Fall dadurch aus, daß unter den zugrunde gelegten Annahmen potentielle Energie vollständig in innere Energie verwandelt wurde. Bei dem als unmöglich erkannten Fall gelingt es offenbar nicht, die innere Energie wieder vollständig in potentielle Energie zu transformieren.

In dieser Erkenntnis kommt eine allgemeine Erfahrungstatsache zum Ausdruck, nämlich daß die Richtung einer Energiewandlung Einschränkungen unterliegt. Potentielle, kinetische Energie und auch Arbeit lassen sich vollständig ineinander und in innere Energie umwandeln, das Umgekehrte gelingt nicht.

So ist es auch nicht möglich, den „Energiebedarf" (korrekt: Leistungsbedarf) eines Einfamilienhauses von angenommenen 35 kW dadurch zu decken, daß man einem vorbeiströmenden Wasserlauf pro Sekunde 4,18 l Wasser entnimmt und um 2 K abkühlt, sofern das der einzige Vorgang ist. Eine Vorrichtung, die das leisten würde wäre ein sogenanntes *perpetuum mobile 2. Art.*

Diese Unmöglichkeiten liegen darin begründet, daß die Umwandlung von mechanischer Energie und Arbeit in innere Energie ein irreversibler Vorgang ist. Aus der Energie der geordneten Bewegung wird die Energie einer chaotischen Bewegung, die sich nicht mehr vollständig in die Energie einer geordneten Bewegung zurückverwandeln läßt. Von den irreversiblen Prozessen handelt der 2. Hauptsatz. Er enthält in unterschiedlichen Formulierungen Aussagen über die Grenzen der Umwandlung von Energie und über die Umkehrbarkeit thermodynamischer Prozesse. Ein Beweis für den 2. Hauptsatz existiert nicht. Er beruht auf einer ungeheuren Fülle von Erfahrungstatsachen. Da bisher keine einzige Beobachtung gemacht wurde, die den Aussagen des zweiten Hauptsatzes widersprochen hätte, kann man ihn als gesicherte Grundlage ansehen.

Eine erste Formulierung des zweiten Hauptsatzes stammt von Clausius aus dem Jahr 1850 und lautet:

> *Wärme kann nie von selbst von einem System niederer Temperatur auf ein System höherer Temperatur übertragen werden.*

Mit dieser Aussage gleichbedeutend ist die folgende Formulierung:

> *Die Wärmeübertragung unter Temperaturgefälle ist ein nichtumkehrbarer Vorgang.*

Von Max Planck[29] wurde 1897 in Anlehnung an eine bereits 1851 von W. Thomson[30] niedergeschriebene ähnlich formulierte Aussage die Unmöglichkeit des perpetuum mobile 2. Art ausgesprochen:

> *Es ist unmöglich, eine periodisch funktionierende Maschine zu konstru*ieren, die weiter nichts bewirkt als Hebung einer Last und Abkühlung eines Wärmereservoirs.

Ebenfalls von Max Planck stammt die folgende Formulierung des zweiten Hauptsatzes:

---

[29] Max Planck (1858-1947), deutscher Physiker, Professor in Kiel und Berlin. Er ist der Begründer der Quantentheorie.

[30] William Thomson (1824-1907), seit 1892 Lord Kelvin. Er war Professor für Naturphilosophie und theoretische Physik an der Universität Glasgow.

Alle Prozesse, bei denen Reibung auftritt, sind nicht umkehrbar.

Hans Dieter Baehr [1] faßt den zweiten Hauptsatz so zusammen:

Alle natürlichen Prozesse sind nicht umkehrbar.

Umkehrbare oder reversible Prozesse sind Grenzfälle der tatsächlichen Vorgänge in der Natur. Sie lassen sich nur angenähert verwirklichen. Ihr besonderer Wert besteht darin, daß sie erkennen lassen, was maximal erreichbar ist.

19 Der zweite Hauptsatz und die Entropie

In diesem Kapitel wird die Verknüpfung des zweiten Hauptsatzes mit den Aussagen über die Entropie am Beispiel zweier irreversibler Prozesse behandelt:

Ein Prozeß in einem adiabaten System mit Dissipation und ein Prozeß mit Wärmeübertragung bei endlicher Temperaturdifferenz.

19.1 Dissipation in adiabaten Systemen

Geschlossene Systeme. Da ein Entropietransportstrom über die wärmeundurchlässigen Grenzen ausgeschlossen ist, kann sich die Entropie eines solchen Systems nur durch Entropieproduktion in seinem Innern ändern. Durchläuft das System im Zeitintervall $\Delta t = t_2 - t_1$ eine Zustandsänderung, dann erhält man die Differenz der Entropie des adiabaten Systems zwischen den Zuständen 1 und 2 durch Integration von (16.39) zu

$$S_2 - S_1 = \int_{t_1}^{t_2} \dot{S}_{\text{irr}}(t) \cdot dt \,. \tag{19.1}$$

Weil stets $\dot{S}_{\text{irr}}(t) \geq 0$ ist, folgt als Konsequenz für Zustandsänderungen geschlossener adiabater Systeme

$$S_2 \geq S_1 \,.$$

Die Entropie geschlossener adiabater Systeme kann also nur zunehmen, niemals abnehmen.

Mit dieser Erkenntnis ist eine Aussage über die Richtung von Prozessen in adiabaten Systemen mit einer Aussage über die Änderung ihrer Entropie verknüpft:

Adiabate Systeme können ausgehend von einem bestimmten Zustand nur Zustände größerer oder höchstens gleicher Entropie erreichen.

Zustandsänderungen gleichbleibender Entropie werden nur im Grenzfall eines reversiblen Prozesses realisiert. Bei reversiblen Prozessen ist die Entropieproduktion gleich null und mit $\dot{S}_{\text{irr}}(t) = 0$ liefert das Integral (19.1) als Ergebnis $S_2 = S_1$ oder $dS = 0$.

Eine Zustandsänderung mit konstanter Entropie heißt *isentrope Zustandsänderung* oder *Isentrope* $S = \text{const.}$ Damit wird auch der bereits in Kapitel 14 mit (14.4) eingeführte Begriff *Isentrope* erklärt.
Als Kriterium für Reversibilität und Irreversibilität von Prozessen in adiabaten geschlossenen Systemen können wir die Aussage des 2. Hauptsatzes in der Ungleichung zusammenfassen:

Für thermodynamische Prozesse adiabater geschlossener Systeme gilt stets

$$dS \geq 0 \,. \tag{19.2}$$

Offene Systeme. Die Feststellung, daß die Entropie eines adiabaten Systems niemals abnehmen kann, gilt nur für geschlossene Systeme. Im Gegensatz zu diesen kann die Entropie adiabater offener Systeme durchaus abnehmen.

Über die Grenzen adiabater Systeme findet zwar wegen $\dot{S}_Q(t) = 0$ kein mit einem Wärmestrom gekoppelter Entropietransportstrom statt, wohl aber ein Entropieumsatz innerhalb des Systems mit den das System durchfließenden Massenströmen.

Die Analyse der Entropiebilanz (17.41) *instationärer Prozesse* zeigt, daß die Entropie des offenen adiabaten Systems dann abnimmt, wenn die das System verlassenden Entropieströme größer sind als die Summe des Entropieproduktionsstromes $\dot{S}_{irr}(t)$ und der einfließenden Entropieströme.

Es wird $dS / dt < 0$, wenn

$$\sum_{i=1}^{N_e} \left(\dot{m} \cdot s_e\right)_i + \dot{S}_{irr}(t) < \sum_{j=1}^{N_a} \left(\dot{m}_a \cdot s_a\right)_j$$

ist.

Führt das offene adiabate System einen *stationären Prozeß* aus, dann sind alle Größen in der Entropiebilanz zeitlich konstant.

Insbesondere ändert sich dann auch nicht die Entropie des Systems. Es ist $dS / dt = 0$ und aus der Entropiebilanzgleichung erhält man mit

$$\dot{S}_{irr} = \sum_{j=1}^{N_a} \left(\dot{m}_a \cdot s_a\right)_j - \sum_{i=1}^{N_e} \left(\dot{m} \cdot s_e\right)_i$$

eine Beziehung, die es ermöglicht, den Entropieproduktionsstrom aus den Massenströmen und den Zustandsgrößen auf der Systemgrenze zu berechnen.

Durchströmt nur ein Stoffstrom das System, dann vereinfacht sich die Entropiebilanz stationärer Prozesse unter Berücksichtigung der Massenstrombilanz

$$\dot{m}_e = \dot{m}_a = \dot{m}$$

auf die Gleichung

$$\dot{S}_{irr12} = \dot{m} \cdot \left(s_2 - s_1\right),$$

in der Ein- und Austrittsgrößen mit 1 und 2 indiziert sind.

19.2 Wärmeübertragung bei endlicher Temperaturdifferenz

Zwei Körper A und B mit den unterschiedlichen Temperaturen T_A und T_B werden miteinander in Kontakt gebracht und danach durch eine wärmedichte Hülle gegen die Umgebung abgeschlossen (s. Bild 19.1). An der Kontaktfläche besteht ein Temperatursprung, der einen Wärmestrom $\dot{Q}$ auslöst.

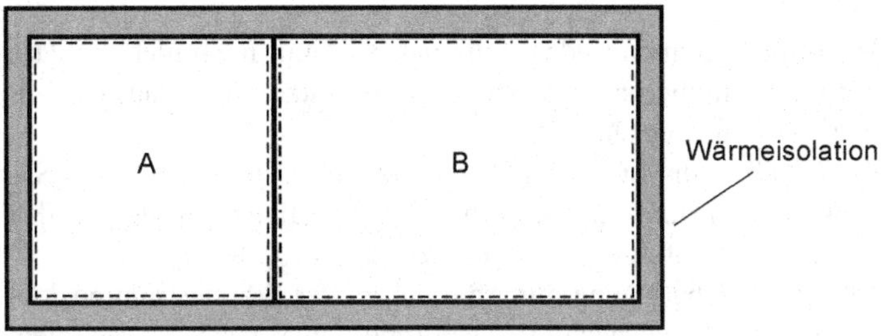

Bild 19.1. Wärmeübertragung zwischen zwei Systemen

Es soll dabei vereinfachend angenommen werden, daß jedes Teilsystem während des Wärmeaustausches im thermodynamischen Gleichgewicht bleibt, die Temperaturen in den Teilsystemen also räumlich konstant sind. Unter dieser Voraussetzung sind die Prozesse in den Teilsystemen reversibel.

Da das Gesamtsystem adiabat ist, ist die von einem Teilsystem im Zeitintervall dt abgegebene Wärmemenge dQ gleich der Wärmemenge, die das andere aufnimmt. Die Wärmemengenbilanz lautet also

$$dQ_A + dQ_B = 0$$

bzw.

$$dQ_A = -dQ_B = dQ = \dot{Q} \cdot dt \,. \tag{19.3}$$

Mit dem Wärmeaustausch ändert sich die Entropie beider Systeme, von System A um

$$dS_A = \frac{dQ_A}{T_A} = \frac{\dot{Q} \cdot dt}{T_A} \,,$$

von B um

$$dS_B = \frac{-dQ_B}{T_B} = -\frac{\dot{Q} \cdot dt}{T_B} \,.$$

Die Beträge der Entropieänderungen der Teilsysteme sind nicht gleich. Zwar werden gleiche Wärmemengen ausgetauscht, jedoch bei unterschiedlichen Temperaturen.

Da das Gesamtsystem adiabat ist, und wegen der Voraussetzung reversibler Prozesse in den Teilsystemen keine Entropie produziert wird, gilt für die zeitliche Änderung der Entropie des Gesamtsystems

$$\frac{dS}{dt} = \frac{dS_A}{dt} + \frac{dS_B}{dt} = \frac{\dot{Q}}{T_A} - \frac{\dot{Q}}{T_B}$$

bzw.

$$\frac{dS}{dt} = \frac{T_B - T_A}{T_A \cdot T_B} \cdot \dot{Q} .$$

Die Frage, ob die Entropie zunimmt oder abnimmt, ist damit noch nicht geklärt. Die Antwort liefert die Formulierung des zweiten Hauptsatzes von Clausius (Kapitel 18), die man auch so ausdrücken kann:

Wärme strömt von selbst nur von einem System höherer Temperatur in ein System niederer Temperatur. Damit ist zugleich die Feststellung verbunden, daß Wärmeübergang unter Temperaturgefälle ein irreversibler Prozeß ist.

Man kann nun folgende Überlegung durchführen: Ist der Wärmestrom positiv, dann strömt wegen $dQ_A = \dot{Q} \cdot dt$ nach (19.3) Wärme von B nach A. Nach dem zweiten Hauptsatz muß dann System B die höhere Temperatur haben, also $T_B - T_A > 0$ sein.

Strömt hingegen Wärme von A nach B, dann ist der Wärmestrom nach (19.3) negativ, und A hat die höhere Temperatur. Es ist nun $T_B - T_A < 0$. In beiden Fällen ist die zeitliche Änderung der Entropie des Gesamtsystems positiv, also $dS / dt > 0$. Die Irreversibilität des Wärmeüberganges unter Temperaturgefälle zeigt sich auch hier ebenso wie bei dissipativen Prozessen in einer Zunahme der Entropie des adiabaten Gesamtsystems.

Nach (16.39) ist wegen des Fehlens der die Grenze eines adiabaten Systems überquerenden Wärmeströme die zeitliche Änderung der Entropie eines geschlossenen Systems gleich dem Entropieproduktionsstrom. Für Wärmeübertragungsprozesse gilt:

$$\dot{S}_{irr} = \frac{T_B - T_A}{T_A \cdot T_B} \cdot \dot{Q} , \quad \dot{S}_{irr} > 0 \tag{19.4}$$

Der Grenzfall einer reversiblen Wärmeübertragung mit $\dot{S}_{irr} = 0$ stellt sich nach (19.4) dann ein, wenn die Temperaturdifferenz zwischen den wärmeaustauschenden Stellen der Systemgrenzen $T_A - T_B = 0$ ist.

20 Darstellung von Wärme und Arbeit in Entropiediagrammen

Die von Clausius eingeführte Entropie verknüpft mit Gl. (16.1) die bei einem reversiblem Prozeß zu- oder abgeführte Wärmemenge mit der Änderung der Entropie eines geschlossenen Systems. Löst man (16.1) nach dQ auf, dann erhält man nach Division durch die Systemmasse m die Beziehung

$$dq = T \cdot ds\,. \tag{20.1}$$

Danach ist die spezifische Wärmemenge dq proportional der Änderung der spezifischen Entropie ds mit der absoluten Temperatur als Proportionalitätsfaktor. Die bei einer Zustandsänderung zwischen zwei Zuständen 1 und 2 umgesetzte spezifische Wärmemenge ergibt sich durch Integration von (20.1) zu

$$q_{12} = \int_1^2 T \cdot ds\,. \tag{20.2}$$

Bei einem irreversiblen Prozeß ist nach den Ausführungen von Kapitel 16 die spezifische Entropie proportional der Summe von spezifischer Wärme und spezifischer Dissipationsenergie. Nach (16.14) gilt für irreversible Prozesse

$$dq + dj = T \cdot ds\,, \tag{20.3}$$

und das Integral von (20.3) liefert nunmehr die Summe der Wärmemenge q_{12} und der im Systeminneren dissipierten Energie j_{12} bei quasistationärer Zustandsänderung:

$$q_{12} + j_{12} = \int_1^2 T \cdot ds \tag{20.4}$$

20.1 *T,s* -Diagramme

Trägt man den von der Zustandsänderung abhängigen Temperaturverlauf $T = T(s)$ als Funktion der Entropie in einem T,s-Koordinatensystem über der s-Achse auf, dann stellt die Fläche unter dem Kurvenabschnitt zwischen den Zuständen 1 und 2 bis auf das Vorzeichen das Temperatur-Entropie-Integral

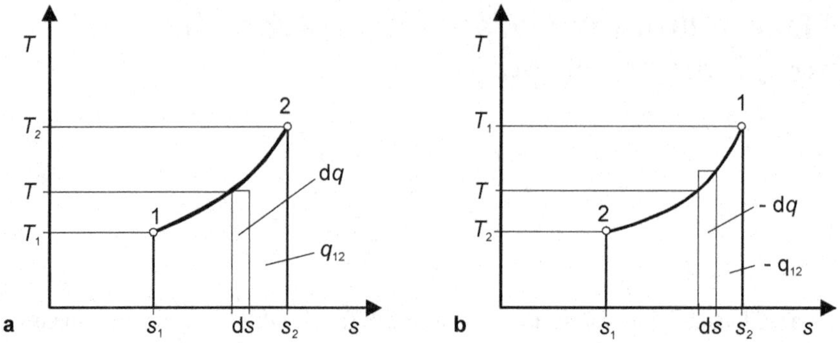

Bild 20.1. Wärme im *T,s*- Diagramm als Fläche unter der Zustandskurve bei reversiblem Prozeß mit **a** Wärmezufuhr, **b** mit Wärmeabfuhr

$\int_1^2 T \cdot ds$ dar. Bei reversiblem Prozeß entspricht sie mit $q_{12} = \int_1^2 T \cdot ds$ nach (20.2) der über die Systemgrenze bei einer Zustandsänderung von 1 nach 2 transferierten spezifischen Wärmemenge (vgl. Bild 20.1). Man nennt eine solche Darstellung ein *T,s*-Diagramm.

Da bei der Berechnung von Zustandsänderungen nur Entropiedifferenzen auftreten, kann man das Intervall $s_2 - s_1$ nach Wahl eines geeigneten Maßstabes auf der Abszisse des *T,s*-Diagramms beliebig annehmen.

Dieses Vorgehen entspricht einer willkürlichen Wahl eines Entropienullpunktes. Der tatsächliche Entropienullpunkt liegt bei $T = 0\,\text{K}$. Das ist die Aussage des 3. Hauptsatzes der Thermodynamik. Danach nimmt die Entropie jedes reinen Stoffes im Nullpunkt der absoluten Temperatur den Wert Null an (*Nernst'sches*[31] *Wärmetheorem*).

Die absoluten Temperaturen sollte man hingegen möglichst von ihrem Nullpunkt $T = 0$ K auftragen, um Fehlinterpretationen bei der Analyse der zeichnerischen Darstellung auszuschließen.

Der Durchlaufungssinn der Zustandskurve im *T,s*-Diagramm hängt von der Richtung des Wärmeflusses ab:

Bei Wärmezufuhr ist mit $dq > 0$ auch die Entropieänderung positiv, $ds > 0$. Die Kurve wird von links nach rechts durchlaufen (vgl. Bild 20.1 a).

Wird dem System bei reversiblem Prozeß Wärme entzogen, dann nimmt auch die Entropie ab und die Zustandskurve wird von rechts nach links durchlaufen (Bild 20.1 b).

[31] Walther Nernst (1864-1941), deutscher Physiker und Chemiker. Er erhielt 1920 den Nobelpreis für Chemie.

Bei einem irreversiblen Prozeß beinhaltet dagegen das Integral in (20.4) die Summe $q_{12} + j_{12}$ der Wärmemenge q_{12} und der im Systeminneren dissipierten Energie j_{12}.

Beide Anteile sind in der das Temperatur-Entropie-Integral repräsentierenden Fläche in Bild 20.2a ununterscheidbar.

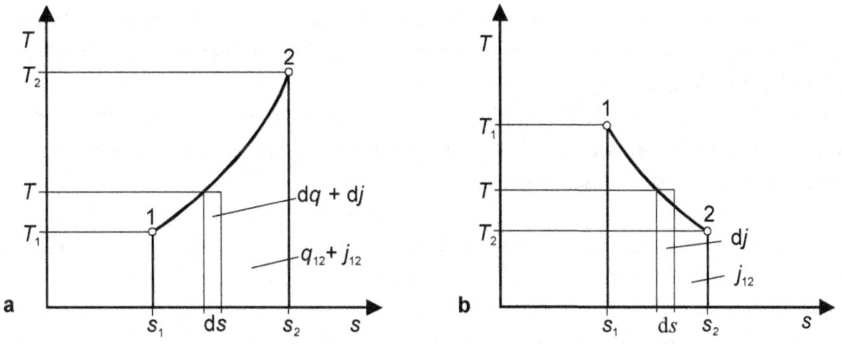

Bild 20.2. Wärme und Dissipation bei irreversiblen Prozessen, **a** in einem nichtadiabaten, **b** in einem adiabaten System

Der Durchlaufungssinn der Zustandskurve bei irreversiblem Prozeß ist nur bei Wärmezufuhr eindeutig. Bei Wärmezufuhr wächst die Entropie des Systems. Die Zustandsänderung verläuft also von links nach rechts im T,s-Diagramm. Bei Wärmeabfuhr hängt die Richtung der Zustandsänderung vom Verhältnis der abgeführten Wärmezufuhr zur dissipierten Energie ab. Überwiegt die Dissipation, dann verläuft die Zustandsänderung trotz Wärmeentzug im T,s-Diagramm ebenfalls von links nach rechts. Wird ein größere Betrag an Wärme abgeführt als mechanische Energie dissipiert wird, dann wird die Zustandskurve von rechts nach links durchlaufen.

Bei adiabaten Systemen findet kein Wärmefluß über die Systemgrenze statt. In diesem Fall repräsentiert die Fläche unter der Zustandskurve ausschließlich die Dissipationsenergie (Bild 20.2 b).

Bei der Darstellung der T,s-Diagramme werden wir reversible Prozesse und irreversible Prozesse gemeinsam behandeln. Die Interpretation der Diagramme unterscheidet sich nur durch die Bedeutung der Fläche unter der Zustandsänderung. Bei reversiblen Prozessen entspricht sie der zu- oder abgeführten Wärmemenge. Bei irreversiblen Prozessen stellt sie die Summe von Wärme und Dissipationsenergie dar.

Bevor wir uns der Beschreibung der verschiedenen T,s-Diagramme zuwenden, wollen wir die dazu benötigten Gleichungen zusammenstellen.

Durch Umstellung von (12.7) und (12.13) nach $q_{12} + j_{12}$ erhalten wir zusammen mit (20.4)

$$q_{12} + j_{12} = \int_1^2 T \cdot ds = u_2 - u_1 + \int_1^2 p \cdot d\upsilon = u_2 - u_1 - w_{v12} \,, \qquad (20.5)$$

$$q_{12} + j_{12} = \int_1^2 T \cdot ds = h_2 - h_1 - \int_1^2 \upsilon \cdot dp = h_2 - h_1 - y_{12} \,. \qquad (20.6)$$

Die Zustandskurve zwischen zwei Punkten 1 und 2 im T,s-Diagramm läßt sich durch Entropiefunktionen mit je zwei thermischen Zustandsgrößen als unabhängigen Variablen beschreiben.

Wir erhalten sie aus (16.31) und (16.33), indem wir die darin mit 2 indizierten Größen als Variable nehmen und die thermischen Variablen eines beliebigen Bezugspunktes durch den Index 1 kennzeichnen:

$$s(T,\upsilon) = c_v \cdot \ln\frac{T}{T_1} + R \cdot \ln\frac{\upsilon}{\upsilon_1} + s(T_1,\upsilon_1) \,, \qquad (20.7)$$

$$s(T,p) = c_p \cdot \ln\frac{T}{T_1} - R \cdot \ln\frac{p}{p_1} + s(T_1,p_1) \qquad (20.8)$$

Diese Gleichungen gelten nur für solche Temperaturbereiche, in denen man die Temperaturabhängigkeit der spezifischen Wärmekapazitäten vernachlässigen kann. Anderenfalls muß man die Temperaturabhängigkeit durch die in Kapitel 16 eingeführten logarithmischen Mittelwerte berücksichtigen.

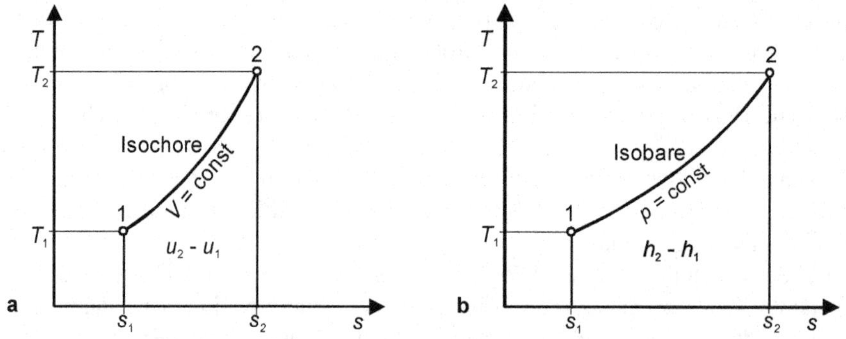

Bild 20.3. Darstellung von Differenzen innerer Energie und Enthalpie im T,s-Diagramm für **a** isochore Zustandsänderung, **b** isobare Zustandsänderung

Nach Gl.(20.5) entspricht die Fläche unter der Zustandskurve im T,s-Diagramm (vgl. Bild 20.3a), die bei isochorer Zustandsänderung $d\upsilon = 0$ das Entropie-Temperatur-Integral repräsentiert, nicht nur der Summe von transferierter Wärmemenge und Dissipation, sondern auch der Differenz $u_2 - u_1$ der inneren Energie.

Der Gleichung (20.6) ist zu entnehmen, daß die Fläche (s. Bild 20.3b) unter der Zustandskurve der Isobaren wegen $dp = 0$ sowohl die Summe von Dissipation und umgesetzter Wärmemenge als auch die Differenz $h_2 - h_1$ der Enthalpie darstellt.

20.1.1 *T,s*- Diagramme für spezielle Zustandsänderungen idealer Gase

Unter Beschränkung auf ideale Gase werden für jede der ausgewählten Zustandsänderungen zunächst die Entropiefunktionenfunktionen angegeben, die die Kurvenverläufe im *T,s*-Diagramm beschreiben.

Mit Hilfe des 1. Hauptsatzes wird anschließend die Bedeutung der Flächen unter den Zustandskurven erklärt.

Isochore. Nach (20.7) gilt für isochore Zustandsänderungen mit $\upsilon = \text{const}$:

$$s(T,\upsilon) = c_v \cdot \ln\frac{T}{T_1} + s\left(T_1,\upsilon_1\right) \tag{20.9}$$

Wie man Gl. (20.9) entnimmt, ist die Entropie auf der Isochore eine logarithmische Funktion der Temperatur. Der im *T,s*-Diagramm in Bild 20.4a über der Entropie s aufgetragene Verlauf ist der Graph der Umkehrfunktion von (20.9), die bei konstantem c_v eine Exponentialfunktion mit der Steigung

$$\left(\frac{\partial T}{\partial s}\right)_v = \frac{T}{c_v} \tag{20.10}$$

ist. Die spezifische isochore Wärmekapazität c_v erscheint als Subtangente der Isochore.

Im *T, s*-Diagramm idealer Gase bilden die Isochoren eine Schar von Kurven, die durch Parallelverschiebung längs der s-Achse ineinander übergehen (vgl. Bild 20.4b).

Der auf Geraden $T = \text{const}$ gemessene Abstand zweier Isochoren $\upsilon_1 = \text{const}$ und $\upsilon_2 = \text{const}$ ist nämlich nach (20.7) mit

$$s\left(T,\upsilon_2\right) - s\left(T,\upsilon_1\right) = R \cdot ln\frac{\upsilon_2}{\upsilon_1}$$

unabhängig von der Temperatur. Die spezifische Entropie nimmt mit wachsendem spezifischem Volumen zu.

Wegen der Eigenschaft der isochoren Zustandskurven, durch Verschiebung längs der Abszisse ineinander überzugehen, stellt die Fläche unter jedem von den Isothermen T_1 und T_2 begrenzten Abschnitt jeder beliebigen Isochoren die Differenz $u_2 - u_1$ dar (vgl. Bild 20.3a).

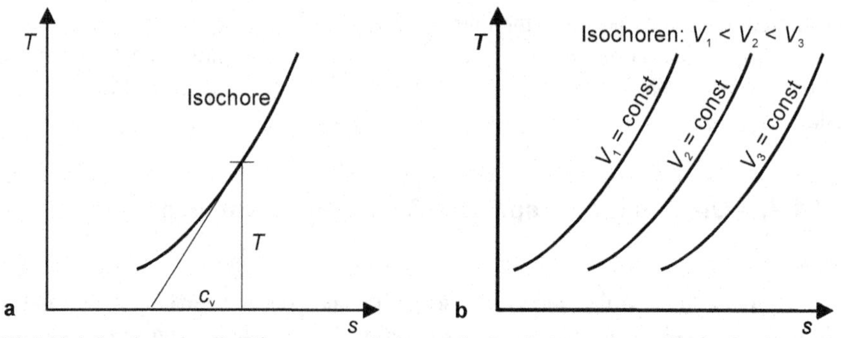

Bild 20.4. Isochore im *T,s*-Diagramm. **a** Steigung der Isochoren und spezifische isochore Wärmekapazität als Subtangente, **b** Isochorenschar

Isobare. Bei isobarer Zustandsänderung ist $p = \text{const}$. Nach (20.8) ergibt sich mit

$$s(T, p) = c_p \cdot \ln\frac{T}{T_1} + s(T_1, p_1) \tag{20.11}$$

für die Isobare eine ebenfalls logarithmische Funktion der Temperatur. Der im *T,s*-Diagramm in Bild 20.5a über der Entropie s aufgetragene isobare Zustandsverlauf ist der Graph der Umkehrfunktion von (20.11) und ist bei konstantem c_p eine Exponentialfunktion. Die Steigung der Isobare ist mit c_p als Subtangente

$$\left(\frac{\partial T}{\partial s}\right)_p = \frac{T}{c_p}. \tag{20.12}$$

Die Isobaren verlaufen flacher als die Isochoren, weil die spezifische isobare Wärmekapazität c_p größer ist als die isochore Wärmekapazität c_v. Die Subtangente der isobaren Zustandskurve im *T,s*-Diagramm ist mit der spezifischen isobaren Wärmekapazität c_p identisch.

Die Isobaren bilden im *T,s*-Diagramm idealer Gase gleichfalls eine Schar von Kurven, die durch Parallelverschiebung längs der *s*-Achse ineinander übergehen (vgl. Bild 20.5b). Der auf Geraden $T = \text{const}$ gemessene Abstand zweier Isochoren $p_1 = \text{const}$ und $p_2 = \text{const}$ ist nach (20.8) nämlich mit

$$s(T, p_2) - s(T, p_1) = -R \cdot \ln\frac{p_2}{p_1}$$

unabhängig von der Temperatur.

Die spezifische Entropie nimmt mit wachsendem Druck ab. Die Isobaren mit den höheren Druckwerten liegen links von denen mit den niedrigeren Drücken. Die Fläche unter der Isobaren zwischen zwei Zuständen veranschaulicht nicht nur Wärmemenge und Dissipationsenergie, sondern nach dem 1. Hauptsatz mit Gl. (20.6) und $dp = 0$ auch die Differenz $h_2 - h_1$ der Enthalpie.

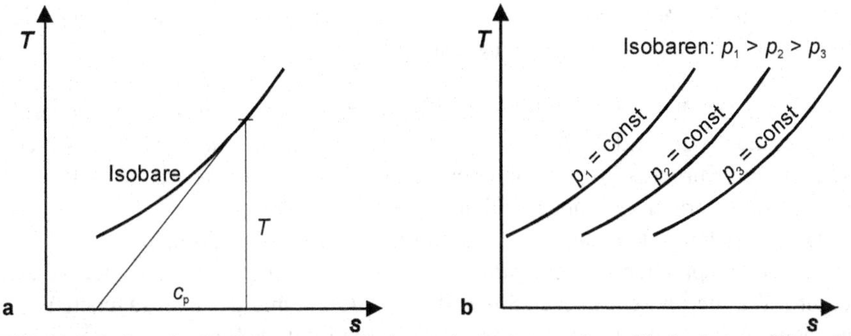

Bild 20.5. Isobare im *T,s*-Diagramm. **a** Steigung der Isobare und spezifische isobare Wärmekapazität als Subtangente, **b** Isobarenschar

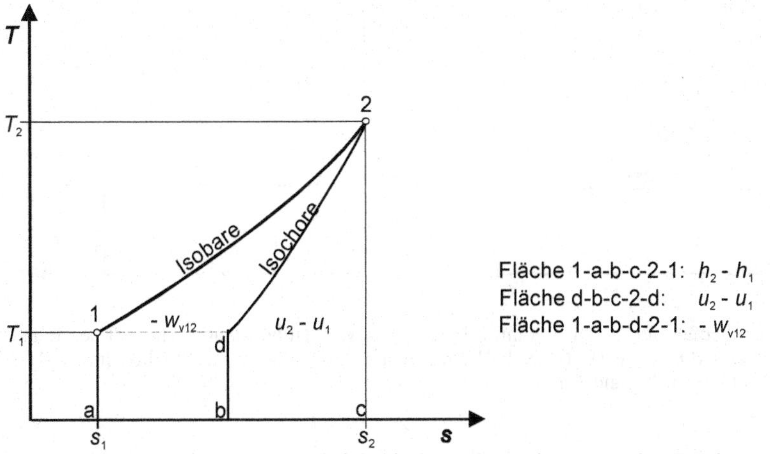

Bild 20.6. Die Volumenänderungsarbeit bei isobarer Zustandsänderung im *T,s*-Diagramm

In Bild 20.6 sind ein Isochoren- und ein Isobarenabschnitt eingezeichnet, die beide von denselben Isothermen T_1 = const und T_2 = const begrenzt werden. Da die Fläche unter dem Isobarenabschnitt der Enthalpiedifferenz $h_2 - h_1$, die Fläche unter dem Isochorenabschnitt der Änderung $u_2 - u_1$ der inneren Energie entspricht, ist die Differenz beider Flächen proportional der bei *isobarer Zustandsänderung* von 1 nach 2 verrichteten spezifischen Volumenänderungsarbeit w_{v12}, wie man nach Umstellung von (20.5) erkennt:

$$w_{v12} = u_2 - u_1 - (h_2 - h_1) \tag{20.13}$$

Die Volumenänderungsarbeit ist negativ, denn die die Differenz $u_2 - u_1$ der inneren Energie repräsentierende Fläche unter dem Isochorenabschnitt ist kleiner als die dem Integral $\int_1^2 T \cdot ds$ entsprechende Fläche unter dem Isobarenabschnitt. Das geschlossene System expandiert von 1 nach 2. Bei einer Expansion wächst das spezifische Volumen und mit ihm die Entropie.

Isotherme. Die Isothermen bilden im *T,s*-Diagramm eine Schar abszissenparalleler Geraden (vgl. Bild 20.7a). Sie sind für ideale Gase mit $du = c_v\ dT = 0$ identisch mit den Kurven konstanter innerer Energie und wegen $dh = c_p\ dT = 0$ identisch mit den Kurven konstanter Enthalpie, den *Isenthalpen*.

Der Fläche unter dem Isothermenabschnitt zwischen zwei Zuständen 1 und 2 in Bild 20.7b entsprechen bei reversiblem Prozessen die über die Systemgrenze geflossene Wärme und bei irreversiblem Prozeß die Summe der übertragenen Wärmemenge und der Dissipationsenergie. Aus (20.5) folgt, daß mit

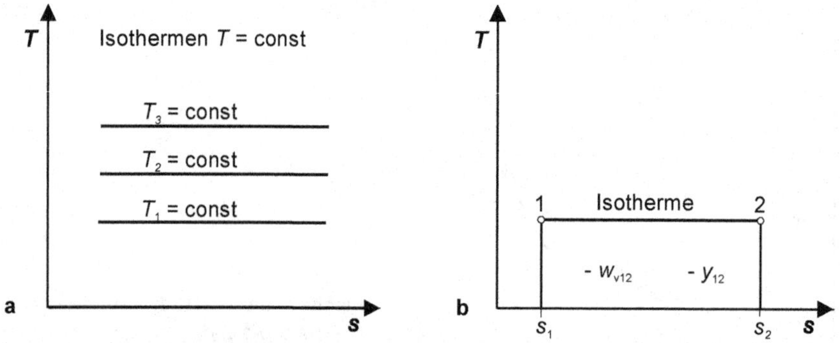

Bild 20.7. Isothermen im *T,s*-Diagramm. **a** Isothermen, Kurven konstanter innerer Energie und Enthalpie (*Isenthalpen*) idealer Gase, **b** Wärmemenge, Dissipation und Arbeiten im *T,s*-Diagramm bei isothermer Zustandsänderung

$$q_{12} + j_{12} = \int_1^2 T \cdot ds = T \cdot (s_2 - s_1) = -w_{v12} \qquad (20.14)$$

diese Fläche auch proportional der spezifischen Volumenänderungsarbeit $w_{\upsilon 12}$ geschlossener Systeme ist und nach (20.6) mit

$$q_{12} + j_{12} = \int_1^2 T \cdot ds = T \cdot (s_2 - s_1) = -y_{12} \qquad (20.15)$$

zugleich auch die spezifische Strömungsarbeit offener Systeme repräsentiert.

Isentrope. Die Isentrope ist eine Zustandsänderung mit konstanter Entropie $s = \text{const}$. Die Isentrope bildet sich im *T,s*-Diagramm als ordinatenparallele Gerade ab (vgl. Bild 20.8).

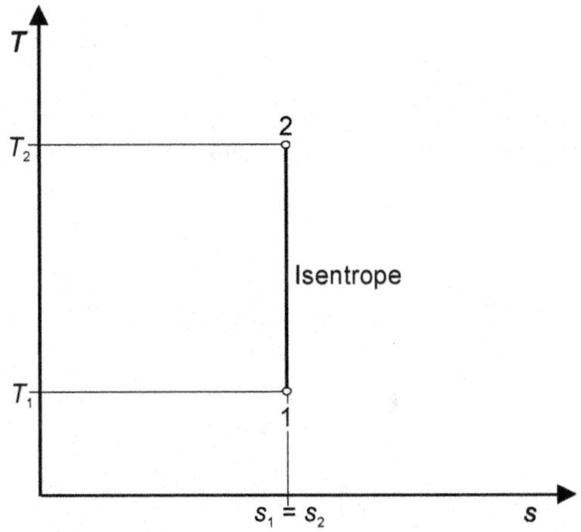

Bild 20.8. Isentrope im T,s-Diagramm

Die bei isentroper Zustandsänderung verrichtete Volumenänderungsarbeit ist nach (20.5) gleich der Differenz der inneren Energie $w_{v12} = u_2 - u_1$ des geschlossenen Systems und läßt sich als Fläche unter dem von den Isothermen T_1 = const und T_2 = const begrenzten Isochorenabschnitt veranschaulichen, wie in Bild 20.9 dargestellt. Die spezifische Strömungsarbeit y_{12} stimmt nach (20.6) mit der Enthalpiedifferenz bei isentroper Zustandsänderung überein. $y_{12} = h_2 - h_1$ wird im T,s-Diagramm in Bild 20.10 durch die Fläche unter dem Isobarenabschnitt zwischen den Isothermen T_1 = const und T_2 = const repräsentiert.

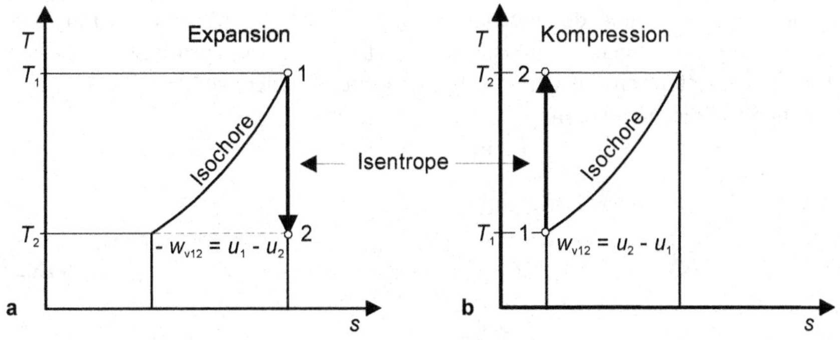

Bild 20.9. Isentrope spezifische Volumenänderungsarbeit bei **a** Expansion, **b** Kompression

Die Energiebilanzgleichungen für stationär durchströmte offene Systeme

$$q_{12} + w_{t12} = h_2 - h_1 + \frac{1}{2} \cdot \left(\bar{c}_2^2 - \bar{c}_1^2\right) + g \cdot (z_2 - z_1) \qquad (17.35)$$

und

$$w_{t12} = \int_1^2 \upsilon \cdot dp + \frac{1}{2} \cdot \left(\overline{c}_2^2 - \overline{c}_1^2\right) + g \cdot \left(z_2 - z_1\right) + j_{12} \tag{17.36}$$

zeigen, daß bei isentroper Strömung wegen $q_{12} = 0$ und $j_{12} = 0$, mit $y_{12} = \int_1^2 \upsilon \cdot dp$ und der Abkürzung $\Delta e_{\text{mech}} = \frac{1}{2}\left(\overline{c}_2^2 - \overline{c}_1^2\right) + g \cdot \left(z_2 - z_1\right)$ für die Differenz der mechanischen Energien gilt:

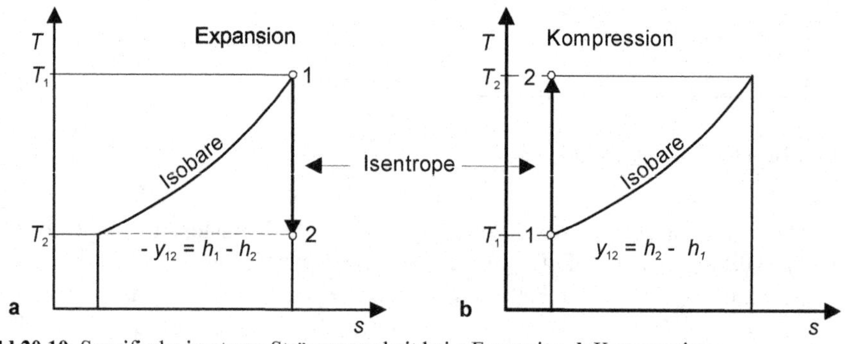

Bild 20.10. Spezifische isentrope Strömungsarbeit bei **a** Expansion, **b** Kompression

$$w_{t12} = h_2 - h_1 + \Delta e_{\text{mech}} \tag{20.16}$$

$$w_{t12} = y_{12} + \Delta e_{\text{mech}} \tag{20.17}$$

Kann man die Änderung der mechanischen Energien gegenüber der Enthalpiedifferenz vernachlässigen, dann ist die spezifische Strömungsarbeit gleich der vom offenen System an die Umgebung abgegebenen oder der von dieser aufgenommenen technischen Arbeit

$$w_{t12} = y_{12} \,.$$

Polytrope. Wir führen das Differential

$$- p \cdot d\upsilon = \frac{d(p \cdot \upsilon)}{n-1} \tag{15.2}$$

der spezifischen polytropen Volumenänderungsarbeit in die nach $dq + dj$ umgestellte Differentialform (12.8) des 1. Hauptsatzes ein und erhalten

$$dq + dj = du - \frac{d(p \cdot \upsilon)}{n-1} \,. \tag{20.18}$$

Für ideale Gase ist $du = c_v \cdot dT$ und $d(p \cdot \upsilon) = R \cdot dT$. Einsetzen in (20.18) und Division durch T liefert

$$ds = \frac{dq}{T} + \frac{dj}{T} = \left(c_v - \frac{R}{n-1}\right) \cdot \frac{dT}{T}.$$

Mit $R = c_p - c_v$ geht der Ausdruck über in

$$ds = c_v \cdot \frac{n-\kappa}{n-1} \cdot \frac{dT}{T}. \tag{20.19}$$

Die Integration liefert die Entropiezustandsfunktion für polytrope Zustandsänderungen idealer Gase:

$$s(T,n) = c_v \cdot \frac{n-\kappa}{n-1} \cdot \ln\frac{T}{T_1} + s(T_1,n) \tag{20.20}$$

Sie schließt die Entropiezustandsfunktionen aller bisher behandelten Zustandsänderungen ein. Die Summe aus Wärmemenge und Dissipation für polytrope Zustandsänderung idealer Gase erhält man durch Integration von (20.18)

$$q_{12} + j_{12} = \int_1^2 T \cdot ds = c_v \cdot \frac{n-\kappa}{n-1} \cdot (T_2 - T_1). \tag{20.21}$$

In Bild 20.11 ist eine polytrope Expansion dargestellt. Die Summe der Flächen unter der Polytropen und des von den Isothermen $T_1 = \text{const}$ und $T_2 = \text{const}$ ausgeschnittenen Isochorenabschnitts in Bild 20.11a ist nach (20.5) mit

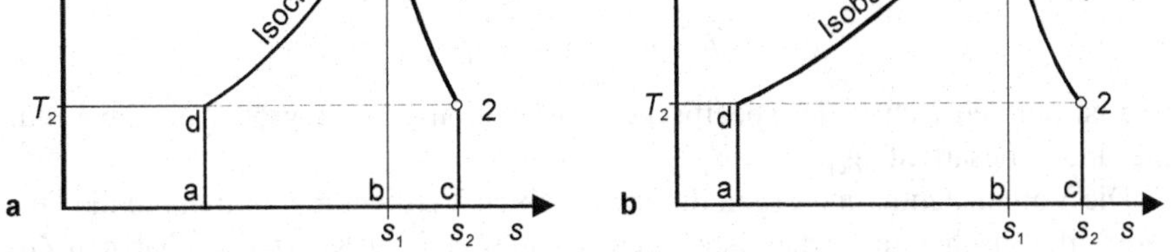

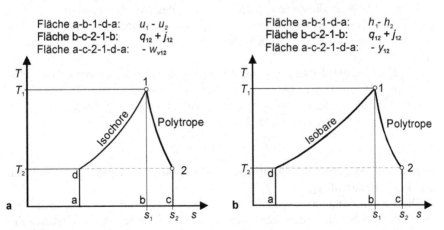

Bild 20.11. Polytrope Expansion mit $1 < n < \kappa$. **a** Polytrope Volumenänderungsarbeit, **b** polytrope Strömungsarbeit

$$w_{v12} = u_2 - u_1 - \int_1^2 T \cdot ds = -\left[(u_1 - u_2) + \int_1^2 T \cdot ds\right]$$

dem Betrag nach proportional der polytropen Volumenänderungsarbeit w_{v12}. Die Fläche unter dem Isobarenabschnitt und der Polytrope in Bild 20.11b entspricht gemäß (20.6) der spezifischen Strömungsarbeit offener Systeme

$$y_{12} = h_2 - h_1 - \int_1^2 T \cdot ds = -\left[\left(h_1 - h_2\right) + \int_1^2 T \cdot ds \right].$$

20.1.2 Adiabate Systeme

Adiabate Systeme tauschen mit ihrer Umgebung keine Energie in Form von Wärme aus. Es ist $q_{12} = 0$. Die Fläche unter den Kurven der Zustandsänderungen geschlossener adiabater Systeme stellt deshalb bei irreversiblen Prozessen ausschließlich Dissipationsenergie dar:

$$j_{12} = \int_1^2 T \cdot ds$$

Zu den adiabaten Systemen gehören u. a. Kolbenmaschinen, Turboverdichter, Dampf- und Gasturbinen. Da Wärmeübertragung Zeit benötigt, ist der Wärmetransfer zwischen Umgebung und System wegen der hohen Strömungsgeschwindigkeiten vernachlässigbar klein. Von den adiabaten Zustandsänderungen interessieren in der Technik vor allem die Kompressions- und Expansionsvorgänge.

In Bild 20.12b ist die Zustandsänderung eines idealen Gases eingetragen, das in einem quasistationären Prozeß vom Druck p_1 auf p_2 adiabat verdichtet wird. Die Fläche unter dieser Kurve entspricht der während des Verdichtungsvorganges dissipierten Energie.

Die Fläche unter der von den Isothermen $T_1 = \text{const}$ und $T_2 = \text{const}$ begrenzten Isochore entspricht der Differenz der inneren Energie. Sie ist nach dem 1. Hauptsatz gleich der bei der Kompression auf das System übertragenen Summe von Volumenänderungsarbeit und Dissipationsenergie

$$u_2 - u_1 = w_{v12} + j_{12}$$

und ist um den Betrag der spezifischen Dissipationsenergie größer als die Volumenänderungsarbeit w_{v12}.

Die Volumenänderungsarbeit der irreversiblen Verdichtung wird durch die Differenz der Flächen unter dem Isochorenabschnitt und der Kurve der adiabaten Zustandsänderung repräsentiert:

$$w_{v12} = u_2 - u_1 - j_{12}$$

Die Volumenänderungsarbeit bei adiabater Expansion (vgl. Bild 20.12a) ist negativ und mit

$$-w_{v12} = -(u_2 - u_1) + j_{12}$$

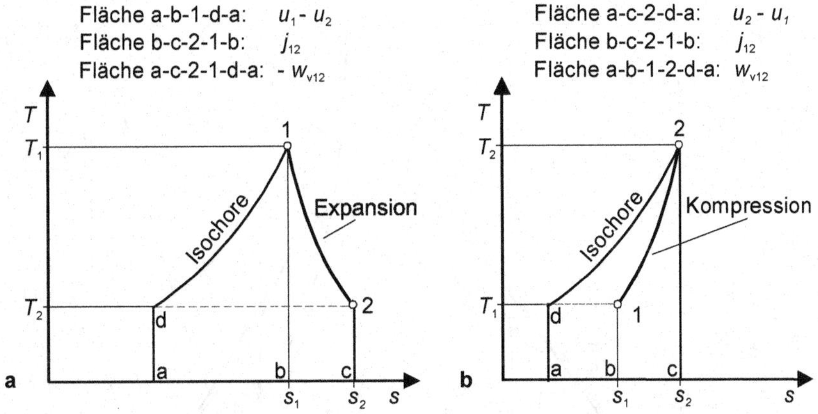

Bild 20.12. Adiabate Zustandsänderung eines geschlossenen Systems bei **a** Expansion, **b** Kompression

gleich der Summe der Differenz der inneren Energie und der Dissipationsenergie j_{12}.

Bild 20.13 erläutert die adiabate Zustandsänderung eines offenen Systems: Die Fläche unter dem von T_1 = const und T_2 = const begrenzten Isobarenabschnitt stellt die Enthalpiedifferenz $h_2 - h_1$ bei adiabater Kompression dar (vgl. Bild 20.13b). Bei Annahme konstanter spezifischer mechanischer Energie $\Delta e_{\text{mech}} = 0$ ist sie gleich der dem offenen System zugeführten technischen Arbeit

$$w_{t12} = h_2 - h_1 .$$

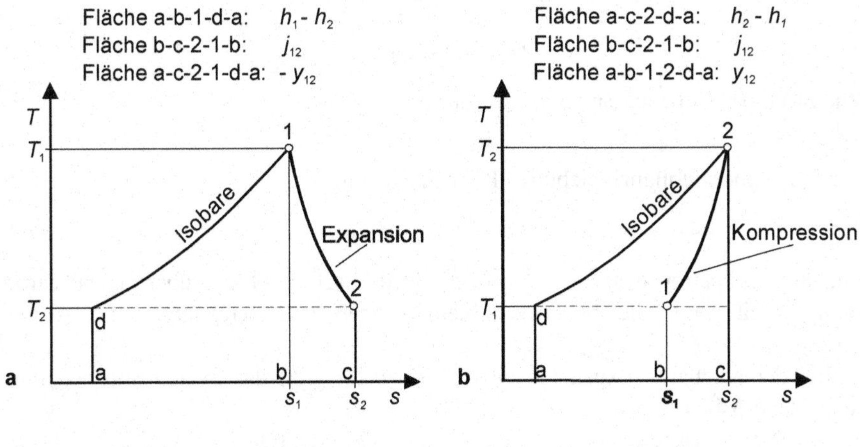

Bild 20.13. Adiabate Zustandsänderung eines offenen Systems bei **a** Kompression, **b** Expansion

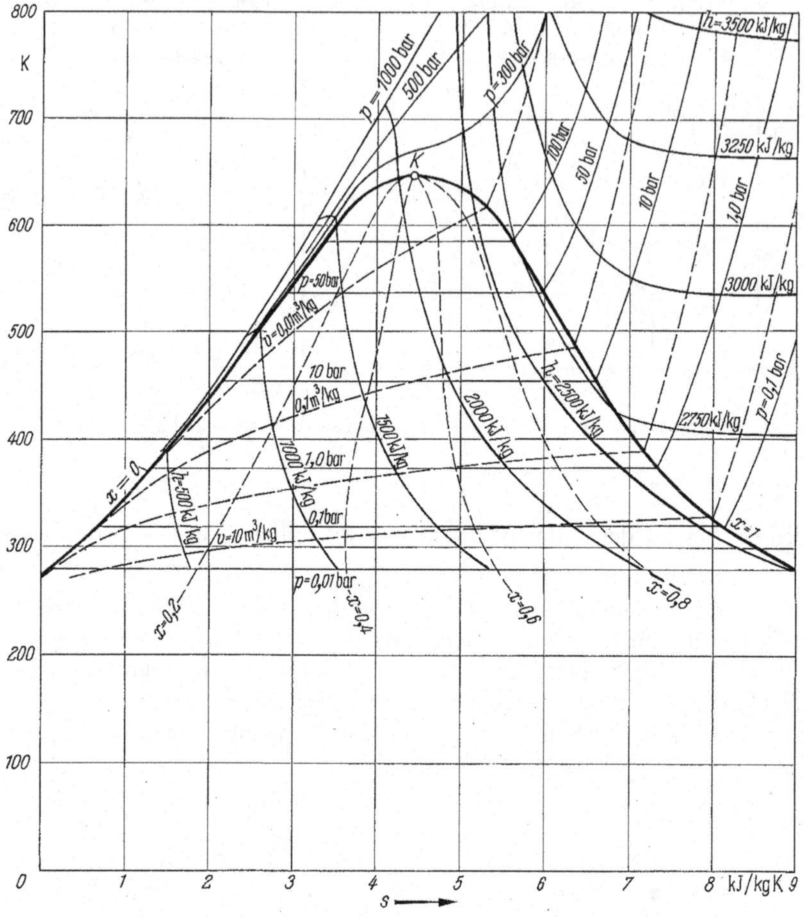

Bild 20.14. Das *T,s*-Diagramm des Wasserdampfes

Nach der Energiebilanzgleichung (17.36) ist sie mit

$$w_{t12} = y_{12} + j_{12}$$

um die Dissipationsenergie j_{12} größer als die auf das Fluid übertragene Strömungsarbeit bzw. die bei reversiblem Prozeß geleistete technische Arbeit $(w_{t12})_{rev}$.

Bei der adiabaten Expansion nach Bild 20.13a gibt das System die negative technische Arbeit

$$-w_{t12} = -y_{12} - j_{12}, \quad (\Delta e_{mech} = 0)$$

ab. Sie ist dem Betrage nach um die Dissipationsenergie kleiner als die Strömungsarbeit des Fluides, bzw. die Arbeit $(w_{t12})_{rev}$ des reversiblen Prozesses.

20.1.3 *T,s*- Diagramme realer Gase

Bei der Berechnung thermodynamischer Prozesse mit realen Gasen werden in der Regel Tabellen oder Diagramme verwendet. In Bild 20.14 ist als Beispiel für *T,s*-Diagramme realer Gase das *T,s*-Diagramme des Wasserdampfes wiedergegeben.

In dem von der Siedelinie (x=0) und der Taulinie (x=1) begrenzten Naßdampfgebiet fallen die Isobaren mit den Isothermen zusammen und bilden wie diese horizontale Geraden. Im Bereich der flüssigen Phase links neben der Siedelinie und unterhalb des kritischen Punktes K liegen die Isobaren dicht gedrängt fast ununterscheidbar nebeneinander. Im Gebiet des trocken überhitzten Dampfes verlaufen Isobaren und Isothermen getrennt. In das Diagramm sind außerdem Isochoren und Isenthalpen eingezeichnet. Im Naßdampfgebiet findet man Kurven konstanten Dampfgehaltes x = const, die sog. *Isovaporen.*

20.2 *h,s* - Diagramme

Während im *T,s*-Diagramm Wärme, Arbeit, innere Energie und Enthalpie durch Flächen repräsentiert werden, lassen sich diese Größen im Enthalpie-Entropie-Diagramm, kurz: *h,s*-Diagramm als Strecken darstellen. Das *h,s*-Diagramm wurde

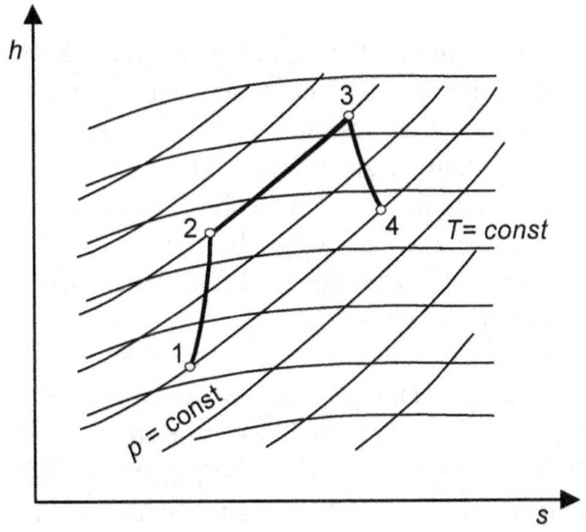

Bild 20.15. *h,s*-Diagramm mit Beispielen von Zustandsänderungen

von *H. Mollier*[32] im Jahr 1904 eingeführt. Es ist eine bequem zu handhabende Rechenunterlage bei der Berechnung der Energiewandlungen und der Zustandsänderungen geschlossener und offener Systeme. Die Eintragung von Zustandsän-

[32] H. Mollier (1863-1935), Professor an der TH Dresden.

derungen im h,s-Diagramm liefern in Form von Kurvenzügen ein anschauliches Bild des Prozeßablaufes. In Bild 20.15 sind einige Beispiele angegeben:

Die Linie von 1 nach 2 beschreibt die Zustandsänderung eines Fluides, das bei stationärer Durchströmung eines Kontrollraumes adiabat bei unveränderter mechanischer Energie von p_1 auf p_2 verdichtet wird. Die Enthalpiedifferenz ist gleich der pro Masseneinheit zugeführten technischen Arbeit

$$w_{t12} = h_2 - h_1,$$

wie man durch Einsetzen von $q_{12} = 0$ in die Energiebilanzgleichung (17.35) bestätigt.

Auf der Isobare $p_2 = \text{const}$ wird einem System von 2 nach 3 reversibel Wärme zugeführt. Die Wärmemenge ergibt sich für ein stationär ohne Änderung der mechanischen Energie durchströmtes offenes System ohne Leistung technischer Arbeit mit $w_{t23} = 0$ aus der Energiebilanzgleichung als Enthalpiedifferenz

$$q_{23} = h_3 - h_2 .$$

Die Linie von 3 nach 4 soll die Zustandsänderung eines Fluides darstellen, daß mit unveränderter mechanischer Energie einen adiabaten Kontrollraum stationär durchströmend, vom Druck p_2 auf $p_4 = p_1$ expandiert. Die Enthalpiedifferenz ist nach (17.35) gleich der vom System abgegebenen technischen Arbeit:

$$w_{t34} = h_4 - h_3$$

Das h,s-Diagramm für ideale Gase läßt sich unmittelbar aus dem T,s-Diagramm ableiten. Man muß dazu lediglich die Zahlenwerte der Temperatur auf der Ordinate mit der spezifischen isobaren Wärmekapazität des Gases multiplizieren, um bis auf eine unbestimmte Konstante die Enthalpie zu erhalten. Der Konstanten kann man einen willkürlichen Wert zuordnen, weil in den Rechnungen nur Enthalpiedifferenzen auftreten und sich die Konstante dann weghebt.

Die h,s-Diagramme realer Gase werden durch Eintragung der in Tafelwerken angegeben Zustandsgrößen in ein h,s-Koordinatensystem erstellt.

In Bild 20.16 ist das h,s-Diagramm des Wasserdampfes wiedergegeben. Es bildet nur den für die praktische Berechnung von Dampfprozessen benötigten Bereich des Diagramms ab. Der kritische Punkt liegt außerhalb dieses Bereiches. In das Naßdampfgebiet sind zusätzlich die Kurven gleichen Dampfgehaltes, die *Isovaporen* eingezeichnet. Die Isenthalpen und die Isentropen sind Scharen horizontaler bzw. vertikaler Geraden. Die Isothermen fallen im Naßdampfgebiet mit den Isobaren zusammen und gehen beim Überschreiten der Grenzlinie mit einem Knick in das Gebiet der gasförmigen Phase über. Sie verlaufen dort im Bereich niedriger Entropie gekrümmt und mit wachsender Entropie ansteigend, um dann in nahezu horizontale Geraden überzugehen. In diesem Bereich nimmt der Wasserdampf Idealgascharakter an. Isenthalpen und Isothermen fallen zusammen. Die Isobaren sind schwach gekrümmte Kurven und gehen aus dem Naßdampfgebiet ohne Krümmungssprung in den Bereich des trocken überhitzten Dampfes über.

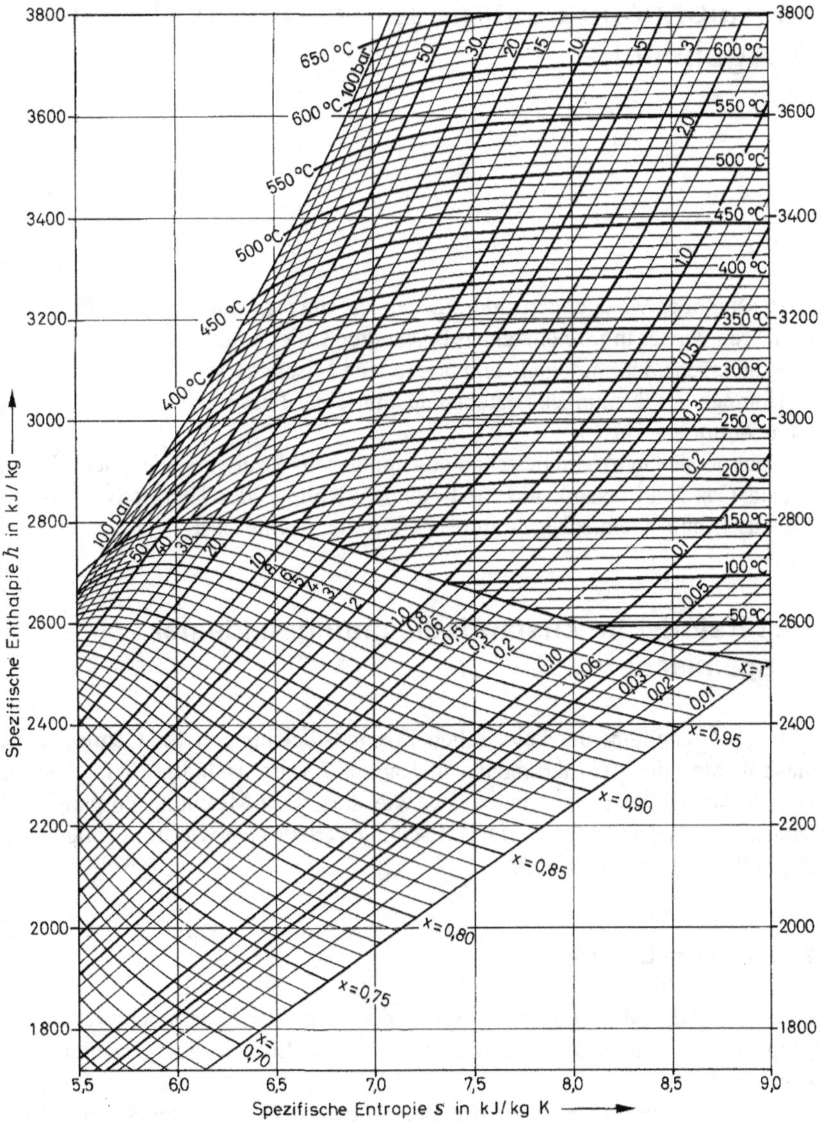

Bild 20.16. *h,s*-Diagramm des Wasserdampfes (Ausschnitt) mit Isothermen, Isobaren und Isovaporen. Nach [18]

Die Steigung der Isobaren im homogenen Zustandsgebiet ergibt sich aus Gleichung (16.16) mit $dp = 0$ zu

$$\left(\frac{\partial h}{\partial s}\right)_p = T\,.$$

Isobaren im *h,s*-Diagramm werden also mit wachsender Temperatur steiler.

21 Kalorische Zustandsgleichungen idealer Gasgemische

Gemische oder Mischungen sind Substanzen, die man durch physikalische Trennverfahren wieder in ihre einzelnen Bestandteile oder Komponenten zerlegen kann. Man unterscheidet homogene und heterogene Mischungen.

Homogene Mischungen bestehen aus nur einer Phase, etwa nur aus Flüssigkeiten oder nur aus Gasen.

Heterogene Gemische bestehen aus mindestens zwei verschiedenen Phasen, etwa aus Gas und Flüssigkeit. Eine besondere Rolle in der Thermodynamik spielen die Gas-Dampf-Gemische. Zu ihnen gehört die feuchte Luft.

21.1 Kalorische Zustandsgleichungen idealer Gasgemische

Mit der Aufstellung der kalorischen Zustandsgleichungen für Gemische idealer Gase werden die Ausführungen von Kapitel 7 vervollständigt. Wir gehen dabei von denselben Voraussetzungen aus wie dort: Der Mischungsvorgang verläuft adiabat und isobar-isotherm. Die Mischung verhält sich wie ein ideales Gas und es gilt das Dalton'sche Gesetz.

21.1.1 Innere Energie

Da während des Mischungsprozesses weder Arbeit verrichtet noch Wärme mit der Umgebung ausgetauscht wird, bleibt die innere Energie des gesamten Systems konstant.

Die innere Energie U der Mischung ist demnach gleich der Summe der inneren Energien der N Komponenten vor der Mischung. Mit m als Gesamtmasse der Mischung und u als deren spezifische innere Energie muß gelten

$$U(T) = \sum_{\mathrm{i}=1}^{\mathrm{N}} U_{\mathrm{i}}(T) = m \cdot u(T) = \sum_{\mathrm{i}=1}^{\mathrm{N}} m_{\mathrm{i}} \cdot u_{\mathrm{i}}(T) .$$

Daraus erhält man mit den durch (7.20) eingeführten Massenanteilen $\mu_{\mathrm{i}} = m_{\mathrm{i}} / m$ für die spezifische innere Energie der Mischung

$$u(T) = \sum_{i=1}^{N} \mu_i \cdot u_i(T) \tag{21.1}$$

und für die spezifische isochore Wärmekapazität durch Differentiation nach T

$$c_v(T) = \sum_{i=1}^{N} \mu_i \cdot c_{vi}(T). \tag{21.2}$$

21.1.2 Enthalpie

Für die Berechnung der Mischungsenthalpie gelten dieselben Überlegungen wie für die innere Energie der Mischung. Die spezifische Enthalpie h und die spezifische isobare Wärmekapazität c_p der Mischung errechnet man in Anlehnung an (21.1) und (21.2) mit

$$h(T) = \sum_{i=1}^{N} \mu_i \cdot h_i(T), \tag{21.3}$$

$$c_p(T) = \sum_{i=1}^{N} \mu_i \cdot c_{pi}(T). \tag{21.4}$$

21.1.3 Entropie

Mischungsvorgänge gehören als Ausgleichsprozesse zu den irreversiblen Prozessen. Das bedeutet nach Aussage des 2. Hauptsatzes, daß die Entropie während des Mischungsprozesses zunehmen muß. Man kann also die Entropie der Mischung nicht wie im Falle der inneren Energie und der Enthalpie einfach durch Summieren der Entropie der Mischungskomponenten berechnen, die diese vor der Mischung hatten, sondern muß dieser Summe die während des Mischungsprozesses produzierte Mischungsentropie hinzufügen.

Im Verlaufe des Mischungsprozesses expandiert jede Komponente i bei kostanter Temperatur T vom Anfangsdruck p auf ihren Partialdruck $p_i = r_i \cdot p$, mit r_i als Raumanteil nach (7.22). Die Entropiezunahme dieser Komponente berechnet sich nach (16.29) mit $dT = 0$ und m_i als ihrer Masse zu

$$\Delta S_{Mi} = -m_i \cdot R_i \cdot ln\frac{p_i}{p} = -m_i \cdot R_i \cdot ln\, r_i\,.$$

Die *Mischungsentropie* ist die Summe der Entropiezuwächse aller N Komponenten

$$\Delta S_M = -\sum_{i=1}^{N} m_i \cdot R_i \cdot \ln r_i\,. \tag{21.5}$$

Sie ist stets positiv, weil wegen $r_i < 1$ der Logarithmus negativ ist. Nach Division durch die Gesamtmasse des Systems erhält man die *spezifische Mischungsentropie*

$$\Delta s_M = -\sum_{i=1}^{N} \mu_i \cdot R_i \cdot \ln r_i \,,$$

oder mit μ_i nach (7.31)

$$\Delta s_M = -R \cdot \sum_{i=1}^{N} r_i \cdot R_i \cdot \ln r_i \,. \tag{21.6}$$

Die spezifische Mischungsentropie hängt weder vom Druck noch von der Temperatur, sondern ausschließlich von der Zusammensetzung des Gemisches ab.

Mit der analog (21.1) gebildeten Summe

$$\sum_{i=1}^{N} \mu_i \cdot s_i(T, p)$$

der Entropie der Komponenten vor der Mischung und der spezifischen Mischungsentropie nach (21.6) ergibt sich die Entropie der Mischung zu

$$s(T, p) = \sum_{i=1}^{N} \mu_i \cdot s_i(T, p) - R \cdot \sum_{i=1}^{N} r_i \cdot R_i \cdot ln\, r_i \,. \tag{21.7}$$

Bei der Berechnung von Entropiedifferenzen bei unveränderter Gemischzusammensetzung spielt die spezifische Mischungsentropie keine Rolle, weil sie als Konstante herausfällt.

21.2 Ideale Gas-Dampf-Gemische

Während der Naßdampf, beispielsweise des Wassers, ein Zweiphasengemisch ein und desselben Stoffes ist, sind Gas-Dampf-Gemische Zweistoffgemische, die sowohl als reine Gasphase als auch als Mischungen von Gasphase und flüssiger oder fester Phase in Erscheinung treten können. Mit Dampf wird dabei derjenige Bestandteil des Gemisches bezeichnet, der in dem betrachteten Temperaturintervall kondensieren kann und zwar als Flüssigkeit oder als Festkörper. Die nicht kondensierende Komponente ist ein Gas, das selbst wieder ein Gemisch unterschiedlicher Komponenten bei gleichbleibender Zusammensetzung sein kann. Im Bereich niedriger Drücke besitzen Gas-Dampf-Gemische Idealgascharakter. Auf die Gasphase – auch die kondensierbare Komponente ist gasfömig – können die Beziehungen von Kapitel 7, Abschnitt 7.3.7 angewendet werden und es gilt das Dalton'sche Gesetz. Im Falle bereits vorhandenen Kondensats sind zusätzliche Überlegungen erforderlich, die Gegenstand der folgenden Ausführungen sind.

21.3 Kalorische Zustandsgleichungen der feuchten Luft

Feuchte Luft gehört zur Kategorie der Gas-Dampf-Gemische. Sie besteht aus trockener Luft und Wasser. Die trockene Luft ist selbst ein Gasgemisch, bestehend aus rund 78 Volumenprozent Stickstoff, 21 Volumenprozent Sauerstoff und 1 Volumenprozent anderer Gase, darunter die Edelgase Argon, Neon, Krypton, Helium sowie Kohlendioxid. Das Wasser tritt in der atmosphärischen Luft meistens als Wasserdampf auf, dessen Partialdruck im technisch interessierenden Temperatur-und Druckbereich sehr klein ist. Sowohl die trockene Luft als auch der Wasserdampf haben deshalb Idealgascharakter.

Die Aufnahmefähigkeit von Wasser in feuchter Luft ist begrenzt. Das Maximum hängt ab von Temperatur und Druck der feuchten Luft und ist dann erreicht, wenn der Partialdruck des Wasserdampfes gleich seinem Sättigungsdruck bei der Temperatur des Gemisches ist. Ist der Wasseranteil kleiner als der dem thermodynamischen Zustand der feuchten Luft entsprechende Maximalwert, spricht man von *ungesättiger feuchter Luft*. Der Wasserdampf ist in diesem Fall überhitzt (s. a. Kapitel 7.5). Ist der Maximalwert gerade erreicht, dann hat man es mit *gesättigter feuchter Luft* zu tun. Wird bei gleichbleibender Temperatur weiterer Wasserdampf zugeführt, spricht man von *übersättigter feuchter Luft*. Der den Maximalwert übersteigende Wasserdampf kondensiert, entweder als Flüssigkeit in Form fein verteilter Wassertröpfchen (Nebel) oder bei niedrigen Temperaturen als Schnee oder Reif. Der Partialdruck des Wasserdampfes ändert sich dabei nicht. Die feuchte Luft bildet jetzt ein Zweiphasensystem aus gesättigter feuchter Luft und dem als Kondensat ausgefallenen Wasserdampfüberschuß.

21.3.1 Kennzahlen der feuchten Luft

Wasserbeladung

Mit den Bezeichnungen m_L für die Masse der trockenen Luft, m_W für den Wassermassenanteil und m für die Gesamtmasse gilt für die feuchte Luft die *Massenbilanz*

$$m = m_L + m_W .$$

Als *Wasserbeladung* X der feuchten Luft definiert man das Verhältnis von Wassermassenanteil m_W zur Luftmasse m_L :

$$X = \frac{m_W}{m_L} \tag{21.8}$$

Um Verwechslungen mit dem Symbol x für den auf die Gesamtmasse bezogenen Dampfgehalt des Naßdampfes des Wassers zu vermeiden (s. Kapitel 7), wird für die Wasserbeladung der feuchten Luft das Symbol X verwendet. Die Wahl der

Luftmasse als Basis für die Wasserbeladung hat sich als zweckmäßig erwiesen, weil bei den Zustandsänderungen feuchter Luft der Anteil der trockenen Luft in der Regel konstant bleibt.

Die Wasserbeladung X gibt an, wieviel kg Wasser auf 1 kg trockene Luft entfallen. Für völlig trockene Luft ist mit $m_W = 0$ die Wasserbeladung $X = 0$, für reines Wassser wäre mit $m_L = 0$ die Wasserbeladung $X \to \infty$. In der Praxis interessieren lediglich niedrige X-Werte; meistens sind sie nicht größer als 0,1.

Da sich sich der Wasserdampf in der *ungesättigten feuchten Luft* wie ein Idealgas verhält, läßt sich die Masse m_W des im Gemisch enthaltenen Wasserdampfes nach Maßgabe des Daltonschen Gesetzes aus der Zustandsgleichung (7.7) des idealen Gases errechnen. Für *ungesättigte feuchte Luft*, die bei der Temperatur T das Volumen V einnimmt, gilt mit p_W als Partialdruck des Wasserdampfes und R_W als seiner Gaskonstante

$$m_W = \frac{p_W \cdot V}{R_W \cdot T} . \tag{21.9}$$

Der Wasserdampfpartialdruck p_W wächst linear mit der bei konstantem Volumen und konstanter Temperatur zugeführten Wasserdampfmasse m_W. Die von der feuchten Luft maximal gasförmig aufnehmbare Wassermasse m_{WS} korrespondiert mit einem *Sättigungspartialdruck* p_{WS} genannten Höchstwert des Wasserdampfpartialdruckes in der feuchten Luft. Wird er überschritten, setzt die Kondensatbildung ein.

Der so definierte *Sättigungspartialdruck* ist nicht identisch mit dem *Sättigungsdruck bzw. dem Dampfdruck* p_S des Wasserdampfes. Bei nicht zu hohen Werten des Gesamtdruckes der Mischung kann er aber ohne großen Fehler mit dem Dampfdruck p_S des Wassers im Zustand vor der Mischung gleichgesetzt werden.

Wegen der bei Überschreiten des Grenzwertes p_S einsetzenden Kondensatbildung ist der Anwendungsbereich von (21.9) beschränkt auf die Partialdruckwerte $p_W \leq p_S$, also auf die ungesättigte bzw. gerade gesättigte feuchte Luft.

Eliminiert man aus der Gasgleichung (7.7) für die trockene Luft deren Masse

$$m_L = \frac{p_L \cdot V}{R_L \cdot T} , \tag{21.10}$$

erhält man nach Einsetzen in die Definitionsgleichung für X mit Beachtung von (21.9) für die Wasserbeladung oder *Wasserdampfbeladung,* wie sie im Falle ungesättigter feuchter Luft auch genannt wird,

$$X = \frac{m_W}{m_L} = \frac{R_L}{R_W} \cdot \frac{p_W}{p_L} .$$

Nach (7.32) läßt sich mit p als Gesamtdruck der feuchten ungesättigten Luft der Partialdruck der trockenen Luft durch die Differenz $p_L = p - p_W$ ersetzen. Für die Wasserdampfbeladung erhält man damit

$$X = \frac{R_L}{R_W} \cdot \frac{p_W}{p - p_W} . \tag{21.11}$$

Absolute Feuchte

Der Quotient aus Massenanteil m_W des Wasserdampfes und Volumen V der *feuchten ungesättigten Luft* heißt *absolute Feuchte* ρ_W,

$$\rho_W = \frac{m_W}{V} . \tag{21.12}$$

Sie stellt die *Partialdichte* des Wasserdampfes dar und wird auch als *Massenkonzentration* bezeichnet. Drückt man darin wiederum die Wasserdampfmasse m_W über die Zustandsgleichung idealer Gase (7.6) aus, ergibt sich

$$\rho_W = \frac{p_W}{R_W \cdot T} . \tag{21.13}$$

Der Maximalwert der absoluten Feuchte ρ_{WS} stellt sich im Sättigungszustand der feuchten Luft ein, dann also, wenn der Wasserdampfpartialdruck p_W mit dem von der Temperatur T abhängigen Dampfdruck $p_S = p_S(T)$ übereinstimmt.
Mit $p_W = p_S$ gilt

$$\rho_{WS} = \frac{p_S}{R_W \cdot T} . \tag{21.14}$$

Relative Feuchte

Die auf den Maximalwert der absoluten Feuchte bezogene absolute Feuchte heißt *relative Feuchte* und wird mit dem Symbol φ bezeichnet. Division von (21.13) durch (21.14) bringt

$$\varphi = \frac{\rho_W}{\rho_{WS}} = \frac{p_W}{p_S} . \tag{21.15}$$

Für trockene Luft gilt $\varphi = 0$, für gesättigte Luft ist $\varphi = 1$.

Verknüpfung von Wasserbeladung und relativer Feuchte

Eliminiert man aus (21.15) den Wasserdampfpartialdruck p_W, folgt nach Einsetzen von $p_W = \varphi \cdot p_S$ in (21.11)

$$X = \frac{R_L}{R_W} \cdot \frac{\varphi \cdot p_S}{p - \varphi \cdot p_S} = \frac{R_L}{R_W} \cdot \frac{p_S}{p/\varphi - p_S} . \tag{21.16}$$

Auflösen nach φ liefert

$$\varphi = \frac{X}{R_L / R_W + X} \cdot \frac{p}{p_S} . \tag{21.17}$$

Der Höchstwert der Wasserdampfbeladung, der Sättigungswert X_S ergibt sich für gesättigte feuchte Luft mit $\varphi = 1$ aus (21.16) zu

$$X_S = \frac{m_{WS}}{m_L} = \frac{R_L}{R_W} \cdot \frac{p_S}{p - p_S}. \tag{21.18}$$

Der in den Gleichungen auftretende Quotient R_L / R_W kann mit den Werten für die Gaskonstante von Luft $R_L = 287{,}1$ J/(kg K) und $R_W = 461{,}5$ J/(kg K) für Wasserdampf durch den Zahlenwert $R_L / R_W = 0{,}622$ ersetzt werden.

21.3.2 Thermische Variable der feuchten Luft

Volumen

Das Volumen, das *ungesättigte* oder *gerade gesättigte* feuchte Luft bei der Temperatur T und dem Gesamtdruck p einnimmt, errechnet sich in Abhängigkeit von der Wasserbeladung X nach dem Gesetz von Dalton (vgl. Gl. (7.32)) und Anwendung der Gasgleichung (7.7) aus

$$p = p_L + p_W = \frac{m_L \cdot R_L \cdot T}{V} + \frac{m_W \cdot R_W \cdot T}{V} = \frac{T}{V} \cdot (m_L \cdot R_L + X \cdot m_L \cdot R_W) =$$

$$= m_L \cdot \frac{R_L \cdot T}{V} \cdot \left(1 + \frac{X}{R_L / R_W}\right)$$

zu

$$V = m_L \cdot \frac{R_L \cdot T}{p} \cdot \left(1 + \frac{X}{R_L / R_W}\right). \tag{21.19}$$

Damit läßt sich näherungsweise auch das Volumen *übersättigter feuchter Luft* berechnen, weil das Volumen des flüssigen oder festen Kondensats (Eis) gegenüber dem des Wasserdampfes vernachlässigbar ist.

Spezifisches Volumen

Das spezifische Volumen *ungesättigter feuchter Luft* wird wie bei der Definition der Wasserbeladung auf die Masse m_L der trockenen Luft bezogen. Mit

$$\upsilon_{1+X} = \frac{V}{m_L} \tag{21.20}$$

[33]

liefert (21.19) nach Division durch m_L

$$\upsilon_{1+X} = \frac{R_L \cdot T}{p} \cdot \left(1 + \frac{X}{R_L / R_W}\right). \tag{21.21}$$

Das spezifische Volumen υ_{1+X} läßt sich in das auf die Gesamtmasse von trockener Luft und Wasserdampf bezogene spezifische Volumen υ umwandeln:

[33] Mit dem Index 1 + X werden alle Größen gekennzeichnet, die auf (1 + X) kg feuchte Luft bzw. 1 kg trockene Luft bezogen sind.

$$\upsilon = \frac{V}{m_L + m_W} = \frac{V}{m_L\left(1 + m_W / m_L\right)} = \frac{\upsilon_{1+X}}{\left(1 + X\right)}$$

Dichte
Die Dichte der *ungesättigten feuchten Luft* ist die Summe der Partialdichten der trockenen Luft ρ_L und des Wasserdampfes ρ_W. Man hat zunächst mit Beachtung der Zustandsgleichung idealer Gase (7.6)

$$\rho = \frac{m}{V} = \frac{m_L + m_W}{V} = \rho_L + \rho_W = \frac{p_L}{R_L \cdot T} + \frac{p_W}{R_W \cdot T}.$$

Ersetzt man darin den Partialdruck der trockenen Luft p_L durch $p_L = p - p_W$, erhält man zunächst

$$\rho = \frac{p - p_W}{R_L \cdot T} + \frac{p_W}{R_W \cdot T} = \frac{p}{R_L \cdot T} \cdot \left[1 - \frac{p_W}{p}\left(1 - \frac{R_L}{R_W}\right)\right]. \quad (21.22)$$

Mit r_W, dem Raumanteil des Wasserdampfes gemäß (7.22) und $p_W = r_W \cdot p$ entspr. (7.36) sowie dem Zahlenwert 0,622 für R_L / R_W folgt

$$\rho = \frac{p}{R_L \cdot T} \cdot \left[1 - 0{,}378 \cdot r_W\right].$$

Der Quotient $p / R_L \cdot T$ vor der eckigen Klammer beschreibt die Dichte der trokkenen Luft bei dem Druck p und der Temperatur T der feuchten Luft. Da der Zahlenwert in der eckigen Klammer stets kleiner ist als 1, folgt das bemerkenswerte Ergebnis, daß die Dichte der feuchten Luft immer kleiner ist als die der trockenen Luft bei gleichem Druck und gleicher Temperatur.

21.3.3 Spezielle Zustandsänderungen ungesättigter feuchter Luft

In Bild 21.1 ist das p,T- Diagramm von Wasser dargestellt. Es entsteht durch Projektion der im räumlichen kartesischen p, T, υ-Kordinatensystem dargestellten Zustandsfläche auf die p,T-Ebene (s. Bild 7.1). Darin eingetragen sind die *Dampfdruckkurve*, die am *Tripelpunkt* (s. Kapitel 7) in die *Sublimationsdruckkurve* übergeht sowie die *Schmelzdruckkurve*. Diese verläuft senkrecht zur Abszisse und endet im Tripelpunkt. In Bild 21.1 werden die Zustandsänderungen des in der feuchten Luft enthaltenen Wasserdampfes erläutert.

Isotherme Wasserdampfzufuhr
Führt man einem Volumen V ungesättigter feuchter Luft ($\varphi < 1$) bei konstanter Temperatur weiteren Wasserdampf zu, so steigt nach (21.9) der Partialdruck p_W des Wasserdampfes solange, bis mit $p_W = p_S$ der Sättigungsdruck p_S erreicht ist. Die relative Feuchte ist dann $\varphi = 1$ und die Kondensatbildung beginnt. Wird

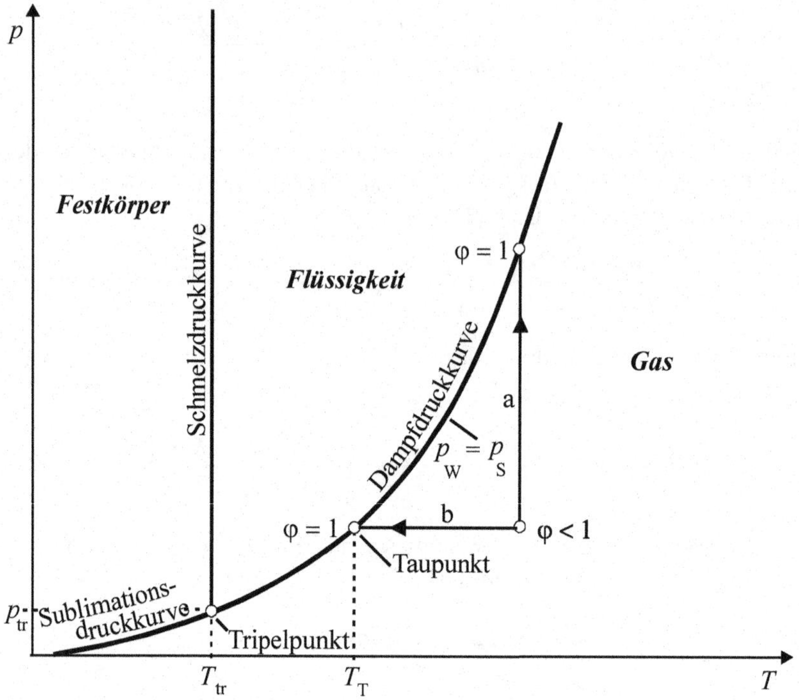

Bild 21.1. *p,T*-Diagramm des Wassers. p_{tr} = 0,0061166 bar , T_{tr} = 273,16 K sind Druck und Temperatur des *Tripelpunktes* des Wassers; T_T ist die *Taupunkttemperatur*.

die Wasserdampfzufuhr über diesen Zustand hinaus fortgesetzt, bleibt der Partialdruck des Wasserdampfes mit $p_W = p_S$ konstant, weil der Wasserdampfüberschuß auskondensiert. Im *p,T*-Diagramm von Bild 21.1 bildet sich diese Zustandsänderung als vertikale Gerade **a** ab.

Isobare Abkühlung

Die horizontale Gerade **b** im *p,T*-Diagramm beschreibt die *isobare Abkühlung* ungesättigter feuchter Luft. Sie beginnt mit $\varphi < 1$ im ungesättigten Zustand und endet bei wachsender Abkühlung auf der Dampfdruckkurve mit $\varphi = 1$. Hier beginnt die Kondensation mit der Ausscheidung von Wasser. Dieser Punkt heißt *Taupunkt*. Die Temperatur, bei der bei isobarer Abkühlung oberhalb der Tripelpunkttemperatur die Kondensatbildung beginnt, heißt *Taupunkttemperatur* T_T . Erfolgt die isobare Abkühlung bei Temperaturen unter der des Tripelpunktes, so wird bei Erreichen der Sublimationsdruckkurve Kondensat in Form von Reif oder Eis ausgeschieden.

Beispiel 21.1

Feuchte Luft mit 85% relativer Feuchte wird bei konstantem Druck p = 1,04 bar von 75°C auf

25°C heruntergekühlt. Sie verläßt das Kühlaggregat im Zustand der Sättigung. Man berechne die pro kg trockene Luft ausgeschiedene Wassermasse.

Lösung

Das pro kg trockener Luft ausgeschiedene flüssige Kondensat m_K / m_L ist die Differenz der Wasserbeladung X_1 der mit der relativen Feuchte $\varphi_1 = 0{,}85$ in den Kühler eintretenden Luft und der Wasserbeladung X_{S2} der im Sättigungszustand austretenden Luft. Der Wasserdampfsättigungsdruck bei der Temperatur $\vartheta_1 = 75°C$ ergibt sich nach Tabelle B3 im Anhang zu $p_{S1} = 0{,}3855\,\text{bar}$, für $\vartheta_1 = 25°C$ zu $p_{S2} = 0{,}03166\,\text{bar}$. Mit dem Zahlenfaktor $R_L / R_W = 0{,}622$ errechnet man nach (21.16)

$$X_1 = \frac{R_L}{R_W} \cdot \frac{p_{S1}}{p/\varphi_1 - p_{S1}} = 0{,}622 \cdot \frac{0{,}3855\,\text{bar}}{(1{,}04/0{,}85 - 0{,}3855)\text{bar}} = 0{,}28612 \frac{\text{kg Wasser}}{\text{kg Luft}} .$$

Für die Sättigungswasserbeladung der austretenden feuchten Luft erhält man nach (21.18)

$$X_{S2} = \frac{R_L}{R_W} \cdot \frac{p_{S2}}{p - p_S 2} = 0{,}622 \cdot \frac{0{,}03166\,\text{bar}}{(1{,}04 - 0{,}03166)\text{bar}} = 0{,}01953 \frac{\text{kg Wasser}}{\text{kg Luft}} .$$

Pro kg trockener Luft werden demnach

$$\frac{m_K}{m_L} = (X_1 - X_{S2}) = (0{,}28612 - 0{,}01953) \frac{\text{kg Wasser}}{\text{kg Luft}} = 0{,}26659 \frac{\text{kg Wasser}}{\text{kg Luft}}$$

ausgeschieden.

21.3.4 Enthalpie der feuchten Luft

Die Enthalpie H der feuchten Luft setzt sich additiv zusammen aus den Enthalpien $H_L = m_L \cdot h_L$ der trockenen Luft und der Enthalpie $H_W = m_W \cdot h_W$ des Wassers:

$$H = H_L + H_W = m_L \cdot h_L + m_W \cdot h_W \tag{21.23}$$

Auch die Gemischenthalpie wird wie die Wasserbeladung auf die Masse der trockenen Luft bezogen. Die spezifische Gemischenthalpie ist somit

$$h_{1+X} = \frac{H_L + H_W}{m_L} = h_L + X \cdot h_W . \tag{21.24}$$

Im praktisch interessierenden Temperaturbereich von $-50°C \leq \vartheta \leq 70°C$ kann für Luft mit ausreichender Genauigkeit mit der konstanten isobaren spezifischen Wärmekapazität $c_{pL} = 1{,}0046\,\text{kJ/(kg} \cdot \text{K)}$ und ebenso für Wasserdampf (Gasphase) mit $c_{pW} = 1{,}863\,\text{kJ/(kg} \cdot \text{K)}$ gerechnet werden. Für genauere Rechnungen oder größere Temperaturintervalle muß man die Temperaturabhängigkeit der spezifischen Wärmekapazitäten berücksichtigen. Da in die Gleichungen zur Berechnung thermodynamischer Prozesse die Enthalpien stets in der Form von Differenzen eingehen, kann man die Enthalpienullpunkte von h_L und h_W willkürlich wählen.

Es ist üblich, die spezifische Enthalpie der trockenen Luft $h_L(\vartheta_{tr})$ und die des *flüssigen Wassers* $h_W(\vartheta_{tr})$ am Tripelpunkt des Wassers, also für $T_{tr} = 273{,}16\,\text{K}$ entspr. $\vartheta_{tr} = 0{,}01°C$ gleich null zu setzen. Für die spezifische Enthalpie der trockenen Luft gilt damit

$$h_L = c_{pL} \cdot (T - T_{tr}) . \tag{21.25}$$

Weil die Einheiten der Celsius-Temperatur und die der thermodynamischen Temperatur gleich sind, kann man Temperaturdifferenzen sowohl in K als auch in °C ausdrücken. Mit $(T - T_{tr}) = (\vartheta - \vartheta_{tr})$ und $\vartheta_{tr} \approx 0\,°C$ vereinfacht sich (21.25) auf

$$h_L = c_{pL} \cdot \vartheta \,. \tag{21.26}$$

Bei der Berechnung der spezifischen Enthalpie des Wassers ist zu beachten, daß Wasser sowohl als Wasserdampf als auch als Flüssigkeit oder Eis auftreten kann.

Für die spezifische Enthalpie $h_{W\,g}$ des *gasförmigen Wassers* (überhitzter Dampf) gilt

$$h_{W\,g} = \Delta h_{D\,tr} + c_{pW} \cdot \vartheta \,. \tag{21.27}$$

Darin ist $\Delta h_{D\,tr} = 2501\,kJ/kg$ die Verdampfungsenthalpie (Verdampfungswärme) am Tripelpunkt, also diejenige Enthalpiedifferenz, die aufgewendet werden muß, um das flüssige Wasser bei der Tripeltemperatur ϑ_{tr} in Wasserdampf bei derselben Temperatur umzuwandeln. Der zweite Summand in (21.27) beschreibt die analog (21.26) berechnete Enthalpiedifferenz des Wasserdampfes zwischen Tripelpunkt und Temperatur ϑ.

Die Enthalpie $h_{W\,f}$ des *flüssigen Wassers* erhält man mit der spezifischen Wärmekapazität des Wassers $c_W = 4{,}186\,kJ/(kg \cdot K)$ (vgl. Kapitel 10, Abschnitt 10.4.1) zu

$$h_{W\,f} = c_W \cdot \vartheta \,. \tag{21.28}$$

Für die spezifische Enthalpie $h_{W\,e}$ von *Wassereis* gilt mit der Erstarrungsenthalpie $\Delta h_{E\,tr} = 333{,}5\,kJ/kg$ und der spezifischen Wärmekapazität von Eis $c_E = 2{,}05\ kJ/(kg\,K)$

$$h_{W\,e} = c_E \cdot \vartheta - \Delta h_{E\,tr} \,. \tag{21.29}$$

Die Erstarrungsenthalpie ist die zu entziehende Wärmemenge, um flüssiges Wasser bei der Tripelpunkttemperatur ϑ_{tr} in Eis bei derselben Temperatur umzuwandeln. Sie entspricht dem Betrage nach der Schmelzwärme σ (vgl. Tabelle 7.1). Bedingt durch die Wahl des Enthalpienullpunktes $h_{W\,tr} = 0$ ist die Enthalpie im Bereich $\vartheta < \vartheta_{tr} \approx 0°C$ negativ.

Mit den Beziehungen (21.27), (21.28) und (21.29) lassen sich nun die Enthalpiefunktionen für die drei unterschiedlichen Zustände feuchter Luft aufstellen.

Ungesättigte feuchte Luft: $X < X_S$

Trockene Luft und Wasserdampf bilden ein ideales Gasgemisch. Die spezifische Enthalpie ist unter Beachtung von (21.26) und (21.27)

$$h_{1+X} = c_{pL} \cdot \vartheta + X \cdot (\Delta h_{D\,tr} + c_{pW} \cdot \vartheta) \,. \tag{21.30}$$

Gesättigte feuchte Luft: $X = X_S$

Bei $X = X_S$ entsprechend der relativen Feuchte $\varphi = 1$ ist die feuchte Luft gerade gesättigt, ohne daß sich bereits ein Kondensat gebildet hat. Sie bildet ein ideales Gasgemisch aus trockener Luft und trocken gesättigtem Wasserdampf. Mit $X = X_S$ liefert (21.30)

$$h_{S\,1+X} = c_{pL} \cdot \vartheta + X_S \cdot \left(\Delta h_{D\,tr} + c_{pW} \cdot \vartheta\right). \tag{21.31}$$

Übersättigte feuchte Luft: $X > X_S$

Die maximale Aufnahmefähigkeit X_S der feuchten Luft für Wasserdampf ist überschritten. Der überschüssige Wasserdampf fällt als Kondensat aus, entweder als flüssiges Wasser oder als Eis. Der Wasseranteil m_W der feuchten Luft setzt sich nun zusammen aus dem Sättigungswert der Wasserbeladung m_{WS} und der Masse m_K des Kondensats. Die Massenbilanz der übersättigten feuchten Luft lautet also

$$m = m_L + m_W = m_L + m_{WS} + m_K = m_L + m_{WS} + \left(m_W - m_{WS}\right).$$

Für die Enthalpie der übersättigten feuchten Luft gilt

$$H = m_L \cdot h_L + m_{WS} \cdot h_W + \left(m_W - m_{WS}\right) \cdot h_K = m_L \cdot \left(h_L + X_S \cdot h_W + \left(X - X_S\right) \cdot h_K\right).$$

Darin ist $h_L + X_S \cdot h_W = h_{S\,1+X}$ die spezifische Enthalpie der gerade gesättigten Luft nach (21.30). So ergibt sich nach Division von H durch m_L die spezifische Enthalpie der übersättigten feuchten Luft unter Berücksichtigung von (21.31) zu

$$h_{S\,1+X} = c_{pL} \cdot \vartheta + X_S \cdot \left(\Delta h_{D\,tr} + c_{pW} \cdot \vartheta\right) + \left(X - X_S\right) \cdot h_K. \tag{21.32}$$

Der Term $\left(X - X_S\right)$ stellt die Differenz zwischen der Gesamtwasserbeladung X und dem Höchstwert X_S der Wasserdampfbeladung dar, repräsentiert also die auf 1 kg trockene Luft bezogene Kondensatmasse.

Entsprechend dem Aggregatzustand des Kondensats erhält man unterschiedliche Gleichungen für die spezifischen Enthalpien.

Flüssigwasser als Kondensat: $X > X_S$, $\vartheta > \vartheta_{tr} \approx 0°C$

Mit $h_K = h_{W\,f}$ nach (21.28) folgt

$$h_{1+X} = c_{pL} \cdot \vartheta + X_S \cdot \left(\Delta h_{D\,tr} + c_{pW} \cdot \vartheta\right) + \left(X - X_S\right) \cdot c_W \cdot \vartheta. \tag{21.33}$$

Wassereis als Kondensat: $X > X_S$, $\vartheta < \vartheta_{tr} \approx 0°C$

Man erhält mit $h_K = h_{W\,e}$ nach (21.29)

$$h_{1+X} = c_{pL} \cdot \vartheta + X_S \cdot \left(\Delta h_{D\,tr} + c_{pW} \cdot \vartheta\right) + \left(X - X_S\right) \cdot \left(c_E \cdot \vartheta - \Delta h_{E\,tr}\right). \tag{21.34}$$

Beispiel 21.2

Ein Kompressor verdichtet pro Stunde 60000 m^3 feuchte Luft von 15°C und einer relativen Feuchte von 55% isentrop von 0,98 bar auf 3,7 bar. In einem nachgeschalteten Oberflächenkühler wird die Luft isobar auf 25°C heruntergekühlt. Dabei fällt Wasser aus. Zu ermitteln sind

a) die relative Feuchte der aus dem Kompressor ausströmenden Luft,

b) die Verdichterleistung,
c) der Kondensatstrom.
Der Isentropenexponent ist mit $\kappa = 1{,}4$ anzunehmen.

Lösung

Die Dichte der in den Verdichter einströmenden ungesättigten feuchten Luft (Zustand 1) ergibt sich nach (21.22) zu

$$\rho_1 = \frac{p_1}{R_L \cdot T_1} \cdot \left[1 - \frac{p_{W1}}{p_1} \cdot \left(1 - \frac{R_L}{R_W}\right)\right] .$$

Der Partialdruck des Wasserdampfes p_{W1} ist nach (21.15) mit dem Sättigungsdruck p_{S1} und der relativen Luftfeuchtigkeit $\varphi_1 = 0{,}55$ verknüpft. Mit $p_{W1} = \varphi_1 \cdot p_{S1}$ folgt

$$\rho_1 = \frac{p_1}{R_L \cdot T_1} \cdot \left[1 - \varphi_1 \cdot \frac{p_{S1}}{p_1} \cdot \left(1 - \frac{R_L}{R_W}\right)\right].$$

In Tabelle B3 im Anhang ist der Sättigungsdampfdruck bei einer Temperatur von $\vartheta_1 = 15°\mathrm{C}$ mit $p_{S1} = 0{,}01704\,\mathrm{bar}$ angegeben. Damit und mit dem Zahlenwert für $R_L / R_W = 0{,}622$ bekommt man

$$\rho_1 = \frac{0{,}98 \cdot 10^5 \,\frac{\mathrm{N}}{\mathrm{m}^2}}{287{,}1 \frac{\mathrm{N \cdot m}}{\mathrm{kg \cdot K}} \cdot 288{,}15\,\mathrm{K}} \cdot \left[1 - 0{,}55 \cdot \frac{0{,}01704\,\mathrm{bar}}{0{,}98\,\mathrm{bar}} \cdot 0{,}378\right] = 1{,}18032 \frac{\mathrm{kg}}{\mathrm{m}^3} .$$

Der Massenstrom im Verdichtereintritt errechnet sich zu

$$\dot{m}_1 = \rho_1 \cdot \dot{V}_1 = 1{,}18032 \frac{\mathrm{kg}}{\mathrm{m}^3} \cdot 60000 \frac{\mathrm{m}^3}{\mathrm{h}} \cdot \frac{1}{3600} \frac{\mathrm{h}}{\mathrm{s}} = 19{,}672 \frac{\mathrm{kg}}{\mathrm{s}} .$$

Die Wasserbeladung der eintretenden feuchten Luft liefert (21.16) mit

$$X_1 = \frac{R_L}{R_W} \cdot \frac{\varphi_1 \cdot p_{S1}}{p_1 - \varphi_1 \cdot p_{S1}} = 0{,}622 \cdot \frac{0{,}55 \cdot 0{,}01704\ \mathrm{bar}}{(0{,}98 - 0{,}55 \cdot 0{,}01704)\mathrm{bar}} = 0{,}00601 \frac{\mathrm{kg\ Wasser}}{\mathrm{kg\,Luft}} .$$

Der Massenstrom der trockenen Luft ergibt sich aus der Massenstrombilanz

$$\dot{m}_1 = \dot{m}_{L1} + \dot{m}_{W1} = \dot{m}_{L1} \cdot (1 + X_1)$$

zu

$$\dot{m}_{L1} = \frac{\dot{m}_1}{1 + X_1} = \frac{19{,}672\,\mathrm{kg/s}}{1{,}00601} = 19{,}554 \frac{\mathrm{kg}}{\mathrm{s}} .$$

a) Während der isentropen Verdichtung steigt die Temperatur nach (14.8) auf (Zustand 2)

$$T_2 = T_1 \cdot \left(\frac{p_2}{p_1}\right)^{\frac{\kappa-1}{\kappa}} = 288{,}15\,\mathrm{K} \cdot \left(\frac{3{,}7}{0{,}98}\right)^{\frac{1{,}4-1}{1{,}4}} = 421{,}17\,\mathrm{K} = 148{,}02\,°\mathrm{C} .$$

Zur Temperatur $\vartheta_2 = 148{,}02\,°\mathrm{C}$ gehört nach Tabelle B3, Anhang B, der Sättigungsdruck $p_{S2} = 4{,}520\ \mathrm{bar}$. Weil die Wasserbeladung im Kompressor konstant bleibt, folgt mit $X_2 = X_1$ und (21.17) die relative Feuchte der Luft am Verdichteraustritt

$$\varphi_2 = \frac{X_2}{R_L / R_W + X_2} \cdot \frac{p_2}{p_{S2}} = \frac{0{,}00601}{0{,}622 + 0{,}00601} \cdot \frac{3{,}7\,\mathrm{bar}}{4{,}520\,\mathrm{bar}} = 0{,}00783 = 0{,}783\,\% .$$

b) Die Verdichterleistung ist nach (17.32) mit $q_{12} = 0$ bei Vernachlässigung der kinetischen und potentiellen Energien

$$P_{12} = \dot{m}_1 \cdot (h_2 - h_1) = \dot{H}_2 - \dot{H}_1 = \dot{m}_{L1} \cdot \left[\frac{\dot{H}_2}{\dot{m}_{L1}} - \frac{\dot{H}_2}{\dot{m}_{L1}} \right] = \dot{m}_{L1} \left[(h_{1+X})_2 - (h_{1+X})_1 \right].$$

Die den Verdichter durchströmende Luft bleibt ungesättigt. Die Enthalpien sind somit nach (21.30) zu berechnen. Mit Beachtung, daß $X_2 = X_1$, und

$$(h_{1+X})_1 = (c_{pL} + X_1 \cdot c_{pW}) \cdot \vartheta_1 + X_1 \cdot \Delta h_{D\,tr}$$

$$= (1{,}0046 + 0{,}00601 \cdot 1{,}863) \frac{kJ}{kg\,°C} \cdot 15°C + 0{,}00601 \cdot 2501 \frac{kJ}{kg} = 15{,}199 \frac{kJ}{kg},$$

$$(h_{1+X})_2 = (c_{pL} + X_2 \cdot c_{pW}) \cdot \vartheta_2 + X_2 \cdot \Delta h_{D\,tr}$$

$$= (1{,}0046 + 0{,}00601 \cdot 1{,}863) \frac{kJ}{kg\,°C} \cdot 148{,}02°C + 0{,}00601 \cdot 2501 \frac{kJ}{kg} = 165{,}389 \frac{kJ}{kg}$$

ist, folgt

$$P_{12} = \dot{m}_{L1} \cdot \left((h_{1+X})_2 - (h_{1+X})_1 \right) = 19{,}554 \frac{kg}{s} \cdot (165{,}389 - 15{,}199)\,kJ/kg = 2936{,}82 \frac{kJ}{s} = 2936{,}82\ kW.$$

c) Im Kühler fällt Wasser aus. Somit ist die maximale Wasserbeladung, die Sättigungswasserbeladung X_S erreicht. Überschüssiger Wasserdampf kondensiert. Die Luft verläßt den Kühler im Sättigungszustand mit der relativen Feuchte $\varphi = 1$ (Zustand 3) und dem Gesamtdruck $p_3 = p_2$. Die Sättigungswasserbeladung ist mit $p_{S3}(25°C) = 0{,}03166$ bar nach (21.18)

$$X_{S3} = \frac{m_{WS3}}{m_{L1}} = \frac{R_L}{R_W} \cdot \frac{p_{S3}}{p_3 - p_{S3}} = 0{,}622 \cdot \frac{0{,}03166\,bar}{(3{,}7 - 0{,}03166)\,bar} = 0{,}00537 \frac{kg\,Wasser}{kg\,Luft}.$$

Der ausgeschiedene Flüssigwasserstrom errechnet sich über $\dot{m}_{Wf} = \dot{m}_{W1} - \dot{m}_{Wg}$ mit

$\dot{m}_{W1} = X_1 \cdot \dot{m}_{L1}$, $\dot{m}_{Wg} = \dot{m}_{WS3} = X_{S3} \cdot \dot{m}_{L1}$ zu

$$\dot{m}_{Wf} = (X_1 - X_{S3}) \cdot \dot{m}_{L1} = (0{,}00601 - 0{,}00537) \cdot 19{,}554 \frac{kg}{s} = 0{,}0125 \frac{kg}{s}.$$

21.3.5 Entropie der feuchten Luft

Die Entropie S der feuchten Luft ist die Summe der Entropien $S_L = m_L \cdot s_L$ der trockenen Luft, der Entropie $S_W = m_W \cdot s_W$ des Wassers und der Mischungsentropie ΔS_M

$$S = S_L + S_W + \Delta S_M = m_L \cdot s_L + m_W \cdot s_W + \Delta S_M. \qquad (21.35)$$

Bezogen auf die Masse der trockenen Luft erhält man die spezifische Entropie der feuchten Luft

$$s_{1+X} = s_L + X \cdot s_W + \Delta s_{M\,1+X}. \qquad (21.36)$$

Die spezifischen Entropien der trockenen Luft und des flüssigen Wassers werden wie vorhin die der Enthalpien am Tripelpunkt des Wassers bei $T_{tr} = 273{,}16$ K und $p_{tr} = 0{,}006117$ bar gleich null gesetzt. Ebenso werden die spezifischen Wärmekapazitäten der trockenen Luft und des Wasserdampfes in dem hier interessierenden Temperaturintervall als konstant mit

$c_{pL} = 1{,}0046\,\text{kJ/(kg}\cdot\text{K)}$ und $c_{pW} = 1{,}863\,\text{kJ/(kg}\cdot\text{K)}$ angenommen.

Für die spezifische Entropie der *trockenen Luft* erhält man mit diesen Festlegungen nach (16.33)

$$s_L = c_{pL} \cdot \ln\frac{T}{T_{tr}} - R_L \cdot \ln\frac{p}{p_{tr}}. \tag{21.37}$$

Basis zur Berechnung der spezifischen Entropie des *Wasserdampfes* ist gleichfalls (16.33). Bedingt durch die Wahl des Entropienullpunktes muß diese Gleichung um die Verdampfungsentropie $\Delta s_V(T_{tr}) = \Delta h_V(T_{tr})/T_{tr}$ bei der Tripelpunkttemperatur erweitert werden. Damit gilt für den Wasserdampf

$$s_{W\,g} = c_{pW} \cdot \ln\frac{T}{T_{tr}} - R_W \cdot \ln\frac{p}{p_{tr}} + \frac{\Delta h_V(T_{tr})}{T_{tr}}. \tag{21.38}$$

Die spezifische Entropie des *flüssigen Wassers* liefert (16.23) mit

$$s_{W\,f} = c_W \cdot \ln\frac{T}{T_{tr}}. \tag{21.39}$$

Bei der Berechnung der Entropie des Wassereises ist die Erstarrungsentropie $\Delta s_E(T_{tr}) = \Delta h_E(T_{tr})/T_{tr}$ bei der Tripelpunkttemperatur durch Ergänzung in (16.23) zu berücksichtigen. Man erhält

$$s_{W\,e} = c_E \cdot \ln\frac{T}{T_{tr}} - \frac{\Delta h_E(T_{tr})}{T_{tr}}. \tag{21.40}$$

Bei der Mischung von trockener Luft und Wasserdampf expandieren beide Komponenten vom Anfangsdruck p auf ihre Partialdrücke p_L und p_W mit der Folge einer Entropiezunahme um die sog. Mischungsentropie ΔS_M. Zur Berechnung der Mischungsentropie wird (21.5) herangezogen:

$$\Delta S_M = -m_L \cdot R_L \cdot \ln r_L - m_W \cdot R_W \cdot \ln r_W \tag{21.41}$$

Nach Bezug auf die Masse m_L der trockenen Luft erhält man die spezifische Mischungsentropie

$$\Delta s_{M\,1+X} = -R_L \cdot \ln r_L - X \cdot R_W \cdot \ln r_W. \tag{21.42}$$

Die Raumanteile r_L und r_W sind nach (7.30) mit den Stoffmengenanteilen n_L und n_W über $r_L = n_L/n$ und $r_W = n_W/n$, $n = n_L + n_W$ verknüpft. Mit diesen Beziehungen und $n_L = m_L/M_L = m_L \cdot R_L/R_m$ sowie $n_W = m_W/M_W = m_W \cdot R_W/R_m$ gelingt es, die Wasserbeladung X in (21.42) einzuführen:

$$r_L = \frac{n_L}{n_L + n_W} = \frac{m_L \cdot R_L/R_m}{m_L \cdot R_L/R_m + m_W \cdot R_W/R_m} = \frac{1}{1 + X \cdot R_W/R_L} = \frac{R_L/R_W}{R_L/R_W + X}$$

$$r_\mathrm{W} = \frac{n_\mathrm{W}}{n_\mathrm{L} + n_\mathrm{W}} = \frac{m_\mathrm{W} \cdot R_\mathrm{W} / R_\mathrm{m}}{m_\mathrm{L} \cdot R_\mathrm{L} / R_\mathrm{m} + m_\mathrm{W} \cdot R_\mathrm{W} / R_\mathrm{m}} = \frac{X \cdot R_\mathrm{W} / R_\mathrm{L}}{1 + X \cdot R_\mathrm{W} / R_\mathrm{L}} = \frac{X}{R_\mathrm{L} / R_\mathrm{W} + X}$$

Nach Einsetzen dieser Beziehungen in (21.42) erhält man

$$\Delta s_{\mathrm{M}\,1+\mathrm{X}} = -R_\mathrm{W} \cdot \left(\frac{R_\mathrm{L}}{R_\mathrm{W}} \cdot \ln \frac{R_\mathrm{L} / R_\mathrm{W}}{R_\mathrm{L} / R_\mathrm{W} + X} + X \cdot \ln \frac{X}{R_\mathrm{L} / R_\mathrm{W} + X} \right)$$

$$= R_\mathrm{W} \cdot \left(\frac{R_\mathrm{L}}{R_\mathrm{W}} \cdot \ln \frac{R_\mathrm{L} / R_\mathrm{W} + X}{R_\mathrm{L} / R_\mathrm{W}} + X \cdot \ln \frac{R_\mathrm{L} / R_\mathrm{W} + X}{X} \right)$$

$$= R_\mathrm{W} \cdot \left[\left(\frac{R_\mathrm{L}}{R_\mathrm{W}} + X \right) \cdot \ln \left(\frac{R_\mathrm{L}}{R_\mathrm{W}} + X \right) - \frac{R_\mathrm{L}}{R_\mathrm{W}} \cdot \ln \frac{R_\mathrm{L}}{R_\mathrm{W}} - X \cdot \ln X \right]. \quad (21.43)$$

In Abhängigkeit vom Sättigungszustand der feuchten Luft ergeben sich mit den oben abgeleiteten Gleichungen die Beziehungen für die Entropie feuchter Luft.

Ungesättigte feuchte Luft: $X < X_\mathrm{S}$
Mit (21.37), (21.38) und (21.43) erhält man

$$s_{1+\mathrm{X}} = \left(c_\mathrm{pL} + X \cdot c_\mathrm{pW}\right) \cdot \ln \frac{T}{T_\mathrm{tr}} - \left(R_\mathrm{L} + X \cdot R_\mathrm{W}\right) \cdot \ln \frac{p}{p_\mathrm{tr}} + X \cdot \frac{\Delta h_\mathrm{V}}{T_\mathrm{tr}} + \Delta s_{\mathrm{M}\,1+X}. \quad (21.44)$$

Gesättigte feuchte Luft: $X = X_\mathrm{S}$
Die Entropie der gerade gesättigten Luft ergibt sich aus (21.43), indem man darin $X = X_\mathrm{S}$ setzt:

$$s_{\mathrm{S}\,1+\mathrm{X}} = \left(c_\mathrm{pL} + X_\mathrm{S} \cdot c_\mathrm{pW}\right) \cdot \ln \frac{T}{T_\mathrm{tr}} - \left(R_\mathrm{L} + X_\mathrm{S} \cdot R_\mathrm{W}\right) \cdot \ln \frac{p}{p_\mathrm{tr}} + X_\mathrm{S} \cdot \frac{\Delta h_\mathrm{V}}{T_\mathrm{tr}} + \Delta s_{\mathrm{M}1+X}$$

$$(21.45)$$

Übersättigte feuchte Luft: $X > X_\mathrm{S}$
Man hat hier wieder zu unterscheiden, ob das Kondensat flüssig oder als Eis ausfällt:

Flüssigwasser als Kondensat: $X > X_\mathrm{S}$, $T > T_{tr}$
Mit (21.45) und (21.39) bekommt man für die Entropie der übersättigten feuchten Luft

$$s_{1+\mathrm{X}} = \left(c_\mathrm{pL} + X_\mathrm{S} \cdot c_\mathrm{pW}\right) \cdot \ln \frac{T}{T_\mathrm{tr}} - \left(R_\mathrm{L} + X_\mathrm{S} \cdot R_\mathrm{W}\right) \cdot \ln \frac{p}{p_\mathrm{tr}} + X_\mathrm{S} \cdot \frac{\Delta h_\mathrm{V}}{T_\mathrm{tr}} + \Delta s_{\mathrm{M}\,1+X} +$$

$$+ \left(X - X_\mathrm{S}\right) \cdot c_\mathrm{W} \cdot \ln \frac{T}{T_\mathrm{tr}}. \quad (21.46)$$

Wassereis als Kondensat: $X > X_S$, $T < T_{tr}$
Kombination von (21.45) mit (21.40) liefert

$$s_{1+X} = \left(c_{pL} + X_S \cdot c_{pW}\right) \cdot \ln\frac{T}{T_{tr}} - \left(R_L + X_S \cdot R_W\right) \cdot \ln\frac{p}{p_{tr}} + X_S \cdot \frac{\Delta h_V}{T_{tr}} + \Delta s_{M\,1+X} +$$

$$+ \left(X - X_S\right) \cdot \left(c_E \cdot \ln\frac{T}{T_{tr}} - \frac{\Delta h_E\left(T_{tr}\right)}{T_{tr}}\right). \qquad (21.47)$$

21.3.6 Mollier-Diagramm der feuchten Luft

Zur Veranschaulichung der Zustandsänderungen feuchter Luft hat sich ein von R. Mollier angegebenes Diagramm bewährt. Grundlage ist ein Koordinatensystem mit der spezifischen Enthalpie h als Ordinate und der Wasserbeladung X als Abszisse. Es enthält Kurven *gleicher relativer Feuchte* $\varphi = \text{const}$ sowie *Isothermen* $\vartheta = \text{const}$. In Bild 21.2 ist ein solches h,X-Diagramm dargestellt.

Kurven $\varphi = \text{const}$
Man erhält eine Verteilung der Kurvenpunkte, indem man in (21.16) für eine Reihe zweckmäßig ausgewählter Werte $p_S(\vartheta)$ einen festen Wert für φ einsetzt und zugleich einen Wert für den Gesamtdruck p der feuchten Luft, etwa den physikalischen Normdruck $p = 1{,}01325$ bar festlegt. Die so berechneten X-Werte werden in die Gleichung (21.30) für die ungesättigte feuchte Luft eingesetzt und liefern die Koordinaten h und X der *Kurven gleicher relativer Feuchte.* Unter diesen Kurven nimmt die für $\varphi = 1$ insofern eine Sonderstellung ein, als sie das h,X – Diagramm in zwei Bereiche aufteilt: Oberhalb befindet sich das Gebiet der ungesättigten feuchten Luft. Nach unten schließt sich der auch *Nebelgebiet* genannte Bereich der übersättigten feuchten Luft an. Der Gang der Rechnung bei der Auswertung der mit den Zahlenwerten für c_{pL}, $\Delta h_{D\,tr}$ und c_{pW} ausgestatteten

Tabelle 21.1. Berechnung der Kurven gleicher relativer Feuchte für einen Gesamtdruck der Mischung von $p = 1{,}01325$ bar

		$\varphi = 0{,}2$		$\varphi = 0{,}6$		$\varphi = 1{,}0$	
ϑ [°C]	p_S [bar]	X $\left[\frac{\text{kg W}}{\text{kg L}}\right]$	h $\left[\frac{\text{kJ}}{\text{kg}}\right]$	X $\left[\frac{\text{kg W}}{\text{kg L}}\right]$	h $\left[\frac{\text{kJ}}{\text{kg}}\right]$	X $\left[\frac{\text{kg W}}{\text{kg L}}\right]$	h $\left[\frac{\text{kJ}}{\text{kg}}\right]$
0	0,00611	0,00075	1,878	0,00226	5,647	0,00377	9,434
10	0,01227	0,00151	13,851	0,00455	21,516	0,00762	29,257
20	0,02337	0,00288	27,409	0,00873	42,247	0,01468	57,366
30	0,04241	0,00525	43,564	0,01602	71,107	0,02717	99,612
40	0,07375	0,00919	63,849	0,02840	113,339	0,04883	165,938
50	0,12340	0,01553	90,513	0,04903	177,431	0,08626	273,991

Gleichung (21.30)

$$h_{1+X} = 1{,}0046\,\text{kJ/(kgK)} \cdot \vartheta \;+\; X \cdot \left(2501\,\text{kJ/kg} + 1{,}863\,\text{kJ/(kgK)} \cdot \vartheta\right)$$

läßt sich anhand der Tabelle 21.1 leicht nachvollziehen. Die Zahlen in den beiden ersten Spalten sind der Tabelle B3, der Sättigungsdampftafel für Wasser (Temperaturtafel) entnommen.

Beispiel 21.3

Wieviel g Wasser kann ein Kubikmeter trockene Luft von 30°C bei einem Druck von 1,01325 bar maximal aufnehmen?

Lösung

Die maximale Wasserbeladung ergibt sich für 30°C und 1,01325 bar aus der vorletzten Spalte der Tabelle 21.1 zu $X_S = 0{,}02717$ kg Wasser/kg Luft. Die Masse von 1 m^3 Luft ist nach (7.7)

$$m_L = \frac{p \cdot V}{R_L \cdot T} = \frac{1{,}01325 \cdot 10^5\,\text{bar} \cdot 1\,\text{m}^3}{287{,}1\,\text{J/(kg} \cdot \text{K)} \cdot 303{,}15\,\text{K}} = 1{,}16420\,\frac{\text{kg Luft}}{\text{m}^3}\,.$$

Damit wird die maximal aufnehmbare Wassermasse gleich $m_{WS} = X_S \cdot m_L$:

$$m_{WS} = 0{,}02717\,\frac{\text{kg Wasser}}{\text{kg Luft}} \cdot 1{,}16420\,\frac{\text{kg Luft}}{\text{m}^3} = 0{,}03163\,\frac{\text{kg Wasser}}{\text{m}^3} \cdot 1000\,\frac{\text{g}}{\text{kg}} = 31{,}63\,\frac{\text{g Wasser}}{\text{m}^3}$$

Isothermen ϑ = const

Die Enthalpiefunktion (21.30) hängt im Gebiet der ungesättigten bzw. gerade gesättigten feuchten Luft $X \le X_S$ für konstante Temperaturen linear von X ab. Die Isothermen bilden hier eine Schar von Geraden, deren Steigungen

$$\frac{\partial h_{1+X}}{\partial X} = \Delta h_{D\,tr} + c_{pW} \cdot \vartheta \tag{21.48}$$

mit zunehmenden Werten von ϑ wachsen. Da der Anteil der Verdampfungsenthalpie in (21.48) zahlenmäßig den Temperatureinfluß weit übersteigt, sind die Isothermen fast parallel. An der Sättigungslinie $\varphi = 1$, dem Übergang vom Bereich der gesättigten Luft zum Nebelgebiet, gehen sie mit einem Knick in den Bereich der übersättigten Luft, in das sog. *Nebelgebiet* über. Die Isothermen, hier auch *Nebelisothermen* genannt, bilden ebenfalls Geradenscharen, deren Steigungen sich abhängig vom Aggregatzustand des Kondensats voneinander und von denen im Gebiet oberhalb der Sättigungslinie unterscheiden. Die Steigung der Nebelisothermen für Temperaturen $\vartheta > \vartheta_{tr} \approx 0°\text{C}$ ergibt sich gemäß (21.33) zu

$$\frac{\partial h_{1+X}}{\partial X} = c_W \cdot \vartheta\,. \tag{21.49}$$

Für $\vartheta < \vartheta_{tr} \approx 0°\text{C}$ liefert die partielle Differentiation von (21.34) nach X

$$\frac{\partial h_{1+X}}{\partial X} = c_E \cdot \vartheta - \Delta h_{E\,tr}\,. \tag{21.50}$$

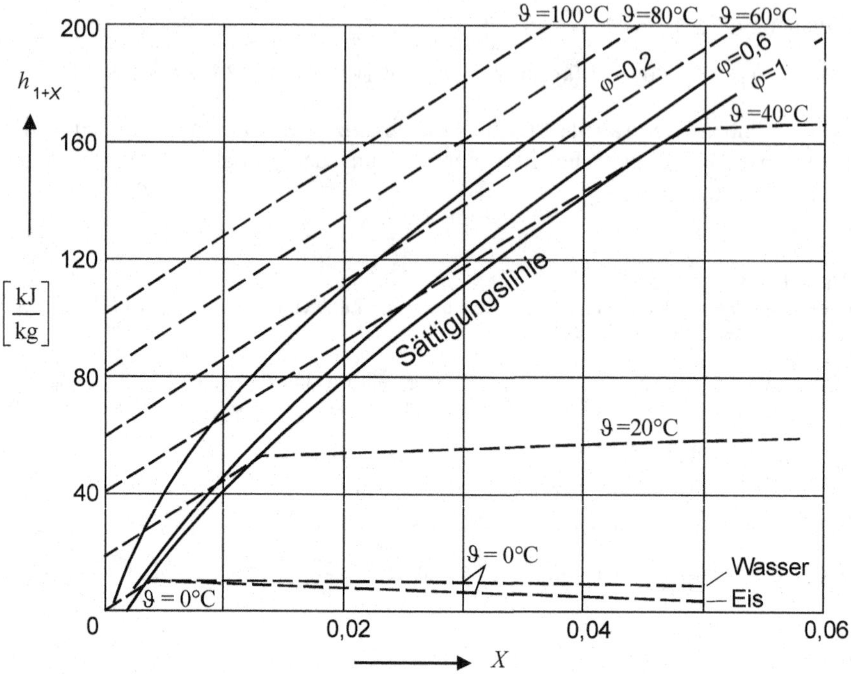

Bild 21.2. Rechtwinkliges h,X-Diagramm der feuchten Luft mit Isothermen und Isobaren

Für $\vartheta = \vartheta_{tr} \approx 0°C$ erhält man zwei Isothermen, eine für flüssiges Wasser und eine zweite für Wassereis als Kondensat. Die Nebelisotherme für flüssiges Wasser hat nach (21.49) die Steigung null, verläuft also parallel zur X-Achse. Die für Wassereis hat nach (21.50) eine negative Steigung und verläuft demnach nach unten. Das von beiden Nebelisothermen bei 0°C eingeschlossene Gebiet enthält Mischungen von Eis und Wasser.

Im rechtwinkligen h,X-System von Bild 21.2 liegen die in praxi meist interessierenden Zustandswerte der feuchten Luft in einem sehr schmalen Band zusammengedrängt, wodurch eine ausreichend genaue grafische Auswertung der Zustandsfunktionen sehr erschwert ist. R. Mollier entwickelte deshalb 1923 ein Diagramm, in dem durch Wahl schiefwinkliger Koordinaten dieser Bereich gespreizt und damit die Lesbarkeit entscheidend verbessert wird.

Die X-Achse des nach ihm benannten *Mollier-Diagramms* der feuchten Luft ist um den Koordinatenursprung soweit nach unten gedreht, daß die Isotherme $\vartheta = 0°C$ der *ungesättigten feuchten Luft* horizontal verläuft, also senkrecht auf der h-Achse steht.

Das Koordinatensystem des Mollier-Diagramms von Bild 21.3 besteht aus zwei Scharen schiefwinklig sich schneidender Geraden, einer Schar von links oben nach rechts unten verlaufender Geraden h = const, den Isenthalpen, sowie den zur

h-Achse parallelen Geraden, den Geraden konstanter Wasserbeladung X = const. Überdeckt wird das Diagramm von den Kurven konstanter Feuchte φ = const und den Isothermen ϑ = const .

Während die Isenthalpen reine Temperaturfunktionen, also unabhängig vom Gesamtdruck p der feuchten Luft nur von der Wasserbeladung X abhängen, sind die Kurven gleicher Feuchte φ = const nach (21.17) auch vom Druck p abhängig.

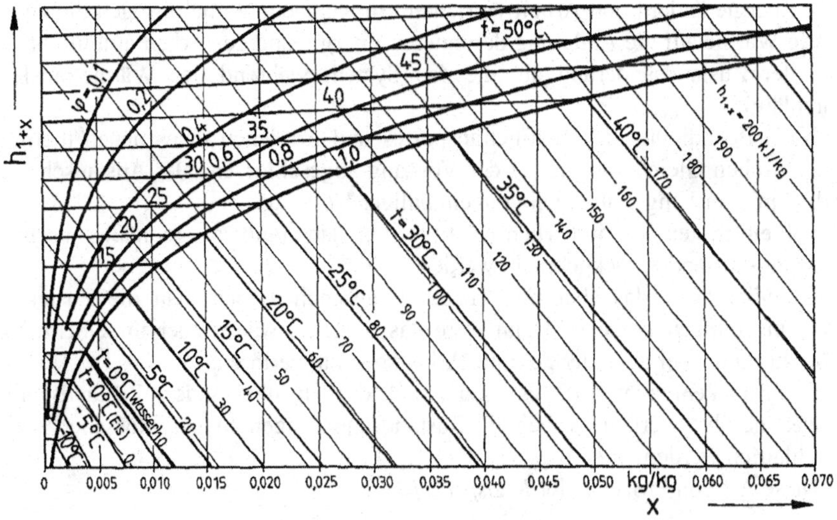

Bild 21.3 Schiefwinkliges Mollier-Diagramm der feuchten Luft für p = 1 bar. Nach [10]

Das in Bild 21.3 wiedergegebene Mollier-Diagramm gilt demnach nur für den angegebenen Druck von p = 1 bar.

22 Reversible Kreisprozesse

Führt man einem thermodynamischem System Wärme zu, dann kann es seine innere Energie ändern und Arbeit verrichten. In welchem Verhältnis sich die zugeführte Wärme auf die Änderung der inneren Energie und der Arbeit aufteilt, hängt von der Zustandsänderung ab, die das System während des Wärmetransfers durchläuft.

Nach Beendigung des Wärmetransportes und Erreichen eines neuen thermodynamischen Gleichgewichts ist der Vorgang abgeschlossen. Der Austausch von Arbeit mit der Umgebung bleibt ein einmaliger Vorgang.

Soll ein System kontinuierlich Arbeit leisten, dann muß es regelmäßig in seinen Ausgangszustand zurückgebracht werden.

Offenbar kann das aber nicht dadurch geschehen, daß man die Zustandsänderung einfach umkehrt. Dann wäre das System zwar wieder in seinem Anfangszustand, aber auch der gesamte Arbeitsgewinn verloren.

Die Rückkehr zum Anfangszustand muß deshalb über andere Zustandsänderungen geführt werden, wobei die Zustandsänderungen in geschlossener Form durchlaufen werden.

Diese Art von Prozeß heißt *Kreisprozeß*.

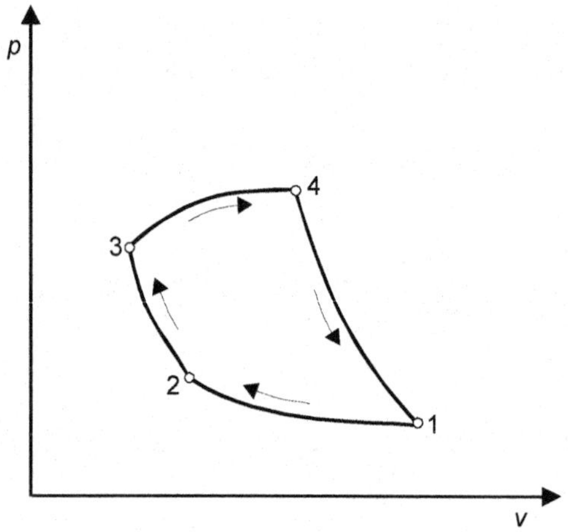

Bild 22.1. Kreisprozeß eines geschlossenen Systems im p, υ -Diagramm. Der Kreisprozeß besteht aus 4 Zustandsänderungen.

22.1 Kreisprozesse geschlossener Systeme

Wir betrachten ein geschlossenes System, das einen Kreisprozeß mit N Zustandsänderungen durchläuft. Der Prozeß wird als reversibel angenommen.

Wir stellen die Energiebilanz des Prozesses auf, indem wir für jede seiner Zustandsänderungen den 1. Hauptsatz (12.7) für spezifische Größen anschreiben:

$$u_2 - u_1 = q_{12} + w_{v12}$$
$$u_3 - u_2 = q_{23} + w_{v23}$$
$$\cdots\cdots\cdots\cdots$$
$$u_N - u_{N-1} = q_{N-1,N} + w_{v\,N-1,N}$$
$$u_1 - u_N = q_{N,1} + w_{v\,N,1}$$

Addition der N Gleichungen bringt

$$0 = \sum_{i=1}^{N} q_{ij} + \sum_{i=1}^{N} w_{vij} \,.$$

Darin kennzeichnen die Indizes i und j = i + 1 Anfangs- und Endpunkt der Zustandsänderung, die während eines Teilprozesses durchlaufen wird. Für j = N + 1 ist j = 1 zu setzen. q_{ij} bedeutet die während des Teilprozesses umgesetzte Wärme, $w_{v\,ij}$ die Volumenänderungsarbeit. Die Summe aller Volumenänderungsarbeiten bezeichnet man als Arbeit des Kreisprozesses

$$w_k = \sum_{i=1}^{N} w_{vij} \,. \tag{22.1}$$

Damit gilt

$$w_k = -\sum_{i=1}^{N} q_{ij} \tag{22.2}$$

mit der Aussage, daß die Arbeit des Kreisprozesses gleich der negativen Summe der über die Systemgrenze transferierten Wärmemengen ist.

Die Summe der Wärmemengen ist gleich dem Überschuß der dem System insgesamt zugeführten Wärmemenge q_{zu} über die insgesamt abgeführte Wärmemenge q_{ab}, weshalb man statt (22.2) auch schreiben kann

$$w_k = -(q_{zu} + q_{ab}) = -(q_{zu} - |q_{ab}|) \,.$$

Die Vorzeichenregel legt fest, daß die einem System zugeführte Arbeit positiv, abgegebene Arbeit hingegen negativ zählt. Danach gibt ein System dann Arbeit ab, wenn die zugeführte Wärmemenge größer ist als die Wärmemenge, die ihm während des Kreisprozesses entzogen wird. Mit $q_{zu} > |q_{ab}|$ ist

$$-w_k = q_{zu} + q_{ab} = q_{zu} - |q_{ab}| \,. \tag{22.3}$$

Wird umgekehrt einem System Arbeit zugeführt, dann muß die zugeführte Wärmemenge kleiner sein als die abgeführte, also $q_{zu} < |q_{ab}|$ gelten.

Wir veranschaulichen beide Fälle im p, υ - Diagramm für einen Kreisprozeß, der als einfachstmögliche Ausführung aus zwei Zustandsänderungen besteht.

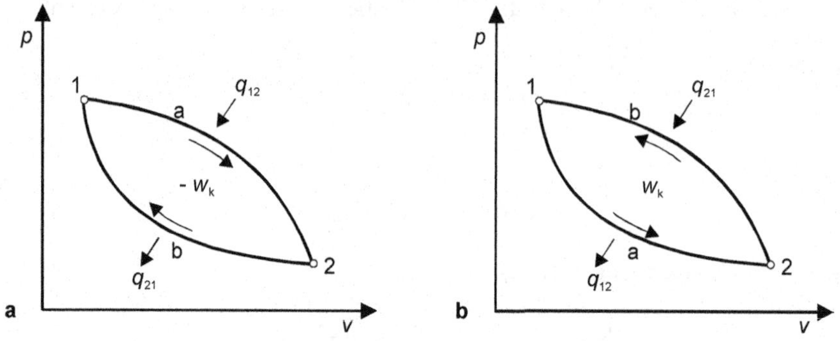

Bild 22.2. Kreisprozeß im p, υ -Diagramm. **a** Rechtslaufender Kreisprozeß (Wärmekraftmaschine), **b** linkslaufender Kreisprozeß (Wärmepumpe, Kältemaschine). w_k Arbeit des Kreisprozesses

In Bild 22.2a expandiert das System längs der mit a bezeichneten Zustandskurve von 1 nach 2 unter Abgabe der Volumenänderungsarbeit

$$w_{v12} = -\int_1^2 p \cdot d\upsilon < 0 .$$

Bei der Verdichtung von 2 nach 1 entlang des Weges b wird ihm die Arbeit zugeführt

$$w_{v21} = -\int_2^1 p \cdot d\upsilon > 0 .$$

Die Fläche unter der Expansionslinie a ist größer als die unter der Kompressionskurve b. Dem System wird also mehr Arbeit entzogen als zugeführt. Es ist $w_k = w_{v12} + w_{v21} < 0$ .Im p, υ - Diagramm wird die (negative) Arbeit des Kreisprozesses durch die von den Kurven a und b eingeschlossene Fläche dargestellt. Der Kreisprozeß wird *rechtslaufender Kreisprozeß* genannt, weil die Fläche im Uhrzeigersinn umfahren wird. Die Arbeit eines rechtslaufenden Kreisprozesses ist als eine vom System an die Umgebung abgegebene Arbeit stets negativ. Sie wird auch Nutzarbeit des Kreisprozesses genannt. Die Wärmemengenbilanz ist in diesem Falle wegen $q_{zu} + q_{ab} > 0$ positiv. Maschinen oder Anlagen, die Wärme in Arbeit umwandeln, heißen *Wärmekraftmaschinen* oder *Wärmekraftanlagen*.

Der in Bild 22.2 b dargestellte Kreisprozeß ist ein *linkslaufender Prozeß*. Die Fläche wird im Gegenuhrzeigersinn umfahren. Die von 1 nach 2 über den Weg a bei der Expansion abgegebene Arbeit

$$w_{v12} = -\int_1^2 p \cdot d\upsilon < 0$$

ist dem Betrage nach kleiner als die bei der Kompression von 2 nach 1 über die Linie b zugeführte Arbeit

$$w_{v21} = -\int_2^1 p \cdot d\upsilon > 0 .$$

In diesem Falle wird dem System insgesamt mehr Arbeit zugeführt als entnommen. Die Wärmebilanz ist nun negativ, das System gibt Wärme ab. Maschinen, die in einem linkslaufenden Kreisprozeß einem Fluid Wärme entziehen, sind *Wärmepumpen* oder *Kältemaschinen.*

22.2 Kreisprozesse in offenen Systemen

Durchströmt ein Fluid hintereinandergeschaltete offene Systeme in einem geschlossenen Kreislauf, so durchläuft es im periodischen Wechsel seiner Zustandsänderungen einen Kreisprozeß. Von der als Beispiel in Bild 22.3 skizzierten geschlossenen einfachen Gasturbinenanlage sind der Verdichter, die mit ihm über eine Welle gekoppelte Turbine und die beiden Wärmetauscher für sich betrachtet offene Systeme. In ihrer Gesamtheit bilden sie ein geschlossenes System, das durch die alle Teilsysteme umfassende äußere Grenze definiert wird.

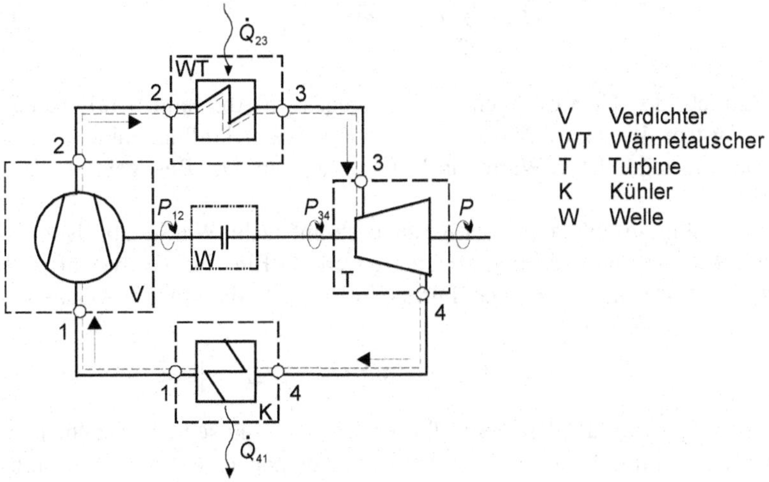

Bild 22.3. Schaltbild einer geschlossenen Gasturbinenanlage mit Teilsystemen

Da kein Stoffstrom die Grenzen des geschlossenen Systems überquert, lautet die Leistungsbilanz (17.29) des Kreisprozes

$$\dot{Q} + P = 0\,. \tag{22.4}$$

Darin ist

$$\dot{Q} = \sum_{N_Q} \dot{Q}_{ij} \tag{17.25}$$

die Summe aller N_Q Wärmeströme und P die Nutzleistung des Kreisprozesses genannte Summe aller N_P Leistungen

$$P = \sum_{N_P} P_{ij}\,. \tag{17.26}$$

Damit ergibt sich für die Nutzleistung aus (22.4)

$$P = \sum_{N_P} P_{ij} = -\sum_{N_Q} \dot{Q}_{ij}\,. \tag{22.5}$$

Gleichung (22.5) gilt nicht nur für die in Bild 22.3 skizzierte Gasturbinenanlage, sondern allgemein für alle Kreisprozesse stationär durchströmter hintereinander geschalteter offener Systeme.

Soll das System Nutzleistung $-P$ abgeben, dann muß die Wärmestrombilanz positiv, die Summe der insgesamt zugeführten Wärmeströme also größer sein als die der abgeführten:

$$-P = \sum_{N_Q} \dot{Q}_{ij} = \dot{Q}_{zu} - \left|\dot{Q}_{ab}\right| \tag{22.6}$$

Das entspricht den Überlegungen im vorangegangen Abschnitt. Dort wurde ein solches System *Wärmekraftmaschine* genannt. Wärmekraftmaschinen wandeln einen Teil der zugeführten Wärme in Nutzleistung um. Der Rest geht als Abwärme verloren.

Ist die Wärmestrombilanz negativ, dann strömt mehr Wärme ab als zufließt. Dem System muß nun Leistung zugeführt werden. Ein solches System ist eine *Wärmepumpe* oder *Kältemaschine*. Für die in Bild 22.3 dargestellte Anlage ist die abgegebene Nutzleistung

$$-P = \dot{Q}_{23} + \dot{Q}_{41} = \dot{Q}_{zu} - \left|\dot{Q}_{ab}\right|\,.$$

Wir verfolgen nun den Kreisprozeß (vgl. Bild 22.3) in seinen Einzelheiten, indem wir die Leistungsbilanzen für die offenen Komponenten des Systems aufstellen. Verdichter und Turbine werden als adiabate Systeme angenommen, da die Zustandsänderung so schnell abläuft, daß Wärmeaustausch vernachlässigt werden kann.

Mit dem Gesamtenthalpiestrom $\dot{H}_g = \dot{m} \cdot \left(h + \overline{c}^2 / 2 + g \cdot z\right)$ nach (17.34) und den in Bild 22.3 verwendeten Zahlen als Indizes lauten die Leistungsbilanzgleichungen für

Verdichter	$P_{12} = \dot{H}_{g2} - \dot{H}_{g1}$,
Wärmetauscher	$\dot{Q}_{23} = \dot{H}_{g3} - \dot{H}_{g2}$,
Turbine	$P_{34} + P = \dot{H}_{g4} - \dot{H}_{g3}$,
Kühler	$\dot{Q}_{41} = \dot{H}_{g1} - \dot{H}_{g4}$,
Welle	$P_{12} + P_{34} = 0$.

Die Addition liefert wie oben

$$-P = \left(\dot{Q}_{23} + \dot{Q}_{41}\right).$$

Die abgegebene Nutzleistung des Kreisprozesses ist um die von der Turbine an den Verdichter abgegebene Leistung $P_V = P_{12} = -P_{34}$ kleiner als die gesamte an die Turbine abgegebene Leistung, die Turbinenrohleistung $-P_T = -P_{34} - P$.

Wir kehren nochmals zur Gleichung (22.5) zurück. Indem wir sie durch den Massenstrom $\dot{m}$ dividieren, erhalten wir die *technische Arbeit* des Kreisprozesses als Summe der technischen Arbeiten der Teilprozesse, verknüpft mit der Wärmebilanz des Gesamtsystems

$$-w_t = -\sum_{N_P} w_{t\,ij} = \sum_{N_Q} q_{ij} = q_{zu} - |q_{ab}|. \tag{22.7}$$

22.3 Bewertungskennzahlen für Kreisprozesse

Zur Bewertung der Güte der Energieumwandlung von Kreisprozessen werden Kennzahlen verwendet. Sie geben das Verhältnis von Nutzen zu Aufwand an. Nutzen und Aufwand definieren sich aus der dem Kreisprozeß zugedachten Aufgabe.

22.3.1 Thermischer Wirkungsgrad

Wärmekraftmaschine. Wärmekraftmaschinen wandeln in einem rechtslaufenden Kreisprozeß einen Teil der zugeführten Wärme in Arbeit um. Der Rest geht als Abwärme verloren. Nutzen ist die abgegebene Arbeit; der Aufwand besteht in der zugeführten Wärmemenge. Das Verhältnis von Nutzen zu Aufwand heißt thermischer Wirkungsgrad η_{th}.

Für Kreisprozesse geschlossener Systeme gilt mit $-w_k$ als abgegebener Arbeit

$$\eta_{th} = \frac{-w_k}{q_{zu}}. \qquad (22.8)$$

Mit Berücksichtigung von $-w_k = q_{zu} - |q_{ab}|$ nach (22.3) wird daraus

$$\eta_{th} = 1 - \frac{|q_{ab}|}{q_{zu}}. \qquad (22.9)$$

Für einen Kreisprozeß mit offenen Systemen definiert man mit der Nutzleistung $-P$ und dem Wärmestrom $\dot{Q}_{zu}$ oder der technischen Arbeit $-w_t$ mit (22.7):

$$\eta_{th} = \frac{-P}{\dot{Q}_{zu}} = 1 + \frac{\dot{Q}_{ab}}{\dot{Q}_{zu}} = \frac{-w_t}{q_{zu}} = 1 - \frac{|q_{ab}|}{q_{zu}} \qquad (22.10)$$

22.3.2 Leistungsziffer

Kehrt man die Durchlaufrichtung des Wärmekraftmaschinenprozesses um, dann ergibt sich der linksläufige Kreisprozeß der Wärmepumpe oder Kältemaschine. Die Aufgaben beider Maschinen sind unterschiedlich definiert.

Wärmepumpe. Die Wärmepumpe nimmt aus der Umgebung Wärme auf und liefert eine um den Betrag der zugeführten Arbeit größere Wärmemenge ab. Die Umgebungsenergie ist eine kostenlos verfügbare Energie. Durch Einsatz der Wärmepumpe lassen sich also Heizkosten einsparen. Der mit einer Wärmepumpe erzielte Nutzen ist die von ihr abgegebene Wärmemenge, der Aufwand die Arbeit des Kreisprozesses. Das Verhältnis von Nutzen und Aufwand heißt Leistungsziffer

$$\varepsilon = \frac{-q_{ab}}{w_k} \quad \text{bei geschlossenen Systemen,} \qquad (22.11)$$

oder

$$\varepsilon = \frac{-q_{ab}}{w_t} \quad \text{bei offenen Systemen,} \qquad (22.12)$$

bzw.

$$\varepsilon = \frac{q_{ab}}{q_{zu} - |q_{ab}|} \quad \text{in beiden Fällen.} \qquad (22.13)$$

Wenn die Leistungsziffer den Wert 1 überschreitet, dann ist die abgegebene Wärme größer als die aufgewendete Arbeit des Kreisprozesses. So bedeutet etwa ein Wert $\varepsilon = 2{,}5$, daß die Wärmepumpe für jedes kW Antriebsleistung 2,5 kW Heizleistung abgibt.

Kältemaschine. Die Kältemaschine kühlt einen Raum, indem sie ihm innere Energie entzieht. Die Kühlwirkung ist umso intensiver, je mehr Energie dem Raum oder den zu kühlenden Objekten entnommen und der Maschine als Wärme zugeführt wird.

Als Verhältnis von Nutzen zu Aufwand definiert man für die Kältemaschine als Quotient von zugeführter Wärme zur aufgewendeten Arbeit die nachfolgenden Leistungsziffern

$$\varepsilon_0 = \frac{q_{\mathrm{zu}}}{w_{\mathrm{k}}} \quad \text{bei geschlossenen Systemen,} \tag{22.14}$$

oder

$$\varepsilon_0 = \frac{q_{\mathrm{zu}}}{w_{\mathrm{t}}} \quad \text{bei offenen Systemen} \tag{22.15}$$

bzw.

$$\varepsilon_0 = \frac{q_{\mathrm{zu}}}{-\left(q_{\mathrm{zu}} - |q_{\mathrm{ab}}|\right)} \quad \text{in beiden Fällen.} \tag{22.16}$$

Für Wärmepumpen und Kältemaschinen werden meistens Dämpfe als Arbeitsstoffe verwendet.

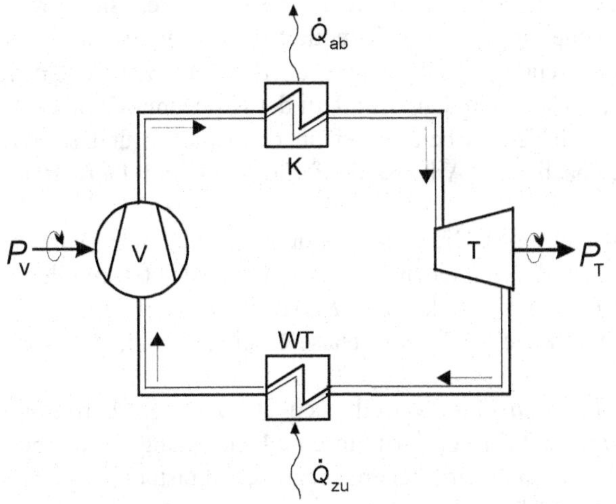

Bild 22.4. Schaltschema einer Kältemaschine. V Verdichter, K Kondensator (Verflüssiger), T Turbine, WT Wärmetauscher (Verdampfer).

23 Reversible Kreisprozesse thermischer Maschinen

Bei der Berechnung und Bewertung der Energiewandlungsprozesse thermischer Maschinen werden reversible Prozesse zugrundegelegt, deren Zustandsänderungen denen der tatsächlichen irreversiblen Prozesse möglichst gut angepaßt sind. Als Arbeitsfluid wird ideales Gas angenommen. Die Verbrennung wird durch eine Wärmezufuhr ersetzt.

23.1 Vergleichsprozesse für Kolbenkraftmaschinen

Als Antriebsmaschinen für Straßenfahrzeuge haben sich seit langem die Kolbenmotoren durchgesetzt, die mit innerer Verbrennung arbeiten. Als Brennstoffe werden Benzin, Dieselöl und neuerdings auch gelegentlich Erdgas verwendet. Der Brennstoff wird durch Vermischung mit Luft als Sauerstofflieferant zu einem zündfähigen Gemisch aufbereitet und in den Zylindern der Kolbenmaschinen verbrannt. Man unterteilt sie nach dem Arbeitsprozeß in *Ottomotoren* und *Dieselmotoren* und unterscheidet nach dem Arbeitsablauf *Zweitakt-* und *Viertaktmotoren.*

Der *Ottomotor* ist ein Benzinmotor. Die Gemischbildung erfolgt außerhalb des Brennraumes. Das Gemisch wird anschließend im Zylinder verdichtet und durch einen elektrisch erzeugten Funken gezündet. Der *Dieselmotor* saugt Luft an. In die durch die Verdichtung erhitzte Luft wird Dieselöl eingespritzt, das ohne Fremdzündung verbrennt.

Das Arbeitsspiel eines *Viertaktmotors* verteilt sich auf zwei Kurbelwellenumdrehungen. Ein *Zweitaktmotor* benötigt dazu nur eine Umdrehung der Kurbelwelle. Zweitaktmotoren haben deshalb eine höhere spezifische Leistung, erreichen aber nicht die Wirkungsgrade von Viertaktmotoren.

23.1.1 Otto-Prozeß

Der Viertakt-Ottomotor wurde im Jahr 1876 von N. A. Otto[34] erfunden. Sein Ar-

[34] Nicolaus August Otto (1832-1891) war von Beruf Kaufmann. Er gründete 1864 zusammen mit Eugen Langen (1833-1895) im heutigen Köln-Deutz eine Fabrik zum Bau atmosphärischer Gasmotoren.

beitsspiel besteht aus 4 Takten, die sich nach je zwei Kurbelwellenumdrehungen wiederholen:

1. Takt: Ansaugen eines Benzin-Dampf-Luftgemisches
2. Takt: Verdichtung des Gemisches
3. Takt: Verbrennung mit anschließender Expansion des Verbrennungsgases
4. Takt: Ausschieben des Verbrennungsgases

In Bild 23.1 ist der Arbeitsablauf des Otto-Motors als Nachbildung eines Indikatordiagramms im p, V-Diagramm dargestellt. Indikatordiagramme werden auf Motorenprüfständen durch Messung des Gasdruckes im Zylinder bei laufenden Motor erstellt. In Bild 23.1 bezeichnet $V_2 = V_K$ den Verdichtungsraum. Der vom Kolbenboden zwischen dem unteren und dem oberen Totpunkt überstrichene Raum ist der Hubraum $V_H = V_1 - V_2$, die Summe von Verdichtungsraum und Hubraum ist der Gesamtraum $V_1 = V_H + V_K$. Das Verhältnis von Gesamtraum und Verdichtungsraum heißt Verdichtungsverhältnis

$$\varepsilon = \frac{V_1}{V_2} = \frac{V_H + V_K}{V_K} . \qquad (23.1)$$

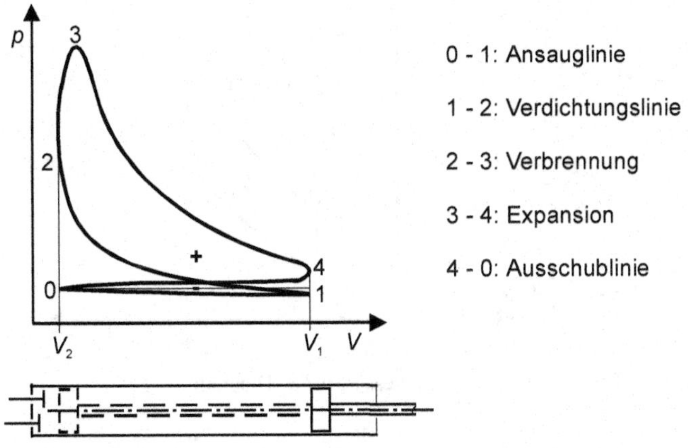

Bild 23.1. Indikatordiagramm eines Otto-Viertaktmotors

Der Ottomotor ist ein offenes System, das pulsierend durchströmt wird. Die von der Ansauglinie sowie Abschnitten der Verdichtungslinie und der Ausschublinie umschlossene Fläche (-) ist die Gaswechselarbeitsfläche. Sie wird linkslaufend umfahren und stellt die für den Ladungswechsel aufzuwendende Arbeit dar. Die darüber liegende Fläche (+) wird rechts umfahren und ist proportional der vom Arbeitsfluid abgegebenen Arbeit. Die Nutzarbeit des Kreisprozesses entspricht der Differenz beider Flächen. Dem reversiblen Vergleichsprozeß liegt ein geschlossenes System zugrunde. Es besteht aus dem von Kolben und Zylinder eingeschlossenen Gas. Die Gaswechselarbeitsfläche entfällt.

Das Arbeitsfluid ist ein ideales Gas. Verdichtung und Expansion werden als adiabate Zustandsänderungen angenommen, die bei reversiblem Prozeß zugleich isentrop sind. Der bei der Verbrennung beobachtete steile Druckanstieg wird durch eine isochore Zustandsänderung mit Wärmezufuhr bis zum Erreichen der Höchsttemperatur T_3 angenähert.

Weil die Isochore eine Zustandsänderung bei konstantem Volumen bezeichnet, wird der Otto-Prozeß auch *Gleichraumprozeß* genannt (vgl. Bild 23.2a). Der an die Expansion anschließende Ausströmvorgang der Verbrennungsgase wird im Idealprozeß durch eine isochore Wärmeabfuhr ersetzt. Der Otto-Vergleichsprozeß besteht aus folgenden Zustandsänderungen:

$1 \rightarrow 2$: Isentrope Kompression
$2 \rightarrow 3$: Isochore Wärmezufuhr
$3 \rightarrow 4$: Isentrope Expansion
$4 \rightarrow 1$: Isochore Wärmeabfuhr

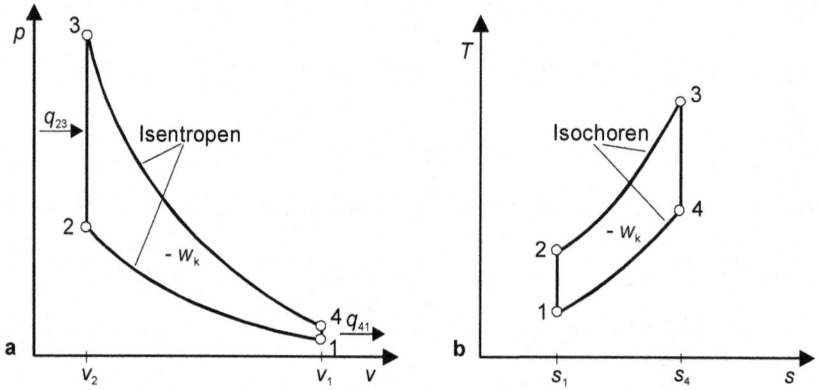

Bild 23.2. a p, V – Diagramm des Ottovergleichsprozesses, **b** T,s -Diagramm

Nutzarbeit. Die spezifische Nutzarbeit ist nach (22.3)

$$-w_k = q_{23} + q_{41} = q_{zu} + q_{ab} = q_{zu} - \left|q_{ab}\right| . \tag{22.3}$$

Für isochore Zustandsänderung erhalten wir analog (13.3) für die bei der Zustandsänderung von 2 nach 3 zugeführte spezifische Wärmemenge

$$q_{zu} = q_{23} = \overline{c}_{v23} \cdot (T_3 - T_2) . \tag{23.2}$$

Die isochor von 4 nach 1 abgeführte Wärmemenge ist

$$q_{ab} = q_{41} = \overline{c}_{v41} \cdot (T_1 - T_4) . \tag{23.3}$$

Einsetzen in (23.3) bringt

$$- w_{\text{k}} = q_{23} + q_{41} = \overline{c}_{\text{v}23} \cdot \left(T_3 - T_2\right) + \overline{c}_{\text{v}41} \cdot \left(T_1 - T_4\right). \tag{23.4}$$

Vernachlässigt man die Temperaturabhängigkeit der spezifischen Wärmekapazitäten und setzt $\overline{c}_{\text{v}23} = \overline{c}_{\text{v}41} = c_{\text{v}}$, dann ergibt sich für die spezifische Arbeit des Otto-Prozesses

$$- w_{\text{k}} = c_{\text{v}} \cdot \left(T_1 - T_2 + T_3 - T_4\right). \tag{23.5}$$

Die Temperaturen in den Endpunkten der isentropen Zustandsänderung sind mit der Isentropenbeziehung (14.8) zu berechnen:

$$T_2 = T_1 \cdot \left(\frac{V_1}{V_2}\right)^{\kappa - 1} = T_1 \cdot \varepsilon^{\kappa - 1} \tag{23.6}$$

$$T_4 = T_3 \cdot \left(\frac{V_3}{V_4}\right)^{\kappa - 1} = T_3 \cdot \left(\frac{V_2}{V_1}\right)^{\kappa - 1} = T_3 \cdot \frac{1}{\varepsilon^{\kappa - 1}} \tag{23.7}$$

Nach Einsetzen der Temperaturen in (23.5) ergibt sich zunächst

$$- w_{\text{k}} = c_{\text{v}} \cdot T_1 \cdot \left(1 - \varepsilon^{\kappa - 1} + \frac{T_3}{T_1} - \frac{T_3}{T_1} \frac{1}{\varepsilon^{\kappa - 1}}\right)$$

und mit $c_{\text{v}} = R / \left(\kappa - 1\right)$ nach kurzer Rechnung

$$- w_{\text{k}} = \frac{R \cdot T_1}{\kappa - 1} \left(1 - \frac{1}{\varepsilon^{\kappa - 1}}\right) \cdot \left(\frac{T_3}{T_1} - \varepsilon^{\kappa - 1}\right). \tag{23.8}$$

Die spezifische Arbeit des Otto-Kreisprozesses wächst mit dem Verdichtungsverhältnis ε und dem Temperaturverhältnis T_3 / T_1.

Thermischer Wirkungsgrad. Der thermische Wirkungsgrad ist durch (22.9) definiert:

$$\eta_{\text{th}} = 1 - \frac{\left|q_{\text{ab}}\right|}{q_{\text{zu}}} = 1 - \frac{\overline{c}_{\text{v}41} \cdot \left(T_4 - T_1\right)}{\overline{c}_{\text{v}23} \cdot \left(T_3 - T_2\right)}.$$

Mit der Näherung $\overline{c}_{\text{v}41} = \overline{c}_{\text{v}23} = c_{\text{v}} = \text{const}$ gilt

$$\eta_{\text{th}} = 1 - \frac{T_4 - T_1}{T_3 - T_2}.$$

Einsetzen der aus der Isentropenbeziehung (14.8) folgenden Ausdrücke (23.6) und (23.7) liefert als Ergebnis für den thermischen Wirkungsgrad des Otto-Vergleichsprozesses

$$\eta_{th} = 1 - \frac{1}{\varepsilon^{\kappa - 1}} \,. \qquad (23.9)$$

Er ist von der Maximaltemperatur T_3 unabhängig und nur durch Verdichtungsverhältnis ε und Verhältnis κ der spezifischen Wärmekapazitäten bestimmt.

Der thermische Wirkungsgrad des Ottoprozesses steigt degressiv mit dem Verdichtungsverhältnis, wie aus Bild 23.4 ersichtlich ist. Das Verdichtungsverhältnis kann allerdings nicht beliebig gesteigert werden, denn mit wachsendem Verdichtungsverhältnis erhöht sich auch die Verdichtungsendtemperatur T_2. Überschreitet sie die Selbstzündungstemperatur des Benzindampf-Luftgemisches, dann setzt

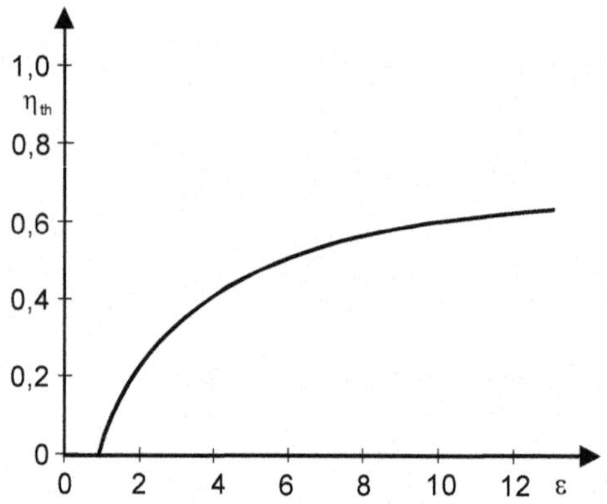

Bild 23.3. Thermischer Wirkungsgrad des Ottovergleichsprozessesprozesses

eine unkontrollierte Verbrennung mit sehr hohen Druckspitzen ein, die sich in Geräuschen äußert, die man mit *Klopfen* bezeichnet.

Klopfende Verbrennung bedeutet hohe mechanische Belastung, die nach kurzer Zeit zu Motorschäden führt. Je nach Konstruktion des Motors und der Kraftstoffqualität liegt die Klopfgrenze moderner Ottomotoren bei Verdichtungsverhältnissen von $\varepsilon \approx 10$.

Beispiel 23.1

Es soll der Vergleichsprozeß des Ottomotors mit Luft als idealem Gas konstanter spezifischer Wärmekapazitäten untersucht werden. Zu ermitteln sind

a) die Temperaturen und die Drücke für die Endpunkte der Zustandsänderungen,

b) der thermische Wirkungsgrad mit den Daten:

Anfangstemperatur	$T_1 = 288$ K ,
Anfangsdruck	$p_1 = 1{,}013$ bar ,
Höchsttemperatur	$T_3 = 2273$K ,
Verhältnis der spezifischen Wärmekapazitäten	$\kappa = 1{,}4$,
Verdichtungsverhältnis	$\varepsilon = 10:1$.

Lösung

a) Isentrope Kompression von $1 \to 2$:

Nach (14.7) ist

$$p_2 = p_1 \left(\frac{V_1}{V_2}\right)^{\kappa} = p_1 \cdot \varepsilon^{\kappa} = 1{,}01325 \text{ bar} \cdot \left(\frac{10}{1}\right)^{1,4} = 25{,}45 \text{ bar} .$$

Die Temperatur T_2 errechnet sich aus der Isentropenbeziehung (14.8) zu

$$T_2 = T_1 \cdot \left(\frac{V_1}{V_2}\right)^{\kappa-1} = 288 \text{ K} \cdot \left(\frac{10}{1}\right)^{1,4-1} = 723{,}4 \text{ K}.$$

Isochore Wärmezufuhr von 2→3:
Aus der thermischen Zustandsgleichung idealer Gase folgt

$$p_3 = p_2 \cdot \frac{T_3}{T_2} = 25{,}45 \text{ bar} \cdot \frac{2273 \text{ K}}{723{,}4 \text{ K}} = 79{,}97 \text{bar} .$$

Isentrope Expansion von 3→4:
Mit (14.7) und (14.8) folgt

$$p_4 = p_3 \cdot \left(\frac{V_3}{V_4}\right)^{\kappa} = p_3 \cdot \left(\frac{V_2}{V_1}\right)^{\kappa} = p_3 \cdot \left(\frac{1}{\varepsilon}\right)^{\kappa} = 79{,}97 \text{ bar} \cdot \left(\frac{1}{10}\right)^{1,4} = 3{,}18 \text{ bar} ,$$

$$T_4 = T_3 \cdot \left(\frac{V_3}{V_4}\right)^{\kappa-1} = T_3 \cdot \left(\frac{V_2}{V_1}\right)^{\kappa-1} = T_3 \cdot \left(\frac{1}{\varepsilon}\right)^{\kappa-1} = 2273 \text{ K} \cdot \left(\frac{1}{10}\right)^{1,4-1} = 904{,}90 \text{ K} .$$

b) Der thermische Wirkungsgrad errechnet sich aus (23.8) zu

$$\eta_{\text{th}} = 1 - \frac{1}{\varepsilon^{\kappa-1}} = 1 - \frac{1}{10^{1,4-1}} = 0{,}602 .$$

23.1.2 Diesel-Prozeß

Der Dieselmotor [35] saugt Luft an und verdichtet sie im ersten Takt. Am Ende des Verdichtungsvorganges werden sehr hohe Temperaturen und Drücke erreicht. In die erhitzte Luft wird durch eine Düse Kraftstoff eingespritzt, der fein zerstäubt mit der Luft ein zündfähiges Gemisch bildet, das ohne Fremdzündung verbrennt. Der Einpritzvorgang wird dabei so geregelt, daß die Verbrennung bei etwa konstantem Druck erfolgt. Der Diesel-Prozeß wird deshalb auch *Gleichdruckprozeß* genannt. An den Verbrennungsvorgang schließt sich die Expansion und das Ausschieben der Verbrennungsgase an. Da im Dieselmotor während der Verdichtung keine vorzeitige Selbstentzündung auftreten kann, kann das Verdichtungsverhältnis wesentlich höher gewählt werden als beim Ottoverfahren.

Der Vergleichsprozeß wird für ein geschlossenes System mit einem idealen Gas als Arbeitsfluid berechnet. Er besteht aus folgenden Zustandsänderungen:

1 → 2: Isentrope Kompression
2 → 3: Isobare Wärmezufuhr

[35] Der Diesel-Prozeß geht auf ein abgewandeltes patentiertes Verfahren von Rudolf Diesel (1858-1913) zurück.

3 → 4: Isentrope Expansion

4 → 1: Isochore Wärmeabfuhr

Bild 23.4 stellt den Prozeß im p,V-Diagramm und im T,s-Diagramm dar. Das Verhältnis

$$\varphi = \frac{V_3}{V_2} \tag{23.10}$$

wird *Einspritzverhältnis* oder *Volldruckverhältnis* genannt und ist neben dem Verdichtungsverhältnis ε nach Gleichung (23.1) der zweite Parameter des Dieselverfahrens.

Nutzarbeit. Die spezifische Nutzarbeit des Diesel-Vergleichsprozesses ergibt sich aus der Wärmebilanz

$$-w_k = q_{zu} + q_{ab}\,. \tag{22.3}$$

Die isobare Wärmezufuhr bestimmt sich aus (13.7)

$$q_{zu} = q_{23} = \bar{c}_{p\,23} \cdot \left(T_3 - T_2\right). \tag{23.11}$$

Für die isochore Wärmeabfuhr gilt

$$q_{ab} = q_{41} = \bar{c}_{v\,41} \cdot \left(T_1 - T_4\right). \tag{23.12}$$

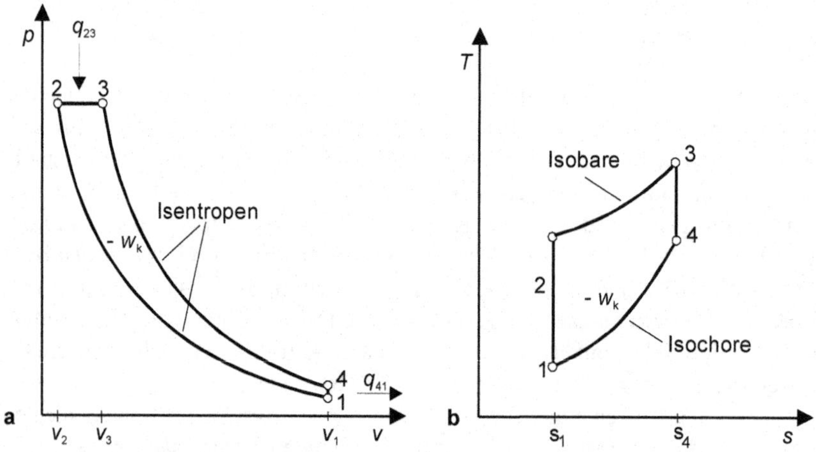

Bild 23.4. **a** Diesel-Vergleichsprozeß im p, V - Diagramm, **b** im T,s-Diagramm

Einsetzen in (22.3) bringt

$$-w_k = q_{23} + q_{41} = \bar{c}_{p\,23} \cdot (T_3 - T_2) + \bar{c}_{v\,41} \cdot (T_1 - T_4)\,.$$

Vernachlässigt man die Temperaturabhängigkeit der spezifischen Wärmekapazitäten, dann folgt mit $\overline{c}_{p23} = c_p = \text{const}$, $\overline{c}_{v41} = c_v = \text{const}$

$$- w_k = c_p \cdot (T_3 - T_2) + c_v \cdot (T_1 - T_4) = c_v \cdot \left[\frac{c_p}{c_v} \cdot (T_3 - T_2) + T_1 - T_4 \right]. \tag{23.13}$$

Mit

$c_v = R/(\kappa - 1)$, $\kappa = c_p / c_v$, $T_2 = T_1 \cdot \varepsilon^{\kappa - 1}$, $V_3 = \varphi \cdot V_2$,

$T_3 = T_2 \cdot V_3 / V_2 = T_1 \cdot \varepsilon^{\kappa - 1} \cdot \varphi$,

$T_4 = T_3 (V_3 / V_4)^{\kappa - 1} = T_1 \cdot \varepsilon^{\kappa - 1} \cdot \varphi \cdot (\varphi / \varepsilon)^{\kappa - 1} = T_1 \cdot \varphi^{\kappa}$

geht Gleichung (23.13) über in

$$- w_k = \frac{R \cdot T_1}{\kappa - 1} \cdot \left[(\varphi - 1) \cdot \kappa \cdot \varepsilon^{\kappa - 1} - (\varphi^{\kappa} - 1) \right]. \tag{23.14}$$

Thermischer Wirkungsgrad. Der thermische Wirkungsgrad

$$\eta_{th} = 1 - \frac{|q_{ab}|}{q_{zu}}. \tag{22.9}$$

errechnet sich mit (23.11) und (23.12) zu

$$\eta_{th} = 1 - \frac{\overline{c}_{v41} \cdot (T_4 - T_1)}{\overline{c}_{p23} \cdot (T_3 - T_2)}. \tag{23.15}$$

Für konstante spezifische Wärmekapazitäten erhält man den Ausdruck

$$\eta_{th} = 1 - \frac{c_v}{c_p} \cdot \frac{T_4 - T_1}{T_3 - T_2} = 1 - \frac{1}{\kappa} \cdot \frac{T_4 - T_1}{T_3 - T_2},$$

der mit den vorhin zusammengestellten Beziehungen zwischen den Temperaturen und dem Verdichtungs- und Einspritzverhältnis übergeht in

$$\eta_{th} = 1 - \frac{1}{\kappa \cdot \varepsilon^{\kappa - 1}} \cdot \frac{\varphi^{\kappa} - 1}{\varphi - 1}. \tag{23.16}$$

Das Ergebnis (23.16) zeigt, daß der thermische Wirkungsgrad des Dieselmotors vom Verdichtungsverhältnis, dem Einspritzverhältnis und vom Verhältnis der spezifischen Wärmekapazitäten abhängt. Er ist bei gleichem Verdichtungsverhältnis kleiner als der des Otto-Prozesses. Da man aber wegen der nicht existierenden Klopfgefahr das Verdichtungsverhältnis höher wählen kann, ist er im Endeffekt wirtschaftlicher als der Otto-Motor.

Beispiel 23.2

Für den Dieselvergleichsprozeß sollen mit Luft als Arbeitsmedium berechnet werden

a) die Drücke und Temperaturen in den Endpunkten der Zustandsänderungen,
b) das Einspritzverhältnis,
c) der thermische Wirkungsgrad.
Es sind folgende Daten anzunehmen:

Anfangstemperatur	$T_1 = 288\,\text{K}$
Anfangsdruck	$p_1 = 1{,}01325\,\text{bar}$
Höchsttemperatur	$T_3 = 2273\,\text{K}$
Verhältnis der spezifischen Wärmekapazitäten	$\kappa = 1{,}4$
Verdichtungsverhältnis	$\varepsilon = 21{:}1$

Lösung

a) Isentrope Verdichtung von 1→2 :
Nach (14.7) ist

$$p_2 = p_1\left(\frac{V_1}{V_2}\right)^{\kappa} = p_1 \cdot \varepsilon^{\kappa} = 1{,}01325\ \text{bar} \cdot 21^{1,4} = 71{,}92\,\text{bar}\,.$$

Die Isentropenbeziehung (14.8) liefert

$$T_2 = T_1 \cdot \left(\frac{V_1}{V_2}\right)^{\kappa-1} = 288\ \text{K} \cdot 21^{1,4-1} = 973{,}38\,\text{K}\,.$$

Isobare Wärmezufuhr von 2→3 :

$$p_3 = p_2 = 71{,}92\,\text{bar}$$

$$T_3 = 2273\ \text{K}$$

Isentrope Expansion von 3 → 4:

$$p_4 = p_3 \cdot \left(\frac{V_3}{V_4}\right)^{\kappa} = p_3 \cdot \left(\frac{V_3}{V_2} \cdot \frac{V_2}{V_4}\right)^{\kappa},$$

mit

$$\frac{V_3}{V_2} = \frac{T_3}{T_2} \quad \text{(Gasgleichung für isobare Zustandsänderung)}$$

und

$$\frac{V_2}{V_4} = \frac{V_2}{V_1} = \frac{1}{\varepsilon}$$

ist

$$p_4 = p_3 \cdot \left(\frac{T_3}{T_2} \cdot \frac{1}{\varepsilon}\right)^{\kappa} = 71{,}92\ \text{bar} \cdot \left(\frac{2273K}{973{,}38K} \cdot \frac{1}{21}\right)^{1,4} = 3{,}32\,\text{bar}\,,$$

$$T_4 = T_3 \cdot \left(\frac{T_3}{T_2} \cdot \frac{1}{\varepsilon}\right)^{\kappa-1} = 2273\,\text{K} \cdot \left(\frac{2273\,\text{K}}{973{,}38\,\text{K}} \cdot \frac{1}{21}\right)^{1,4-1} = 944{,}14\,\text{K}\,.$$

b) Das Einspritzverhältnis ist

$$\varphi = \frac{V_3}{V_2} = \frac{T_3}{T_2} = 2{,}335\,.$$

c) Der thermische Wirkungsgrad errechnet sich zu

$$\eta_{\text{th}} = 1 - \frac{1}{\kappa \cdot \varepsilon^{\kappa - 1}} \cdot \frac{\varphi^{\kappa} - 1}{\varphi - 1} = 1 - \frac{1}{1{,}4 \cdot 21^{0{,}4}} \frac{2{,}335^{1{,}4} - 1}{2{,}335 - 1} = 0{,}639\ .$$

23.1.3 Seiliger-Prozeß

Der tatsächliche Verbrennungsverlauf ist weder im Ottomotor streng isochor noch im Dieselmotor streng isobar. Man sieht im gemessenen Indikator-Diagramm eine Kombination von beiden. Um eine bessere Anpassung an den tatsächlichen Prozeß zu erhalten, schlug *Seiliger* 1922 einen Vergleichsprozeß vor, in dem die Verbrennung durch eine isochore und eine daran anschließende isobare Wärmezufuhr angenähert wird. Der Seiliger-Prozeß ist also eine Mischung des Otto- und des Diesel-Prozesses und heißt deshalb auch gemischter Vergleichsprozeß. Er ist im p, V- und im T, s-Diagramm von Bild 23.5 dargestellt.

Der Vergleichsprozeß wird wie für Otto- und Dieselverfahren für ein geschlossenes System mit einem idealen Gas als Arbeitsfluid berechnet. Er besteht aus folgenden Zustandsänderungen:

$1 \rightarrow 2$: Isentrope Kompression
$2 \rightarrow 3$: Isochore Wärmezufuhr
$3 \rightarrow 4$: Isobare Wärmezufuhr
$4 \rightarrow 5$: Isentrope Expansion
$5 \rightarrow 1$: Isochore Wärmeabfuhr

Zum Verdichtungsverhältnis $\varepsilon = V_1 / V_2$ und dem Einspritzverhältnis $\varphi = V_4 / V_3$ kommt als weiterer Parameter das Druckverhältnis ψ hinzu, definiert durch

$$\psi = \frac{p_3}{p_2} = \frac{T_3}{T_2}\ . \tag{23.17}$$

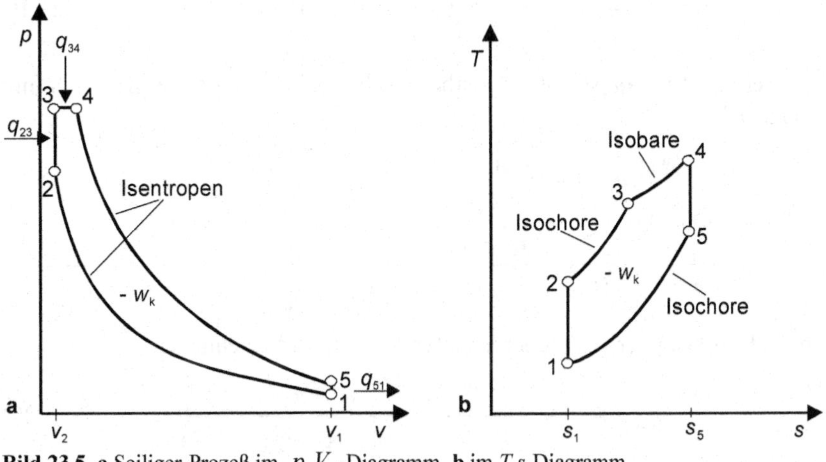

Bild 23.5. **a** Seiliger-Prozeß im p, V-Diagramm, **b** im T, s-Diagramm

Nutzarbeit. Die spezifische Nutzarbeit des Kreisprozesses ermitteln wir wieder über die Wärmebilanz

$$-w_k = q_{zu} + q_{ab} = q_{23} + q_{34} + q_{51}\ . \qquad (22.3)$$

Einsetzen der isochor und isobar ausgetauschten Wärmemengen q_{23} und q_{51} bzw. q_{34} bringt

$$-w_k = \bar{c}_{v23}\cdot(T_3 - T_2) + \bar{c}_{p34}\cdot(T_4 - T_3) + \bar{c}_{v51}\cdot(T_1 - T_5)\ .$$

Wir gehen für die weitere Rechnung wieder von der Annahme konstanter spezifischer Wärmekapazitäten aus und bekommen mit dieser in Anbetracht der grossen Temperaturintervalle doch recht groben Näherung zunächst

$$-w_k = c_v\cdot\left[T_1 - T_2 + (1-\kappa)\cdot T_3 + \kappa\cdot T_4 - T_5\right]. \qquad (23.18)$$

Die Temperaturen erhalten wir aus den Gleichungen der Zustandsänderungen in Kombination mit den Parametern des Seiliger-Prozesses:

Isentrope von $1 \to 2$: $T_2 = T_1\ \varepsilon^{\kappa-1}$ (nach 23.6)

Isochore von $2 \to 3$: $T_3 = T_2\cdot\dfrac{p_3}{p_2} = T_2\cdot\psi = T_1\cdot\psi\cdot\varepsilon^{\kappa-1}$

Isobare von $3 \to 4$: $T_4 = T_3\cdot\dfrac{V_4}{V_3} = T_3\cdot\varphi = T_1\cdot\varphi\cdot\psi\cdot\varepsilon^{\kappa-1}$

Isentrope von $4 \to 5$: $T_5 = T_4\cdot\left(\dfrac{V_4}{V_5}\right)^{\kappa-1} = T_4\cdot\left(\dfrac{V_4}{V_3}\cdot\dfrac{V_3}{V_5}\right)^{\kappa-1} = T_1\cdot\varphi^{\kappa}\cdot\psi\,.$

Einsetzen in (23.18) bringt mit $c_\upsilon = R/(\kappa-1)$ und nach kurzer Rechnung

$$-w_k = \frac{R\cdot T_1}{\kappa-1}\cdot\left\{1+\varepsilon^{\kappa-1}\cdot\left[\psi\cdot(1-\kappa\cdot(1-\varphi))-1\right]-\psi\cdot\varphi^{\kappa}\right\}. \qquad (23.19)$$

Thermischer Wirkungsgrad. Der thermische Wirkungsgrad ergibt sich mit (22.9) zunächst zu

$$\eta_{th} = 1-\frac{|q_{ab}|}{q_{zu}} = 1-\frac{|q_{51}|}{q_{23}+q_{34}}$$

$$= 1-\frac{c_v\cdot(T_5 - T_1)}{c_v\cdot(T_3 - T_2) + c_p\cdot(T_4 - T_3)} = 1-\frac{T_5 - T_1}{T_3 - T_2 + \kappa\cdot(T_4 - T_3)}$$

und nach Einsetzen der vorhin berechneten Temperaturbeziehungen zu

$$\eta_{th} = 1-\frac{1}{\varepsilon^{\kappa-1}}\cdot\frac{\varphi^{\kappa}\cdot\psi - 1}{\psi - 1 + \kappa\cdot\psi\cdot(\varphi-1)}\ . \qquad (23.20)$$

Der thermische Wirkungsgrad steigt mit wachsendem Verdichtungsverhältnis ε, mit sinkendem Einspritzverhältnis φ und wächst mit steigendem Druckverhältnis ψ. Allerdings ist der hierdurch bedingte Anstieg von η_{th} sehr gering.

23.2 Vergleichsprozesse für Turbinenkraftmaschinen

Kolbenmaschinen sind wegen hoher mechanischer Beanspruchungen -hohe Drükke, Schwingungsprobleme- bauartbedingt relativ schwer. Ihre mechanische Grenzbelastbarkeit setzt auch eine Grenze für ihre Maximalleistung.

Die letzte Generation der in Flugzeuge eingebauten Kolbenmotoren hatten Leistungen von etwa 3000 kW. Schiffsdieselmotoren erreichen Leistungen bis etwa 40000 kW.

Die in stationären Kraftwerken installierte Leistung liegt in der Größenordung von Gigawatt. Leistungen dieser Größenordnung lassen sich nur mit Turbomaschinenanlagen erzeugen.

23.2.1 Joule-Prozeß der einfachen Gasturbinenanlage

Eine Gasturbinenanlage besteht in der einfachsten Version aus einem Verdichter, einer Brennkammer, einer Turbine, Kraftstoffleitungen und Frischluft- und Abgasrohren. Bild 23.6 zeigt den schematischen Aufbau.

Die angesaugte Luft wird verdichtet und in der Brennkammer mit Dieselöl, Kerosin oder Petroleum zu einem Gemisch aufbereitet, das ohne Fremdzündung bei nahezu konstantem Druck verbrennt. Die heißen Gase expandieren in der Turbine unter Arbeitsabgabe und strömen danach in die Umgebung. Die Turbine ist durch eine Welle mit dem Verdichter verbunden, an den sie einen Teil der Leistung ab-

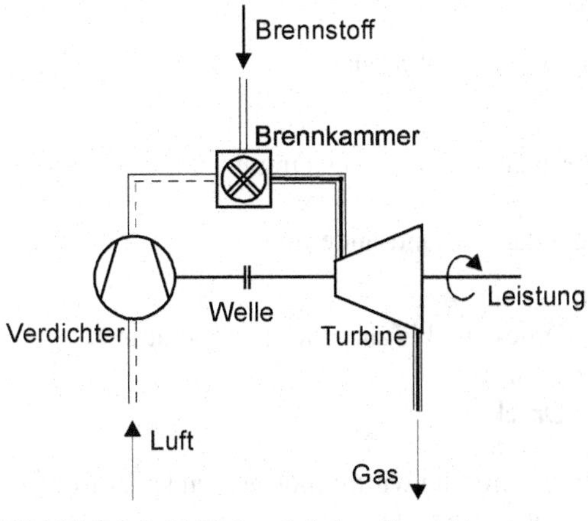

Bild 23.6. Schaltbild der einfachen Gasturbinenanlage

gibt. Der Leistungsüberschuß steht als Nutzleistung zur Verfügung. Die Gasturbinenanlage ist der Bauart nach ein offenes System. Für den Vergleichsprozeß geht man aber von einem geschlossenen System aus. Luft- und Abgasleitung werden kurzgeschlossen. In der Gasturbinenanlage des Vergleichsprozesses durchläuft das als ideales Gas angenommene Arbeitsfluid einen geschlossenen Kreislauf. Die Verbrennung wird durch eine isobare Wärmezufuhr ersetzt, der mit dem Abgas abtransportierte Energiestrom wird durch Wärmeabgabe in einem isobar durchströmten Wärmetauscher hinter der Turbine simuliert (vgl. Bild 23.7). Verdichter und Turbine können mit guter Näherung als adiabate Systeme behandelt werden. Sie werden so schnell durchströmt, daß der Wärmeaustausch mit der Umgebung vernachlässigbar ist.

Der Gasturbinenvergleichsprozeß wurde von Joule vorgeschlagen. Er besteht aus zwei Isentropen für Kompression und Expansion und zwei Isobaren für den Wärmetausch.

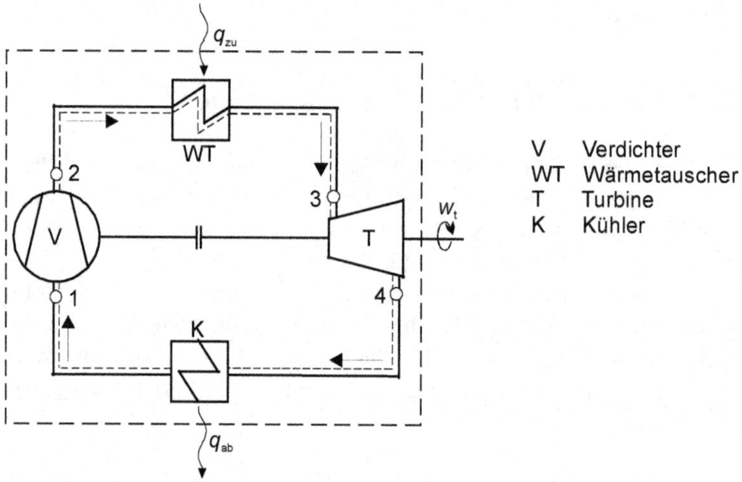

Bild 23.7. Gasturbinenanlage als geschlossenes System (Schaltbild)

In Bild 23.8 sind die Zustandsänderungen im p,V-Diagramm und im h,s-Diagramm dargestellt.

Der Joule-Prozeß besteht aus folgenden Zustandsänderungen:

$1 \rightarrow 2$: Isentrope Kompression von p_1 auf p_2
$2 \rightarrow 3$: Isobare Wärmezufuhr beim Druck p_2 bis zur Höchsttemperatur T_3
$3 \rightarrow 4$: Isentrope Expansion von p_2 auf p_1
$4 \rightarrow 1$: Isobare Wärmeabfuhr beim Druck p_1

Nutzarbeit. Die spezifische Nutzarbeit ermitteln wir mit konstanten spezifischen isobaren Wärmekapazitäten aus der Wärmebilanz (22.7)

$$-w_t = -\sum_{N_p} w_{t\,ij} = \sum_{N_q} q_{ij} = q_{zu} + q_{ab} \,. \tag{22.7}$$

Wir erhalten

$$-w_t = q_{23} + q_{41} = c_p \cdot \left(T_3 - T_2 + T_1 - T_4\right) = c_p \cdot \left(T_1 - T_2 + T_3 - T_4\right). \tag{23.21}$$

Wir führen das Verdichterdruckverhältnis $\pi = p_2 \,/\, p_1$ ein und setzen die mit der Isentropenbeziehung (14.8) berechneten Temperaturen

$$T_2 = T_1 \cdot \pi^{\frac{\kappa - 1}{\kappa}} \,,$$

$$T_4 = T_3 \cdot \frac{1}{\pi^{\frac{\kappa - 1}{\kappa}}} \,.$$

in die Gleichung der spezifischen Nutzarbeit und erhalten

$$-w_t = c_p \cdot T_1 \cdot \left(1 - \pi^{\frac{\kappa - 1}{\kappa}} + \frac{T_3}{T_1} - \frac{T_3}{T_1} \cdot \frac{1}{\pi^{\frac{\kappa - 1}{\kappa}}} \right).$$

Mit $c_p \,/\, R = \kappa \,/\, (\kappa - 1)$ wird daraus

$$-w_t = \frac{\kappa}{\kappa - 1} \cdot R \cdot T_1 \cdot \left[\left(\pi^{\frac{\kappa - 1}{\kappa}} - 1 \right) \cdot \left(\frac{T_3}{T_1} \cdot \frac{1}{\pi^{\frac{\kappa - 1}{\kappa}}} - 1 \right) \right].$$

Die spezifische Nutzarbeit des Joule-Prozesses wächst mit dem Temperaturverhältnis $T_3 \,/\, T_1$ und dem Verdichterdruckverhältnis $\pi = p_2 \,/\, p_1$.

Thermischer Wirkungsgrad. Der thermische Wirkungsgrad ist für konstante

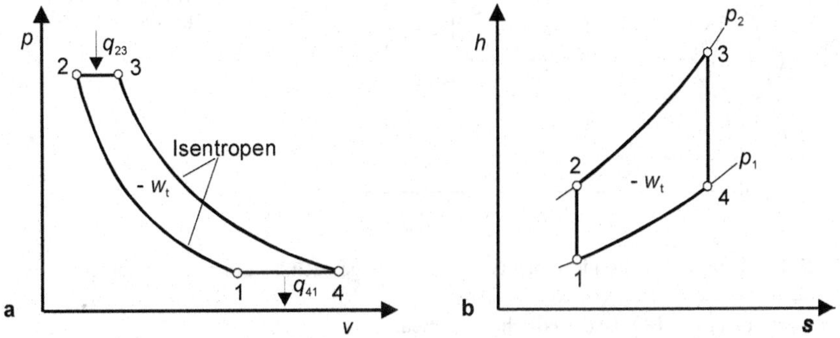

Bild 23.8. **a** Joule-Prozeß der Gasturbine im p, V -Diagramm, **b** im *h,s*-Diagramm

spezifische Wärmekapazitäten nach (22.9)

$$\eta_{\text{th}} = 1 - \frac{|q_{\text{ab}}|}{q_{\text{zu}}} = 1 + \frac{q_{41}}{q_{23}} = 1 - \frac{|c_{\text{p}} \cdot (T_1 - T_4)|}{c_{\text{p}} \cdot (T_3 - T_2)} = 1 - \frac{T_4 - T_1}{T_3 - T_2}\,.$$

Nach Einsetzen der oben ermittelten Beziehungen für die Temperaturen ergibt sich

$$\eta_{\text{th}} = 1 - \frac{1}{\pi^{\frac{\kappa - 1}{\kappa}}}\,. \tag{23.22}$$

Der thermische Wirkungsgrad des Joule-Prozesses wächst degressiv mit dem Druckverhältnis. Hohe thermische Wirkungsgrade erreicht man nur mit hohen Druckverhältnissen.

23.2.2 Ericson-Prozeß

Das Schema einer nach einem von *Ericson*[36] 1833 vorgeschlagenen Verfahren arbeitenden Gasturbinenanlage zeigt Bild 23.9. Das Fluid zirkuliert in der Anlage im geschlossenen Kreislauf. Eine Verschmutzungsgefahr besteht nicht. Das Arbeitsmedium kann ein beliebiges Gas sein, beispielsweise ein Edelgas, das mit seinen hohen Kappa-Werten zu einer Verbesserung des thermischen Wirkungsgrades beiträgt.

Der Ericson-Prozeß wurde im Jahre 1941 von den schweizer Ingenieuren Akkeret[37] und Keller[38] erstmalig als Vergleichsprozeß für Gasturbinenanlagen angewendet und wird deshalb auch gelegentlich Ackeret-Keller-Prozeß genannt.

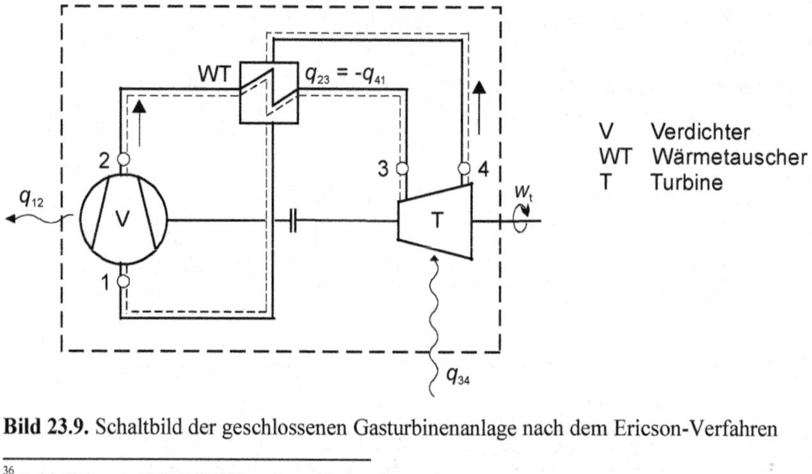

Bild 23.9. Schaltbild der geschlossenen Gasturbinenanlage nach dem Ericson-Verfahren

[36] John Ericson (1803-1899), schwedischer Ingenieur.
[37] Jakob Ackeret (1898-1981), Professor in Zürich.
[38] Curt Keller, Jahrgang 1904, Ingenieur und Professor in Zürich.

Der Prozeß besteht aus folgenden, in Bild 23.10 im p,V – Diagramm und im h,s-Diagramm dargestellten Zustandsänderungen:

1 → 2: Isotherme Kompression von p_1 auf p_2 mit Kühlung
2 → 3: Isobare Wärmezufuhr beim Druck p_2 in einem zwischen Verdichter und Turbine geschalteten Wärmetauscher.
3 → 4: Isotherme Expansion von p_2 auf p_1 in einer Turbine mit Wärmezufuhr
4 → 1: Isobare Wärmeabgabe beim Druck p_1 im zwischengeschalteten Wärmetauscher

Der Wärmetauscher ist so ausgelegt, daß die zwischen Verdichter und Turbine ausgetauschten Wärmemengen $q_{23} = -q_{41}$ dem Betrag nach gleich groß sind, und bei der Wärmeübertragung die Temperatur des wärmeabgebenden gleich der Temperatur des wärmeaufnehmenden Fluides ist.

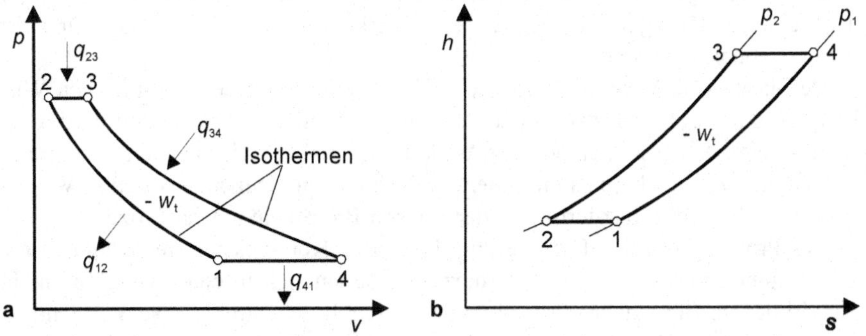

Bild 23.10. Ericsonprozeß der Gasturbine. **a** p,V -Diagramm, **b** h,s-Diagramm

Nutzarbeit. Die spezifische Nutzarbeit berechnen wir mit der Wärmebilanz nach (22.3)

$$-w_t = q_{zu} - |q_{ab}| = q_{23} + q_{34} + q_{41} + q_{12} = q_{34} + q_{12}. \tag{23.23}$$

Die Gleichung zur Berechnung der isotherm transferierten Wärmemengen ist in Kapitel 13 bereitgestellt worden. Mit ihr (13.5) ergibt sich die auf die Masse bezogene spezifische Wärmemenge bei der isothermen Kompression von p_1 auf p_2 zu

$$q_{12} = p_1 \cdot \upsilon_1 \cdot \ln\frac{p_1}{p_2} = -\ R \cdot T_1 \cdot \ln\frac{p_2}{p_1} \tag{23.24}$$

und für die isotherme Expansion von $p_3 = p_2$ nach $p_4 = p_1$ unter Wärmezufuhr

$$q_{34} = p_3 \cdot \upsilon_3 \cdot \ln\frac{p_2}{p_1} = R \cdot T_3 \cdot \ln\frac{p_2}{p_1}. \tag{23.25}$$

Mit den Wärmemengen nach (23.24) und (23.25) folgt nach Einsetzen in die Gleichung (23.23) die nur vom Temperaturverhältnis T_3/T_1 und vom Verdichterdruckverhältnis p_2 / p_1 abhängige spezifische Nutzarbeit des Ericson-Prozesses

$$-w_t = R \cdot T_1 \cdot \left(\frac{T_3}{T_1} - 1 \right) \cdot \ln \frac{p_2}{p_1} . \tag{23.26}$$

Thermischer Wirkungsgrad. Der thermische Wirkungsgrad errechnet sich aus seiner Definitionsgleichung (22.9) mit der zugeführten Wärmemenge nach (23.25) zu

$$\eta_{th} = 1 - \frac{T_1}{T_3} . \tag{23.27}$$

Er wächst mit der Temperatur T_3, bei der die Wärme zugeführt wird und steigt mit abnehmender Temperatur T_1, der Temperatur der Wärmeabfuhr. Beide Temperaturen unterliegen Grenzen. Die Temperatur T_3 ist nach oben begrenzt durch die Temperaturbeständigkeit der verwendeten Werkstoffe, die untere Grenze für T_1 ist die Umgebungstemperatur.

Der thermische Wirkungsgrad nach (23.27) stimmt mit dem thermischen Wirkungsgrad des Carnot-Prozesses überein, der in Kapitel 23.3 behandelt wird. Dort wird gezeigt, daß es keinen höheren Wirkungsgrad aller zwischen den Temperaturen T_1 und T_3 denkbaren kontinuierlich arbeitenden Kreisprozesse für Wärmekraftmaschinen gibt. Insofern wäre der Ericson-Prozeß ein idealer Prozeß.

Das Problem ist seine Realisierung. Isotherme Kompression mit Kühlung und eine isotherme Expansion mit Wärmezufuhr lassen sich in einer Maschine nicht verwirklichen. Ein solcher Prozeß kann nur durch eine stufenweise Verdichtung mit Zwischenkühlung und eine stufenweise Expansion mit Zwischenerhitzung angenähert werden.

Eine nach diesem Verfahren betriebene Gasturbinenanlage wurde von K. Leist[39] entwickelt. Das Verfahren ist unter dem Namen *Isex-Gasturbinen-Prozeß* bekannt. Die Zwischenerhitzung in der von K. Leist entwickelten Anlage erfolgt durch eine Zwischenverbrennung zwischen den Stufen der einzelnen Turbinen.

23.2.3 Dampfturbinen-Prozeß

Die in Kraftwerken zur Erzeugung elektrischen Stromes eingesetzten Dampfkraftanlagen bestehen in der Grundausstattung nach Bild 23.11a aus einem Dampferzeuger DE, einer Turbine DT, einem Kondensator K und einer Speisewasserpumpe SP. Das Arbeitsmedium ist Wasser, das die Anlage im geschlossenen Kreislauf durchströmt und dabei periodisch seinen Aggregatzustand wechselt. Die Speisewasserpumpe fördert flüssiges Wasser aus dem Kondensator in den Dampf-

[39] Karl Leist (1901-1960), Professor in Braunschweig und Aachen.

erzeuger und hebt den Druck auf den gewählten Sättigungsdruck an. Sie wird entweder wie in Bild 23.11a von der Turbine angetrieben oder durch einen Elektromotor. Verglichen mit der Turbine ist ihre Leistung relativ klein. Der Dampferzeuger besteht aus zwei Teilen. Im ersten Teil, dem Verdampfer, wird durch isobare Wärmezufuhr Sattdampf erzeugt. Durch weitere Wärmezufuhr wird im zweiten Teil des Dampferzeugers, dem Überhitzer, der Sattdampf isobar bei steigender Temperatur in Heißdampf umgewandelt und expandiert anschließend unter Arbeitsentzug in der Dampfturbine. Die Expansion in der Turbine führt bis in das Naßdampfgebiet. Vom Turbinenaustritt strömt der Naßdampf in den Kondensator, in dem er durch isobaren Wärmeentzug vollständig verflüssigt wird.

Der Kreisprozeß heißt *Clausius-Rankine-Prozeß* und ist in Bild 23.11b im *p, V*-

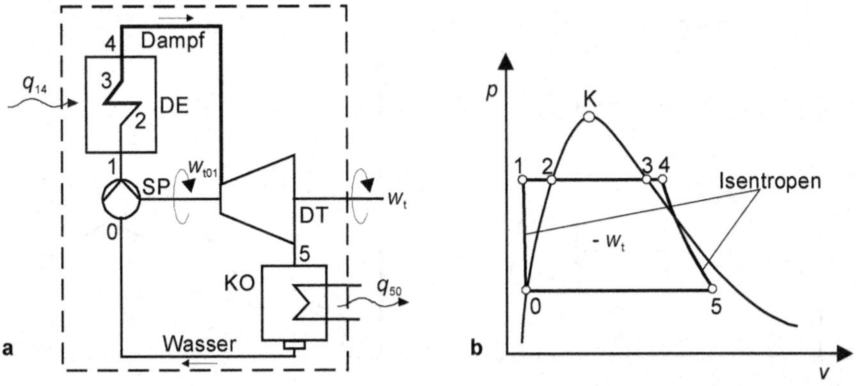

Bild 23.11. a Dampfturbinenanlage (Schaltbild). SP Speisewasserpumpe, DE Dampferzeuger, DT Dampfturbine, KO Kondensator. **b** *p, υ* - Diagramm des Clausius-Rankine-Prozesses, K kritischer Punkt

Diagramm und im Bild 23.12 im *T,s*-Diagramm und im *h,s*-Diagramm dargestellt. Er besteht aus folgenden Zustandsänderungen:

0 → 1: Isentrope Druckerhöhung des flüssigen Wassers vom Kondensatordruck $p_0 = p_5$ auf den Sättigungsdruck $p_S = p_1$. Im *p, V*-Diagramm verläuft die Kurve der Zustandsänderung fast senkrecht. Im *T,s*-Diagramm fallen die Punkte fast zusammen, weil die Temperaturzunahme des inkompressiblen Mediums sehr gering ist. Der Abstand zwischen den Punkten 0 auf der Siedelinie und dem Punkt 1 ist in Bild 23.12 übertrieben dargestellt.

1 → 2: Isobare Erwärmung des flüssigen Wassers bis zum Punkt 2 der Siedelinie auf die Siedetemperatur T_2

2 → 3: Isobare Verdampfung (Punkt 3 liegt auf der Taulinie), $T_3 = T_2$

3 → 4: Isobare Überhitzung

4 → 5: Isentrope Expansion in der Turbine

5 → 0: Isobare Verflüssigung des Dampfes

Nutzarbeit. Die technische Arbeit ist

$$-w_t = q_{zu} - |q_{ab}| \,. \tag{23.28}$$

Alle Wärmemengen werden bei isobarer Zustandsänderung übertragen und lassen sich nach (13.7) als Enthalpiedifferenzen anschreiben:

$$q_{zu} = q_{12} + q_{23} + q_{34} = h_4 - h_1 \tag{23.29}$$

$$q_{ab} = q_{50} = h_0 - h_5 \tag{23.30}$$

Eingesetzt in (23.28) ergibt sich

$$-w_t = h_0 - h_1 + h_4 - h_5 \,. \tag{23.31}$$

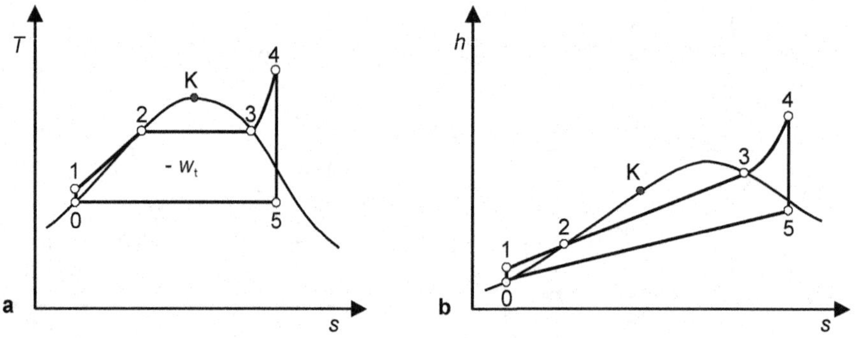

Bild 23.12. Clausius-Rankine-Prozeß **a** im *T,s*- und **b** im *h,s*-Diagramm

Da das Arbeitsfluid während des Kreisprozesses seinen Aggregatzustand wechselt, im Naßdampfgebiet ein Zweiphasensystem bildet und als trocken überhitzter Dampf Realgasverhalten zeigt, lassen sich die Enthalpien nicht mit einfachen Gleichungen berechnen. Man muß dazu auf die Wasserdampftafeln zurückgreifen, in denen alle für die Durchrechnung des Dampfprozesses benötigten Daten enthalten sind. Den Nachteil, daß man für die spezifische Leistung und den thermischen Wirkungsgrad keine geschlossenen Beziehungen wie in den vorstehend behandelten Beispielen erhält, muß man in Kauf nehmen.

Thermischer Wirkungsgrad. Für den thermischen Wirkungsgrad

$$\eta_{th} = 1 - \frac{|q_{ab}|}{q_{zu}}$$

des Clausius-Rankine-Prozesses erhält man mit den Wärmemengen (23.29) und (23.30)

$$\eta_{th} = 1 - \frac{h_5 - h_0}{h_4 - h_1}. \tag{23.32}$$

Beispiel 23.6

Eine Dampfturbine verarbeitet pro Stunde 170 t Frischdampf mit einer Temperatur von 350°C und einem Druck von 100 bar. Es sollen die Leistung und der thermische Wirkungsgrad nach Clausius-Rankine errechnet werden. Der Kreisprozeß des Arbeitsmediums vom flüssigen Wasser über den Verdampfer, die Turbine, den Kondensator bis hin zum Wiedereintritt in die Speisepumpe ist rechnerisch zu verfolgen. Die Wassertemperatur vor dem Eintritt in die Speisewasserpumpe ist mit 25°C anzusetzen.

Lösung

Der Sättigungstafel (Temperaturtafel) des Wasserdampfes (Tabelle B3) entnimmt man für die Sättigungstemperatur von $\vartheta_0 = 25\,°\mathrm{C}$ folgende Werte (Bezeichnungen wie in Bild 23.12):

$p_0 = 0{,}03166\,\mathrm{bar}$

$\upsilon_0' = 1{,}0029 \cdot 10^{-3}\,\mathrm{m^3/kg}$

$h_0' = 104{,}77\,\mathrm{kJ/kg}$

$s_0' = 0{,}3670\,\mathrm{kJ/(kg\,K)}$

$\upsilon_5'' = 43{,}40\,\mathrm{m^3/kg}$

$s_5'' = 8{,}559\,\mathrm{kJ/(kg\,K)}$

$h_5'' = 2547\,\mathrm{kJ/kg}$

Aus der Sättigungstafel (Drucktafel) des Wasserdampfes (Tabelle B2) erhält man für den Sättigungsdruck von $p_2 = 100\,\mathrm{bar}$:

$\vartheta_2 = 310{,}96\,°\mathrm{C}$

$\upsilon_2' = 0{,}001453\,\mathrm{m^3/kg}$

$h_2' = 1408\,\mathrm{kJ/kg}$

$h_3'' = 2728\,\mathrm{kJ/kg}$

Im *h,s*-Diagramm des Wasserdampfes von Bild 20.16 liest man für den durch $p_4 = 100\,\mathrm{bar}$ und $\vartheta_4 = 350\,°\mathrm{C}$ festgelegten Zustand des überhitzten Wasserdampfes ab:

$h_4 = 2926\,\mathrm{kJ/kg}$

$s_4 = 5{,}95\,\mathrm{kJ/(kg\,K)}$

Prozeßbeschreibung:

Der Prozeß setzt sich zusammen aus einer isentropen Druckerhöhung des flüssigen Wassers im Speisewasserpumpeneintritt vom Zustand 0 (Siedelinie) mit dem Druck p_0 auf p_1, einer isobaren Wärmezufuhr mit $p_1 = p_2$ bis zum Siedebeginn auf der Siedelinie (Punkt 2) bei der dem Sättigungsdruck $p_2 = p_S$ zugeordneten Temperatur ϑ_2, einer isobar-isothermen Verdampfung bis zum Erreichen der Taulinie (Punkt 3) mit $p_2 = p_3$, $\vartheta_2 = \vartheta_3$ und der isobaren Überhitzung mit $p_3 = p_4$ auf ϑ_4. Es schließt sich eine isentrope Expansion auf $\vartheta_5 = \vartheta_0$, $p_5 = p_0$ an, gefolgt von einer isobar-isothermen Kondensation zurück zum Punkt 0 auf der Siedelinie. Hier wird wieder der Zustand des Wassers beim Eintritt in die Speisewasserpumpe erreicht.

Isentrope Druckerhöhung in der Speisewasserpumpe von $0 \to 1$:

Spezifische Speisewasserpumpenleistung

$$w_{01} = \upsilon_0' \cdot (p_1 - p_0) = 10{,}03\,\mathrm{kJ/kg},$$

Enthalpie

$$h_1 = h_0' + w_{01} = 114{,}80\,\mathrm{kJ/kg},$$

Speisewasserpumpenleistung bei einem Massenstrom $\dot{m} = 170\,\mathrm{t/h} = 47{,}222\,\mathrm{kg/s}$

$$P_{Sp} = \dot{m} \cdot w_{01} = 473{,}64\,\mathrm{kW}.$$

Isobare Wärmezufuhr pro Zeiteinheit von $1 \rightarrow 2$:

$$\dot{Q}_{12} = \dot{m} \cdot (h_2' - h_1) = 61067{,}8\,\text{kJ/s}$$

Isobar-isotherme Verdampfung von $2 \rightarrow 3$:

$$\dot{Q}_{23} = \dot{m} \cdot (h_3'' - h_2') = 62333{,}0\,\text{kJ/s}$$

Isobare Überhitzung von $3 \rightarrow 4$:

$$\dot{Q}_{34} = \dot{m} \cdot (h_4 - h_3'') = 9350{,}0\,\text{kJ/s}$$

Isentrope Expansion von $4 \rightarrow 5$:

Mit $s_4 = s_5 = 5{,}95\,\text{kJ / kg}$ errechnet man den Dampfgehalt mit (16.34) zu

$$x = \frac{s_5 - s_0'}{s_5'' - s_0'} = 0{,}6815\,^{*}).$$

Die Expansion führt also in das Naßdampfgebiet. Mit x erhält man für die Enthalpie mit (10.27)

$$h_5 = (1 - x) \cdot h_0' + x \cdot h_5'' = 1769{,}15\,\text{kJ / kg} .$$

Turbinengesamtleistung ist

$$P_\text{T} = \dot{m} \cdot (h_5 - h_4) = -54628{,}8\,\text{kW}.$$

Isobare Kondensation von $5 \rightarrow 0$:

Abgegebener Wärmestrom

$$\dot{Q}_{50} = -\dot{m} \cdot (x \cdot (h_5'' - h_0')) = -78595{,}3\,\text{kJ/s} .$$

Nutzleistung des Kreisprozesses

$$P_\text{N} = P_\text{T} + P_\text{Sp} = -54155{,}16\,\text{kW} .$$

Kontrolle:

$$P_\text{N} = -\left(\dot{Q}_{12} + \dot{Q}_{23} + \dot{Q}_{34} + \dot{Q}_{50}\right) = -54155{,}5\,\text{kW}$$

Thermischer Wirkungsgrad:

$$\eta = 1 - \frac{|q_\text{ab}|}{q_\text{zu}} = 1 - \frac{h_5 - h_0'}{h_4 - h_1} = 0{,}408$$

*) Anmerkung: Die *Nässe* bzw. *Feuchte* des Naßdampfes am Turbinenaustritt ist mit $1 - x = 0{,}3185$ zu groß. Sie sollte im Bereich $0{,}1 \leq (1 - x) \leq 0{,}12$ liegen; andernfalls besteht die Gefahr der Erosion der Turbinenschaufeln durch die im Naßdampf enthaltenen Wassertröpfchen. Es bleibe dem Leser überlassen, die Prozeßführung in geeigneter Weise abzuändern.

23.3 Carnot-Prozeß

Der von dem französischen Militäringenieur Sidi Carnot im Jahr 1824 vorgeschlagene Kreisprozeß arbeitet zwischen zwei Isentropen und zwei Isothermen. Der Wärmetransfer erfolgt bei konstanten Temperaturen: Die Zufuhr bei der hohen Temperatur T_3, Wärmeentzug bei der niedrigeren Temperatur T_1. Im einzelnen besteht der in Bild 23.13 veranschaulichte Carnot-Prozeß aus folgenden Zustandsänderungen:

$1 \to 2$: Isotherme Kompression mit Wärmeabgabe
$2 \to 3$: Isentrope Kompression
$3 \to 4$: Isotherme Expansion mit Wärmezufuhr
$4 \to 1$: Isentrope Expansion

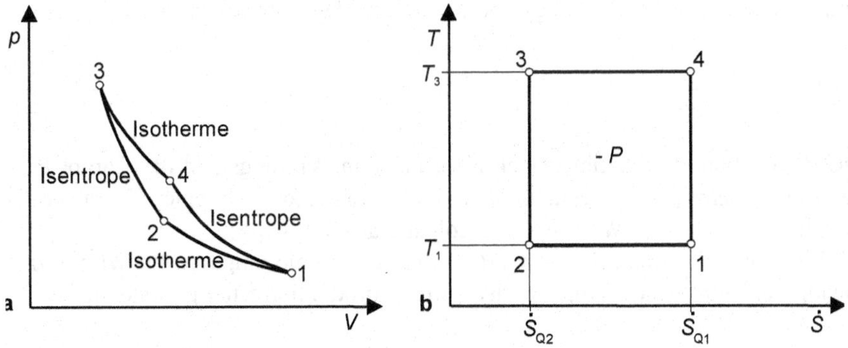

Bild 23.13. **a** Carnotprozeß im p,V -Diagramm, **b** im $T,\dot{S}$ -Diagramm

Nutzleistung. Wir ermitteln die Leistung des Kreisprozesses über die Leistungsbilanz (22.6) zu

$$-P = \dot{Q}_{\text{zu}} - \left|\dot{Q}_{\text{ab}}\right| = \dot{Q}_{\text{zu}} + \dot{Q}_{\text{ab}} .$$

Drückt man darin die Wärmeströme $\dot{Q}$ durch die Entropietransportströme $\dot{S}_{\text{Q}} = \dot{Q}/T$ nach Gl. (16.36) aus, erhält man

$$\dot{Q}_{\text{zu}} = \dot{Q}_{34} = T_3 \cdot (\dot{S}_{\text{Q}4} - \dot{S}_{\text{Q}3}) = T_3 \cdot (\dot{S}_{\text{Q}1} - \dot{S}_{\text{Q}2}) , \tag{23.33}$$

$$\dot{Q}_{\text{ab}} = \dot{Q}_{12} = T_1 \cdot (\dot{S}_{\text{Q}2} - \dot{S}_{\text{Q}1}) \tag{23.34}$$

und nach Einsetzen in die Bilanz (22.6) für die Nutzleistung den Ausdruck

$$-P = \left(T_3 - T_1\right) \cdot \left(\dot{S}_{\text{Q}1} - \dot{S}_{\text{Q}2}\right). \tag{23.35}$$

Im $T,\dot{S}$ -Diagramm von Bild 23.13b bildet sich der Carnot-Prozeß als Rechteck ab, dessen Flächeninhalt dem Betrage nach der Nutzleistung entspricht.

Der Austausch der Entropiestromdifferenz in (23.35) durch $\left(\dot{S}_{\text{Q}1} - \dot{S}_{\text{Q}2}\right) = \dot{Q}_{\text{zu}}/T_3$ aus (23.33) liefert eine für die Berechnung des thermischen Wirkungsgrades günstigere Beziehung, nämlich

$$-P = \left(1 - \frac{T_1}{T_3}\right) \cdot \dot{Q}_{zu} \,. \tag{23.36}$$

Thermischer Wirkungsgrad. Mit der Definition (22.10)

$$\eta_{th} = \frac{-P}{\dot{Q}_{zu}} = 1 + \frac{\dot{Q}_{ab}}{\dot{Q}_{zu}}$$

und mit (23.36) ist der Wirkungsgrad des reversiblen Carnot-Prozesses

$$\eta_{th} = 1 - \frac{T_1}{T_3} \,. \tag{23.37}$$

Diese Gleichung beschreibt jedoch nicht nur den Wirkungsgrad des Carnot-Prozesses, sondern ganz allgemein den höchstmöglichen mit einer Wärmekraftmaschine erreichbaren Wert, wie nachfolgend gezeigt wird:

Wir ziehen die Entropiebilanz (16.39) heran, die die umgesetzten Wärmeströme mit der Entropieänderung und der Entropieproduktion eines geschlossenen

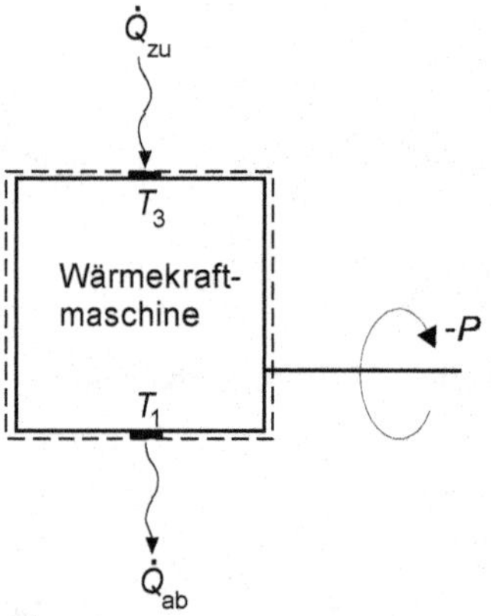

Bild 23.14. Schema einer Wärmekraftmaschine

Systems verknüpft. Für eine kontinuierlich, also zeitlich stationär arbeitende Wärmekraftmaschine ist die zeitliche Änderung der Entropie $dS/dt = 0$ und (16.39) geht über in

$$\sum_{i=1}^{N} \left(\frac{\dot{Q}}{T}\right)_i + \dot{S}_{irr} = 0 \,.$$

Nach Einsetzen der Daten mit den Bezeichnungen von Bild 23.14 erhält man

$$\frac{\dot{Q}_{zu}}{T_3} + \frac{\dot{Q}_{ab}}{T_1} + \dot{S}_{irr} = 0$$

und nach Elimination

$$\dot{Q}_{ab} = -\left(\frac{T_1}{T_3} \cdot \dot{Q}_{zu} + T_1 \cdot \dot{S}_{irr}\right).$$

Weil der Entropieproduktionsstrom $\dot{S}_{irr}$ stets und der zugeführte Wärmestrom $\dot{Q}_{zu}$ per definitionem positiv sind, ist $\dot{Q}_{ab}$ negativ, also in der Tat ein Abwärmestrom. Er ist dem Betrage nach um so größer, je größer der Entropieproduktionsstrom während des Energiewandlungsprozesses ist.

Setzt man den Term für den abgeführten Wärmestrom $\dot{Q}_{ab}$ in die Definition (22.10) ein, erhält man den thermischen Wirkungsgrad der Wärmekraftmaschine

$$\eta_{th} = \left(1 - \frac{T_1}{T_3}\right) - \frac{T_1 \cdot \dot{S}_{irr}}{\dot{Q}_{zu}}.$$

Der Maximalwert des thermischen Wirkungsgrades ergibt sich offensichtlich für reversible Prozesse mit $\dot{S}_{irr} = 0$ zu

$$\eta_{th\,max} = \left(1 - \frac{T_1}{T_3}\right).$$

Das Ergebnis stimmt mit Gleichung (23.37) überein.

Der Wirkungsgrad (23.37) wird wegen seiner besonderen Bedeutung als höchstmöglicher thermischer Wirkungsgrad einer Wärmekraftmaschine auch *Carnot-Faktor* genannt:

$$\eta_C = \eta_{th\,max} = 1 - \frac{T_1}{T_3} \tag{23.38}$$

Der Carnot-Faktor erweist sich als völlig unabhängig von der Bauart der Anlage und der Art des Arbeitsfluides. Er hängt ausschließlich vom Temperaturverhältnis ab. Er wächst mit zunehmendem Wert der Temperatur T_3 der Wärmezufuhr und abnehmender Temperatur T_1, bei der die Wärme abgeführt wird. Beide Temperaturen unterliegen Grenzwerten. Für die Temperatur T_3 setzt die Warmfestigkeit der Werkstoffe eine obere Grenze. Der tiefste Wert von T_1 ist die Temperatur der Umgebung, etwa der irdischen Atmosphäre am Erdboden oder die Temperatur von Seen oder Flüssen, in die die abgeführte Wärme übergeht. Daraus folgt, daß die zugeführte Wärme niemals vollständig in Arbeit umgewandelt werden kann. Ein gewisser Bruchteil muß mit niedriger Temperatur an die Umgebung abgeführt werden. Der Carnot-Faktor beschreibt also den Grad der Wandelbarkeit der Wärmeenergie in Nutzarbeit. Er kann niemals gleich eins werden. Der Carnot-Faktor wird gleich null, wenn die Temperaturen der Wärmeaufnahme und die der

Wärmeabgabe gleich groß sind, also $T_3 = T_1$ ist. Die mit der Umgebungstemperatur zur Verfügung stehenden ungeheueren Energiemengen, die in den Weltmeeren und in der Luft der Atmosphäre gespeichert sind, sind demnach energetisch wertlos.

Die technische Realisierung des Carnot-Prozesses ist ein außerordentlich schwieriges Problem und bis heute nicht gelungen (s. Anmerkungen zum Ericson-Prozeß, Abschnitt 23.2.2).

24 Irreversible Fließprozesse

Als Ergebnis der Untersuchung der Energieumwandlungen in offenen Systemen erhielten wir in Kapitel 17 für einen Stoffstrom, der stationär einen Kontrollraum durchfließt die Bilanzgleichungen

$$q_{12} + w_{t12} = h_2 - h_1 + \frac{1}{2} \cdot \left(c_2^2 - c_1^2\right) + g \cdot \left(z_2 - z_1\right) \tag{17.35}$$

und

$$w_{t12} = y_{12} + \frac{1}{2}\left(c_2^2 - c_1^2\right) + g \cdot \left(z_2 - z_1\right) + j_{12}, \tag{17.36}$$

mit der spezifischen Strömungsarbeit

$$y_{12} = \int_1^2 \upsilon \cdot dp\,. \tag{17.37}$$

Abgesehen von dem in Kapitel 17 bereits behandelten Fall der Strömungen inkompressibler Fluide mit $\upsilon = \text{const}$ ist die Berechnung des Integrals ein schwieriges Problem. Man müßte dazu den gesamten Strömungsprozeß entlang des Weges durch das System rechnerisch verfolgen, um daraus die zur Lösung des Integrals (17.37) benötigte Information $\upsilon = \upsilon(p)$ zu bekommen. Eine Aufgabe, die einen hohen rechnerischen Aufwand bedeutet.

In der Praxis geht man einen anderen Weg. Man begnügt sich mit einer Näherungslösung, indem man den tatsächlichen Zustandsverlauf zwischen Ein- und Austrittszustand durch eine Polytrope ersetzt.

24.1 Das Polytropenverhältnis

Die von *A. Stodola* angegebene Polytrope ist folgendermaßen definiert:

Für jeden differentiell kleinen Abschnitt einer polytropen Zustandsänderung ist das Verhältnis des Enthalpiedifferentials und des Differentials der Strömungsarbeit konstant. In einem *h, y*-Diagramm bildet sich die so definierte Polytrope als Gerade ab, die Ein- und Austrittszustand miteinander verbindet. Die Steigung der Geraden heißt *Polytropenverhältnis*

$$\nu = \frac{dh}{dy}\,. \tag{24.1}$$

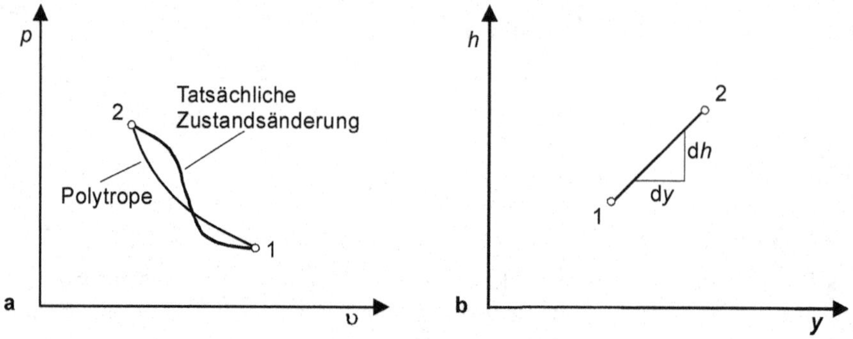

Bild 24.1. Polytrope im p, υ - und im h,y-Diagramm

Mit $dy = \upsilon \cdot dp$ wird das Polytropenverhältnis

$$\nu = \frac{dh}{dy} = \frac{dh}{\upsilon \cdot dp} = \text{const}\,. \tag{24.2}$$

Anfangs- und Endzustand der polytropen Zustandsänderung bestimmen das Polytropenverhältnis durch

$$\nu = \frac{h_2 - h_1}{y_{12}}\,. \tag{24.3}$$

Das Polytropenverhältnis ändert sich, wenn sich die räumliche Zuordnung der Zustandspunkte verändert. Man erhält dann jedesmal eine andere Polytrope[40].

Ersetzt man in (24.3) die Enthalpiedifferenz durch

$$h_2 - h_1 = q_{12} + j_{12} + \int_1^2 \upsilon \cdot dp = q_{12} + j_{12} + y_{12}\,, \tag{12.13}$$

erhält man

$$\nu = \frac{h_2 - h_1}{y_{12}} = 1 + \frac{q_{12} + j_{12}}{y_{12}}\,. \tag{24.4}$$

Daraus lassen sich die Polytropenverhältnisse ν einiger spezieller Zustandsänderungen ableiten.

Isenthalpe. Isenthalpe bezeichnet eine Zustandsänderung konstanter Enthalpie. Mit $h_2 - h_1 = 0$ ergibt sich das Polytropenverhältnis $\nu = 0$.

Isentrope. Für die Isentrope liefert (24.4) wegen $q_{12} + j_{12} = 0$ den Wert $\nu = 1$.

---

[40] S. Fußnote S.128.

Isobare. Bei isobarer Zustandsänderung ist $dp = 0$ und deshalb auch $y_{12} = 0$. Für die Isobare gilt also $\nu = \infty$.

Die Kurven dieser Zustandsänderungen sind im *h,s*-Diagramm von Bild 24.2 dargestellt.

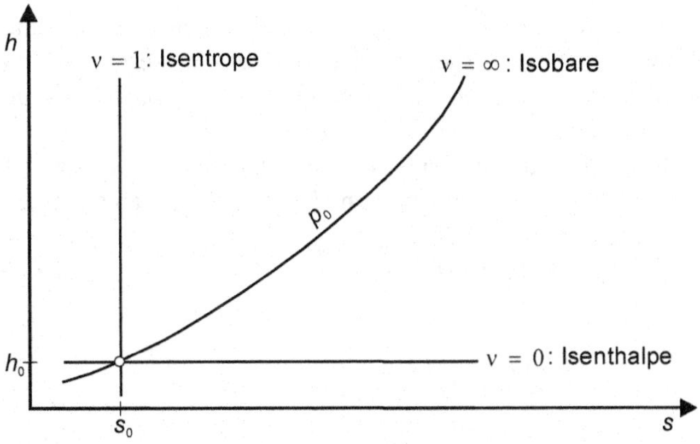

Bild 24.2. Polytropen im *h,s*-Diagramm

Durch (24.4) kann man die Summe von spezifischer Wärme und Dissipationsenergie in Abhängigkeit des Polytropenverhältnisses und der spezifischen Strömungsarbeit ausdrücken

$$q_{12} + j_{12} = (\nu - 1) \cdot y_{12} . \tag{24.5}$$

Für adiabate Zustandsänderungen folgt daraus mit $q_{12} = 0$

$$j_{12} = (\nu - 1) \cdot y_{12} . \tag{24.6}$$

Da die Dissipationsenergie stets positiv, höchstens gleich null ist, wird mit $j_{12} \geq 0$ durch (24.6) der Wertebereich des Polytropenverhältnisses ν für adiabate Zustandsänderungen festgelegt. Dabei müssen Kompressions- und Expansionsprozesse getrennt betrachtet werden, weil sie sich durch das Vorzeichen der spezifischen Strömungsarbeit voneinander unterscheiden.

Adiabate Kompression. Bei einer Kompression ist $dp > 0$ und damit auch $y_{12} > 0$. Für polytrope adiabate Verdichtung liegen die Polytropenverhältnisse im Bereich $\nu \geq 1$.

Im *h,s*-Diagramm von Bild 24.2 stellt die Isobare $\nu = \infty$ mit $dp = 0$ die Grenzlinie zwischen Kompression und Expansion dar. Kompressionsvorgänge führen von dieser Grenzkurve in Richtung zunehmender Enthalpie nach oben. In dem Bereich zwischen $\nu = \infty$ bis $\nu = 1$ ist deshalb $\nu > 1$.

Adiabate Expansion. Hier gilt $dp < 0$ und deshalb auch $y_{12} < 0$. Die Polytropenverhältnisse der polytropen adiabaten Expansion überdecken den Bereich $\nu \leq 1$, können also auch negativ sein.

Überquert man im *h,s*-Diagramm die Isobare in Richtung abnehmender Enthalpie nach unten, so gelangt man in ein Gebiet negativer Polytropenverhältnisse $\nu < 0$, das nach unten durch die Isenthalpe begrenzt wird. Der Bereich darunter ist durch die Werte $0 < \nu < 1$ belegt.

Die vertikale Gerade in Bild 24.2, die Isentrope, stellt eine weitere Grenzlinie dar. Die Zustände links von ihr können nicht erreicht werden. In diesen Bereich könnte man nur gelangen, wenn die Entropie abnähme. Das ist aber nach Aussage des zweiten Hauptsatzes bei adiabater Prozeßführung unmöglich.

Wir beschreiben im folgenden die Zustandsänderung eines idealen Gases auf einer Polytropen $\nu =$ const. Wir gehen dazu von der aus (24.2) abgeleiteten Beziehung aus

$$\mathrm{d}h = \nu \cdot \upsilon \cdot \mathrm{d}p\,. \tag{24.7}$$

Einsetzen von

$$\mathrm{d}h = c_\mathrm{p}(T) \cdot \mathrm{d}T$$

aus (10.24) und

$$\upsilon = \frac{R \cdot T}{p}$$

aus (7.5) bringt nach Division durch T

$$c_\mathrm{p}(T) \cdot \frac{\mathrm{d}T}{T} = \nu \cdot R \cdot \frac{dp}{p}\,.$$

Nach Integration mit $\nu = \text{const}$ erhält man

$$\int_1^2 c_\mathrm{p}(T) \cdot \frac{dT}{T} = \nu \cdot R \cdot \ln \frac{p_2}{p_1}\,. \tag{24.8}$$

Verwendet man zur Berechnung des Integrals den in Anlehnung an (16.22) ermittelten logarithmischen Mittelwert der spezifischen isobaren Wärmekapazität $\overline{\overline{c}}_{\mathrm{p}12}$, erhält man

$$\nu = \frac{\overline{\overline{c}}_{\mathrm{p}12}}{R} \cdot \frac{\ln(T_2 / T_1)}{\ln(p_2 / p_1)} \tag{24.9}$$

und kann daraus bei bekannten Werten des Anfangs- und Endzustandes einer Zustandsänderung das Polytropenverhältnis bestimmen.

Aus (24.9) gewinnt man die Beziehung zwischen Temperatur- und Druckverhältnis

$$\frac{T_2}{T_1} = \left(\frac{p_2}{p_1}\right)^{\nu \cdot \frac{R}{\bar{\bar{c}}_{p12}}}, \tag{24.10}$$

$$\frac{T_2}{T_1} = \left(\frac{p_2}{p_1}\right)^{\nu \cdot \frac{R}{\bar{\bar{c}}_{p12}}}, \tag{24.10}$$

die bei bekanntem Polytropenverhältnis und gegebenem Druckverhältnis das Temperaturverhältnis liefert.

Die Entropieänderung auf einer Polytrope ergibt sich aus

$$s_2 - s_1 = \int_{T_1}^{T_2} c_p(T) \cdot \frac{dT}{T} - R \cdot \ln \frac{p_2}{p_1} \tag{16.29}$$

in Verbindung mit (24.8) zu

$$s_2 - s_1 = (\nu - 1) \cdot R \cdot \ln \frac{p_2}{p_1}. \tag{24.11}$$

Für die spezifische Strömungsarbeit bei polytroper Zustandsänderung erhält man mit (24.3)

$$y_{12} = \frac{1}{\nu} \cdot (h_2 - h_1) = \frac{\bar{c}_{p12}}{\nu} \cdot (T_2 - T_1). \tag{24.12}$$

Für konstant angenommene spezifische isobare Wärmekapazität c_p wird die Berechnung wesentlich einfacher. Dann gilt mit $\bar{\bar{c}}_{p12} = c_p$ für die Polytrope idealer Gase *konstanter spezifischer Wärmekapazitäten*

$$\nu = \frac{c_p}{R} \cdot \frac{\ln(T_2/T_1)}{\ln(p_2/p_1)} \tag{24.13}$$

und

$$\frac{T_2}{T_1} = \left(\frac{p_2}{p_1}\right)^{\nu \cdot \frac{R}{c_p}}. \tag{24.14}$$

Mit (24.14) läßt sich eine Verknüpfung des Polytropenexponenten n der in Kapitel 15 angegebenen Polytrope

$$\frac{T_2}{T_1} = \left(\frac{p_2}{p_1}\right)^{\frac{n-1}{n}} \tag{15.10}$$

herstellen. Diese Polytrope ist nicht mit der Stodola-Polytrope identisch, denn (15.10) gilt nur für ideales Gas konstanter spezifischer isobarer Wärmekapazität, eine vereinfachende Annahme, die erst im letzten Schritt der Ableitung der Stodola-Beziehungen eingeführt wurde, um (24.14) zu erhalten.

Die Beziehung zwischen dem Polytropenexponenten n und dem Polytropenverhältnis ν findet man durch Gleichsetzen der Exponenten von (15.10) und (24.14) mit $R = c_\mathrm{p} - c_\mathrm{v}$ und $R / c_\mathrm{p} = (\kappa - 1) / \kappa$ zu

$$n = \frac{\kappa}{\kappa - \nu \cdot (\kappa - 1)} \,. \tag{24.15}$$

Mit $c_\mathrm{p}/R = \kappa / (\kappa - 1)$ erhält man aus (24.13) eine Verknüpfung des Polytropenverhältnisses mit dem Verhältnis κ der spezifischen Wärmekapazitäten und Zustandsgrößen des Anfangs- und Endzustandes der Zustandsänderung:

$$\nu = \frac{\kappa}{\kappa - 1} \cdot \frac{\ln(T_2 / T_1)}{\ln(p_2 / p_1)} \tag{24.16}$$

24.2 Wirkungsgrade

Wir behandeln in diesem Kapitel die Wirkungsgrade von Arbeitsprozessen offener Systeme, die von einem Stoffstrom stationär durchströmt werden (Kapitel 17) und beschränken uns auf Definitionen der Wirkungsgrade für thermische Maschinen.

24.2.1 Innerer Wirkungsgrad

Bei der Definition der Wirkungsgrade muß man zwischen Wärmearbeits- und Wärmekraftmaschinen unterscheiden.

Wärmearbeitsmaschinen. Wärmearbeitsmaschinen, beispielsweise ein Verdichter, übertragen technische Arbeit auf das Arbeitsfluid und wandeln sie in Fluidenergie um. Bei der Wandlung wird ein Teil der technischen Arbeit dissipiert und geht irreversibel in innere Energie des Fluids über. Die Dissipationsenergie j_{12} wird als Verlust betrachtet, weil sie nur eine unerwünschte Erwärmung des Fluids bewirkt. Die auf das Fluid übertragene Arbeit ist demnach um den Betrag der Dissipationsenergie kleiner als die zugeführte technische Arbeit. Man nennt diesen Teil auch die *innere Arbeit* des Prozesses. Sie stimmt mit der technischen Arbeit des reversiblen Prozesses $(w_{\mathrm{t}12})_\mathrm{rev}$ einer Wärmearbeitsmaschine überein.

Sieht man die innere Arbeit als Nutzen an und die zugeführte technische Arbeit als Aufwand, dann ist der als Verhältnis von Nutzen und Aufwand definierte *innere Wirkungsgrad* einer Wärmearbeitsmaschine

$$\eta_\mathrm{iV} = \frac{(w_{\mathrm{t}12})_\mathrm{rev}}{w_{\mathrm{t}12}} \,. \tag{24.17}$$

Ersetzt man in (24.17) die reversible technische Arbeit durch die Differenz

$$(w_{t12})_{rev} = w_{t12} - j_{12}$$

dann erhält man

$$\eta_{iV} = \frac{w_{t12} - j_{12}}{w_{t12}} \tag{24.18}$$

und mit (17.36)

$$\eta_{iV} = \frac{y_{12} + \frac{1}{2}\cdot\left(\bar{c}_2^2 - \bar{c}_1^2\right) + g\cdot\left(z_2 - z_1\right)}{y_{12} + j_{12} + \frac{1}{2}\cdot\left(\bar{c}_2^2 - \bar{c}_1^2\right) + g\cdot\left(z_2 - z_1\right)} \tag{24.19}$$

eine Verknüpfung des inneren Wirkungsgrades mit der spezifischen Strömungsarbeit, den mechanischen Energien und der spezifischen Dissipation.

Wärmekraftmaschinen. Wärmekraftmaschinen, beispielsweise eine Dampfturbine, entziehen dem Fluid thermische Energie und wandeln sie in technische Arbeit um. Ein Teil der Fluidenergie wird bei der Umwandlung dissipiert und bleibt im System als innere Energie zurück.
Die abgegebene technische Arbeit ist um den Betrag der Dissipationsenergie kleiner als die dem System insgesamt zugeführte Fluidenergie. Bei Prozessen mit Arbeitsabgabe repräsentiert die zugeführte Fluidenergie die innere Arbeit und ist mit der Arbeit des reversiblen Prozesses gleichzusetzen. Berücksichtigt man, daß abgegebene Arbeit negativ ist, dann gilt für diesen nutzbaren Teil der inneren Arbeit

$$-w_{t12} = -(w_{t12})_{rev} - j_{12}\,.$$

Der innere Wirkungsgrad einer Wärmekraftmaschine ist mit der abgegebenen Arbeit als Nutzen und der zugeführten Fluidenergie als Aufwand definiert durch den inneren Turbinenwirkungsgrad

$$\eta_{iT} = \frac{-w_{t12}}{-(w_{t12})_{rev}}$$

und mit $-(w_{t12})_{rev} = -w_{t12} + j_{12}$ durch

$$\eta_{iT} = \frac{-w_{t12}}{-w_{t12} + j_{12}}\,. \tag{24.20}$$

Mit Gleichung (17.36) folgt

$$\eta_{iT} = \frac{y_{12} + j_{12} + \frac{1}{2}\left(\bar{c}_2^2 - \bar{c}_1^2\right) + g\cdot\left(z_2 - z_1\right)}{y_{12} + \frac{1}{2}\left(\bar{c}_2^2 - \bar{c}_1^2\right) + g\cdot\left(z_2 - z_1\right)}\,. \tag{24.21}$$

Man beachte, daß darin $y_{12} < 0$ ist, weil bei der Expansion vom Fluid Strömungsarbeit abgegeben wird. Andererseits ist immer $j_{12} > 0$; der Zähler von (24.21) also dem Betrage nach kleiner als der Betrag des Nenners. Damit bleibt stets $\eta_{iT} < 1$.

Die Bezeichnungen und Definitionen von Wirkungsgraden sind in der Literatur nicht einheitlich. So werden in der Literatur über Strömungsmaschinen [23] die Wirkungsgrade (24.19) und (24.21) als *totale Wirkungsgrade* bezeichnet. Mit dieser Bezeichnung wird zum Ausdruck gebracht, daß diese Wirkungsgrade den gesamten Energieumsatz in der Maschine bewerten, im Gegensatz zu den im nächsten Kapitel behandelten statischen Wirkungsgraden, die die Änderung der kinetischen Energie außer Betracht lassen.

24.2.2 Statischer Wirkungsgrad

Wir greifen nochmals auf die Energiebilanz (17.36) zurück und fassen die kinetische Energiedifferenz mit der spezifischen technischen Arbeit zusammen:

$$\left(w_{t12} + \frac{1}{2}\cdot\bar{c}_1^2\right) - \frac{1}{2}\cdot\bar{c}_2^2 = y_{12} + g\cdot\left(z_2 - z_1\right) + j_{12} \tag{24.22}$$

Der Term auf der linken Seite wird statische Arbeit genannt:

$$w_{st12} = \left(w_{t12} + \frac{1}{2}\cdot\bar{c}_1^2\right) - \frac{1}{2}\cdot\bar{c}_2^2 \tag{24.23}$$

Sie enthält zwar dynamische Größen, denen aber im rechten Term statische Grössen gegenüberstehen.

Zur Veränderung kinetischer Energien benötigt man nicht unbedingt einen Verdichter oder eine Turbine. Eine Veränderung dieser Energieform läßt sich auch allein durch Änderung des Strömungsquerschnittes erreichen. So würde eine Reduzierung des Querschnittes die Geschwindigkeit und mit ihr die kinetische Energie erhöhen und umgekehrt.

Man kann also die Auffassung vertreten, die Aufgabe eines Verdichters sei im wesentlichen die Erhöhung des Druckes und eventuell die Förderung des Fluides auf ein höheres geodätisches Niveau. Der Nutzen wäre dann die reversible statische Arbeit

$$(w_{st12})_{rev} = y_{12} + g\cdot\left(z_2 - z_1\right)$$

und der Aufwand die statische Arbeit des irreversiblen Prozesses

$$w_{st12} = y_{12} + g\cdot\left(z_2 - z_1\right) + j_{12}\,.$$

Nach dieser Überlegung definiert man für Verdichter (Wärmearbeitsmaschine) den Wirkungsgrad

$$\eta_{\mathrm{st\,V}} = \frac{(w_{\mathrm{st\,12}})_{\mathrm{rev}}}{w_{\mathrm{st\,12}}} = \frac{y_{12} + g\cdot(z_2 - z_1)}{y_{12} + j_{12} + g\cdot(z_2 - z_1)}, \tag{24.24}$$

der *statischer Kompressionswirkungsgrad* genannt wird.

Bei der Energiewandlung in einer Wärmekraftmaschine, etwa einer Gasturbine, ist die abgegebene statische Arbeit des irreversiblen Prozesses der Nutzen, während die statische Arbeit des reversiblen Prozesses den Aufwand darstellt. Danach ist der *statische Expansionswirkungsgrad* gleich

$$\eta_{\mathrm{st\,T}} = \frac{w_{\mathrm{st\,12}}}{(w_{\mathrm{st\,12}})_{\mathrm{rev}}} = \frac{y_{12} + j_{12} + g\cdot(z_2 - z_1)}{y_{12} + g\cdot(z_2 - z_1)}. \tag{24.25}$$

24.2.3 Polytroper Wirkungsgrad

Dividiert man Zähler und Nenner von (24.24) durch die spezifische Strömungsarbeit y_{12}, dann ergibt sich zunächst

$$\eta_{\mathrm{st\,V}} = \frac{1 + g\cdot\dfrac{z_2 - z_1}{y_{12}}}{\dfrac{j_{12}}{y_{12}} + 1 + g\cdot\dfrac{z_2 - z_1}{y_{12}}}$$

und mit Addition von $q_{12} / y_{12} - q_{12} / y_{12}$ im Nenner und dem Polytropenverhältnis (24.4) $\nu = 1 + \dfrac{q_{12} + j_{12}}{y_{12}}$ für den statischen Verdichterwirkungsgrad

$$\eta_{\mathrm{V}} = \frac{1 + g\cdot\dfrac{z_2 - z_1}{y_{12}}}{\nu + g\cdot\dfrac{z_2 - z_1}{y_{12}} - \dfrac{q_{12}}{y_{12}}}. \tag{24.26}$$

Wirkungsgrade, die mit dem Polytropenverhältnis verknüpft sind, werden polytrope Wirkungsgrade genannt. Die Beziehung (24.26) stellt also den *polytropen Verdichtungswirkungsgrad* dar.

Für den *polytropen Expansionswirkungsgrad* findet man auf ähnlichem Wege

$$\eta_{\mathrm{T}} = \frac{\nu + g\cdot\dfrac{z_2 - z_1}{y_{12}} - \dfrac{q_{12}}{y_{12}}}{1 + g\cdot\dfrac{z_2 - z_1}{y_{12}}}. \tag{24.27}$$

24.2.4 Polytrope und isentrope Wirkungsgrade adiabater Maschinen

Polytroper Wirkungsgrad. Betrachtet man Strömungen in adiabaten Maschinen, dazu gehören Turbinen und Verdichter, und kann man wie in den meisten Fällen die Schwereglieder vernachlässigen, dann ist nach (24.26) der statische polytrope Verdichterwirkungsgrad gleich dem Kehrwert des Polytropenverhältnisses, während nach (24.27) der statische polytrope Expansionswirkungsgrad gleich dem dem Polytropenverhältnis ist. Es gilt also:

$$\eta_V = \frac{1}{\nu} \tag{24.28}$$

$$\eta_T = \nu \tag{24.29}$$

Führt man diese Ergebnisse in die Polytropengleichung idealer Gase

$$\frac{T_2}{T_1} = \left(\frac{p_2}{p_1}\right)^{\nu \cdot \frac{\bar{\bar{R}}}{\bar{\bar{c}}_p}} \tag{24.10}$$

ein, erhält man für die adiabate Kompression

$$\frac{T_2}{T_1} = \left(\frac{p_2}{p_1}\right)^{\frac{1}{\eta_V} \cdot \frac{\bar{\bar{R}}}{\bar{\bar{c}}_p}} \tag{24.30}$$

und für die adiabate Expansion

$$\frac{T_2}{T_1} = \left(\frac{p_2}{p_1}\right)^{\eta_T \cdot \frac{\bar{\bar{R}}}{\bar{\bar{c}}_p}} . \tag{24.31}$$

Man kann nun zwei Aufgaben lösen: Wenn man die polytropen Wirkungsgrade kennt oder vorausschätzt, dann lassen sich die Zustandsänderungen von Kompression und Expansion berechnen. Ist umgekehrt der Endzustand bekannt, so erhält man aus (24.30) und (24.31) die polytropen Kompressions- und Expansionswirkungsgrade.

Isentroper Wirkungsgrad. Der isentrope Wirkungsgrad setzt die bei isentroper Zustandsänderung verrichtete Arbeit ins Verhältnis zur tatsächlichen Arbeit. Der isentrope Kompressionswirkungsgrad ist durch

$$\eta_{sV} = \frac{(w_{t12})_s}{w_{t12}} , \tag{24.32}$$

der isentrope Expansionswirkungsgrad durch

$$\eta_{sT} = \frac{w_{t12}}{(w_{t12})_s} \tag{24.33}$$

definiert.

Bei Vernachlässigung der kinetischen und potentiellen Energien ist die technische Arbeit einer adiabaten Maschine

$$w_{t\,12} = h_2 - h_1 .$$

Führt man diesen Ausdruck in die Definitionsgleichungen der isentropen Wirkungsgrade ein, so erhält man für diese

$$\eta_{sV} = \frac{h_{2s} - h_1}{h_2 - h_1}, \tag{24.34}$$

$$\eta_{sT} = \frac{h_1 - h_2}{h_1 - h_{2s}}. \tag{24.35}$$

Bild 24.3 erläutert beide Definitionen im h,s-Diagramm.

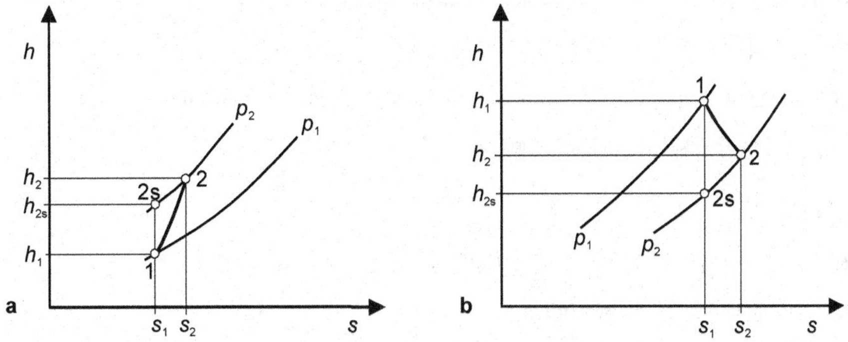

Bild 24.3. Isentrope und tatsächliche Enthalpiedifferenzen. **a** Kompression, **b** Expansion

Bei der Berechnung des isentropen Wirkungsgrades benötigt man zwei Schritte, um vom Zustand 1 zum Zustand 2 zu gelangen. Für das Druckverhältnis p_2 / p_1 errechnet man im 1. Schritt die isentrope Enthalpiedifferenz und die Temperatur T_{2S}. Mit einem gegebenen oder geschätzten Wert des isentropen Wirkungsgrades berechnet man dann im 2. Schritt die Enthalpiedifferenz der tatsächlichen Zustandsänderung und mit ihr die dem Druck p_2 zugeordnete Temperatur T_2.

Weil mit der Dissipation die Entropie zunimmt, wächst auch das spezifische Volumen. Deswegen ist die polytrope Strömungsarbeit immer größer als die isentrope. Aus diesem Grund ist bei gleicher Zustandsänderung und gleichem $h_2 - h_1$ der polytrope Verdichterwirkungsgrad immer größer als der isentrope, der polytrope Turbinenwirkungsgrad immer kleiner als der isentrope, wie sich unmittelbar mit (24.4) unter Beachtung der Wirkungsgraddefinitionen (24.28) und (24.29) zeigen läßt.

Beispiel 24.1.
Ein adiabater Verdichter saugt Luft vom Zustand $p_1 = 0{,}983\,\text{bar}$ und $\vartheta_1 = 15°\,\text{C}$ an. Das Verdichterdruckverhältnis beträgt $p_2 / p_1 = 23{,}7{:}1$ bei einem isentropen Wirkungsgrad $\eta_{sV} = 0{,}87$. Die Luft ist als ideales Gas mit $\kappa = 1{,}4$ anzunehmen. Bei Vernachlässigung der kinetischen und potentiellen Energien sind zu berechnen
a) die statische Verdichterarbeit,
b) die Dissipationsenergie,
c) der polytrope Verdichterwirkungsgrad.

Lösung
Die Verdichtungsendtemperatur bei isentroper Zustandsänderung ist nach (14.8)

$$T_{2s} = T_1 \cdot \left(\frac{p_2}{p_1}\right)^{\frac{\kappa - 1}{\kappa}} = 711{,}88\,\text{K} = 438{,}73\,°\text{C}\,.$$

Mit der mittleren spezifischen Wärmekapazität $\bar{c}_p\Big|_{15°C}^{439°C} = 1{,}03359\,\text{kJ / (kg K)}$ nach Tabelle B5 errechnet sich die isentrope Enthalpiedifferenz

$$h_{2s} - h_1 = \bar{c}_{p12} \cdot \left(\vartheta_{2s} - \vartheta_1\right) = 437{,}963\,\text{kJ / kg}$$

und mit dem isentropen Wirkungsgrad die Enthalpiedifferenz nach (24.34) zu

$$h_2 - h_1 = \left(h_{2s} - h_1\right) / \eta_{sV} = 503{,}406\,\text{kJ / kg}\,.$$

Die tatsächliche Verdichtungsendtemperatur ϑ_2 erhält man durch Iteration mit

$\bar{c}_p\Big|_{15°C}^{439°C} = 1{,}03359\,\text{kJ / (kg K)}$ als Startwert:

0-te Näherung:

$$\vartheta_2^{(0)} = \vartheta_1 + (h_2 - h_1) / \bar{c}_p\Big|_{15°C}^{438°C} = 502{,}05\,°\text{C}\,.$$

Neuberechnung des c_p - Wertes bringt

$$\bar{c}_p\Big|_{15°C}^{502°C} = 1{,}0401\,\text{kJ / (kg K)}$$

und die 1-te Näherung:

$$\vartheta_2^{(1)} = \vartheta_1 + (h_2 - h_1) / \bar{c}_p\Big|_{15°C}^{502°C} = 499°\text{C} = 772{,}15\,\text{K}$$

Wegen der Geringfügigkeit der Temperaturänderung kann auf einen weiteren Iterationsschritt verzichtet werden, also mit $\vartheta_2 = \vartheta_2^{(1)}$ gerechnet werden.
a) Die statische Verdichterarbeit stimmt bei Vernachlässigung der mechanischen Energien mit der technischen Arbeit überein und ist

$$w_{st12} = w_{t12} = h_2 - h_1 = 503{,}406\,\text{kJ / kg}\,.$$

b) Die Dissipationsenergie ist

$$j_{12} = w_{st12} - \left(w_{st12}\right)_{rev} = (h_2 - h_1) - (h_{2s} - h_1) = 65{,}443\,\text{kJ / kg}\,.$$

c) Für die Berechnung des polytropen Verdichterwirkungsgrades muß zuerst die mittlere logarithmische spezifische Wärmekapazität aus Tabelle B6 ermittelt werden. Man findet

$\bar{\bar{c}}_p\Big|_{15°C}^{502°C} = 1{,}0328\,\text{kJ / (kg K)}$ und mit (24.9) zunächst das Polytropenverhältnis

$$\nu = \frac{\overline{\overline{c}}_{p12}}{R} \cdot \frac{\ln(T_2 / T_1)}{\ln(p_2 / p_1)} = 1{,}120$$

und mit $\eta_v = \frac{1}{\nu}$ den polytropen Verdichterwirkungsgrad

$$\eta_v = 0{,}893 .$$

24.2.5 Mechanischer Wirkungsgrad

Der innere Wirkungsgrad erfaßt die durch Reibung an den Grenzflächen zwischen Arbeitsfluid und Maschine entstehenden Leistungsverluste und die Verluste durch Rezirkulation von Teilmassenströmen durch Spalte oder sonstige Undichtigkeiten.

Im inneren Wirkungsgrad nicht berücksichtigt sind die Verluste an mechanischer Arbeit, die in Maschinen durch Reibung in den Lagern, Stopfbüchsen o. ä. Aggregaten verursacht werden. Diese werden im *mechanischen Wirkungsgrad* erfaßt.

Bezeichnet man den Verlust mechanischer Leistung mit ΔP_m und die nach Berücksichtigung der mechanischen Verluste verbleibende oder aufzuwendende Leistung mit Nutzleistung P_N, dann muß die über die Systemgrenze transferierte Leistung P beide Leistungen decken, also

$$P = P_N + \Delta P_m$$

sein (vgl. Bild 24.4). Darin ist ΔP_m als entzogene Leistung stets negativ, $\Delta P_m < 0$.
Als mechanischen Wirkungsgrad eines Verdichters definiert man

$$\eta_{mV} = \frac{P}{P_N} . \tag{24.36}$$

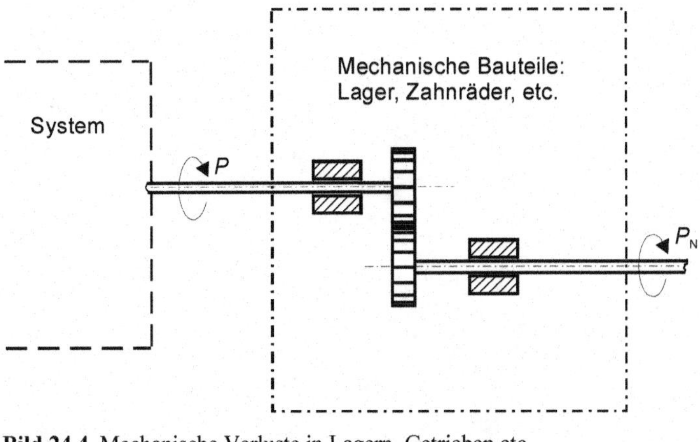

Bild 24.4. Mechanische Verluste in Lagern, Getrieben etc.

Für den mechanischen Wirkungsgrad der Turbine gilt

$$\eta_{\mathrm{m\,T}} = \frac{-P_{\mathrm{N}}}{-P}\,. \tag{24.37}$$

Bei bekannter Wellenleistung P und bei bekannten Wirkungsgraden $\eta_{\mathrm{m\,V}}$ und $\eta_{\mathrm{m\,T}}$ errechnen sich die mechanischen Verlustleistungen von Verdichter und Turbine nach

$$\Delta P_{\mathrm{mV}} = -\frac{1-\eta_{\mathrm{mV}}}{\eta_{\mathrm{mV}}}\cdot P \tag{24.38}$$

und

$$\Delta P_{\mathrm{m\,T}} = \left(1 - \eta_{\mathrm{m\,T}}\right)\cdot P\,. \tag{24.39}$$

25 Irreversible Prozesse in thermischen Maschinen

25.1 Die einfache Gasturbine

Aufbau und Arbeitsweise der einfachen Gasturbinenanlage wurden bereits in Kapitel 23.2.1 beschrieben. Bei der Berechnung des thermischen Wirkungsgrades hatten wir als idealisierten Vergleichsprozeß den Joule-Prozeß zugrunde gelegt und das Arbeitsfluid als in geschlossenem Kreislauf zirkulierend angenommen.

Im folgenden werden wir die Turbinenanlage als offenes System behandeln und die Verluste der Energiewandlung berücksichtigen.

Da Verdichter und Turbine so rasch durchströmt werden, daß kein nennenswerter Wärmeaustausch zwischen ihnen und der Umgebung stattfindet, können wir diese Bauteile der Gasturbine für den Joule-Prozeß in guter Näherung als adiabate Systeme betrachten (vgl. Bild 25.1).

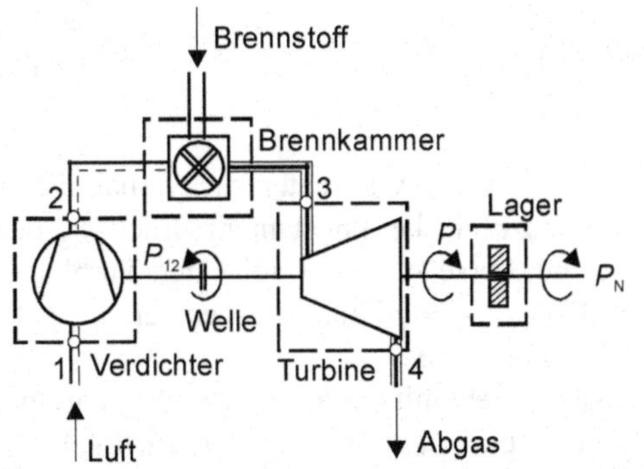

Bild 25.1. Schaltbild der einfachen Gasturbine. P ist der nach Abzug der Verdichterantriebsleistung verbleibende Leistungsüberschuß, P_N die nach Abzug der mechanischen Verlustleistung abgegebenene Nutzleistung.

Der Brennstoffmassenanteil am Gesamtdurchsatz einer Gasturbine ist sehr klein. Er beträgt selten mehr als 3 %. Man macht also keinen großen Fehler, wenn man den Brennstoffmassenanteil vernachlässigt und die Rechnung für Luft als Arbeitsfluid durchführt. Als zusätzliche Vereinfachung wird im folgenden die Luft als ideales Gas konstanter spezifischer Wärmekapazitäten betrachtet. Die Zu-

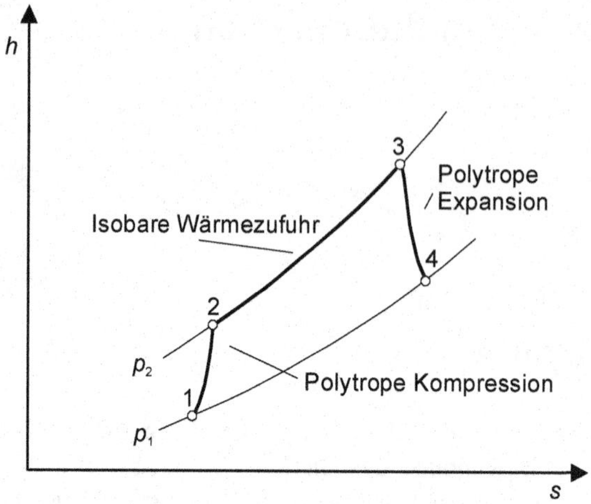

Bild 25.2. *h,s*-Diagramm des einfachen Gasturbinenprozesses

standsänderungen sind im *h,s*-Diagramm von Bild 25.2 dargestellt:

Die Luft wird beim Zustand 1 vom Verdichter angesaugt und irreversibel adiabat auf den Druck p_2 verdichtet. Die Temperatur steigt dabei von T_1 auf T_2. Der Grad der Irreversibilität wird durch den in Kapitel 24 eingeführten polytropen Verdichterwirkungsgrad η_V beschrieben. Drücke und Temperaturen sind durch die Polytropenbeziehung

$$\frac{T_2}{T_1} = \left(\frac{P_2}{p_1}\right)^{\frac{1}{\eta_V}\frac{R}{c_p}} = \pi^{\frac{1}{\eta_V}\frac{R}{c_p}} \tag{24.30}$$

miteinander verknüpft. Darin ist $\pi = p_2 / p_1$ das Verdichterdruckverhältnis. Die Brennstoffenergie wird durch eine Wärmezufuhr bei konstantem Druck p_2 beim Übergang vom Zustand 2 in den Zustand 3 ersetzt. In der adiabaten Turbine expandiert die heiße Luft polytrop vom Druck $p_3 = p_2$ und der Temperatur T_3 auf den Ansaugdruck $p_4 = p_1$ und die Endtemperatur T_4.

Zwischen Temperaturen und Drücken besteht mit η_T als polytropem Turbinenwirkungsgrad und als konstant angenommenem c_p - Wert analog zu (24.31) die Beziehung

$$\frac{T_3}{T_4} = \left(\frac{p_2}{p_1}\right)^{\eta_T\frac{R}{c_p}} = \pi^{\eta_T\frac{R}{c_p}}. \tag{24.31}$$

Nutzleistung. Die gesamte vom stationär strömenden Arbeitsfluid an die Turbine abgegebene Leistung $P_{g34} < 0$ ergibt sich bei vernachlässigten Änderungen der mechanischen Energien aus der Energiebilanz für die Turbine zu

$$P_{g34} = P - P_{12} = \dot{m}\cdot\left(h_4 - h_3\right). \tag{25.1}$$

Darin ist

$$P_{12} = \dot{m} \cdot (h_2 - h_1) \tag{25.2}$$

die zum Antrieb des Verdichters benötigte Leistung und

$$P = P_{g34} + P_{12} \tag{25.3}$$

der nach Abzug der Verdichterleistung verbleibende Leistungsüberschuß der Turbine.

Die Bilanz (25.1) und die Verdichterleistung (25.2) umfassen alle inneren Leistungsverluste, die bei der Energiewandlung durch die Wechselwirkung von Maschinenteilen und Fluid entstehen. Sie finden ihre Berücksichtigung in den inneren polytropen Wirkungsgraden von Verdichter und Turbine. Die mechanischen Verluste $\Delta P_m < 0$ in den Lagern oder durch Leistungsabgabe an Hilfsantriebe, wie etwa Schmierölpumpen etc. sind darin nicht enthalten. Sie müssen noch vom Leistungsüberschuß P subtrahiert werden, um die tatsächlich nach außen abgegebene Leistung, die Nutzleistung P_N zu erhalten:

$$P_N = P - \Delta P_m \tag{25.4}$$

Wir erfassen die Verlustleistung durch einen mechanischen Wirkungsgrad

$$\eta_m = \frac{P_{g34} - \Delta P_m}{P_{g34}} = \frac{P - P_{12} - \Delta P_m}{P_{g34}} = \frac{P_N - P_{12}}{P_{g34}} \tag{25.5}$$

und errechnen daraus die Nutzleistung

$$P_N = \eta_m \cdot P_{g34} + P_{12} .$$

Einsetzen von (25.1) und (25.2) bringt

$$P_N = \eta_m \cdot \dot{m} \cdot (h_4 - h_3) + \dot{m} \cdot (h_2 - h_1) .$$

Weil $h_4 - h_3 < 0$ ist, schreiben wir für die abgegebene Nutzleistung ($P_N < 0$)

$$-P_N = \dot{m} \cdot \left(\eta_m \cdot (h_3 - h_4) - (h_2 - h_1)\right) . \tag{25.6}$$

Die spezifische Nutzleistung ist

$$\frac{-P_N}{\dot{m}} = -w_N = \eta_m \cdot (h_3 - h_4) - (h_2 - h_1) . \tag{25.7}$$

Wir ersetzen darin die Enthalpien durch die für ideale Gase konstanter spezifischer Wärmekapazität gültige Beziehung $h_i = c_p \cdot (T_i - T_j) + h_j$ und erhalten :

$$-w_\mathrm{N} = c_\mathrm{p} \cdot \left[\eta_\mathrm{m} \cdot (T_3 - T_4) - (T_2 - T_1)\right] = c_\mathrm{p} \cdot T_1 \cdot \left[\eta_\mathrm{m} \cdot \left(\frac{T_3}{T_1} - \frac{T_4}{T_1}\right) - \left(\frac{T_2}{T_1} - 1\right)\right]$$

$$= c_\mathrm{p} \cdot T_1 \cdot \left[\eta_\mathrm{m} \cdot \frac{T_3}{T_1} \cdot \left(1 - \frac{T_4}{T_3}\right) - \left(\frac{T_2}{T_1} - 1\right)\right]$$

Ersetzt man die Temperaturverhältnisse T_4/T_3 und T_2/T_1 durch die Druckverhältnisse nach (24.30) und (24.31), dann erhält man

$$-w_\mathrm{N} = c_\mathrm{p} \cdot T_1 \cdot \left[\eta_\mathrm{m} \cdot \frac{T_3}{T_1} \cdot \left(1 - \pi^{-\eta_\mathrm{T} \cdot \frac{R}{c_\mathrm{p}}}\right) - \left(\pi^{\frac{1}{\eta_\mathrm{V}} \frac{R}{c_\mathrm{p}}} - 1\right)\right]. \tag{25.8}$$

Die technische Arbeit des Gasturbinenprozesses hängt bei gleichbleibendem Eintrittszustand vom Verdichterdruckverhältnis $\pi = p_2 / p_1$, vom Temperaturverhältnis T_3/T_1 und den polytropen Wirkungsgraden des Verdichters und der Turbine ab. In Bild 25.3 ist die auf die Eintrittsenthalpie $c_\mathrm{p} \cdot T_1$ bezogene technische Arbeit in Abhängigkeit vom Verdichterdruckverhältnis und für einige Temperaturverhältnisse dargestellt. Alle Kurven $T_3 / T_1 = \text{const}$ weisen ein vom Druckverhältnis abhängiges Maximum der spezifischen Nutzarbeit auf. Dieses Druckverhältnis wird in Bezug auf die spezifische Nutzarbeit als optimales

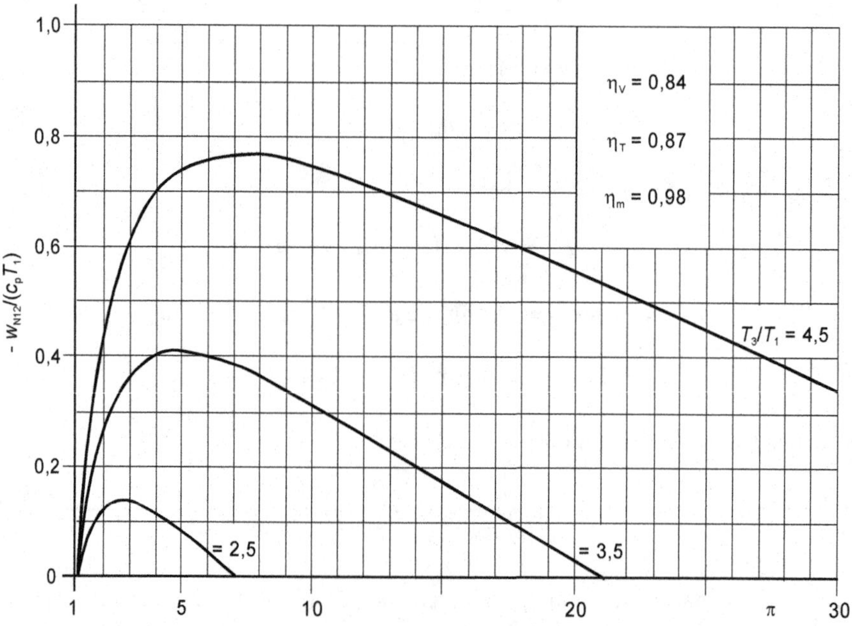

Bild 25.3. Auf die Eintrittsenthalpie bezogene spezifische Nutzleistung des offenen Gasturbinenprozesses in Abhängigkeit von Verdichterdruckverhältnis und Temperaturverhältnis

Druckverhältnis π_{opt} bezeichnet. Optimales Druckverhältnis und maximale spezifische Nutzarbeit werden mit zunehmender Maximaltemperatur T_3 größer.

Thermischer Wirkungsgrad. Als thermischen Wirkungsgrad

$$\eta_{th} = \frac{-P_N}{\dot{Q}} \tag{25.9}$$

definieren wir das Verhältnis der Nutzleistung $-P_N = \dot{m}\cdot(-w_N)$ zum isobar dem Kontrollraum B zugeführten Wärmestrom

$$\dot{Q} = \dot{m}\cdot(h_3 - h_2) = \dot{m}\cdot c_p\cdot T_1\cdot\left(\frac{T_3}{T_1} - \frac{T_2}{T_1}\right) = \dot{m}\cdot c_p\cdot T_1\cdot\left(\frac{T_3}{T_1} - \pi^{\frac{1}{\eta_V}\frac{R}{c_p}}\right). \tag{25.10}$$

Damit wird

$$\eta_{th} = \frac{\eta_m\cdot\frac{T_3}{T_1}\cdot\left(1 - \frac{1}{\pi^{\eta_T\cdot\frac{R}{c_p}}}\right) - \left(\pi^{\frac{1}{\eta_V}\frac{R}{c_p}} - 1\right)}{\frac{T_3}{T_1} - \pi^{\frac{1}{\eta_V}\frac{R}{c_p}}}. \tag{25.11}$$

Die in Bild 25.4 für drei verschiedene Temperaturverhältnisse dargestellten Wir-

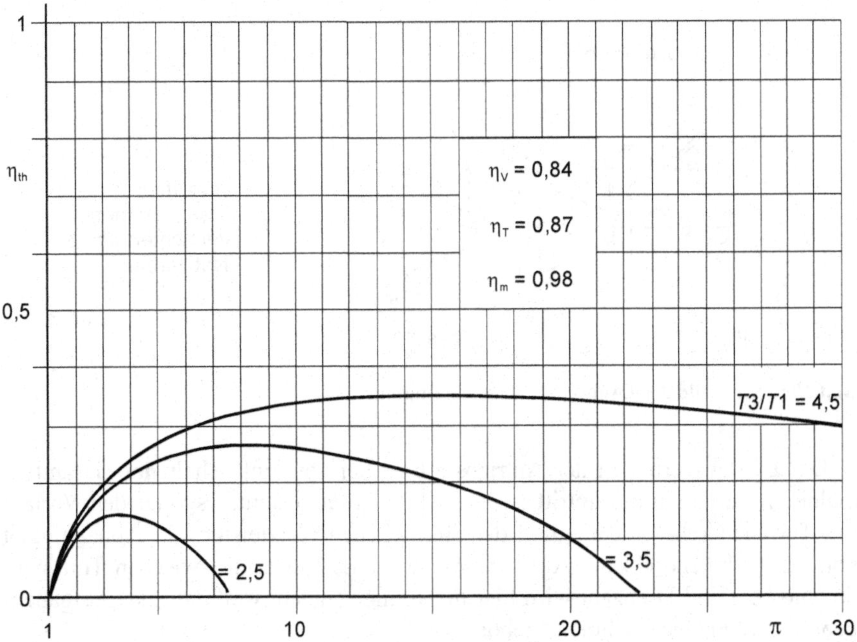

Bild 25.4. Thermischer Wirkungsgrad des einfachen Gasturbinenprozesses

kungsgradkurven weisen die gleiche Tendenz auf wie die der spezifischen Nutzeistung. Allerdings verschiebt sich das Druckverhältnis des Wirkungsgradmaximums zu größeren Werten, verglichen mit den Optimalwerten für die spezifische Nutzleistung.

Bei der Auslegung einer Gasturbinenanlage muß man also einen Kompromiß eingehen. Entweder wird man ein kleines optimales Druckverhältnis wählen, um eine maximale spezifische Nutzleistung zu erreichen oder einen etwas größeren Wert hin zu besseren Wirkungsgraden. Hohe spezifische Leistungen und hohe Wirkungsgrade erfordern hohe Turbineneintrittstemperaturen T_3. Die durch die Werkstoffestigkeit der Turbinenschaufeln festgelegten Grenzwerte liegen ohne Schaufelkühlung heute bei etwa 1200°C.

25.2 Die Fahrzeuggasturbine

Die für den Antrieb von Straßenfahrzeugen entwickelten Gasturbinen sind Zweiwellengasturbinen. Ihr schematischer Aufbau ist in Bild 25.5 dargestellt: Verdichter und die zum Antrieb des Verdichters dienende Turbine sitzen auf einer gemeinsamen Welle und bilden zusammen mit der Brennkammer und den Leitungen für Luft, Brennstoff und Gas den sogenannten Gaserzeuger. Die zum Antrieb des Fahrzeugs dienende zweite Turbine, die Nutzturbine, ist mechanisch vom Gaserzeuger getrennt und wird von diesem mit heißen Verbrennungsgasen beliefert.

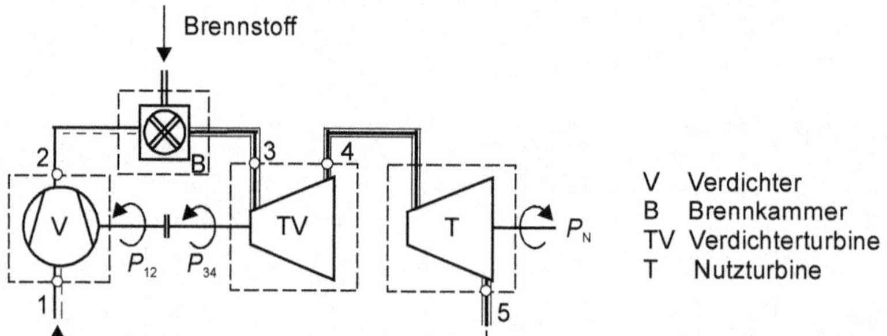

Bild 25.5. Schaltbild der Zweiwellenfahrzeuggasturbine

Das Betriebsverhalten der Antriebsturbine bei konstant gehaltener Gesamtenthalpie h_{g4} am Turbineneintritt ist in Bild 25.6a dargestellt. Es zeigt den Verlauf des Turbinendrehmomentes und der abgegebenen Nutzleistung in Abhängigkeit von der Turbinendrehzahl. Auf den Nachweis der Linearität zwischen Turbinendrehmoment und Drehzahl wird hier nicht eingegangen, weil das zum Aufgabengebiet „Strömungsmaschinen" gehört.

Das größte Drehmoment M_{max} gibt die Turbine ab, wenn ihre Drehzahl auf

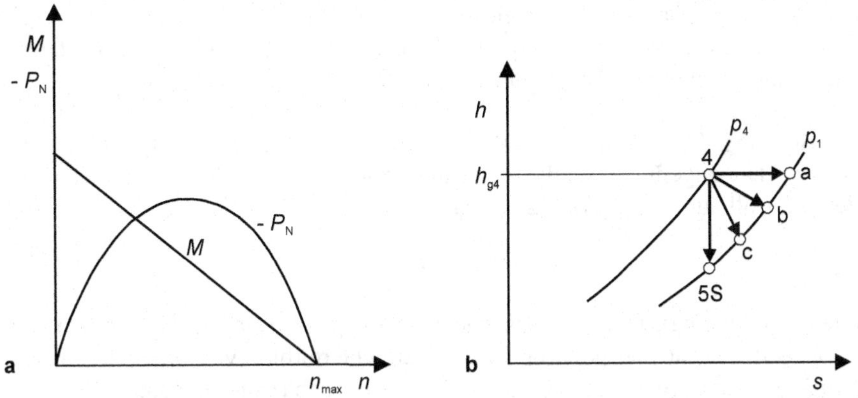

Bild 25.6. **a** Drehmomentenverlauf und abgegebene Leistung der Antriebsturbine in Abhängigkeit von der Drehzahl, **b** mögliche Zustandsänderungen des Arbeitsfluides bei unterschiedlicher Leistungsabgabe der Antriebsturbine

$n = 0$ abgebremst wird. Mit abnehmendem Drehmoment wächst die Drehzahl linear an und erreicht ihren Maximalwert, die Leerlaufdrehzahl $n = n_{\max}$, beim Drehmomentenwert $M = 0$.

Die Turbinenleistung $P = M \cdot \omega$ wächst vom Wert $P = 0$ bei $n = 0$ mit wachsender Drehzahl an und erreicht bei etwa der halben Leerlaufdrehzahl ihr Maximum. Danach sinkt die Turbinenleistung wieder ab und wird bei $n = n_{\max}$ wegen $M = 0$ wieder gleich null.

In den beiden Fällen, in denen die adiabate Turbine ohne Arbeitsabgabe durchströmt wird, bleibt die Gesamtenthalpie konstant. Bei Vernachlässigung der Änderungen der mechanischen Energien gilt dann $h_{g4} \approx h_4 = h_5$. Der bei einer Expansion ohne Arbeitsabgabe auf den Druck p_1 vom Arbeitsfluid durchlaufenen Zustandsänderung entspricht im h,s-Diagramm von Bild 25.6b die Polytrope $4 \rightarrow \text{a}$. Beispiele für Polytropen mit Arbeitsabgabe und adiabater Expansion auf p_1 sind die Linien $4 \rightarrow \text{b}$, $4 \rightarrow \text{c}$. Die Polytrope $4 \rightarrow 5\text{s}$ ist eine Isentrope. Sie stellt die nur im Grenzfall eines reversiblen Prozesses erzielbare maximale Leistungsausbeute dar.

Die Drehmomenten-Drehzahlcharakteristik der Antriebsturbine entspricht in idealer Weise den Anforderungen, die an ein Antriebsaggregat für Straßenfahrzeuge zu stellen sind. Straßenfahrzeuge benötigen beim Anfahren das größte Drehmoment an den Antriebsrädern. Mit wachsender Geschwindigkeiten, also zunehmender Raddrehzahl, nimmt der „Drehmomentenbedarf“ ab. Die Antriebsturbine erfüllt diese Bedingungen ohne Zwischenschaltung eines Schaltgetriebes zur Drehzahlanpassung und Drehmomentenwandlung.

Wir berechnen nun die Nutzarbeit und den thermischen Wirkungsgrad der Zweiwellenturbine unter denselben Voraussetzungen und vereinfachenden Annahmen wie für die einfache Gasturbine. Arbeitsfluid bei Vernachlässigung des Brennstoffmassenanteils ist Luft als ideales Gas konstanter spezifischer Wärmekapazitäten. Mechanische Energien werden vernachlässigt. Die Brennstoffenergie wird durch einen Wärmestrom $\dot{Q}$ bei konstantem Druck ersetzt. Die Zustandsänderungen sind im *h,s*- Diagramm von Bild 25.7 abzulesen.

Nutzleistung. Der Verdichter saugt Luft an und verdichtet sie polytrop von p_1 auf p_2. Die zugeführte Verdichterleistung ergibt sich aus der Energiebilanz für den Kontrollraum V (vgl. Bild 25.5) zu

$$P_{12} = \dot{m} \cdot \left(h_2 - h_1\right). \tag{25.12}$$

Die durch Wärmezufuhr bei konstantem Druck p_2 von T_2 auf T_3 erhitzte Luft expandiert adiabat und polytrop in der Verdichterturbine von $p_3 = p_2$ auf den Druck p_4. Das Arbeitsfluid gibt dabei die Leistung ab (Kontrollraum TV)

$$P_{34} = \dot{m} \cdot \left(h_4 - h_3\right). \tag{25.13}$$

Die Verdichterturbine sitzt mit dem Verdichter auf einer Welle. Sie entnimmt dem Arbeitsfluid die thermische Energie, die zum Antrieb des Verdichters und zur Deckung der mechanischen Verluste in den Lagern von Verdichter und Verdichterturbine benötigt wird. Mit dem mechanischen Wirkungsgrad $\eta_{\mathrm{m}34}$ für den Gaserzeuger lautet die Leistungsbilanz für den Verdichter und die ihn antreibende Turbine

$$P_{12} = -\eta_{\mathrm{m}34} \cdot P_{34},$$

bzw.

$$\left(h_2 - h_1\right) = -\eta_{\mathrm{m}34} \cdot \left(h_4 - h_3\right). \tag{25.14}$$

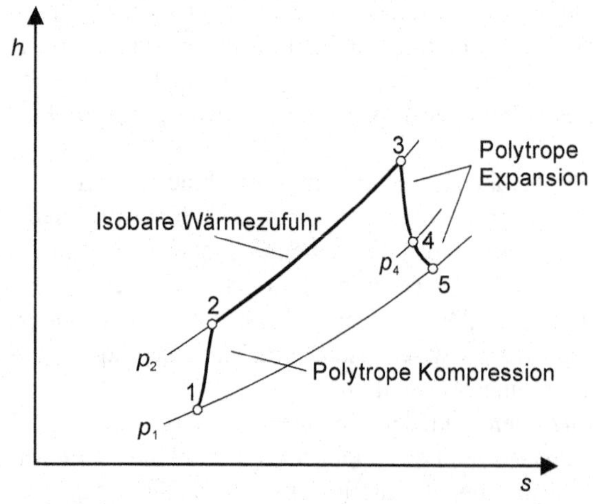

Bild 25.7. *h,s*-Diagramm des Zweiwellengasturbinenprozesses

In der Nutzturbine findet eine polytrope Expansion statt, die vom Druck p_4 auf den Ansaugdruck $p_5 = p_1$ der Luft führen soll. Die vom Arbeitsfluid abgegebene Leistung erhält man aus der Energiebilanz für den Kontrollraum T zu

$$P_{\mathrm{N}} = \eta_{\mathrm{m45}} \cdot \dot{m} \cdot (h_5 - h_4)$$

Darin berücksichtigt der Wirkungsgrad η_{m45} die mechanischen Verluste in der Nutzturbine.

Weil $(h_5 - h_4) < 0$ ist, schreiben wir

$$-P_{\mathrm{N}} = \eta_{\mathrm{m45}} \cdot \dot{m} \cdot (h_4 - h_5) \qquad .(25.15)$$

Gl. (25.15) erweitern wir mit $h_3 - h_3$ auf

$$-P_{\mathrm{N}} = \eta_{\mathrm{m45}} \cdot \dot{m} \cdot (h_3 - h_5 + h_4 - h_3)$$

und führen die Leistungsbilanz (25.14) ein. Wir erhalten

$$-P_{\mathrm{N}} = \eta_{\mathrm{m45}} \cdot \dot{m} \cdot \left(h_3 - h_5 - \frac{1}{\eta_{\mathrm{m34}}} (h_2 - h_1) \right).$$

Wir setzen die für ideale Gase konstanter spezifischer Wärmekapazität gültige Beziehung $h_{\mathrm{i}} = c_{\mathrm{p}} (T_{\mathrm{i}} + T_{\mathrm{j}}) + h_{\mathrm{j}}$ ein und nehmen zugleich vereinfachend gleiche mechanische Wirkungsgrade $\eta_{\mathrm{m34}} = \eta_{\mathrm{m45}} = \eta_{\mathrm{m}}$ für Gaserzeuger und Nutzturbine an. Es wird dann:

$$\begin{aligned} -P_{\mathrm{N}} &= \dot{m} \cdot c_{\mathrm{p}} \cdot \left(\eta_{\mathrm{m}} \cdot (T_3 - T_5) - (T_2 - T_1) \right) \\ &= \dot{m} \cdot c_{\mathrm{p}} \cdot T_1 \cdot \left[\eta_{\mathrm{m}} \cdot \left(\frac{T_3}{T_1} - \frac{T_5}{T_1} \right) - \left(\frac{T_2}{T_1} - 1 \right) \right] \\ &= \dot{m} \cdot c_{\mathrm{p}} \cdot T_1 \cdot \left[\eta_{\mathrm{m}} \cdot \frac{T_3}{T_1} \cdot \left(1 - \frac{T_5}{T_3} \right) - \left(\frac{T_2}{T_1} - 1 \right) \right] \end{aligned}$$

Mit den Polytropen für die Kompression (24.30)

$$\frac{T_2}{T_1} = \left(\frac{p_2}{p_1} \right)^{\frac{1}{\eta_{\mathrm{v}}} \cdot \frac{R}{c_{\mathrm{p}}}} = \pi^{\frac{1}{\eta_{\mathrm{v}}} \cdot \frac{R}{c_{\mathrm{p}}}}$$

und für die Expansion bei Annahme gleicher polytroper Wirkungsgrade für Verdichterturbine und Nutzturbine

$$\frac{T_5}{T_3} = \frac{T_5}{T_4} \cdot \frac{T_4}{T_3} = \left(\frac{p_5}{p_4} \cdot \frac{p_4}{p_3} \right)^{\eta_{\mathrm{T}} \cdot \frac{R}{c_{\mathrm{p}}}} = \left(\frac{p_1}{p_2} \right)^{\eta_{\mathrm{T}} \cdot \frac{R}{c_{\mathrm{p}}}} = \pi^{-\eta_{\mathrm{T}} \cdot \frac{R}{c_{\mathrm{p}}}} \qquad (25.16)$$

ergibt sich die Nutzleistung

$$-P_{\mathrm{N}} = \dot{m}\cdot c_{\mathrm{p}}\cdot T_1\cdot\left[\eta_{\mathrm{m}}\cdot\frac{T_3}{T_1}\cdot\left(1-\pi^{-\eta_{\mathrm{T}}\cdot\frac{R}{c_{\mathrm{p}}}}\right)-\left(\pi^{\frac{1}{\eta_{\mathrm{V}}}\frac{R}{c_{\mathrm{p}}}}-1\right)\right] \tag{25.17}$$

und nach Division durch den Massenstrom $\dot{m}$ die spezifische Nutzleistung

$$-w_{\mathrm{N}} = c_{\mathrm{p}}\cdot T_1\cdot\left[\eta_{\mathrm{m}}\cdot\frac{T_3}{T_1}\cdot\left(1-\pi^{-\eta_{\mathrm{T}}\cdot\frac{R}{c_{\mathrm{p}}}}\right)-\left(\pi^{\frac{1}{\eta_{\mathrm{V}}}\frac{R}{c_{\mathrm{p}}}}-1\right)\right]. \tag{25.18}$$

Thermischer Wirkungsgrad. Der thermische Wirkungsgrad wird mit der isobar zugeführten Wärmemenge (25.10)

$$\dot{Q} = \dot{m}\cdot\left(h_3-h_2\right) = \dot{m}\cdot c_{\mathrm{p}}\cdot T_1\cdot\left(\frac{T_3}{T_1}-\pi^{\frac{1}{\eta_{\mathrm{V}}}\frac{R}{c_{\mathrm{p}}}}\right)$$

und mit (25.17) berechnet zu

$$\eta_{\mathrm{th}} = \frac{-P_{\mathrm{N}}}{\dot{Q}} = \frac{\eta_{\mathrm{m}}\cdot\frac{T_3}{T_1}\cdot\left(1-\pi^{-\eta_{\mathrm{T}}\cdot\frac{R}{c_{\mathrm{p}}}}\right)-\frac{1}{\eta_{\mathrm{m}}}\cdot\left(\pi^{\frac{1}{\eta_{\mathrm{V}}}\frac{R}{c_{\mathrm{p}}}}-1\right)}{\frac{T_3}{T_1}-\pi^{\frac{1}{\eta_{\mathrm{V}}}\frac{R}{c_{\mathrm{p}}}}}. \tag{25.19}$$

Die Gln. (25.18) und (25.19) stimmen formal mit den Beziehungen für die spezifische Nutzarbeit (25.8) und dem thermischen Wirkungsgrad (25.11) der einfachen Gasturbinenanlage überein, weil die mechanischen Wirkungsgrade von Gaserzeuger und Nutzturbine sowie die Wirkungsgrade für die Verdichter- und Nutzturbine vereinfachend als gleich angenommen wurden. Beide Turbinen erscheinen dann in der Wärmebilanz wie eine Turbine, die allein die gesamte Enthalpiedifferenz h_3 - h_5 verarbeitet.

Der Verlauf der spezifischen Nutzleistung und des thermischen Wirkungsgrades der Zweiwellenturbine in Abhängigkeit vom Druck- und Temperaturverhältnis entspricht mit den hier getroffenen Vereinfachungen den in den Bildern 25.3 und 25.4 dargestellten Kurven der Einwellenturbine.

Beispiel 25.1

Es soll der irreversible Prozeß einer Zweiwellengasturbine mit folgenden Daten durchgerechnet werden:
T_1=288K ; p_1=1,01325bar ; T_3 = 1100 K ; $\pi = p_2/p_1$=4,5 ; η_{V}=0,84 ; η_{T} = 0,87 ; η_{m} = 0,98 ; $\dot{m}$ = 1,28 kg/s .Das Arbeitsfluid sei Luft als ideales Gas konstanter spezifischer Wärmekapazitäten mit R=287,1J/(kgK) , c_{p} = 1004,9 J / (kg K) .

Zu ermitteln sind die Temperaturen und die Drücke in den Endpunkten der Zustandsänderungen sowie die Entropiedifferenzen zwischen Anfangs- und Endpunkten der Zustandsänderungen, die Nutzleistung und der thermische Wirkungsgrad.

Lösung
Polytrope Verdichtung von 1 nach 2 (vgl. Bild25.7):

$$T_2 = T_1 \cdot \pi^{\frac{1}{\eta_V} \cdot \frac{R}{c_p}} = 480{,}36 \text{ K}$$

$$p_2 = \pi \cdot p_1 = 4{,}560 \text{ bar}$$

$$s_2 - s_1 = c_p \cdot \ln\frac{T_2}{T_1} - R \cdot \ln\frac{p_2}{p_1} = 82{,}26 \text{ J/(kgK)}$$

Die spezifische Verdichterantriebsleistung ist

$$w_{t12} = c_p \cdot (T_2 - T_1) = 193{,}30 \text{ kJ/kg} .$$

Isobare Wärmezufuhr von 2 nach 3:

$$p_3 = p_2 = 4{,}560 \text{ bar}$$

$$T_3 = 1100 \text{ K}$$

$$s_3 - s_2 = c_p \cdot \ln\frac{T_3}{T_2} = 832{,}59 \text{ J/(kgK)}$$

Polytrope Expansion in der Verdichterturbine von 3 nach 4:
Die spezifische Gaserzeugerturbinenleistung beträgt

$$-w_{t34} = \frac{1}{\eta_m} \cdot w_{t12} = 197{,}25 \text{ kJ/kg} .$$

$$T_4 = T_3 - \frac{-w_{t34}}{c_p} = 903{,}71 \text{ K}$$

$$p_4 = p_3 \cdot \left(\frac{T_4}{T_3}\right)^{\frac{1}{\eta_T} \cdot \frac{c_p}{R}} = 2{,}068 \text{ bar} ,$$

$$s_4 - s_3 = c_p \cdot \ln\frac{T_4}{T_3} - R \cdot \ln\frac{p_4}{p_3} = 29{,}50 \text{ J/(kgK)}$$

Polytrope Expansion in der Nutzturbine von 4 nach 5:

$$T_5 = T_4 \cdot \left(\frac{p_5}{p_4}\right)^{\eta_T \cdot \frac{R}{c_p}} = T_4 \cdot \left(\frac{p_1}{p_4}\right)^{\eta_T \cdot \frac{R}{c_p}} = 756{,}86 \text{ K}$$

$$p_5 = p_1 = 1{,}01325 \text{ bar}$$

$$s_5 - s_4 = c_p \cdot \ln\frac{T_5}{T_4} - R \cdot \ln\frac{p_1}{p_4} = 26{,}62 \text{ J/(kgK)}$$

Die Nutzleistung ist

$$-P_N = \eta_m \cdot \dot{m} \cdot c_p \cdot (T_4 - T_5) = 185{,}11 \text{ kW} .$$

Den thermischen Wirkungsgrad errechnet man zu

$$\eta_{th} = \frac{-P_N}{\dot{Q}} = \frac{-P_N}{\dot{m} \cdot c_p \cdot (T_3 - T_2)} = \eta_m \cdot \frac{T_4 - T_5}{T_3 - T_2} = 0{,}232 .$$

25.3 Prozeß der Zweiwellengasturbine mit Wärmetauscher

Der thermische Wirkungsgrad der Gasturbine läßt sich durch Einbau eines Wämetauschers in die Abgasleitung der Nutzturbine erheblich verbessern. Der Wärmetauscher überträgt einen Teil der immer noch recht hohen thermischen Energie des Abgases auf die Luft, die vom Verdichteraustritt zur Brennkammer strömt (vgl. Bild 25.8). Die mit dem Brennstoff zuzuführende Energie wird dadurch um den Betrag dieser transferierten Wärmemenge verringert. Theoretisch könnte man dabei das Abgas von der Nutzturbinenaustrittstemperatur T_5 auf die Verdichteraustrittstemperatur T_2 im Wärmetauscher herunterkühlen und ihm so bei isobarer Zustandsänderung die Wärmemenge $\dot{m} \cdot c_p \cdot (T_5 - T_2)$ entziehen (Brennstoffmassenstrom vernachlässigt). Tatsächlich ist aber eine Abkühlung nur bis auf Temperaturdifferenzen $(T_7 - T_2) < (T_5 - T_2)$ möglich, weil zwischen den Wärme austauschenden Systemen ein Temperaturgefälle vom Wärme abgebenden zum Wär

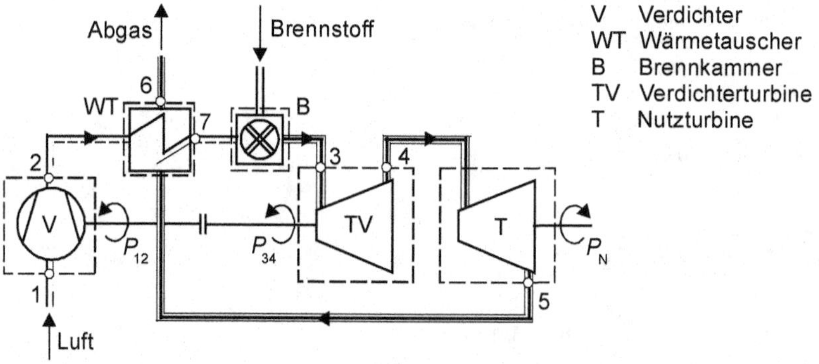

Bild 25.8. Schaltbild der Zweiwellengasturbine mit Wärmetauscher

me aufnehmenden System vorhanden sein muß.

Das Verhältnis der tatsächlich übertragbaren zur theoretisch möglichen Wärmemenge wird in einem Wärmetauscherwirkungsgrad erfaßt:

$$\varepsilon = \frac{T_7 - T_2}{T_5 - T_2} \tag{25.20}$$

Der Wärmetauscherwirkungsgrad läßt sich wegen der Kompliziertheit der Wärmeübertragungsprozesse nur experimentell bestimmen.

Nutzleistung. Auf die Nutzleistung hat der Wärmetauscher keinen Einfluß. Sie errechnet sich wie bei der Zweiwellenturbine mit den dort getroffenen Annahmen über die Wirkungsgrade nach (25.17).

Thermischer Wirkungsgrad. Bei der Berechnung des thermischen Wirkungsgrades ist nun zu berücksichtigen, daß die die Brennstoffleistung ersetzende isobare Wärmezufuhr um den Betrag der vom Wärmetauscher auf das Arbeitsfluid übertragenen Wärmemenge $\dot{m}\cdot(h_7 - h_2)$ vermindert ist (vgl. Bild 25.9). Der bis zur Höchsttemperatur T_3 noch zuzuführende Wärmestrom ist

$$\dot{Q} = \dot{m}\cdot(h_3 - h_7). \tag{25.21}$$

Wir führen in (25.21) den Wärmetauscherwirkungsgrad ε nach (25.20) ein:

$$h_3 - h_7 = c_p\cdot(T_3 - T_7) = c_p\cdot(T_3 - T_2 + T_2 - T_7) = c_p\cdot(T_3 - T_2 - (T_7 - T_2))$$

$$= c_p\cdot(T_3 - T_2 - \varepsilon\cdot(T_5 - T_2))$$

$$= c_p\cdot T_1\cdot\left[\frac{T_3}{T_1} - \frac{T_2}{T_1} - \varepsilon\cdot\left(\frac{T_5}{T_3}\cdot\frac{T_3}{T_1} - \frac{T_2}{T_1}\right)\right]$$

Mit (24.30) und (25.16) folgt

$$h_3 - h_7 = c_p\cdot T_1\cdot\left[\frac{T_3}{T_1} - \pi^{\frac{1}{\eta_V}\frac{R}{c_p}} - \varepsilon\cdot\left(\frac{T_3}{T_1}\cdot\pi^{-\eta_T\frac{R}{c_p}} - \pi^{\frac{1}{\eta_V}\frac{R}{c_p}}\right)\right] \tag{25.22}$$

und mit $\eta_{th} = \dfrac{-P_N}{\dot{m}\cdot(h_3 - h_7)}$ und (25.17)

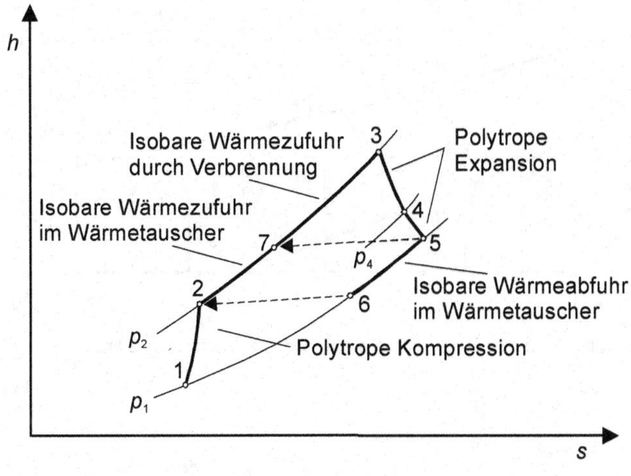

Bild 25.9. *h,s*-Diagramm der Zweiwellengasturbine mit Wärmetauscher

$$\eta_{\mathrm{th}} = \frac{\eta_{\mathrm{m}} \cdot \dfrac{T_3}{T_1} \cdot \left(1 - \pi^{-\eta_{\mathrm{T}} \frac{R}{c_{\mathrm{p}}}}\right) - \left(\pi^{\frac{1}{\eta_{\mathrm{v}}} \frac{R}{c_{\mathrm{p}}}} - 1\right)}{\dfrac{T_3}{T_1} - \pi^{\frac{1}{\eta_{\mathrm{v}}} \frac{R}{c_{\mathrm{p}}}} - \varepsilon \cdot \left(\dfrac{T_3}{T_1} \cdot \pi^{-\eta_{\mathrm{T}} \frac{R}{c_{\mathrm{p}}}} - \pi^{\frac{1}{\eta_{\mathrm{v}}} \frac{R}{c_{\mathrm{p}}}}\right)} . \tag{25.23}$$

In Bild 25.10 ist der thermische Wirkungsgrad nach (25.23) in Abhängigkeit vom Verdichterdruckverhältnis für verschiedene Temperaturverhältnisse T_3/T_1 aufgetragen. Beim Vergleich mit den gestrichelt eingetragenen Kurven des thermischen Wirkungsgrades der Gasturbine ohne Wärmetauscher nach Gl. (25.19) erkennt man, daß die Wirkungsgradmaxima nun bei sehr viel kleineren Druckverhältnissen auftreten und außerdem deutlich größer sind als die der Turbinenanlagen ohne Wärmetauscher. Man erreicht also durch den Einbau eines Wärmetauschers hohe Wirkungsgrade schon bei kleinen Druckverhältnissen, die man oft mit nur einer Verdichterstufe realisieren kann.

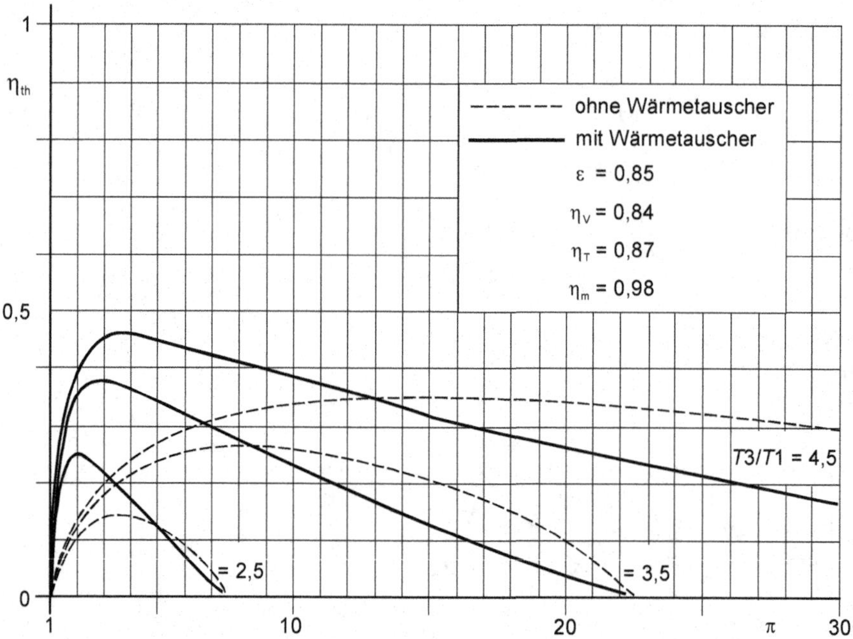

Bild 25.10. Thermischer Wirkungsgrad der Zweiwellengasturbine mit Wärmetauscher

26 Strömungsprozesse in Düsen und Diffusoren

Düsen und Diffusoren sind Strömungskanäle mit veränderlichem Querschnitt. Sie stellen offene Systeme dar, die von Fluiden ohne Arbeitstransfer ($w_t = 0$) durchflossen werden. Fließprozesse ohne Arbeitsabgabe werden *Strömungsprozesse* genannt. Wegen der meist hohen Strömungsgeschwindigkeiten kann man den Wärmeaustausch mit der Umgebung vernachlässigen und Düsen und Diffusoren als adiabate Systeme behandeln.

Die Energiebilanz für *adiabate Strömungsprozesse* ergibt sich aus (17.35), indem man darin $w_{t12} = 0$ und $q_{12} = 0$ setzt:

$$0 = h_2 - h_1 + \frac{1}{2} \cdot \left(\overline{c}_2^2 - \overline{c}_1^2\right) + g \cdot \left(z_2 - z_1\right) \tag{26.1}$$

Die Indizes 1 und 2 kennzeichen den Ein- bzw. Austrittszustand. Nach Einführung der durch (17.34) definierten Totalenthalpie

$$h_g = h + \overline{c}^2 / 2 + g \cdot z$$

erkennt man, daß bei adiabater Strömung die Totalenthalpie des Fluids konstant bleibt, also

$$h_{g1} = h_{g2}$$

ist. Für Strömungsprozesse gilt auch (17.36). Mit $q_{12} = 0$ geht diese Beziehung über in

$$0 = \int_1^2 \upsilon \cdot dp + \frac{1}{2} \cdot \left(\overline{c}_2^2 - \overline{c}_1^2\right) + g \cdot \left(z_2 - z_1\right) + j_{12} . \tag{26.2}$$

Wir behandeln im folgenden nur horizontale Strömungen und betrachten mit $z_1 = z_2$ (26.1) und (26.2) in der Form

$$\frac{1}{2} \cdot \left(\overline{c}_2^2 - \overline{c}_1^2\right) = -\left(h_2 - h_1\right) \quad , \tag{26.3}$$

$$\frac{1}{2} \cdot \left(\overline{c}_2^2 - \overline{c}_1^2\right) = -\int_1^2 \upsilon \cdot dp - j_{12} . \tag{26.4}$$

Die tatsächlich zweidimensionale (rotationssymmetrische) Strömung idealisieren wir als eindimensional, indem wir die Strömungsgrößen auf der Kanalachse als repräsentativ für den jeweiligen Querschnitt ansehen.

26.1 Funktion von Düsen und Diffusoren

Düsen sollen thermische Energie bzw. Strömungsarbeit in kinetische Energie umwandeln. Nach (26.4) muß dazu der Druck in Strömungsrichtung abnehmen, also $dp < 0$ sein, wenn die kinetische Energie zunehmen soll: $\left(\bar{c}_2^2 - \bar{c}_1^2\right) > 0$. Die Strömungsprozesse in Düsen sind also *Expansionsprozesse*. Eine Erhöhung der kinetischen Energie setzt aber erst dann ein, wenn die Strömungsarbeit größer ist als die Dissipationsenergie.

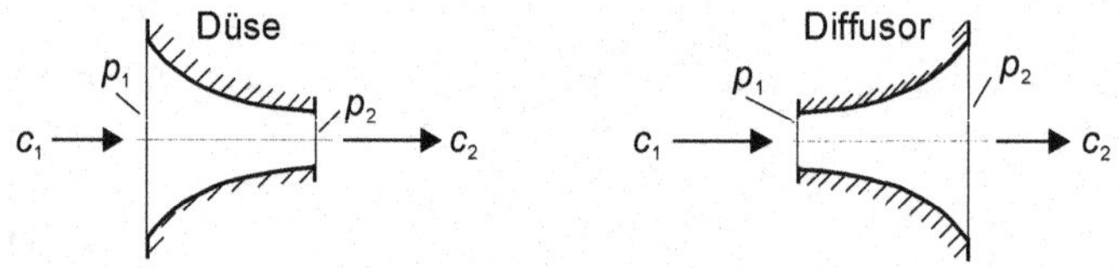

Bild 26.1. Düse und Diffusor für Unterschallströmung

Diffusoren sollen den Druck in Strömungsrichtung erhöhen. In Diffusoren laufen also *Kompressionsprozesse* ab. Druckerhöhung bedeutet, daß $dp > 0$ ist. Nach (26.4) muß nun die Strömung verzögert werden, weil mit $\bar{c}_2 < \bar{c}_1$ die kinetische Energie abnimmt und damit die Vorzeichen beider Gleichungsseiten für $dp > 0$ übereinstimmen. Der Diffusor hat also die umgekehrte Aufgabe wie eine Düse.

Ein Druckanstieg in Strömungsrichtung stellt sich jedoch nur dann ein, wenn die Abnahme der kinetischen Energie dem Betrag nach größer ist als die Dissipationsenergie. Löst beispielsweise bei einer ungünstig gestalteten Düse die Strömung von den Wänden ab, dann kann durch Verwirbelung in der Strömung soviel Energie dissipiert werden, daß der Druck trotz Verzögerung abnimmt.

26.2 Schallgeschwindigkeit und Machzahl

In ruhenden Gasen breiten sich kleine Druckschwankungen mit Schallgeschwindigkeit aus. Sie wird nachfolgend mit a bezeichnet. Für *isentrope Strömungen* gilt, wie hier ohne Beweis mitgeteilt wird

$$a^2 = \frac{dp}{d\rho} = \left(\frac{\partial p}{\partial \rho}\right)_s . \tag{26.5}$$

Für ideale Gase konstanter spezifischer Wärmekapazität ermittelt man den Differentialquotient von (26.5) aus der Differentialform der logarithmierten Isentropengleichung $p \cdot \upsilon^{\kappa} = p \cdot \rho^{-\kappa} = \text{const}$ zu $\dfrac{dp}{p} - \kappa \cdot \dfrac{d\rho}{\rho} = 0$ oder $\dfrac{dp}{d\rho} = \kappa \cdot \dfrac{p}{\rho}$.

Mit $p / \rho = R \cdot T$ aus der thermischen Zustandsgleichung idealer Gase erhält man

$$a = \sqrt{\kappa \cdot R \cdot T}\,. \tag{26.6}$$

Die Schallgeschwindigkeit eines bestimmten idealen Gases hängt also nur von der absoluten Temperatur ab. Auf diesen Zusammenhang wurde bereits in Kapitel 8 hingewiesen.

Ein anschaulicher Parameter zur Klassifizierung von Strömungen ist das Machzahl[41] Ma genannte Verhältnis von Strömungsgeschwindigkeit c zu Schallgeschwindigkeit a

$$Ma = \frac{c}{a}\,. \tag{26.7}$$

Bei $Ma = 1$ ist die Strömungsgeschwindigkeit gleich der Schallgeschwindigkeit. $Ma < 1$ bedeutet Unterschallströmung, $Ma > 1$ Überschallströmung.

Beispiel 26.1.
Das Machmeter eines in 11 km Höhe fliegenden Strahlflugzeuges zeigt bei einer Fluggeschwindigkeit von 489,16 kn $Ma = 0{,}87$ an. Man berechne die Außentemperatur in °C. Für Luft ist $\kappa = 1{,}4$, $R = 287{,}1\,\text{J/(kg} \cdot \text{K)}$.

Lösung:
Aus

$$a = \frac{c}{Ma} = \sqrt{\kappa \cdot R \cdot T}$$

folgt mit Berücksichtigung der Einheitengleichung 1 kn = 1 Seemeile/Stunde = 1,852 km/h

$$T = \frac{1}{\kappa \cdot R} \cdot \left(\frac{c}{Ma}\right)^2 = 208{,}15\,\text{K} = -65°\text{C}.$$

26.3 Ausströmgeschwindigkeit und Stromdichte

Wir betrachten in Bild 26.2 einen Behälter, aus dem ein ideales Gas durch eine konvergente Düse in einen Raum mit dem einstellbaren Druck p_A strömt. Der Behälter und der Raum, in den das Gas einströmt, seien als so groß angenommen, daß in beiden sowohl Strömungsgeschwindigkeiten als auch Zustandsänderungen während des Strömungsprozesses vernachlässigbar klein bleiben. Der Gaszustand im Behälter ist durch den *Ruhedruck* p_0, die *Ruhetemperatur* T_0, die *Ruhedichte*

[41] Ernst Mach (1838-1916), österreichischer Physiker und Philosoph. Er entdeckte die nach ihm benannten Machschen Wellen und bestätigte experimentell den Dopplereffekt.

ρ_0 und die Geschwindigkeit $c_0 \approx 0$ festgelegt. Die Zustandsänderung des Fluides wird als isentrop angenommen. Wir berechnen die Ausströmgeschwindigkeit im Mündungsquerschnitt mit der Enthalpiebilanz (26.3), angewendet auf den Bereich vom ruhenden Gas (Index 1 in (26.3) durch 0 ersetzen) bis zur Mündung, in der alle Zustandsgrößen statt durch den Index 2 durch einen hochgesetzten Stern (*) gekennzeichnet werden. Mit $c_0 \approx 0$ lautet die Bilanzgleichung

$$h_0 = h^* + 1/2 \cdot (c^*)^2 .$$

Sie liefert für die Geschwindigkeit im Austrittsquerschnitt den Wert

$$c^* = \sqrt{2 \cdot (h_0 - h^*)} . \tag{26.8}$$

Für ideales Gas konstanter spezifischer Wärmekapazitäten ist

$$c^* = \sqrt{2 \cdot c_p \cdot T_0 \cdot \left(1 - \frac{T^*}{T_1}\right)} . \tag{26.9}$$

Wir drücken das Temperaturverhältnis über (14.8) durch das Druckverhältnis aus und bekommen mit $c_p / R = \kappa / (\kappa - 1)$

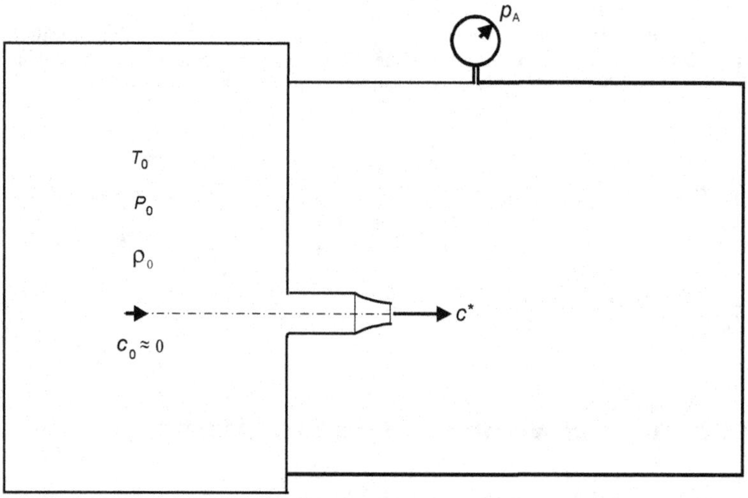

Bild 26.2. Ausströmen aus einem Behälter.

$$c^* = \sqrt{2 \cdot \frac{\kappa}{\kappa - 1} \cdot R \cdot T_0 \cdot \left(1 - \left(\frac{p^*}{p_0}\right)^{\frac{\kappa - 1}{\kappa}}\right)} . \tag{26.10}$$

Der nach der Kontinuitätsbedingung an jeder Stelle der Düse gleichgroße Massenstrom ist nach (17.5) mit ρ und c als Querschnittsmittelwerten

$$\dot{m} = \rho \cdot A \cdot c\,. \tag{17.5}$$

Nach Division durch die lokale Querschnittsfläche A ergibt sich die lokale *Stromdichte*

$$\frac{\dot{m}}{A} = \rho \cdot c\,. \tag{26.11}$$

Im Mündungsquerschnitt ist sie gleich

$$(\rho \cdot c)^* = \rho^* \cdot \sqrt{2 \cdot \frac{\kappa}{\kappa - 1} \cdot R \cdot T_0 \cdot \left(1 - \left(\frac{p^*}{p_0}\right)^{\frac{\kappa-1}{\kappa}}\right)}\,.$$

Nach Ersatz von $\rho^* = \rho_0 \cdot \rho^* / \rho_0$ durch (14.9) mit $\rho = 1/\upsilon$ erhält man zunächst

$$(\rho \cdot c)^* = \rho_0 \cdot \left(\frac{p^*}{p_0}\right)^{\frac{1}{\kappa}} \cdot \sqrt{2 \cdot \frac{\kappa}{\kappa - 1} \cdot R \cdot T_0 \cdot \left(1 - \left(\frac{p^*}{p_0}\right)^{\frac{\kappa-1}{\kappa}}\right)}$$

und nach kurzer Rechnung

$$(\rho \cdot c)^* = \sqrt{2 \cdot p_0 \cdot \rho_0} \cdot \sqrt{\frac{\kappa}{\kappa - 1} \cdot \left(\left(\frac{p^*}{p_0}\right)^{\frac{2}{\kappa}} - \left(\frac{p^*}{p_0}\right)^{\frac{\kappa+1}{\kappa}}\right)}\,. \tag{26.12}$$

Die Machzahl im Mündungsquerschnitt $Ma^* = \dfrac{c^*}{a^*}$ wird mit (26.10) und

$$a^* = \sqrt{\kappa \cdot R \cdot T^*} = \sqrt{\frac{T^*}{T_0}} \cdot \sqrt{\kappa \cdot R \cdot T_0} = \sqrt{\left(\frac{p^*}{p_0}\right)^{\frac{\kappa - 1}{\kappa}}} \cdot \sqrt{\kappa \cdot R \cdot T_0}$$

gleich

$$Ma^* = \sqrt{\frac{2}{\kappa - 1} \cdot \left(\left(\frac{p^*}{p_0}\right)^{-\frac{\kappa-1}{\kappa}} - 1\right)}\,. \tag{26.13}$$

In Bild 26.3 sind die dimensionslose Stromdichte $(\rho \cdot c)^* / \sqrt{2 \cdot p_0 \cdot \rho_0}$ und die Machzahl für Luft mit $\kappa = 1{,}4$ über dem Druckverhältnis p^* / p_0 aufgetragen. Mit abnehmendem Druckverhältnis nehmen beide Werte zu. Bei einem bestimmten Druckverhältnis erreicht die Stromdichte ihren größten Wert und die Strömungsgeschwindigkeit die Schallgeschwindigkeit mit $Ma^* = 1$. Während die Machzahl bei weiter abfallendem Druck weiter ansteigt und für $p^* / p_0 \rightarrow 0$ gegen $Ma^* \rightarrow \infty$ strebt, nimmt die Stromdichte bis auf null ab. Diese Grenzbedingung läßt sich allerdings mit der Anordnung von Bild 26.2 nicht realisieren, wie anschließend erläutert wird. Das Druckverhältnis, bei dem in der Düsenmündung die Schallgeschwindigkeit erreicht wird, ergibt sich mit $Ma^*=1$ aus (26.13) zu

$$\frac{p_L}{p_0} = \left(\frac{2}{\kappa+1}\right)^{\frac{\kappa}{\kappa-1}} \qquad (26.14)$$

und stimmt mit dem Druckverhältnis überein, bei dem das Maximum der Stromdichte mit $d(\rho \cdot c)^* / d(p/p_0) = 0$ auftritt.Von E. Schmidt [15] wurde vorgeschlagen, dieses Druckverhältnis *Laval-Druckverhältnis* zu nennen. Für Luft ist das Laval-Druckverhältnis $p_L / p_0 = 0{,}528$ mit $\kappa = 1{,}4$.

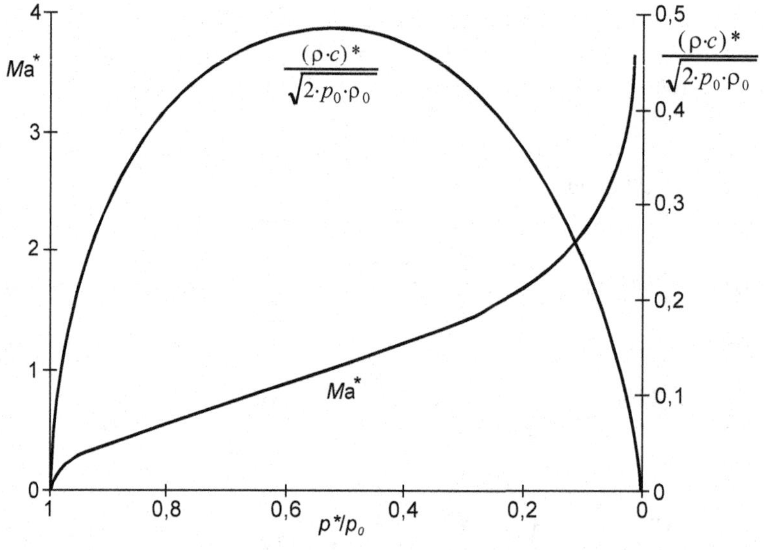

Bild 26.3. Stromdichte und Machzahl in Abhängigkeit vom Druckverhältnis p^* / p_0

Das Ergebnis bedarf einer Interpretation. Sie liefert zugleich die Erklärung dafür, warum die vorhin erwähnte Grenzsituation mit der Düse von Bild 26.2 nicht erreicht werden kann:

Bei der Auswertung von (26.12) wurde das Druckverhältnis vom Wert 1 auf den Wert 0 abgesenkt, ohne zu prüfen, ob dieses Druckverhältnis auch tatsächlich realisiert werden kann. Experimentell erzielt man die Druckabsenkung durch Absenken des Druckes p_A im Ausströmraum. Die Strömung setzt erst ein, wenn ein Druckgefälle vorhanden ist, d.h., wenn $p^* < p_0$ ist. Der Druck p^* in der Düsenmündung stimmt beim Absenken des Druckes im Ausströmraum zunächst mit dem Druck p_A überein. Wird der Druck p_A weiter gesenkt, dann wird beim Lavaldruckverhältnis (26.14) $p^*/p_0 = p_L / p_0$ in der Mündung die Schallgeschwindigkeit erreicht. Von nun an kann das Signal abnehmenden Druckes nicht mehr gegen die Strömung in der Düse anlaufen mit der Folge, daß der Druck in der Mündung trotz weiter absinkendem Druck $p_A \to 0$ konstant auf dem Wert $p^* = p_L$ bleibt. Auch Massenstrom und Machzahl bleiben konstant. Es ist also nicht möglich, in einer Düse die Strömung auf Überschallgeschwindigkeit zu beschleunigen.

26.4 Druckverlauf und Querschnittsverlauf

Querschnittsverlauf A, Strömungsgeschwindigkeit c und spezifische Masse ρ sind in einer stationären Strömung durch die Kontinuitätsgleichung

$$\dot{m} = \rho \cdot c \cdot A = \text{const} \tag{17.12}$$

miteinander verknüpft.

Wir wollen den Zusammenhang zwischen Änderung des Kanalquerschnittes und Geschwindigkeits- und Druckänderung ermitteln. Wir differenzieren dazu die logarithmierte Gleichung (17.12) nach der Koordinate x der Kanalachse und erhalten daraus für den Querschnittsverlauf

$$\frac{1}{A} \cdot \frac{dA}{dx} = -\frac{1}{\rho} \cdot \frac{d\rho}{dx} - \frac{1}{c} \cdot \frac{dc}{dx}. \tag{26.15}$$

Die Geschwindigkeitsänderung dc/dx erhalten wir aus der Energiebilanz für den Bereich vom Querschnitt 1 bis zur beliebigen Stelle x (vgl. Gl. (26.4)):

$$\left(c^2(x) - \overline{c}_1^2\right)/2 = -\int_1^x \upsilon \cdot dp - j_{1x}$$

Mit $\upsilon = 1/\rho$ und $j_{1x}=0$ für isentrope Strömungen eliminieren wir aus dieser nach x differenzierten Gleichung

$$\frac{dc}{dx} = -\frac{1}{\rho \cdot c} \cdot \frac{dp}{dx}. \tag{26.16}$$

Setzt man diesen Ausdruck in (26.15) ein, erhält man

$$\frac{1}{A} \cdot \frac{dA}{dx} = -\frac{1}{\rho} \cdot \frac{d\rho}{dx} + \frac{1}{\rho \cdot c^2} \cdot \frac{dp}{dx} = \frac{1}{\rho} \cdot \left(-\frac{1}{\frac{dp}{d\rho}} + \frac{1}{c^2} \right) \cdot \frac{dp}{dx}$$

Wir berücksichtigen (26.5)

$$a^2 = \frac{dp}{d\rho} = \left(\frac{\partial p}{\partial \rho}\right)_s$$

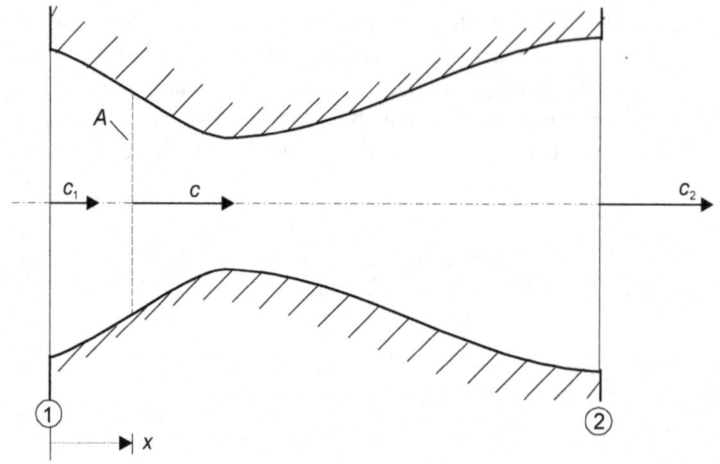

Bild 26.4. Konvergent-divergenter Strömungskanal

und die Definition (26.7) der Machzahl und erhalten

$$\frac{1}{A} \cdot \frac{\mathrm{d}A}{\mathrm{d}x} = \frac{1}{\rho \cdot c^2} \cdot \left(1 - Ma^2\right) \cdot \frac{\mathrm{d}p}{\mathrm{d}x} . \qquad (26.17)$$

Gleichung (26.17) liefert in Kombination mit (26.16) die Aussage, wie der Querschnittsverlauf dA / dx den Druck- und den Geschwindigkeitsverlauf im Strömungskanal beeinflußt. Wir müssen dabei zwei Fälle unterscheiden:

1. Unterschallgeschwindigkeit $Ma < 1$. Nach (26.17) haben Querschnittsgradient dA / dx und Druckgradient dp / dx bei Unterschallströmung gleiches Vorzeichen.

Eine Querschnittserweiterung ($dA / dx > 0$) in Strömungsrichtung bewirkt also eine Drucksteigerung ($dp / dx > 0$) und nach (26.16) eine Geschwindigkeitsreduzierung ($dc / dx < 0$). Querschnittsabnahme ($dA / dx < 0$) bewirkt nach (26.17) ein Absinken des Druckes in Strömungsrichtung ($dp / dx < 0$) und nach (26.16) eine Geschwindigkeitszunahme ($dc / dx > 0$).

2. Überschallgeschwindigkeit $Ma > 1$. Querschnittsgradient und Druckgradient haben nach (26.17) unterschiedliche Vorzeichen. Die Strömung wechselt vollständig ihren Charakter.

Querschnittserweiterung ($dA / dx > 0$) läßt nun den Druck abnehmen ($dp / dx < 0$) und nach (26.16) die Geschwindigkeit anwachsen ($dc / dx > 0$). Nimmt der Querschnitt in Strömungsrichtung ab ($dA / dx < 0$), dann steigt der Druck ($dp / dx > 0$) und die Geschwindigkeit sinkt ($dc / dx < 0$).

Soll also eine Unterschallströmung auf Überschallgeschwindigkeit beschleunigt werden, dann muß die Strömung in einem konvergenten Teil (Düse) so beschleunigt werden, daß im engsten Querschnitt Schallgeschwindigkeit erreicht wird. In einem anschließenden divergenten Teil (Diffusor) erfolgt dann der Übergang auf Überschallgeschwindigkeit. Nach dieser Überlegung baute Laval[42] die nach ihm benannte Düse. Lavaldüsen findet man in der ersten Stufe von Dampfturbinen. Sie beschleunigen den überhitzten Dampf auf Überschallgeschwindigkeit.

26.5 Die Lavaldüse

Die in Bild 26.5 skizzierte Lavaldüse ist ein konvergent-divergenter Strömungskanal. Wir diskutieren den Strömungsverlauf bei verschiedenen Gegendrücken und ziehen dazu (26.17) heran:

Wird bei hohem Außendruck p_A hinter dem Düsenaustritt der Lavaldruck im engsten Querschnitt nicht erreicht, ist also $p^* > p_L$, dann verläuft die Strömung in der Düse vollständig im Unterschallbereich. Sie arbeitet dann wie ein Venturi-Rohr[43] (Druckverteilung a).

Tritt im engsten Querschnitt der Lavaldruck auf ($p^* = p_L$), dann erreicht die Strömung dort Schallgeschwindigkeit ($c^* = a^*$). Nach (26.17) ergeben sich in diesem Fall zwei mögliche Fortsetzungen der Strömung:

1. Der Druck im Düsenaustritt $(p_2)_b$ ist größer als der Lavaldruck p_L im engsten Querschnitt. Das bedeutet Druckanstieg $dp / dx > 0$ im Erweiterungsteil der Lavaldüse, und weil dort auch $dA / dx > 0$ ist, ist nach (26.17) die Machzahl $Ma < 1$. Die Strömung geht also von Schallgeschwindigkeit im engsten Querschnitt wieder auf Unterschallgeschwindigkeit zurück und bleibt im Unterschallbereich bis zum Düsenende (Druckverteilung b).

2. Der Druck im Düsenendquerschnitt ist kleiner als der Lavaldruck p_L im engsten Querschnitt. Offenbar ist nun $dp / dx < 0$ und wegen $dA / dx > 0$ muß nach (26.17) im gesamten Diffusorteil die Machzahl $Ma > 1$ sein. Das Fluid expandiert im Überschallbereich mit wachsender Geschwindigkeit gegen den Druck $(p_2)_c$ im Austrittsquerschnitt (Druckverteilung c). Bei einer weiteren Absenkung des Außendruckes ändert sich der Strömungszustand in der Lavaldüse nicht mehr. Nun ist zu beachten, daß (26.17) nur für isentrope Strömung Gültigkeit besitzt. Die im engsten Querschnitt sich verzweigenden Druckverteilungen b und c sind Lösungen der isentropen Strömung. Sie führen vom Lavaldruck auf zwei Gegendrücke $(p_2)_b$ und $(p_2)_c$, die durch die Düsengeometrie festgelegt sind. Im Bereich zwischen den Kurven b und c kann also keine isentrope Strömung existieren.

Wir haben nun zu klären, was passiert, wenn der Druck am Ende der Düse nicht mit dem Auslegungsdruck $(p_2)_c$ übereinstimmt:

Steigt der Druck am Diffusorende durch Erhöhung des Gegendruckes p_A auf

[42] Carl Gustaf de Laval (1845 - 1913), schwedischer Ingenieur. Entwickelte ab 1883 die nach ihm benannte einstufige Gleichdruckdampfturbine und konstruierte 1889 die gleichfalls nach ihm benannte konvergent-divergente Düse.

[43] Nach G. B. Venturi (1746-1822), italienischer Physiker. Venturi-Rohre werden zur Messung von Geschwindigkeit und Volumenstrom der durchströmenden Fluide eingesetzt.

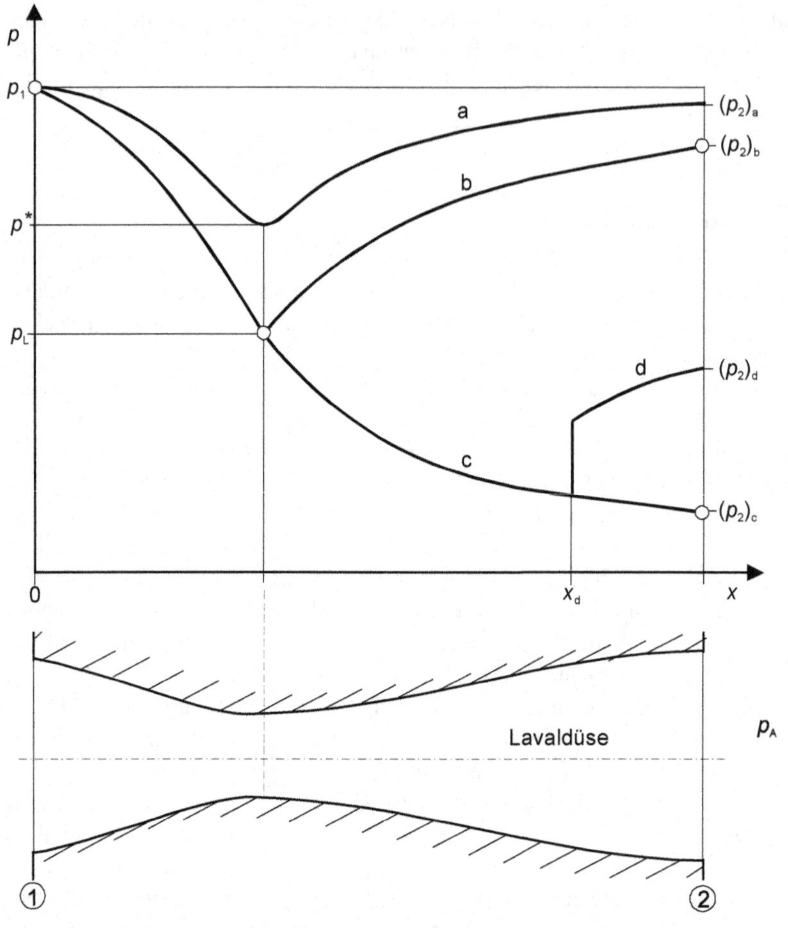

Bild 26.5. Lavaldüse mit Druckverteilung. p_A ist der Druck im Raum hinter der Düse

einen Wert $(p_2)_d$ mit $(p_2)_b > (p_2)_d > (p_2)_c$ an, dann muß der Druck in Strömungsrichtung vor dem Querschnitt 2 wieder zunehmen (Druckverteilung d). In einem sich erweiternden Kanal läßt sich ein Druckanstieg nur in einer Unterschallströmung realisieren. Stromabwärts von der Stelle x_d muß also Unterschallströmung herrschen. Der Übergang auf Unterschallgeschwindigkeit vollzieht sich dabei auf einer sehr kurzen Distanz in einem sogenannten Verdichtungstoß. Verdichtungsstöße sind Unstetigkeitsflächen in einer Strömung, durch die hindurch sich Geschwindigkeit, Druck und Dichte sprunghaft ändern.

Der Vorgang ist mit Entropieproduktion verbunden. Alle Strömungsprozesse, die in das von den Kurven b und c begrenzte Gebiet führen, sind also irreversibel. Erhöht man den Außendruck p_A weiter, dann wandert der Verdichtungstoß, der sich zunächst am Düsenende befindet, stromaufwärts bis er den engsten Querschnitt erreicht und die Überschallströmung im gesamten Diffusor auslöscht.

26.6 Wirkungsgrade von Düse und Diffusor

Düse. Die kinetische Energie im Austrittsquerschnitt der Düse ergibt sich bei adiabater Expansion vom Druck p_1 auf p_2 mit der längs der gesamten Düse konstanten Totalenthalpie

$$h_g = h_1 + \frac{c_1^2}{2} = h_2 + \frac{c_2^2}{2}$$

zu

$$\frac{1}{2} \cdot c_2^2 = h_1 - h_2 + \frac{1}{2} \cdot c_1^2 . \tag{26.18}$$

Das größte Enthalpiegefälle und damit die größte Zunahme der kinetischen Energie liefert die isentrope Expansion (vgl. Bild 26.6a). Mit der isentropen Enthalpiedifferenz

$$\Delta h_s = h_1 - h_{2s} \tag{26.19}$$

erhält man für die kinetische Energie im Düsenaustrittsquerschnitt bei reibungsfreier Strömung

$$\frac{1}{2} \cdot c_{2s}^2 = \Delta h_s + \frac{1}{2} \cdot c_1^2 . \tag{26.20}$$

Da es Aufgabe der Düse ist, Enthalpie in kinetische Energie zu wandeln, ist es sinnvoll, die bei tatsächlicher Strömung gewonnene spezifische kinetische Energie auf die bei isentroper Strömung maximal erreichbare zu beziehen und die Qualität der Energiewandlung durch den isentropen Düsenwirkungsgrad

$$\eta_{Ds} = \frac{c_2^2/2}{c_{2s}^2/2} = \frac{c_2^2/2}{c_1^2/2 + \Delta h_s} \tag{26.21}$$

zu bewerten. In der Literatur findet man gelegentlich den Geschwindigkeitsbeiwert

$$\varphi = \frac{c_2}{c_{2s}} = \sqrt{\eta_{Ds}}$$

als Bewertungsziffer für Düsenströmungen.

Diffusor. Aufgabe des Diffusors ist es, kinetische oder thermische Energie in Druck umzuwandeln. Die für eine Druckerhöhung von p_1 auf p_2 aufzuwendende kleinste Enthalpiedifferenz ist die für isentrope Kompression Δh_s (vgl. Bild 26.6b).
Mit der tatsächlichen Enthalpiedifferenz bei reibungsbehafteter Strömung

$$h_2 - h_1 = \frac{1}{2} \cdot \left(c_1^2 - c_2^2\right)$$

definiert man den isentropen Diffusorwirkungsgrad

$$\eta_{\text{Df}} = \frac{\Delta h_S}{h_2 - h_1} = \frac{\Delta h_S}{1/2 \cdot \left(c_1^2 - c_2^2\right)} . \tag{26.22}$$

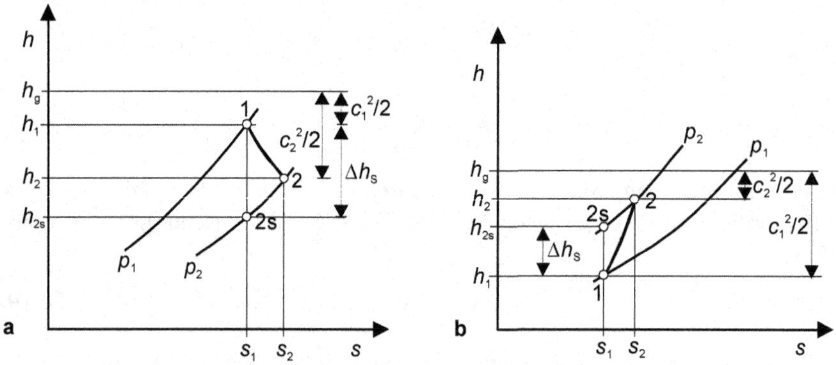

Bild 26.6. h,s-Diagramme: **a** adiabate Düsenströmung, **b** adiabate Diffusorströmung

Außer diesem Diffusorwirkungsgrad werden in der Literatur auch andere Wirkungsgraddefinitionen angegeben [21].

27 Exergie und Anergie

Das Energieerhaltungsprinzip des 1. Hauptsatzes besagt, daß Energie weder vernichtet noch produziert werden kann. Energie ist nur wandelbar in ihren Erscheinungsformen. Erscheinungsformen sind beispielsweise die

mechanischen Energien

- kinetische Energie,
- potentielle Energie,

die elektrische Energie,

die thermischen Energien

- Wärme,
- Enthalpie,
- innere Energie.

Die mechanischen Energieformen und die elektrische Energie gehören zu den Energieformen, die sich unbeschränkt in jede andere Energieform umwandeln lassen, sofern nur der Prozeß der Wandlung reversibel erfolgt.

Die Wandelbarkeit der thermischen Energien unterliegt hingegen Einschränkungen, die ihnen der zweite Hauptsatz auferlegt. So kann man zwar die Arbeit eines Rührwerkes vollständig in innere Energie umwandeln, der umgekehrte Prozeß gelingt jedoch nicht.

Thermische Energien können nur insoweit genutzt werden, als sie sich nicht im thermodynamischen Gleichgewicht mit der Umgebung befinden. Thermodynamisches Gleichgewicht umfaßt thermisches Gleichgewicht und mechanisches Gleichgewicht. Chemisches Gleichgewicht bleibt hier außer Betracht. Wenn die Zustandsgrößen Temperatur und Druck des am Energiewandlungsprozeß beteiligten Systems mit den Werten der Umgebung übereinstimmen, dann ist die Umwandlungsfähigkeit des Systems erschöpft. Thermische Energien bestehen demnach aus zwei Anteilen, einem unbegrenzt in andere Formen wandelbaren Teil und in einem nicht mehr verwertbaren Teil. Nach einem Vorschlag von Z. Rant [25] werden sie Exergie und Anergie genannt:

$$\text{Energie} = \text{Exergie} + \text{Anergie}$$

Die mechanischen Energien und die elektrische Energie sind nach dieser Definition ausschließlich Exergien, weshalb man sie manchmal auch als "Edelenergien“ bezeichnet.

Da die mechanische Arbeit zu den unbegrenzt wandelbaren Formen gehört, läßt sich die Exergie einer thermischen Energie ermitteln, indem man die maximal mögliche Arbeit bestimmt, die ein System verrichten kann, wenn es in einem reversiblen Prozeß mit der Umgebung ins Gleichgewicht gebracht wird.

Statt der Bezeichnung „Exergie“ wird deshalb auch gelegentlich der Begriff „Arbeitsfähigkeit“ [25] verwendet. Die Anergie ergibt sich danach als Differenz der dem System zugeführten Energie und ihrer Exergie.

Der Umwandlungsgrad beschränkt wandelbarer Energien wird durch die Umgebung beeinflußt, in der die Energiewandlung abläuft. So muß zur Erzielung eines möglichst hohen thermischen Wirkungsgrades einer Wärmekraftmaschine die Abwärme an ein System möglichst niedriger Temperatur abgegeben werden. Das uns dazu zur Verfügung stehende System ist die Atmosphäre oder es sind Flüsse und Seen, die das Kühlwasser für Wärmekraftwerke liefern. Das System „Umgebung“ fungiert als Energiespeicher, indem es die gesamte Abwärme aufnimmt.

Seine Temperatur ist die vorgegebene untere Grenztemperatur, die bei der Umwandlung von Wärme in Arbeit oder mechanische Energie nach Aussage des zweiten Hauptsatzes nicht unterschritten werden kann. Der Umgebungsdruck und „Ruhe“ sind die weiteren Parameter.

27.1 Exergie und Anergie der Wärme

In Bild 27.1 ist eine Wärmekraftmaschine dargestellt, der ein stationärer Wärmestrom $\dot{Q}$ zufließt. Die Maschine erzeugt in einem reversiblen Kreisprozeß die Nutzarbeit P und gibt den Wärmestrom $\dot{Q}_{ab}$ an die Umgebung ab.

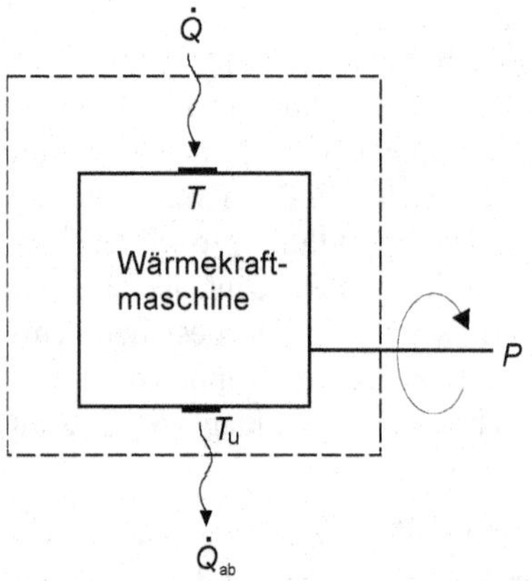

Bild 27.1. Wärmekraftmaschine als geschlossenes System

Die maximale Arbeitsausbeute wird erzielt, wenn der Abwärmestrom bei der Umgebungstemperatur T_u abgeführt wird. Die maximal gewinnbare Leistung $(-P)_{max}$ stellt die Exergie $\dot{E}_Q$ des Wärmestromes dar. Mit dem Carnotfaktor nach Gl. (23.38) als höchstmöglichem Wirkungsgrad aller denkbaren Kreisprozesse

$$\eta_C = \frac{(-P)_{max}}{\dot{Q}} = 1 - \frac{T_u}{T} \tag{23.38}$$

erhält man

$$\dot{E}_Q = (-P)_{max} = \left(1 - \frac{T_u}{T}\right) \cdot \dot{Q} . \tag{27.1}$$

Darin ist T die konstante Temperatur, bei der der Wärmestrom $\dot{Q}$ zugeführt wird.

Wie man (27.1) entnimmt, erhöht sich die Exergie eines Systems bei gleichbleibender Umgebungstemperatur T_U mit zunehmender Temperatur T.

Wärme wird also umso wertvoller, je höher die Temperatur ist, bei der sie übertragen wird.

Die Anergie $\dot{B}_Q$ des Wärmestroms wird ermittelt, indem man die Differenz von zugeführter Energie, das ist in diesem Falle der Wärmestrom $\dot{Q}$, und der Exergie $\dot{E}_Q$ nach (27.1) bildet:

$$\dot{B}_Q = \dot{Q} - \dot{E}_Q = \frac{T_u}{T} \cdot \dot{Q} = \left|\dot{Q}_{ab}\right| \tag{27.2}$$

Die Anergie ist nach (27.2) gleich dem Betrag des Abwärmestroms $\dot{Q}_{ab}$.

Wird der Wärmestrom $\dot{Q}$ bei veränderlicher Temperatur T im Intervall $T_1 \leq T \leq T_2$ zugeführt, dann zerlegt man zur Berechnung der Exergie die Wärmezufuhr in die differentiellen Teilintervalle $d\dot{Q}$ und integriert das Differential von (27.1)

$$d\dot{E}_Q = \left(1 - \frac{T_u}{T}\right) \cdot d\dot{Q}$$

über $T_1 \leq T \leq T_2$.

Man erhält als gesamten bei veränderlicher Temperatur übertragenen Exergiestrom mit Berücksichtigung von (17.43)

$$\dot{E}_{Q12} = \dot{Q}_{12} - T_u \cdot \int_1^2 \frac{d\dot{Q}}{T} = \dot{Q}_{12} - T_u \cdot \dot{S}_{Q12} = \dot{Q}_{12} - T_u \cdot \left[\left(\dot{S}_2 - \dot{S}_1\right) - \dot{S}_{irr12}\right]. \tag{27.3}$$

Der Anergiestrom $\dot{B}_{Q12}$ ist die Differenz von zugeführtem Wärmestrom und zugeführtem Exergiestrom

$$\dot{B}_{Q12} = \dot{Q}_{12} - \dot{E}_{Q12} = T_u \cdot \dot{S}_{Q12} . \tag{27.4}$$

Exergiestrom und Anergiestrom sind extensive Größen. Nach Division durch den Massenstrom $\dot{m}$ erhält man die spezifische Exergie der Wärme $e_{Q12} = \dot{E}_{Q12} / \dot{m}$

$$e_{Q12} = q_{12} - T_u \cdot \left[\left(s_2 - s_1\right) - s_{irr12}\right] \tag{27.5}$$

und die spezifische Anergie der Wärme $b_{Q12} = \dot{B}_{Q12} / \dot{m}$ zu

$$b_{Q12} = T_u \cdot \left[\left(s_2 - s_1\right) - s_{irr12}\right]. \tag{27.6}$$

Für reversible Prozesse ist in den beiden letzten Gleichungen $s_{\text{irr}12} = 0$ zu setzen.

27.2 Exergie und Anergie der Enthalpie

Wir berechnen zunächst die maximale Arbeit, die ein Stoffstrom verrichtet, der mit dem Totalenthalpiestrom

$$\dot{H}_{g1} = \dot{m} \cdot \left(h_1 + \frac{c_1^2}{2} + g \cdot z_1 \right) \tag{27.7}$$

die Grenze eines offenen Systems überquert und dieses nach einem reversiblen Prozeß im Zustand der Umgebung verläßt. Der Umgebungszustand ist durch Umgebungstemperatur T_u, Umgebungsdruck p_u und den Nullpunkt der mechanischen Energien mit $z_u = 0$, $c_u \approx 0$ festgelegt.

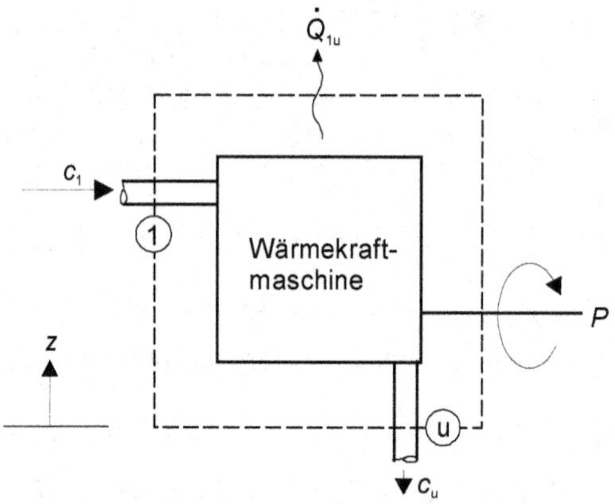

Bild 27.2. Offenes System mit Energieflüssen

Die Energiebilanzgleichung (17.29) für das offene stationär durchströmte System von Bild 27.2

$$\dot{Q}_{1u} + P = \dot{m} \cdot \left[h_u - h_1 + \frac{1}{2} \cdot \left(c_u^2 - \bar{c}_1^2 \right) + g \cdot \left(z_u - z_1 \right) \right]$$

liefert mit $c_u \approx 0$ und $z_u = 0$ für die abgegebene Leistung

$$-P = \dot{m} \cdot \left[\left(h_1 - h_u \right) + \frac{1}{2} \cdot c_1^2 + g \cdot z_1 \right] + \dot{Q}_{1u} \,. \tag{27.8}$$

Da wir die Exergie der Enthalpie bestimmen wollen und nicht die Summe der Exergien von Enthalpie und Wärme, darf ein etwa zu- oder abzuführender Wärmestrom nur als Anergie, also mit Umgebungstemperatur T_u und reversibel, d.h. ohne Differenz zwischen Umgebungstemperatur und Fluidtemperatur die Systemgrenze überqueren. Dieser Wärmestrom ergibt sich aus der Entropiebilanz (17.43) mit $\dot{S}_{\text{irr}\,1\text{u}} = 0$ und $\dot{S}_{\text{Q}1\text{u}} = \dot{Q}_{1\text{u}} / T_u$ zu

$$\dot{Q}_{1\text{u}} = \dot{m} \cdot T_u \cdot (s_u - s_1) . \tag{27.9}$$

Nach diesen Überlegungen ist der im *h,s*-Diagramm von Bild 27.3 dargestellte Prozeß festgelegt:

Danach wird die maximale Leistung $(-P)_{max}$ gewonnen durch eine isentrope Expansion des Stoffstromes vom Zustand 1 auf die Umgebungstemperatur und von dort durch einen reversiblen Wärmetausch isotherm bei der Umgebungstemperatur T_u auf den Umgebungsdruck p_u. Die Maximalleistung ist die Exergie des Totatenthalpiestromes nach (27.7)

$$(-P)_{\text{max}} = \left(\dot{E}_{\text{H}}\right)_1 . \tag{27.10}$$

Mit (27.10), (27.9) liefert (27.8) den Exergiestrom

$$\dot{E}_{\text{H}1} = \dot{m} \cdot \left[\left(h_1 - h_u\right) + \frac{1}{2} \cdot c_1^2 + g \cdot z_1 + T_u \cdot \left(s_u - s_1\right) \right] . \tag{27.11}$$

Der Anergiestrom $\dot{B}_{\text{H}}$ ist die Differenz zwischen der zugeführten Gesamtenthalpie (27.7) und dem Exergiestrom (27.11):

$$\dot{B}_{\text{H}1} = \dot{m} \cdot \left(h_u + T_u \cdot \left(s_1 - s_u\right)\right) \tag{27.12}$$

Das Ergebnis (27.12) bestätigt die zu Anfang dieses Kapitels gemachte Feststel-

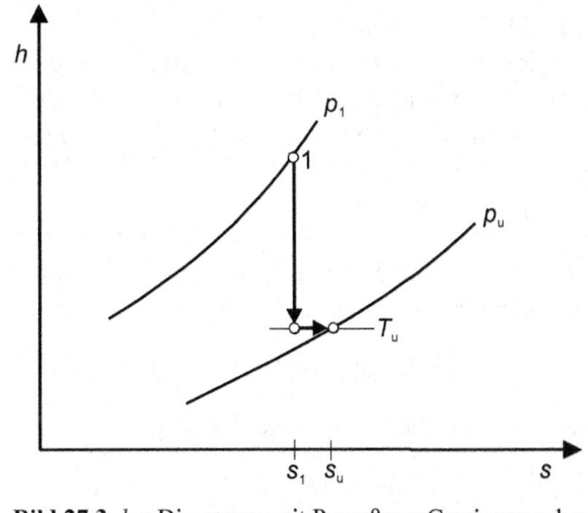

Bild 27.3. *h,s*-Diagramm mit Prozeß zur Gewinnung der maximalen Leistung

lung, daß kinetische und potentielle Energie reine Exergien darstellen, denn eine Anergie dieser Energien tritt darin nicht auf.

Spezifische Exergie und Anergie der Totalenthalpie erhält man durch Division durch den Massenstrom zu

$$e_{\mathrm{H1}} = \left(h_1 - h_\mathrm{u}\right) + \frac{1}{2} \cdot c_1^2 + g \cdot z_1 + T_\mathrm{u} \cdot \left(s_\mathrm{u} - s_1\right), \tag{27.13}$$

$$b_{\mathrm{H1}} = h_\mathrm{u} + T_\mathrm{u} \cdot \left(s_1 - s_\mathrm{u}\right). \tag{27.14}$$

27.3 Exergie und Anergie der inneren Energie

Ein geschlossenes System verrichtet bei einer Expansion nach (9.18) die Nutzarbeit (Kapitel 9)

$$-W_{\mathrm{N\,1u}} = \int_1^u \left(p - p_\mathrm{u}\right) \cdot dV = \int_1^u p \cdot dV - p_\mathrm{u} \cdot \left(V_\mathrm{u} - V_1\right).$$

Das Integral wird mit Hilfe der Bilanzgleichung des 1. Hauptsatzes

$$U_\mathrm{u} - U_1 = Q_{1\mathrm{u}} - \int_1^u p \cdot dV$$

durch die Differenz der inneren Energie und der zugeführten Wärme ersetzt.
Damit ergibt sich

$$-W_{\mathrm{N\,1u}} = -\left(U_\mathrm{u} - U_1\right) + Q_{1\mathrm{u}} - p_\mathrm{u} \cdot \left(V_\mathrm{u} - V_1\right). \tag{27.15}$$

Die Exergie des geschlossenen Systems ist der erzielbare Maximalwert der Nutzarbeit bei einer Zustandsänderung vom Zustand 1 in den Umgebungszustand. Notwendige Voraussetzung ist eine reversible Prozeßführung.

Da ausschließlich die Exergie der inneren Energie ermittelt werden soll, darf Wärme nur als Anergie die Systemgrenze passieren. Der Wärmeaustausch muß also mit der Temperaturdifferenz null zwischen Umgebung und Fluid von statten gehen. Nach Einsetzen von

$$Q_{1\mathrm{u}} = T_\mathrm{u} \cdot \left(S_\mathrm{u} - S_1\right)$$

in (27.15) ergibt sich die Exergie E_U der inneren Energie U als maximale Nutzarbeit $\left(-W_{\mathrm{N\,1u}}\right)_{\max}$ des geschlossenen Systems:

$$E_{\mathrm{U1}} = U_1 - U_\mathrm{u} + p_\mathrm{u} \cdot \left(V_1 - V_\mathrm{u}\right) - T_\mathrm{u} \cdot \left(S_1 - S_\mathrm{u}\right). \tag{27.16}$$

Die Anergie B_{U1} ist die Differenz der inneren Energie U_1 und der Exergie:

$$B_{\mathrm{U1}} = U_1 - E_\mathrm{U} = U_\mathrm{u} - p_\mathrm{u} \cdot \left(V_1 - V_\mathrm{u}\right) + T_\mathrm{u} \cdot \left(S_1 - S_\mathrm{u}\right) \tag{27.17}$$

Die Werte der spezifischen Exergie und der spezifischen Anergie eines homogenen Systems erhält man nach Division durch die Systemmasse m:

$$e_{U1} = u_1 - u_u + p_u \cdot (\upsilon_1 - \upsilon_u) - T_u \cdot (s_1 - s_u) \tag{27.18}$$

$$b_{U1} = u_u - p_u \cdot (\upsilon_1 - \upsilon_u) + T_u \cdot (s_1 - s_u) \tag{27.19}$$

27.4 Exergieverlust

Bei allen irreversiblen Prozessen tritt ein Exergieverlust E_V auf. Durch Reibung, Wärmeübertragung unter Temperaturgefälle, Mischung etc. wird ein Teil der zugeführten Exergie in Anergie umgewandelt.

Wir berechnen als erstes den Exergieverlust eines geschlossenen Systems bei einer Zustandsänderung von 1 nach 2.

Die Exergie im Zustand 1 ist nach (27.16)

$$E_{U1} = U_1 - U_u + p_u \cdot (V_1 - V_u) - T_u \cdot (S_1 - S_u) , \tag{27.16}$$

im Zustand 2 ist sie analog (27.16)

$$E_{U2} = U_2 - U_u + p_u \cdot (V_2 - V_u) - T_u \cdot (S_2 - S_u) . \tag{27.20}$$

Die Exergie im Zustand 2 ist um die Exergie der zugeführten Wärme und der verrichteten Nutzarbeit höher als im Zustand 1 und um einen Exergieverlust $(E_U)_V$ infolge irreversibler Prozeßführung vermindert:

$$E_{U2} = E_{U1} + E_{Q12} + W_{N12} - (E_U)_V \tag{27.21}$$

Der Exergieverlust ergibt sich daraus zu

$$(E_U)_V = E_{U1} - E_{U2} + E_{Q12} + W_{N12} . \tag{27.22}$$

Setzt man darin die Exergien der Zustände 1 und 2 nach (27.16) und (27.20), die Exergie der Wärme analog (27.3) und W_{N12} nach (9.18) ein, erhält man

$$(E_U)_V = U_1 - U_2 + p_u \cdot (V_1 - V_2) - T_u \cdot (S_1 - S_2) + Q_{12} - T_u \cdot S_{Q12} -$$

$$- \int_1^2 p \cdot dV + p_u \cdot (V_2 - V_1)$$

$$= - \left\{ U_2 - U_1 - Q_{12} + \int_1^2 p \cdot dV \right\} + T_u \cdot [S_2 - (S_1 + S_{Q12})] .$$

Der Term in der geschweiften Klammer ist die Energiebilanzgleichung des 1. Hauptsatzes und nach ihr gleich null. Der Term in der eckigen Klammer ist die im Verlauf der Zustandsänderung produzierte Entropie $S_{\text{irr}12}$ (vgl. Gl. (16.40)).

Der Exergieverlust eines geschlossenen Systems stellt sich demnach dar als Produkt der thermodynamischen Umgebungstemperatur und der im System infolge eines irreversiblen Prozesses erzeugten Entropie:

$$(E_\text{U})_\text{V} = T_\text{u} \cdot \left[S_2 - \left(S_1 + S_{\text{Q}12}\right)\right] \tag{27.23}$$

Die Ermittlung des Exergieverluststromes $(\dot{E}_\text{H})_\text{V}$ eines Stoffes, der in einem irreversiblen Prozeß ein offenes System durchfließt, verläuft analog zum Verfahren für geschlossene Systeme.

Der eintretende Exergiestrom ist nach (27.11)

$$\dot{E}_{\text{H}1} = \dot{m} \cdot \left[\left(h_1 - h_\text{u}\right) + \frac{1}{2} \cdot c_1^2 + g \cdot z_1 + T_\text{u} \cdot \left(s_\text{u} - s_1\right)\right]. \tag{27.11}$$

Das Fluid verläßt das Kontrollgebiet mit einem Exergiestrom

$$\dot{E}_{\text{H}2} = \dot{m} \cdot \left[\left(h_2 - h_\text{u}\right) + \frac{1}{2} \cdot c_2^2 + g \cdot z_2 + T_\text{u} \cdot \left(s_\text{u} - s_2\right)\right], \tag{27.24}$$

der um die Exergie des transferierten Wärmestroms und der Wellenleistung erhöht und durch Dissipation und andere irreversible Effekte verringert ist. Der Exergieverluststrom errechnet sich aus der Bilanz

$$\dot{E}_{\text{H}2} = \dot{E}_{\text{H}1} + \dot{E}_{\text{Q}12} + P - \left(\dot{E}_\text{H}\right)_\text{V}$$

zu

$$\left(\dot{E}_\text{H}\right)_\text{V} = \dot{E}_{\text{H}1} - \dot{E}_{\text{H}2} + \dot{E}_{\text{Q}12} + P\ . \tag{27.25}$$

Nach Einführung von (27.11), (27.24) und mit

$$\dot{E}_{\text{Q}12} = \dot{Q}_{12} - T_\text{u} \cdot \dot{S}_{\text{Q}12}$$

als Exergie des Wärmestroms, erhält man

$$\left(\dot{E}_\text{H}\right)_\text{V} = \left\{\dot{Q}_{12} + P - \dot{m} \cdot \left[h_2 - h_1 + \frac{1}{2} \cdot \left(c_2^2 - c_1^2\right) + g \cdot \left(z_2 - z_1\right)\right]\right\} +$$

$$+ T_\text{u} \cdot \left[\dot{S}_2 - \left(\dot{S}_1 + \dot{S}_{\text{Q}12}\right)\right].$$

Der Term in der geschweiften Klammer ist die Energiebilanzgleichung, die in dieser Form für den Inhalt der geschweiften Klammer den Wert Null liefert. In der eckigen Klammer steht der im System infolge irreversiblen Prozesses produzierte Entropiestrom $\dot{S}_{\text{irr}12}$ nach Gl. (17.45). Damit gilt für den Exergieverluststrom die zu (27.23) gleichartige Beziehung

$$\left(\dot{E}_{\mathrm{H}}\right)_{\mathrm{V}} = T_{\mathrm{u}} \cdot \dot{S}_{\mathrm{irr12}}\,. \tag{27.26}$$

27.5 Exergetischer Wirkungsgrad

Der thermische Wirkungsgrad einer Wärmekraftmaschine gibt an, welcher Teil der zugeführten Energie in Nutzleistung umgewandelt wird. Er berücksichtigt nicht, daß der Umwandlung von vorneherein durch die nicht beeinflußbaren Umgebungsbedingungen Grenzen gesetzt sind. Insbesondere läßt sich deshalb auch nicht die Güte des Prozesses und der Anlage daran ablesen. Sie geht zwar in den Wirkungsgrad ein, eine Bewertung der Qualität läßt sich aber nur im Vergleich mit den thermischen Wirkungsgraden anderer Anlagen und Prozeßabläufe durchführen. Einen unmittelbaren Maßstab für die Güte der Energiewandlung erhält man aber, indem man die abgegebene Leistung auf die unter Umgebungsbedingungen maximal erzielbare Leistung, also die Exergie bezieht. Man kommt so zur Definition des *exergetischen Wirkungsgrades*

$$\zeta = \frac{E_{\mathrm{N}}}{E_{\mathrm{zu}}} \tag{27.27}$$

als dem Verhältnis der in einem Prozeß als Nutzleistung gewonnnen Exergie E_{N} zur zugeführten Exergie E_{zu}.

Mit E_{v} als Exergieverlust und $E_{\mathrm{N}} = E_{\mathrm{zu}} - E_{\mathrm{V}}$ erhält man

$$\zeta = \frac{E_{\mathrm{zu}} - E_{\mathrm{V}}}{E_{\mathrm{zu}}} = 1 - \frac{E_{\mathrm{V}}}{E_{\mathrm{zu}}}. \tag{27.28}$$

Der exergetische Wirkungsgrad erreicht seinen Höchstwert $\zeta = 1$, wenn kein Exergieverlust auftritt, der Prozeß also reversibel, d.h. ohne Entropieproduktion ($\dot{S}_{\mathrm{irr}} = 0$) abläuft.

Die Gleichung (27.27) ist die allgemeine Definition des exergetischen Wirkungsgrades. Bei der Bewertung spezieller Prozesse müssen zugeführte Exergie und Nutzleistung aus dem Prozeßablauf bestimmt werden.

Otto-Prozeß. Die im Ottoprozeß (Kapitel 23) gewonnene spezifische Exergie ist die spezifische Nutzarbeit des Kreisprozesses

$$-w_{\mathrm{k}} = c_{\mathrm{v}} \cdot \left(T_1 - T_2 + T_3 - T_4\right). \tag{23.5}$$

Zugeführte spezifische Exergie ist die Exergie der bei isochorer Zustandsänderung reversibel von 2 nach 3 übertragenen Wärmemenge. Analog (27.5) gilt mit $s_{\mathrm{irr23}} = 0$

$$e_{\mathrm{Q23}} = q_{23} - T_{\mathrm{u}} \cdot \left(s_3 - s_2\right).$$

Mit $q_{23} = c_v \cdot (T_3 - T_2)$ und der isochoren Entropiedifferenz nach (16.31) $s_3 - s_2 = c_v \cdot \ln \dfrac{T_3}{T_2}$ wird daraus

$$e_{Q23} = c_v \cdot (T_3 - T_2) - T_u \cdot c_v \cdot \ln \frac{T_3}{T_2}. \tag{27.29}$$

Der exergetische Wirkungsgrad des Ottomotors

$$\varsigma = \frac{-w_k}{e_{Q23}} \tag{27.30}$$

wird nach Einsetzen von (23.5) und (27.29) gleich

$$\varsigma = \frac{T_1 - T_2 + T_3 - T_4}{T_3 - T_2 - T_u \cdot \ln \dfrac{T_3}{T_2}}$$

und nach kurzer Rechnung mit Berücksichtigung von (23.9) gleich

$$\varsigma = \frac{\eta_{th}}{1 - \dfrac{T_u}{T_3 - T_2} \cdot \ln \dfrac{T_3}{T_2}}. \tag{27.31}$$

Der exergetische Wirkungsgrad des Ottoprozesses ist proportional zum thermischen Wirkungsgrad und hängt außer von der Umgebungstemperatur von der Temperatursteigerung von T_2 auf T_3 ab.

Beispiel 27.1
Es soll der exergetische Wirkungsgrad des Ottoprozesses mit den Daten von Beispiel 23.1 berechnet werden. Die Umgebungstemperatur ist mit 288 K anzunehmen.

Lösung
Einsetzen des thermischen Wirkungsgrades $\eta_{th} = 0{,}602$ und der übrigen Zahlen von Beispiel 23.1 in (27.31) liefert

$\varsigma = 0{,}765$.

Diesel-Prozeß. Der exergetische Wirkungsgrad des Dieselprozesses ist

$$\varsigma = \frac{-w_k}{e_{Q23}}. \tag{27.32}$$

Die Exergie der bei konstantem Druck reversibel zugeführten Wärme ist mit (16.32) für die Entropiedifferenz und mit $\upsilon_3 / \upsilon_2 = V_3 / V_2 = \varphi$, $s_{irr23} = 0$

$$e_{Q23} = c_p \cdot (T_3 - T_2) - T_u \cdot c_p \cdot \ln \varphi.$$

Mit (23.13) und (27.32) folgt

$$\varsigma = \frac{1}{\kappa} \cdot \frac{\kappa \cdot (T_3 - T_2) + T_1 - T_4}{(T_3 - T_2) - T_u \cdot \ln \varphi}$$

und nach einigen weiteren Umformungen

$$\varsigma = \frac{\eta_{th}}{1 - \dfrac{T_u}{T_1} \cdot \dfrac{\ln \varphi}{(\varphi - 1) \cdot \varepsilon^{\kappa - 1}}} \,. \tag{27.33}$$

Beispiel 27.2

Man berechne den exergetischen Wirkungsgrad des Dieselprozesses von Beispiel 23.2 für eine Umgebungstemperatur von 288 K.

Lösung

Nach (27.33) ergibt sich bei einem thermischen Wirkungsgrad $\eta_{th} = 0{,}639$ der exergetische Wirkungsgrad

$\varsigma = 0{,}787$.

Joule-Prozeß. Der exergetische Wirkungsgrad

$$\varsigma = \frac{-w_t}{e_{Q23}}$$

ergibt sich mit $-w_t$ nach (23.21) und der Exergie der reversibel isobar zugeführten Wärme

$$e_{Q23} = c_p \cdot (T_3 - T_2) - T_u \cdot c_p \cdot \ln \frac{T_3}{T_2}$$

durch die mit (27.31) gleiche Beziehung

$$\varsigma = \frac{\eta_{th}}{1 - \dfrac{T_u}{T_3 - T_2} \cdot \ln \dfrac{T_3}{T_2}} \,.$$

Beispiel 27.3

Es sollen der thermische und der exergetische Wirkungsgrad des Joule-Prozesses berechnet werden. Das Verdichterdruckverhältnis ist $\pi = 13{,}8$.

Die Verdichtereintrittstemperatur ist mit $T_1 = 295\,\mathrm{K}$, die Umgebungstemperatur mit $T_u = 288\,\mathrm{K}$ und die Verbrennungstemperatur mit $T_3 = 1200\,\mathrm{K}$ anzunehmen. Arbeitsmedium ist Luft als ideales Gas mit $\kappa = 1{,}4$.

Lösung

Der thermische Wirkungsgrad ist nach (23.22)

$$\eta_{th} = 1 - \frac{1}{\pi^{\frac{\kappa - 1}{\kappa}}} = 0{,}528 \,.$$

Die Verdichtungsendtemperatur ist

$$T_2 = T_1 \cdot \pi^{\frac{\kappa - 1}{\kappa}} = 624{,}46\,\text{K}\,.$$

Damit erhält man für den exergetischen Wirkungsgrad mit den für T_u und T_3 gegebenen Werten

$$\varsigma = 0{,}784\,.$$

Ericson-Prozeß. Der exergetische Wirkungsgrad ist definiert durch

$$\varsigma = \frac{-w_t}{e_{Q34}}\,.$$

Nach der identischen Umformung $\varsigma = \frac{-w_t}{q_{34}} \cdot \frac{q_{34}}{e_{Q34}}$ erhält man zunächst

$$\varsigma = \eta_{th} \cdot \frac{q_{34}}{e_{Q34}}\,.$$

Der thermische Wirkungsgrad ist nach (23.27)

$$\eta_{th} = 1 - \frac{T_1}{T_3}\,.$$

Die spezifische Exergie der bei konstanter Temperatur reversibel zugeführten Wärme ergibt sich unmittelbar aus der auf die Masse bezogenen Gleichung (27.1)

$$e_{Q34} = \left(1 - \frac{T_u}{T_3}\right) \cdot q_{34}\,.$$

Für den exergetischen Wirkungsgrad erhält man

$$\varsigma = \left(1 - \frac{T_1}{T_3}\right) \cdot \frac{1}{\left(1 - \frac{T_u}{T_3}\right)} = \frac{T_3 - T_1}{T_3 - T_u}$$

bzw.

$$\varsigma = \frac{1 - T_1 / T_3}{1 - T_u / T_3}\,. \tag{27.34}$$

Der exergetische Wirkungsgrad des Ericson-Prozesses hängt außer vom Verhältnis T_1 / T_3 vom Verhältnis T_u / T_3 ab. Für $T_u = T_1$ wird $\varsigma = 1$.
Die exergetischen Wirkungsgrade des Carnot-Prozesses und des Ericson-Prozesses stimmen ebenso wie ihre thermischen Wirkungsgrade überein.

Clausius-Rankine-Prozeß. Der exergetische Wirkungsgrad ist

$$\varsigma = \frac{-w_t}{e_{Q14}}.$$

Darin ist die technische Arbeit nach (23.31)

$$-w_t = h_0 - h_1 + h_4 - h_5$$

und e_{Q14} die spezifische Exergie der von Zustand 1 bis Zustand 4 reversibel isobar zugeführten Wärme (vgl. Bild 23.11)

$$e_{Q14} = q_{14} - T_u \cdot (s_4 - s_1) = h_4 - h_1 - T_u \cdot (s_4 - s_1).$$

Für den exergetische Wirkungsgrad erhält man

$$\varsigma = \frac{h_0 - h_1 + h_4 - h_5}{h_4 - h_1 - T_u \cdot (s_4 - s_1)} = \frac{1 - \dfrac{h_5 - h_0}{h_4 - h_1}}{1 - T_u \cdot \dfrac{s_4 - s_1}{h_4 - h_1}}$$

und, weil der Zähler des zweiten Bruches nach (23.32) der thermische Wirkungsgrad des Clausius-Rankine-Prozesses ist, schließlich

$$\varsigma = \frac{\eta_{th}}{1 - T_u \cdot \dfrac{s_4 - s_1}{h_4 - h_1}}. \tag{27.35}$$

Der exergetische Wirkungsgrad ist proportional zum thermischen Wirkungsgrad.

Beispiel 27.4
Für den im Beispiel 23.6 behandelten Clausius-Rankine-Prozeß ist der exergetische Wirkungsgrad zu berechnen.

Lösung
Der thermische Wirkungsgrad wurde zu $\eta_{th} = 0{,}408$ errechnet. Mit der Umgebungstemperatur $T_u = 288\,\mathrm{K}$ und den übrigen Daten von Beispiel 23.6 erhält man für den exergetischen Wirkungsgrad nach (27.35)

$\zeta = 0{,}953$.

28 Wärmeerzeugung durch Verbrennung

Die zur Erzeugung mechanischer oder elektrischer Energie benötigten Wärmemengen entstammen unterschiedlichen Wärmequellen.

In konventionellen Kraftwerken entsteht Wärme durch Verbrennung fossiler Energieträger. Das sind hauptsächlich Kohle, Heizöl und Erdgas.

Motorgetriebene Fahrzeuge aller Art beziehen ihre für die Umwandlung in Bewegungsenergie benötigte Wärmemenge durch Verbrennung flüssiger und gasförmiger Stoffe, die ebenfalls zu den fossilen Energieträgern gehören.

Neben den fossilen Brennstoffen haben die kernspaltbaren Stoffe, wie etwa Uran, bei der Stromgewinnung eine große Bedeutung erlangt. Die bei der kontrollierten Kernspaltung in den Meilern der Atomkraftwerke freiwerdende Energie liefert die Wärme zum Betrieb der Dampfturbinen.

Die Umwandlung der Kernenergie in thermische Energie ist kein Verbrennungsprozeß, sondern eine Kernreaktion. Aus diesem Grunde produzieren Atomkraftwerke auch keine Abgase. Die Nutzung der Kernenergie ist allerdings gesellschaftspolitisch sehr umstritten.

Eine weitere und überdies kostenlose Energiequelle ist die Sonne. Ihre Strahlungsenergie wird in *Photovoltaikanlagen* direkt in elektrischen Strom umgesetzt. *Sonnenkollektoren* transformieren die Strahlungsenergie in die Wärme des Wassers von Heizungsanlagen.

Allerdings ist der Anteil der Sonnenenergie und der anderer von der Natur kostenlos angebotenen Energien, wie die des Windes, strömender Gewässer oder potentieller Energien hochgelegener Stauseen am Energiegesamtbedarf einer hochentwickelten Gesellschaft gering und läßt sich in den gemäßigten Klimazonen der Erde auch nicht mehr wesentlich steigern.

So liegt der Schwerpunkt bei der Wärmegewinnung heute und auch für absehbar weitere Zeit darin, durch Verbrennung chemisch gebundene Energie in thermische Energie umzuwandeln.

28.1 Brennstoffe

Stoffe, die bei der Verbrennung Wärme abgeben, werden Brennstoffe genannt. Sie werden als feste, flüssige oder gasförmige Substanzen in der Natur vorgefunden.

28.1.1 Feste Brennstoffe

Zu den festen Brennstoffen gehören

- Holz,
- Torf,
- Braunkohle,
- Steinkohle,
- Ölschiefer.

Sie bestehen in unterschiedlichen Zusammensetzungen aus folgenden Stoffen

- Kohlenstoff C
- Wasserstoff H
- Schwefel S
- Sauerstoff O
- Stickstoff N
- Asche A
- Wasser W

Brennbar davon sind Kohlenstoff, Wasserstoff und Schwefel. Hauptbestandteile aller technisch wichtigen Brennstoffe sind Kohlenstoff und Wasserstoff.

Unter dem Begriff Asche wird die Summe mineralischer Bestandteile in der Form von Sauerstoffverbindungen mit Silizium, Aluminium, Eisen und Kalzium zusammengefaßt. Asche und Wasser nehmen an der Verbrennung nicht teil, sind also im Sinne einer Wärmegewinnung Ballaststoffe. Zur Beschreibung der Zusammensetzung eines festen Brennstoffes gibt man die auf die Brennstoffmasse bezogenen Massenanteile der in ihm enthaltenen Bestandteile an. Mit dem Index B für Brennstoff gilt:

$$\begin{aligned}
\mu_{\mathrm{C}} &= \frac{m_{\mathrm{C}}}{m_{\mathrm{B}}} = c\,\frac{\mathrm{kg\,C}}{\mathrm{kg\,B}} & \mu_{\mathrm{N_2}} &= \frac{m_{\mathrm{N_2}}}{m_{\mathrm{B}}} = n\,\frac{\mathrm{kgN_2}}{\mathrm{kgB}} \\
\mu_{\mathrm{H_2}} &= \frac{m_{\mathrm{H_2}}}{m_{\mathrm{B}}} = h\,\frac{\mathrm{kg\,H_2}}{\mathrm{kg\,B}} & \mu_{\mathrm{A}} &= \frac{m_{\mathrm{A}}}{m_{\mathrm{B}}} = a\,\frac{\mathrm{kgA}}{\mathrm{kgB}} \\
\mu_{\mathrm{S}} &= \frac{m_{\mathrm{S}}}{m_{\mathrm{B}}} = s\,\frac{\mathrm{kg\,S}}{\mathrm{kg\,B}} & \mu_{\mathrm{W}} &= \frac{m_{\mathrm{W}}}{m_{\mathrm{B}}} = w\,\frac{\mathrm{kgH_2O}}{\mathrm{kgB}} \\
\mu_{\mathrm{O_2}} &= \frac{m_{\mathrm{O_2}}}{m_{\mathrm{B}}} = o\,\frac{\mathrm{kg\,O_2}}{\mathrm{kg\,B}}
\end{aligned} \tag{28.1}$$

Die Massenanteile werden durch eine Elementaranalyse ermittelt. Ihre Summe ist gleich eins

$$c + h + s + o + n + a + w = 1\,. \tag{28.2}$$

Die Massenanteile gleichartiger fester Brennstoffe schwanken etwas. So hat rheinische Braunkohle eine etwas andere Zusammensetzung als die sächsische. Die in

Tabelle 28.1 für einige feste Brennstoffe angegebenen Massenanteile sind deshalb als Werte mittlerer Zusammensetzungen anzusehen.

Tabelle 28.1. Massenanteile fester Brennstoffe mittlerer Zusammensetzung

Brennstoff	c	h	s	o	n	a	w
Holzkohle	0,761	0,024	0,00	0,065	0,00	0,031	0,129
Torf, lufttrocken	0,415	0,040	0,003	0,236	0,012	0,045	0,25
Rohbraunkohle	0,306	0,026	0,012	0,096	0,045	0,040	0,515
Braunkohlenbrikett	0,543	0,044	0,010	0,213	0,012	0,0570	0,129
Gasflammkohle	0,762	0,049	0,010	0,065	0,014	0,060	0,040
Magerkohle	0,821	0,036	0,008	0,023	0,013	0,060	0,040

28.1.2 Flüssige Brennstoffe

Von den flüssigen Brennstoffen seien hier nur die technisch wichtigsten aufgeführt. Es sind dies

- Benzin,
- Dieselöl,
- Heizöl,
- Braunkohlenteeröl.

Sie bestehen im wesentlichen aus Kohlenwasserstoffverbindungen. Sie enthalten Kohlenstoff C, Wasserstoff H_2, etwas Sauerstoff O_2 und Schwefel S. Die Zusammensetzung wird durch eine Elementaranalyse ermittelt und es gilt auch hier

$$c + h + s + o = 1 \ . \tag{28.3}$$

Asche und Wasser sind in flüssigen Brennstoffen nicht oder nur in außerordentlich geringen Mengen vorhanden. Die Massenanteile der oben angeführten Stoffe sind Tabelle 28.2 zu entnehmen.

Tabelle 28.2. Massenanteile flüssiger Brennstoffe

Brennstoff	c	h	s	o
Benzin	0,807	0,142	-	0,051
Dieselöl	0,866	0,129	0,003	0,002
Heizöl	0,864	0,113	0,006	0,011
Braunkohlenteeröl	0,840	0,110	0,007	0,043

28.1.3 Gasförmige Brennstoffe

Gasförmige Brennstoffe entstammen verschiedenen Quellen. Sie entstehen bei der Vergasung von Kohle und in den Hochöfen. Es handelt sich um Gasgemische, deren Bestandteile durch eine Analyse ermittelt werden müssen. Ein in der Natur in unterirdischen Lagerstätten vorkommender gasförmiger Brennstoff ist das Erdgas mit dem Hauptbestandteil Methan CH_4.

Tabelle 28.3. Molanteile $r_{K/B} = \frac{n_K}{n_B}$ gasförmiger Brennstoffe

$r_{K/B} = \frac{n_K}{n_B}$	CO	H_2	CH_4	C_2H_4	C_2H_6	C_3H_8	CO_2	N_2	O_2
Gichtgas	0,28	0,04	-	-			0,08	0,60	-
Braunkohlen-generatorgas	0,30	0,107	0,020	-			0,037	0,535	-
Braunkohlen-schwelgas	0,116	0,110	0,116	0,008			0,190	0,455	0,005
Erdgas	-	-	0,896	-	0,012	0,006	0,028	0,058	-

CO Kohlenmonoxid, H_2 Wasserstoff, CH_4 Methan, C_2H_4 Ethylen, C_2H_6 Ethan, C_3H_8 Propan, CO_2 Kohlendioxid, N_2 Stickstoff, O_2 Sauerstoff

Zur Beschreibung der Zusammensetzungen der Gase verwendet man die Molanteile[44] der Stoffmenge n_K der Komponenten an der Stoffmenge n_B des Brennstoffs:

$$r_{K/B} = \frac{n_K}{n_B} \tag{28.4}$$

In Tabelle 28.3 sind die Molanteile einiger gasförmiger Brennstoffe angegeben. Für die Summe der Molanteile eines Gases gilt die Bilanz

$$\sum_K r_{K/B} = 1 . \tag{28.5}$$

28.2 Verbrennungsprozeß

Verbrennung ist eine exotherme Reaktion der brennbaren Bestandteile der Brennstoffe mit Sauerstoff, auch *Oxidation* genannt.

Als Voraussetzung für das Einsetzen der Reaktion müssen Brennstoff und Brennluft miteinander so vermischt werden, daß sich in der Umgebung jedes oxidablen Moleküls genügend Sauerstoffmoleküle befinden. Die Mischung wird

[44] Die Molanteile sind nach (7.30) gleich den Raumanteilen.

dann erwärmt, bis die für das Gemisch spezifische Zündtemperatur erreicht ist und die Reaktion einsetzt. Während der Verbrennung entsteht das *Verbrennungsgas,* ein Gasgemisch, das Verbrennungsprodukte und die nicht brennbaren Bestandteile enthält. Obschon Stickstoff nicht zu den brennbaren Stoffen zählt, entstehen bei der Verbrennung auch Stickstoff-Sauerstoff-Verbindungen, sogenannte Stickoxide, die zur Gruppe der Schadstoffe gehören. Als vollkommen bezeichnet man eine Verbrennung, wenn die Verbrennungsprodukte keine brennbaren Bestandteile mehr enthalten.

Die Verbrennung läuft in der Regel in geschlossenen Räumen ab. In den Kolbenmotoren sind das die Zylinder, in den Gasturbinen und Strahltriebwerken die Brennkammern und in Heizungsanlagen und Dampferzeugern die Feuerungen.

28.3 Reaktionsgleichungen

Die Reaktionsgleichungen geben an, welche Verbindungen die brennbaren Bestandteile mit Sauerstoff eingehen können. Sie gelten für jeweils ein Atom oder Molekül der an der Reaktion beteiligten Substanzen:

$$C + O_2 \rightarrow CO_2 \tag{28.6}$$

$$H_2 + \frac{1}{2} O_2 \rightarrow H_2O \tag{28.7}$$

$$S + O_2 \rightarrow SO_2 \tag{28.8}$$

Die Reaktionsgleichungen sind keine Größengleichungen, sondern stöchiometrische Gleichungen. Sie werden Verbrennungsgleichungen genannt. Sie geben an, welche Elemente in der Verbindung auftreten und in welchen Zahlenverhältnissen sie zueinander und in ihren Verbindungen stehen.

So besagt beispielsweise (28.6), daß sich ein Atom Kohlenstoff C und ein Molekül Sauerstoff O_2 zu einem Molekül Kohlendioxid CO_2 verbinden.

Multipliziert man die Reaktionsgleichungen mit der durch die Avogadrokonstante $N_A = 6{,}0221367 \cdot 10^{26}\ \text{kmol}^{-1}$ festgelegten Teilchenzahl, dann erhält man Verknüpfungen der Stoffmengen der Reaktionsteilnehmer und ihrer Verbrennungsprodukte:

$$1\ \text{kmol C} + 1\ \text{kmol O}_2 = 1\ \text{kmol CO}_2 \tag{28.9}$$

$$1\ \text{kmol H}_2 + \frac{1}{2}\ \text{kmol O}_2 = 1\ \text{kmol H}_2\text{O} \tag{28.10}$$

$$1\ \text{kmol S} + 1\ \text{kmol O}_2 = 1\ \text{kmol SO}_2 \tag{28.11}$$

Bei der Berechnung teilt man die Brennstoffe in zwei Gruppen ein:

Zur ersten Gruppe rechnet man die Stoffe, von denen nur die Massenanteile der brennbaren Bestandteile als Ergebnis einer Elementaranalyse vorliegen, ohne Kenntnis von den in ihnen vorhandenen zahlreichen chemischen Verbindungen zu haben. Zu dieser Gruppe gehören die festen und flüssigen Brennstoffe. Die Ergebnisse der Rechnungen für diese Gruppe werden üblicherweise in Masseanteilen angegeben.

Die andere Gruppe umfaßt die Stoffe, deren chemische Verbindungen bekannt und durch chemische Formeln beschrieben sind. Zu dieser Gruppe gehören die Gase. Die Angabe der Zusammensetzung der brennbaren Bestandteile und der Verbrennungsprodukte erfolgt in Molanteilen.

28.3.1 Sauerstoffbedarf

Die für die vollständige Verbrennung der Komponenten K benötigte Mindestsauerstoffmenge läßt sich aus den Gleichungen (28.9) bis (28.11) ermitteln.

So ist beispielsweise nach (28.9) mindestens 1 kmol Sauerstoff erforderlich, um 1 kmol der Komponente Kohlenstoff zu Kohlendioxid zu verbrennen.

Für die nachfolgenden Verbrennungsrechnungen werden die gerundeten Molmassen von Tabelle 28.4 verwendet.

Brennstoffgruppe 1

Führt man in (28.9) die Molmassen von Kohlenstoff, Sauerstoff und Kohlendioxid ein, so wird daraus

$$12\ \mathrm{kg\,C} + 32\ \mathrm{kg\,O_2} = 44\ \mathrm{kg\,CO_2}\,.$$

Tabelle 28.4. Gerundete Werte der Molmassen der Komponenten

Komponente	Molmasse
Kohlenstoff C	$M_{\mathrm{C}} = 12$ kg/kmol
Wasserstoff H_2	$M_{\mathrm{H_2}} = 2$ kg/kmol
Schwefel S	$M_{\mathrm{S}} = 32$ kg/kmol
Sauerstoff O_2	$M_{\mathrm{O_2}} = 32$ kg/kmol
Stickstoff N_2	$M_{\mathrm{N_2}} = 28$ kg/kmol
Wasser H_20	$M_{\mathrm{H_2O}} = 18$ kg/kmol
Kohlendioxid CO_2	$M_{\mathrm{CO_2}} = 44$ kg/kmol
Luft	$M_{\mathrm{L}} = 29$ kg/kmol

Nach Division durch 12 erhält man die auf 1 kg C bezogene Gleichung

$$1\,\mathrm{kg\,C} + \frac{8}{3}\mathrm{kg\,O_2} = \frac{11}{3}\mathrm{kg\,CO_2} \tag{28.12}$$

Die für die Verbrennung des Kohlenstoffmassenanteils c pro kg Brennstoff benötigte Sauerstoffmenge ergibt sich nach Multiplikation mit c:

$$c\,\frac{\mathrm{kg\,C}}{\mathrm{kg\,B}} + c\,\frac{8}{3}\,\frac{\mathrm{kg\,O_2}}{\mathrm{kgB}} = c\,\frac{11}{3}\,\frac{\mathrm{kg\,CO_2}}{\mathrm{kgB}} \tag{28.13}$$

Die Gln. (28.10) und (28.11) liefern die Daten für die Verbrennung von Wasserstoff und Schwefel. Nach kurzer Rechnung ergibt sich

$$h\,\frac{\mathrm{kg\,H_2}}{\mathrm{kg\,B}} + 8\,h\,\frac{\mathrm{kg\,O_2}}{\mathrm{kg\,B}} = 9\,h\,\frac{\mathrm{kg\,HO_2}}{\mathrm{kgB}} \tag{28.14}$$

für die Verbrennung von Wasserstoff und

$$s\,\frac{\mathrm{kg\,S}}{\mathrm{kg\,B}} + s\,\frac{\mathrm{kg\,O_2}}{\mathrm{kg\,B}} = 2s\,\frac{\mathrm{kg\,SO_2}}{\mathrm{kgB}} \tag{28.15}$$

für die Oxidation von Schwefel.

Der Sauerstoffbedarf zur stöchiometrischen Verbrennung eines kg Brennstoffs

$$\left(\frac{m_{\mathrm{O_2}}}{m_{\mathrm{B}}}\right)_{\mathrm{min}} = o_{\mathrm{min}} \tag{28.16}$$

ist die Summe der zur Verbrennung der Komponenten erforderlichen Sauerstoffmengen und ergibt sich unter Berücksichtigung des im Brennstoff bereits mitgebrachten Sauerstoffanteils zu

$$o_{\mathrm{min}} = \left(\frac{8}{3}c + 8h + s - o\right)\frac{\mathrm{kgO_2}}{\mathrm{kgB}}. \tag{28.17}$$

Brennstoffgruppe 2

Zur Brennstoffgruppe 2 gehören die in Tabelle 28.3 angegebenen Stoffe. Es handelt sich um Gemische bekannter chemischer Verbindungen, die an brennbaren Bestandteilen neben Wasserstoff und Kohlenmonoxid im wesentlichen aus Kohlenwasserstoffen bestehen. Zu den Verbrennungsgleichungen (28.9) bis (28.11) treten nun die Verbrennungsgleichungen von Kohlenmonoxid und einiger Kohlenwasserstoffe hinzu.

Kohlenmonoxid:

$$1\mathrm{kmol\,CO} + \frac{1}{2}\,\mathrm{kmolO_2} = 1\mathrm{kmol\,CO_2} \tag{28.18}$$

Methan:
$$1\,\mathrm{kmol\,CH_4} + 2\,\mathrm{kmol O_2} = 1\,\mathrm{kmol\,CO_2} + 2\,\mathrm{kmol\,H_2O} \tag{28.19}$$

Acetylen:
$$1\,\mathrm{kmol\,C_2H_2} + \frac{5}{2}\,\mathrm{kmol O_2} = 2\,\mathrm{kmol\,CO_2} + 1\,\mathrm{kmol\,H_2O} \tag{28.20}$$

Ethylen:
$$1\,\mathrm{kmol\,C_2H_4} + 3\,\mathrm{kmol O_2} = 2\,\mathrm{kmol\,CO_2} + 2\,\mathrm{kmol\,H_2O} \tag{28.21}$$

Ethan:
$$1\,\mathrm{kmol\,C_2H_6} + \frac{7}{2}\mathrm{kmol O_2} = 2\,\mathrm{kmol\,CO_2} + 3\mathrm{kmol\,H_2O} \tag{28.22}$$

Ethanol:
$$1\,\mathrm{kmol\,C_2H_5OH} + 3\,\mathrm{kmol O_2} = 2\,\mathrm{kmol\,CO_2} + 3\,\mathrm{kmol\,H_2O} \tag{28.23}$$

Propan:
$$1\,\mathrm{kmol\,C_3H_8} + 5\,\mathrm{kmol O_2} = 3\,\mathrm{kmol\,CO_2} + 4\,\mathrm{kmol\,H_2O} \tag{28.24}$$

Die Kohlenwasserstoffmoleküle lassen sich durch die Strukturformel

$$C_x H_y O_z$$

in allgemeiner Form beschreiben, mit x als Zahl der Kohlenstoffatome, y die der Wasserstoffatome und z für vorhandene Sauerstoffmoleküle. So ist beispielsweise mit $x = 1$, $y = 0$, $z = 1$ das Kohlenmonoxid-Molekül beschrieben, während durch $x = 2$, $y = 4$, $z = 0$ das Ethylen-Molekül dargestellt wird.

Die zur vollständigen Verbrennung von Kohlenwasserstoffmolekülen benötigte Sauerstoffmenge hängt von der Zahl und Art der Atome ab, aus denen sich die Moleküle zusammensetzen. Der Bedarf kann an den Verbrennungsgleichungen (28.9) und (28.10) abgelesen werden. So reagiert der einatomige Kohlenstoff nach (28.9) mit einem Molekül Sauerstoff zu einem Molekül Kohlendioxid. Zur Oxidation von x Atomen Kohlenstoff werden folglich x Moleküle Sauerstoff benötigt. Nach (28.10) sind bei einer chemischen Reaktion von Wasserstoff und Sauerstoff y Atome Wasserstoff und y/4 Moleküle Sauerstoff erforderlich.

Sind bereits z Atome Sauerstoff in einem Kohlenwasserstoffmolekül enthalten, dann reduziert sich der Sauerstoffbedarf um z/2 Moleküle Sauerstoff.

Zur vollständigen Oxidation eines Kohlenwasserstoffmoleküls $C_x H_y O_z$ sind also $N_{O_2} = \left(x + \frac{y}{4} - \frac{z}{2}\right)$ Moleküle O_2 erforderlich und für 1 kmol desselben Stoffes die bezogene Mindestsauerstoffmenge

$$\left(\frac{(n_{O_2})_{C_xH_yO_z}}{n_{C_xH_yO_z}}\right)_{min} = \left(x + \frac{y}{4} - \frac{z}{2}\right) kmol\,O_2 / kmol\,C_xH_yO_z\,.$$

Für den Molanteil $r_{C_xH_yO_z/B} = \frac{n_{C_xH_yO_z}}{n_B}$ einer Kohlenwasserstoffkomponente $C_xH_yO_z$ an der Brennstoffmenge n_B ist die bezogene Mindestsauerstoffmenge

$$\left(\frac{(n_{O_2})_{C_xH_yO_z}}{n_B}\right)_{min} = \frac{n_{C_xH_yO_z}}{n_B} \cdot \left(\frac{(n_{O_2})_{C_xH_yO_z}}{n_{C_xH_yO_z}}\right)_{min} = r_{C_xH_yO_z/B} \cdot \left(x + \frac{y}{4} - \frac{z}{2}\right) \frac{kmol\,O_2}{kmol\,B}\,.$$

Der gesamte Mindestsauerstoffbedarf ergibt sich als Summe der Mindestsauerstoffbedarfsmengen aller Komponenten K = 1, 2, 3: ....:

$$O_{min} = \sum (O_{min})_K = \sum \left[r_{C_xH_yO_z/B} \cdot \left(x + \frac{y}{4} - \frac{z}{2}\right)\right]_K = \left(\frac{n_{O_2}}{n_B}\right)_{min} \frac{kmol\,O_2}{kmol\,B} \quad (28.25)$$

28.3.2 Luftbedarf

Sauerstofflieferant oder Oxidator ist meistens die atmosphärische Luft der Umgebung. Sie besteht im wesentlichen aus den Gasen Sauerstoff und Stickstoff und aus den für die Verbrennung unwesentlichen Spuren der Edelgase Argon Ar, Helium He, Krypton Kr, Neon Ne, Xenon Xe, sowie Kohlendioxid CO_2 und Wasserstoff H_2. Der in der Luft enthaltene Wasserdampfanteil kann meistens vernachlässigt werden.

Die Stoffwerte der trockenen Brennluft (Index L) sind in Tabelle 28.5 angegegeben. Für die praktische Durchführung der Rechnung hat es sich als zweckmäßig erwiesen, die Anteile von Stickstoff und der Spurengase in der Tabelle 28.5 unter der Bezeichnung „Luftstickstoff[45]" zusammenzufassen. Als Luftbedarf ergibt sich damit für die beiden Brennstoffgruppen:

Tabelle 28.5. Stoffwerte trockener Luft

	Sauerstoff O_2	Luftstickstoff N_2
Molanteil	$n_{O_2} / n_L = r_{O_2/L} = 0{,}20948$	$n_{N_2} / n_L = r_{N_2/L} = 0{,}79052$
Massenanteil	$m_{O_2} / m_L = \mu_{O_2/L} = 0{,}23142$	$m_{N_2} / m_L = \mu_{N_2/L} = 0{,}76858$

[45] Die hier Luftstickstoff genannte Mischung von Stickstoff und Spurengasen wird in Tabelle B5 mit dem Symbol N_2* bezeichnet.

Brennstoffgruppe 1
Der Mindestluftbedarf in Masseeinheiten

$$l_{\min} = \left(\frac{m_L}{m_B}\right)_{\min} \tag{28.26}$$

ist

$$l_{\min} = \frac{m_L}{m_{O_2}} \cdot \left(\frac{m_{O_2}}{m_B}\right)_{\min} = \frac{1}{\mu_{O_2/L}} o_{\min} . \tag{28.27}$$

Brennstoffgruppe 2
Der molare Mindestluftbedarf

$$L_{\min} = \left(\frac{n_L}{n_B}\right)_{\min} \tag{28.28}$$

ergibt sich zu

$$L_{min} = \frac{n_L}{n_{O_2}} \cdot \left(\frac{n_{O_2}}{n_B}\right)_{min} = \frac{1}{r_{O_2/L}} O_{\min} . \tag{28.29}$$

Feuerungs- und Verbrennungsanlagen werden meistens mit Luftüberschuß betrieben, wenn eine vollständige Oxidation der brennbaren Komponenten erreicht werden soll.

Das Verhältnis von tatsächlich zugeführter Luft l bzw. L zur Mindestluftmenge wird Luftverhältnis λ genannt:

$$\lambda = \frac{l}{l_{\min}} = \frac{L}{L_{\min}} \tag{28.30}$$

28.3.3 Verbrennungsgas

Das Verbrennungsgas (Index V) setzt sich aus den Reaktionsprodukten der brennbaren Bestandteile, den nicht brennbaren Komponenten bei stöchiometrischer und vollständiger Verbrennung und der überschüssigen Luft (Index L) zusammen.

Brennstoffgruppe 1
Die Reaktionsprodukte sind in ihrer Zusammensetzung den Reaktionsgleichungen (28.9) bis (28.11) zu entnehmen.

Zu den nicht brennbaren Komponenten zählt der Luftstickstoff (Summe von Stickstoff und Spurengase) und Wasser.

Die Stickstoffanteile des Brennstoffs sind mit n $\text{kg}\,N_2 / \text{kg}\,B$ der Elementaranalyse des Brennstoffs zu entnehmen; gleiches gilt für die Wasseranteile w $\text{kgH}_2\text{O} / \text{kgB}$. Für den Stickstoffmassenanteil der Brennluft, bezogen auf die Brennstoffmasse ergibt sich

$$\mu_{N_2/B} = \frac{m_{N_2}}{m_B} = \frac{m_{N_2}}{m_L} \cdot \frac{m_L}{m_B} = \mu_{N_2/L} \cdot \lambda \cdot \left(\frac{m_L}{m_B} \right)_{min} = 0{,}76858 \cdot \lambda \cdot l_{min} \,. \tag{28.31}$$

Der Luftüberschuß ist

$$\Delta l = l - l_{min} = (\lambda - 1) \cdot l_{min} \,. \tag{28.32}$$

Der Mindestsauerstoffbedarf und die Zusammensetzung der Verbrennungsgase der Brennstoffgruppe 1 sind in Tabelle 28.6 zusammengestellt.

Tabelle 28.6. Mindestsauerstoffbedarf und Zusammensetzung der Verbrennungsgase der Brennstoffgruppe 1 bei vollständiger Verbrennung mit Luft

Komponenten	Sauerstoffbedarf	Stöchiometrisches Verbrennungsgas und Luftüberschuß
Kohlenstoff C	$\frac{8}{3} c$ kg O_2/kgB	
Wasserstoff H_2	$8h$ kg O_2/kgB	
Schwefel S	s kg O_2/kgB	
Sauerstoff O_2	$-\,o$ kg O_2/kgB	
Kohlendioxid CO_2		$(\mu_{CO_2/B})_V = \frac{11}{3} \cdot c \; \frac{\text{kg}\,CO_2}{\text{kg}\,B}$
Wasser H_2O		$(\mu_{H_2O/B})_V = (9 \cdot h + w) \; \frac{\text{kg}H_2O}{\text{kgB}}$
Schwefeldioxid SO_2		$(\mu_{SO_2/B})_V = 2 \cdot s \; \frac{\text{kg}SO_2}{\text{kgB}}$
Luftstickstoff N_2		$(\mu_{N_2/B})_V = (n + 0{,}76858 \cdot l_{min}) \; \frac{\text{kg}N_2}{\text{kgB}}$
Luftüberschuß Δl		$(\mu_{\Delta l/B})_V = (\lambda - 1) \cdot l_{min} \; \frac{\text{kg Luft}}{\text{kg}\,B}$

Erläuterung: Mit $(\mu_{CO_2/B})_V$ wird die auf die Brennstoffmasse bezogene, im Verbrennungsgas enthaltene Kohlendioxidmasse bezeichnet, während $\mu_{CO_2/B}$ einen im Brennstoff vor der Verbrennung enthaltenen Kohlenstoffmassenanteil bedeuten würde.

Brennstoffgruppe 2

Die Reaktionsprodukte sind (28.18) bis (28.24) zu entnehmen.

Der molare Stickstoffanteil der Brennluft bei stöchiometrischer Verbrennung errechnet sich zu

$$r_{N_2/B} = \frac{n_{N_2}}{n_B} = \frac{n_{N_2}}{n_L} \cdot \frac{n_L}{n_B} = r_{N_2/L} \cdot \left(\frac{n_L}{n_B} \right)_{min} = 0{,}23142 \cdot L_{min} \,. \tag{28.33}$$

Der Luftüberschuß ist

$$\Delta L = L - L_{\min} = (\lambda - 1) \cdot L_{\min} \, . \tag{28.34}$$

Die Daten sind in Tabelle 28.7 zusammengestellt. Alle darin aufgeführten Verbindungen von Kohlenstoff, Wasserstoff und Sauerstoff sind außer Wasser als Sonderformen der Strukturformel von $C_xH_yO_z$ angenommen. So ergibt sich mit x = 0, y = 2, z = 0 der Wasserstoff H_2, mit x = 1, y = 0, z = 1 das Kohlenmonoxid CO. Die Angabe der Verbrennungsgaszusammensetzung wird dadurch wesentlich einfacher.

Die Tabelle 28.7 kann auch benutzt werden, wenn der Brennstoff nur aus einer Komponente besteht, z. B. aus Methan. Dann ist $r_{CH_4/B} = 1$ und alle anderen Molanteile sind gleich null zu setzen.

Tabelle 28.7. Mindestsauerstoffbedarf der Komponenten und Zusammensetzung der Verbrennungsgase der Brennstoffgruppe 2

Komponenten	Sauerstoffbedarf kmol O_2 / kmol B	Reaktionsprodukte kmol V / kmol B
Wasserstoff H_2	$1/2 \cdot r_{H_2/B}$	
Schwefel S	$1 \cdot r_{S/B}$	
Sauerstoff O_2	$-1 \cdot r_{O_2/B}$	
Kohlenmonoxid CO	$1/2 \cdot r_{CO/B}$	
Methan CH_4	$2 \cdot r_{CH_4/B}$	
Acetylen C_2H_2	$5/2 \cdot r_{C_2H_2/B}$	
Ethylen C_2H_4	$3 \cdot r_{C_2H_4/B}$	
Ethan C_2H_6	$7/2 \cdot r_{C_2H_6/B}$	
Ethanol C_2H_5OH	$6/2 \cdot r_{C_2H_5OH/B}$	
Propan C_3H_8	$5 \cdot r_{C_3H_8/B}$	
Kohlendioxid CO_2		$\left(r_{CO_2/B}\right)_V = r_{CO_2/B} + \sum \left(x \cdot r_{C_xH_yO_z/B}\right)_K$
Wasser H_2O		$\left(r_{H_2O/B}\right)_V = \sum_K \left(y/2 \cdot r_{C_xH_yO_z/B}\right)_K$
Schwefeldioxid SO_2		$\left(r_{SO_2/B}\right)_V = r_{S/B}$
Luftstickstoff N_2		$\left(r_{N_2/B}\right)_V = r_{N_2/B} + 0{,}79052 \cdot L_{\min}$
Luftüberschuß		$\left(r_{\Delta L/B}\right)_V = (\lambda - 1) \cdot L_{\min}$

Erläuterung: Mit $\left(r_{CO_2/B}\right)_V$ wird die auf die Brennstoffmenge bezogene, im Verbrennungsgas enthaltene Kohlendioxidmenge bezeichnet, während $r_{CO_2/B}$ die im Brennstoff vor der Verbrennung enthaltene bezogene Kohlenstoffmenge bedeutet.

Molanteile lassen sich in Massenanteile umrechnen. Mit

$$\mu_{K/B} = \frac{m_K}{m_B} = \frac{n_K}{n_B} \cdot \frac{M_K}{M_B}$$

gilt

$$\mu_{K/B} = \frac{M_K}{M_B} \cdot r_{K/B} \,. \tag{28.35}$$

Beispiel 28.1
In einer Feuerung wird Gasflammkohle durch Zufuhr trockener Luft bei einem Luftverhältnis $\lambda = 1{,}28$ vollständig verbrannt. Es sollen Mindestsauerstoffbedarf, Luftbedarf und die Zusammensetzung des Verbrennungsgases berechnet werden.

Lösung
Massenanteile von Gasflammkohle nach Tabelle 28.1:

$$c = 0{,}762$$
$$h = 0{,}049$$
$$s = 0{,}010$$
$$o = 0{,}065$$
$$n = 0{,}014$$
$$w = 0{,}040$$
$$a = 0{,}060$$

Mindestsauerstoffbedarf:

$$o_{\min} = \left(\frac{8}{3} \cdot c + 8 \cdot h + s - o\right) \frac{\text{kg O}_2}{\text{kg B}} = 2{,}37 \frac{\text{kg O}_2}{\text{kg B}}$$

Luftbedarf:
Der Mindestluftbedarf ist

$$l_{\min} = \frac{o_{\min}}{\mu_{O_2/L}} = \frac{2{,}37}{0{,}23142} \frac{\text{kgL}}{\text{kgB}} = 10{,}24 \frac{\text{kgL}}{\text{kgB}} .$$

Die Brennluftmasse pro kg Brennstoff errechnet sich mit $\lambda = 1{,}28$ zu

$$l = \lambda \cdot l_{\min} = 1{,}28 \cdot 10{,}24112 \frac{\text{kg L}}{\text{kg B}} = 13{,}11 \frac{\text{kg L}}{\text{kg B}} .$$

Zusammensetzung des Verbrennungsgases

Kohlendioxid CO_2: $\left(\mu_{CO_2/B}\right)_V = \frac{11}{3} \cdot c \frac{\text{kg CO}_2}{\text{kg B}} = 2{,}79 \frac{\text{kg CO}_2}{\text{kg B}}$

Wasser H_2O: $\left(\mu_{H_2O/B}\right)_V = (9 \cdot h + w) \frac{\text{kgH}_2\text{O}}{\text{kgB}} = 0{,}4810 \frac{\text{kgH}_2\text{O}}{\text{kgB}}$

Schwefeldioxid SO_2: $\left(\mu_{SO_2/B}\right)_V = 2 \cdot s \frac{\text{kg SO}_2}{\text{kg B}} = 0{,}02 \frac{\text{kg SO}_2}{\text{kg B}}$

Luftstickstoff N_2: $\left(\mu_{N_2/B}\right)_V = \left(n + 0{,}76858 \cdot l_{\min}\right) \frac{\text{kg N}_2}{\text{kg B}} = 7{,}88 \frac{\text{kg N}_2}{\text{kg B}}$

Luftüberschuß Δl: $\left(\mu_{\Delta L/B}\right)_V = (\lambda - 1) \cdot l_{\min} \frac{\text{kg L}}{\text{kg B}} = 2{,}87 \frac{\text{kg L}}{\text{kg B}}$

In der Feuerung bleibt zurück:

Asche A: $\mu_{A/B} = a = 0{,}06 \frac{\text{kg A}}{\text{kg B}}$

Kontrolle:
Die dem Brennraum zugeführte Masse ist
$1 + l = (1 + 13{,}11)\ \text{kg / kgB} = 14{,}11\,\text{kg / kgB}$.

Der Feuerung entströmen
$\sum(\mu_{K/B})_V + \mu_{A/B} = 14{,}101\,\text{kgV/kgB}$.

Die Differenz beträgt 0,009 kg B, entspr. 0,064 %, bezogen auf die zugeführte Masse.

Beispiel 28.2
Es sollen Mindestsauerstoffbedarf, Luftbedarf, Zusammensetzung der Verbrennungsgase und die Massenanteile der Bestandteile des Verbrennungsgases bei vollständiger Verbrennung von Dieselöl mit trockener Luft unter Annahme eines Luftverhältnisses $\lambda = 1{,}25$ ermittelt werden.

Lösung
Massenanteile in Dieselöl nach Tabelle 28.2: $c = 0{,}866$
$h = 0{,}129$
$s = 0{,}003$
$o = 0{,}002$

Mindestsauerstoffbedarf:

$$o_{\min} = \left(\frac{8}{3}\cdot c + 8\cdot h + s - o\right)\frac{\text{kg O}_2}{\text{kg B}} = 3{,}342\ \frac{\text{kg O}_2}{\text{kg B}}$$

Luftbedarf:
Der Mindestluftbedarf ist

$$l_{\min} = \frac{o_{\min}}{\mu_{O_2/L}} = 14{,}44\frac{\text{kg L}}{\text{kg B}}\ ,$$

die Brennluftmasse bei Luftüberschuß ist

$$l = \lambda\cdot l_{min} = 18{,}05\frac{\text{kg L}}{\text{kg B}}\ .$$

Zusammensetzung und Massenanteile des Verbrennungsgases:

Kohlendioxid CO_2: $\left(\mu_{CO_2/B}\right)_V = \frac{11}{3}\cdot c\ \frac{\text{kg CO}_2}{\text{kg B}} = 3{,}175\frac{\text{kg CO}_2}{\text{kg B}}$

Wasser H_2O: $\left(\mu_{H_2O/B}\right)_{Vt} = (9\cdot h + w)\ \frac{\text{kg H}_2\text{O}}{\text{kg B}} = 1{,}1610\frac{\text{kg H}_2\text{O}}{\text{kg B}}$

Luftstickstoff N_2: $\left(\mu_{N_2/B}\right)_V = 0{,}76858\cdot l_{\min}\ \frac{\text{kg N}_2}{\text{kg B}} = 11{,}100\frac{\text{kg N}_2}{\text{kg B}}$

Luftüberschuß: $\left(\mu_{\Delta L/B}\right)_V = (\lambda - 1)\cdot l_{\min}\ \frac{\text{kg L}}{\text{kg B}} = 3{,}611\frac{\text{kg L}}{\text{kg B}}$

Kontrolle:
Die dem Brennraum zugeführte Masse ist
$1 + l = (1{+}18{,}05)\ \text{kg / kgB} = 19{,}05\,\text{kg / kgB}$.

Der Feuerung entströmen

$$\sum\left(\mu_{K/B}\right)_V = 19{,}046\frac{\text{kg V}}{\text{kg B}}.$$

Die Differenz beträgt 0,004 kg, entspr. 0,021 %, bezogen auf die zugeführte Masse.

Beispiel 28.3

Erdgas wird mit trockener Luft bei einem Luftverhältnis $\lambda = 1{,}36$ vollständig verbrannt. Zu ermitteln sind Mindestsauerstoffbedarf, tatsächliche Brennluftmasse und die Zusammensetzung des Verbrennungsgases in Molanteilen, sowie die auf die Brennstoffmasse bezogenen Massen der Komponenten des Verbrennungsgases.

Lösung

Molanteile von Erdgas aus Tabelle 28.3:

Methan CH_4	$r_{CH_4/B} = 0{,}896$
Ethan C_2H_6	$r_{C_2H_6/B} = 0{,}012$
Propan C_3H_8	$r_{C_3H_8/B} = 0{,}006$
Kohlendioxid CO_2	$r_{CO_2/B} = 0{,}028$
Luftstickstoff N_2	$r_{N_2/B} = 0{,}058$

Mindestsauerstoffbedarf:

Komponente K	$r_{K/B}$	x	y	z	$\left(O_{min}\right)_K$
Methan CH_4	0,896	1	4	0	1,7920 $kmolO_2$ / kmolB
Ethan C_2H_6	0,012	2	6	0	0,0420 $kmolO_2$ / kmolB
Propan C_3H_8	0,006	3	8	0	0,0300 $kmolO_2$ / kmolB

Mindestsauerstoffbedarf ist $\sum\left(O_{min}\right)_K = O_{min} = 1{,}864\ \text{kmolO}_2/\text{kmolB}$.

Der Mindestluftbedarf errechnet sich zu

$$L_{min} = \frac{O_{min}}{r_{O_2/L}} = \frac{1{,}864}{0{,}20948}\frac{\text{kmol L}}{\text{kmol B}} = 8{,}898\frac{\text{kmol L}}{\text{kmol B}}.$$

Brennluftmenge bei Verbrennung mit Luftüberschuß ist

$$L = \lambda \cdot L_{min} = 12{,}102\frac{\text{kmol L}}{\text{kmol B}}.$$

Zusammensetzung des Verbrennungsgases

a) Berechnung der auf die Brennstoffmenge bezogenen Molanteile $\left(r_{K/B}\right)_V$ der im Verbrennungsgas enthaltenen Komponenten:

Die Wassermenge pro kmol Brennstoff ist

$$\left(r_{H_2O/B}\right)_V = \sum\frac{y}{2}\cdot r_{K/B} = 1{,}8520\frac{\text{kmol H}_2\text{O}}{\text{kmol B}}$$

Berechnung der Molanteile von Kohlendioxid und Wasser, erzeugt bei Verbrennung der Brennstoffbestandteile des Erdgases:

Komponente K	$r_{K/B}$	x	y	$x \cdot r_{K/B}$ [$kmolCO_2/kmolK$]	$\frac{y}{2} \cdot r_{K/B}$ [$kmolH_2O/kmolK$]
Methan CH_4	0,896	1	4	0,896	1,7920
Ethan C_2H_6	0,012	2	6	0,024	0,036
Propan C_3H_8	0,006	3	8	0,018	0,0240
			Summe:	0,938	1,8520

Für Kohlendioxid ergibt sich mit Berücksichtigung des im Brennstoff bereits enthaltenen Anteils

$$\left(r_{CO_2/B}\right)_V = r_{CO_2/B} + \sum x \cdot r_{K/B} = 0{,}966 \frac{\text{kmol CO}_2}{\text{kmol B}}.$$

Der Molanteil des Luftstickstoffes bei stöchiometrischer Verbrennung beträgt

$$\left(r_{N_2/B}\right)_V = r_{N_2/B} + 0{,}79052 \cdot L_{min} = 7{,}092 \frac{\text{kmol N}_2}{\text{kmol B}}.$$

Der Luftüberschuß ist

$$\left(r_{\Delta L/B}\right)_V = (\lambda - 1) \cdot L_{min} = 3{,}203 \frac{\text{kmol L}}{\text{kmolB}}.$$

b) Berechnung der auf die Verbrennungsgasmasse bezogenen Massenanteile $\mu_{K/V}$ der Bestandteile des Verbrennungsgases:
Die Massenanteile der auf die Verbrennungsgasmasse bezogenen Komponenten des Verbrennungsgases erhält man durch sinngemäße Anwendung der Gleichung (28.35) unter Beachtung von (7.30)

$$\mu_{K/V} = \frac{(m_K)_V}{m_V} = \frac{(n_K)_V}{n_V} \cdot \frac{(M_K)_V}{M_V} = \frac{(n_K/n_B)_V}{n_V/n_B} \cdot \frac{(M_K)_V}{M_V}$$

$$= \frac{\left(r_{K/B}\right)_V \cdot (M_K)_V}{r_{V/B} \cdot M_V} = \frac{\left(r_{K/B}\right)_V \cdot (M_K)_V}{\sum \left(r_{K/B}\right)_V \cdot (M_K)_V}.$$

Berechnung der auf die Brennstoffmasse bezogenen Massen der Verbrennungsgaskomponenten:

$$\left(\mu_{K/B}\right)_V = \left(\frac{m_K}{m_B}\right)_V = \frac{\left(n_K \cdot M_K\right)_V}{n_B \cdot M_B} = \left(\frac{n_K}{n_B}\right)_V \cdot \left(\frac{M_K}{M_B}\right)_V = \left(r_{K/B}\right)_V \frac{(M_K)_V}{M_B}$$

$$M_B = \sum r_{K/B} \cdot (M_K)_B = 0{,}896 \cdot M_{CH_4} + 0{,}012 \cdot M_{C_2H_6} + 0{,}006 \cdot M_{C_3H_8}$$

$$= (0{,}896 \cdot 16{,}043 + 0{,}012 \cdot 30{,}070 + 0{,}006 \cdot 44{,}097) \frac{\text{kg}}{\text{kmol}} = 15{,}000 \frac{\text{kg}}{\text{kmol}}$$

Molanteile und Massenanteile der Komponenten des Verbrennungsgases (Bezugsstoff ist das Verbrennungsgas)

Komponente K	$(r_{K/B})_V$	M_K	$(r_{K/B})_V \cdot M_K$	$\mu_{K/V}$	$\mu_{K/B}$
	$\frac{\text{kmol K}}{\text{kmol B}}$	$\frac{\text{kg K}}{\text{kmol K}}$	$\frac{\text{kg K}}{\text{kmol B}}$	$\frac{\text{kg K}}{\text{kg V}}$	$\frac{\text{kg K}}{\text{kg B}}$
Kohlendioxid CO_2	0,966	44	42,504	0,115	2,834
Wasser H_2O	1,852	18	33,336	0,091	2,222
Luftstickstoff N_2	7,092	28	198,582	0,541	13,239
Luftüberschuß L	3,203	29	92,897	0,253	6,193
Summe:	13,111		367,31		24,4880

Kontrolle:
a) Mengenbilanz:
Die dem Brennraum zugeführte Menge ist

$$1 + L = (1 + 12{,}102)\ \text{kmol/kmol B} = 13{,}102\,\text{kmol/kmolB}.$$

Der Feuerung entströmen

$$\sum (r_{K/B})_V = 13{,}114\,\text{kmolV/kmolB}.$$

Dem Brennraum Die Differenz beträgt 0,012 kmol, entspr. 0,092 %, bezogen auf die zugeführte Menge.
b) Massenbilanz zugeführte Masse ist

$$1 + l = 1 + L \cdot \frac{M_L}{M_B} = \left(1 + 12{,}102 \cdot \frac{29}{15}\right) \frac{\text{kgL}}{\text{kgB}} = 24{,}39 \frac{\text{kgL}}{\text{kgB}}.$$

Die Verbrennungsgasmasse beträgt 24,47 kgL/kgB. Die Differenz ist 0,08 kg, bzw. 0,33 % der zugeführten Masse.

28.4 Heizwert und Brennwert

Bei der Verbrennung wird die im Brennstoff chemisch gebundene Energie freigesetzt und in thermische Energie umgewandelt.

Wir studieren die Energiewandlung und betrachten mit Bild 28.1 den Brennraum als Kontrollgebiet, dem der Brennluftmassenstrom $\dot{m}_L$ mit der Temperatur T_L und der Brennstoffmassenstrom $\dot{m}_B$ mit der Temperatur T_B zufließen, und aus dem der Massenstrom $\dot{m}_V$ des Verbrennungsgases mit der Temperatur T_V abfließt. Die Verbrennung wird als vollkommen angenommen, kinetische und potentielle Energien sowie Energien etwaiger Asche vernachlässigt. Nach dem 1. Hauptsatz für stationär durchströmte offene Systeme lautet die Energiebilanz ohne Abgabe technischer Arbeit

$$\dot{Q} = \dot{m}_V \cdot h_V(T_V) - [\dot{m}_B \cdot h_B(T_B) + \dot{m}_L \cdot h_L(T_L)]. \tag{28.36}$$

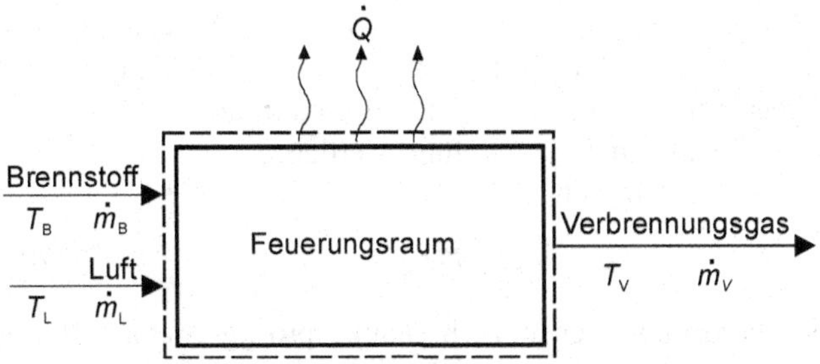

Bild 28.1. Feuerungsraum mit Stoff- und Wärmeströmen (schematisch). Das Verbrennungsgas ist ein Gemisch von Reaktionsprodukten, nichtbrennbaren Bestandteilen des Brennstoffes und überschüssiger Luft.

In diese Gleichung gehen Enthalpien verschiedener Stoffe ein, deren Enthalpiekonstanten unbekannt sind und sich auch nicht fortheben.

Um diese Schwierigkeit zu beseitigen, wird eine identische Umformung der Gleichung (28.36) durchgeführt, indem eine mehr oder weniger willkürlich angenommene Bezugstemperatur T_0 mit den ihr zugeordneten Enthalpien eingeführt wird. Die Energiebilanz lautet jetzt

$$\dot{Q} = \dot{m}_V \cdot (h_V(T_V) - h_V(T_0)) - [\dot{m}_B \cdot (h_B(T_B) - h_B(T_0)) + \dot{m}_L \cdot (h_L(T_L) - h_L(T_0))] -$$

$$-\left[\dot{m}_B \cdot \left\{h_B(T_0) + \frac{\dot{m}_L}{\dot{m}_B} \cdot h_L(T_0) - \frac{\dot{m}_V}{\dot{m}_B} \cdot h_V(T_0)\right\}\right]. \tag{28.37}$$

Nach Division durch den Brennstoffmassenstrom $\dot{m}_B$ erhält man mit

$\dot{m}_V / \dot{m}_B = m_V / m_B = \mu_{V/B}$ und $\dot{m}_L / \dot{m}_B = m_L / m_B = \lambda \cdot l_{min}$ aus (28.37)

$$q = \mu_{V/B} \cdot (h_V(T_V) - h_V(T_0)) - [(h_B(T_B) - h_B(T_0)) + \lambda \cdot l_{min} \cdot (h_L(T_L) - h_L(T_0))] -$$

$$-\{ h_B(T_0) + \lambda \cdot l_{min} \cdot h_L(T_0) - \mu_{V/B} \cdot h_V(T_0)\}. \tag{28.38}$$

Der Term in der geschweiften Klammer wird auf die Brennstoffmasse bezogener spezifischer Heizwert $H_u(T_0)$ bei der Temperatur T_0 genannt:

$$H_u(T_0) = \{ h_B(T_0) + \lambda \cdot l_{min} \cdot h_L(T_0) - \mu_{V/B} \cdot h_V(T_0)\} \tag{28.39}$$

Nach Einführung von $H_u(T_0)$ in (28.38) lautet die Energiebilanz

$$q = \mu_{V/B} \cdot (h_V(T_V) - h_V(T_0)) - [(h_B(T_B) - h_B(T_0)) + \lambda \cdot l_{min}(h_L(T_L) - h_L(T_0))] -$$

$$-H_u(T_0). \tag{28.40}$$

Setzt man darin die Temperaturen $T_V = T_B = T_L = T_0$, dann beschreibt sie die Wärmemenge q, die bei der Rückkühlung der Verbrennungsprodukte auf die Bezugstemperatur T_0 abgegeben wird, wenn zugleich Brennluft und Brennstoff dem Brennraum mit derselben Temperatur T_0 zugeführt werden.

Der spezifische Heizwert ist also mit

$$q = -H_u(T_0) \tag{28.41}$$

die Wärmemenge, die bei vollkommener Verbrennung pro kg Brennstoff abgegeben wird, wenn die Temperaturen der zugeführten Stoffe und des austretenden Verbrennungsgases übereinstimmen.

Der Heizwert wird durch Messung bestimmt. In den Tabellen 28.8 und 28.9 sind die Daten für einige Brennstoffe zusammengestellt. Die Werte gelten nach DIN 51900 für Verbrennung bei Atmosphärendruck, wenn die Reaktionsteilnehmer vor und nach der Verbrennung eine Temperatur von 25°C haben.

In den Tabellen werden zwei verschiedene Werte angegeben: Ein größerer Wert, Brennwert H_0 genannt und ein kleinerer Wert, mit Heizwert H_u bezeichnet.

Der Brennwert H_0 ist die Wärmemenge, die bei völliger Verflüssigung des in den Verbrennungsgasen enthaltenen Wasserdampfes freigesetzt wird. Der Heizwert H_u wird gemessen, wenn die Kondensation des Wasserdampfes unterbleibt. Der Brennwert H_0 ist um die Verdampfungsenthalpie $\Delta h_D(T_0)$ des Wassers größer als der Heizwert H_u:

$$H_0 = H_u + \mu_{H_2O/B} \cdot \Delta h_D(T_0) \tag{28.42}$$

Da das Wasser technische Feuerungsanlagen meistens in Dampfform verläßt, ist von der im Brennstoff enthaltenen chemischen Energie in der Regel nur der Heizwert H_u nutzbar. In vielen Fällen technischer Prozesse ist die Temperatur der Brennluft und auch die des Brennstoffes wesentlich höher als die Bezugstemperatur T_0, bei der die Heizwertmessung durchgeführt wurde. Als Beispiele seien erwähnt die in einem von heißen Abgasen durchströmten Wärmetauscher vorgewärmte Luft oder die infolge hoher adiabater Verdichtung mit hoher Temperatur in eine Brennkammer eintretende Luft.

Eine Umrechnung des Heizwertes auf andere Temperaturen bereitet keine Schwierigkeiten.

Ersetzt man in der Definitionsgleichung (28.39) die Bezugstemperatur T_0 durch die Temperatur T, für die man den Heizwert wissen möchte, dann errechnet sich dieser mit dem gegebenem Wert $H_u(T_0)$ aus

$$H_u(T) = H_u(T_0) + \left[h_B(T) - h_B(T_0)\right] + \lambda \cdot l_{min} \cdot \left[h_L(T) - h_L(T_0)\right] - \\ -\mu_{V/B} \cdot \left[h_V(T) - h_V(T_0)\right]. \tag{28.43}$$

Die Enthalpiedifferenz des Brennstoffes kann meistens gegen den Heizwert vernachlässigt werden. Ansonsten ist sie gemäß

$$h_B(T) - h_B(T_0) = h_B(\vartheta) - h_B(\vartheta_0) = (\bar{c}_P)_B\Big|_{\vartheta_0}^{\vartheta} \cdot (\vartheta - \vartheta_0) \tag{28.44}$$

zu bestimmen mit $(\bar{c}_P)_B\Big|_{\vartheta_0}^{\vartheta}$ als mittlerer isobarer spezifischer Wärmekapazität des Brennstoffes.

Tabelle 28.8. Brennwerte H_o und Heizwerte H_u fester und flüssiger Brennstoff bei einer Bezugstemperatur von 25°C. Nach [28]

Feste Brennstoffe			Flüssige Brennstoffe		
Brennstoff	H_o [MJ/kg]	H_u [MJ/kg]	Brennstoff	H_o [MJ/kg]	H_u [MJ/kg]
Holz, trocken	15,91..18,0	14,65..16,75	Ethanol	29,730	26,900
Torf, trocken	13,82..16,33	11,72..15,07	Benzol	41,870	40,150
Rohbraunkohle	10,47..12,98	8,37..11,30	Toluol	42,750	40,820
Braunkohlenbrikett	20,93..21,35	19,68..20,10	Naphthalin	40,360	38,940
Steinkohle	29,31..35,17	27,31..34,12	Pentan	49,190	45,430
Anthrazit	33,49..34,75	32,66..33,91	Oktan	48,150	44,590
Zechenkoks	28,05..30,56	27,84..30,35	Benzin	46,050	42,700

Tabelle 28.9. Brennwerte H_o und Heizwerte H_u einfacher Gase bei 25°C und 1,01325 bar. Nach [28]

Brennstoff	H_o [MJ/kg]	H_u [MJ/kg]
Wasserstoff	141,80	119,97
Kohlenmonoxid	10,10	10,10
Methan	55,50	50,01
Ethan	51,88	47,49
Propan	50,35	46,35
Ethylen	50,28	47,15
Acethylen	49,91	48,22

Die Enthalpiedifferenz der Brennluft ergibt sich mit den mittleren spezifischen isobaren Wärmekapazitäten der Luft nach Tabelle B5 zu

$$h_L(T_L) - h_L(T_0) = h_L(\vartheta_L) - h_L(\vartheta_0) = (\bar{c}_P)_L\Big|_0^{\vartheta_L} \cdot \vartheta_L - (\bar{c}_P)_L\Big|_0^{\vartheta_0} \cdot \vartheta_0 . \tag{28.45}$$

Zur Berechnung der Enthalpiedifferenz des Verbrennungsgases

$$h_V(T) - h_V(T_0) = h_V(\vartheta) - h_V(\vartheta_0) = (\bar{c}_P)_V\Big|_0^{\vartheta} \cdot \vartheta - (\bar{c}_P)_V\Big|_0^{\vartheta_0} \cdot \vartheta_0 \tag{28.46}$$

benötigt man die Werte der isobaren spezifischen Wärmekapazitäten des Verbrennungsgases. Man erhält sie mit den Massenanteilen $\mu_{K/V}$ der Bestandteile als Produktsumme nach (21.4) zu

$$\left(\bar{c}_P\right)_V\Big|_0^{\vartheta} = \sum_K \mu_{K/V}\cdot\left(\bar{c}_P\right)_K\Big|_0^{\vartheta}\,. \qquad (28.47)$$

Beispiel 28.4

Es soll der Heizwert von Methan bei einer Temperatur von 120°C für ein Luftverhältnis $\lambda = 1{,}08$ berechnet werden. Die Bezugstemperatur ist mit $\vartheta_0 = 25°\,C$ anzunehmen.

Lösung

Nach Tabelle 28.9 ist der Heizwert $H_u(25°\,C) = 50{,}01$ MJ/kg. Die isobare spezifische Wärmekapazität des Brennstoffes wird mit $(c_P)_B \approx 2{,}009$ kJ/(kg K) eingesetzt.
Enthalpiedifferenz des Brennstoffes:

$$h_B(T) - h_B(T_0) = h_B(\vartheta) - h_B(\vartheta_0) = (c_P)_B\cdot(\vartheta - \vartheta_0)$$

$$= 2{,}009\cdot(120 - 25)\,\text{kJ / kg} = 190{,}9\,\text{kJ / kg}$$

Luftbedarf:
Sauerstoffmindestbedarf im Molverhältnis

$$O_{min} = r_{\;CH_4/B}\cdot\left(x + \frac{y}{4} - \frac{z}{2}\right)\frac{\text{kmolO}_2}{\text{kmolB}}\,.$$

Mit $r_{CH_4/B} = 1$ (weil B = CH_4), x = 1, y = 4 wird

$$O_{min} = 2\,\frac{\text{kmolO}_2}{\text{kmolB}}\,.$$

Sauerstoffmindestbedarf in kg O_2 pro kg Brennstoff ist

$$o_{min} = \frac{n_{O_2}}{n_B}\cdot\frac{M_{O_2}}{M_B} = O_{min}\cdot\frac{M_{O_2}}{M_B} = 2\,\frac{\text{kmolO}_2}{\text{kmolCH}_4}\cdot\frac{32\,\dfrac{\text{kgO}_2}{\text{kmolO}_2}}{16\,\dfrac{\text{kgCH}_4}{\text{kmolCH}_4}} = 4\,\frac{\text{kgO}_2}{\text{kgB}}\,.$$

Damit wird der Mindestluftbedarf

$$l_{min} = \frac{1}{\mu_{O_2/L}}\cdot o_{min} = \frac{4}{0{,}23142}\,\frac{\text{kg L}}{\text{kg B}} = 17{,}28\,\frac{\text{kg L}}{\text{kg B}}\,.$$

Enthalpiedifferenz der Brennluft:
Nach (28.45) ist

$$h_L(T_L) - h_L(T_0) = h_L(\vartheta_L) - h_L(\vartheta_0) = \left(\bar{c}_P\right)_L\Big|_0^{120}\cdot 120°\,C - \left(\bar{c}_P\right)_L\Big|_0^{25}\cdot 25°\,C$$

$$= (1{,}0073\cdot 120 - 1{,}00423\cdot 25)\ \text{kJ / kg=95,77kJ / kg}\,.$$

Berechnung der auf die Brennstoffmasse bezogenen Stoffmengen- und Massenanteile der Reaktionsprodukte Kohlendioxid und Wasser:
Mit $r_{K/B} = 1$ (K = CH_4, B = CH_4) , x = 1, y = 4 erhält man die Molanteile

$$\left(r_{CO_2/B}\right)_V = 1\,\frac{\text{kmol CO}_2}{\text{kmol B}}\,,$$

$$\left(r_{H_2O/B}\right)_V = 2\frac{\text{kmol } H_2O}{\text{kmol B}}$$

und daraus die Massenanteile

$$\left(\mu_{CO_2/B}\right)_V = \left(r_{CO_2/B}\right)_V \cdot M_{CO_2} \,/\, M_B = 1\cdot\frac{44\,\text{kg } CO_2}{16\,\text{kg B}} = 2{,}75\frac{\text{kg } CO_2}{\text{kg B}}\,,$$

$$\left(\mu_{H_2O/B}\right)_V = \left(r_{H_2O/B}\right)_V \cdot M_{H_2O} \,/\, M_B = 2\cdot\frac{18\,\text{kg } H_2O}{16\,\text{kg B}} = 2{,}25\frac{\text{kg } H_2O}{\text{kg B}}\,.$$

Für den Luftstickstoff bekommt man

$$\left(\mu_{N_2/B}\right)_V = \mu_{N_2/L}\cdot l_{\min} = 0{,}76858\cdot 17{,}28\,\text{kg } N_2\,/\,\text{kg L} = 13{,}28\,\text{kg } N_2\,/\,\text{kg L}$$

und der auf die Brennstoffmasse bezogenen Luftüberschuß ist

$$\mu_{\Delta L/B} = (\lambda - 1)\, l_{\min} = 0{,}08\cdot 17{,}28\frac{\text{kg L}}{\text{kg B}} = 1{,}38\frac{\text{kg L}}{\text{kg B}}\,.$$

Das Verbrennungsgas-Brennstoffmassenverhältnis $\mu_{V/B}$ ist die Summe

$$\mu_{V/B} = \left(\mu_{CO_2/B}\right)_V + \left(\mu_{H_2O/B}\right)_V + \left(\mu_{N_2/B}\right)_V + \mu_{\Delta L/B} = 19{,}66\ \text{kg V / kg B}\,.$$

Die spezifische Enthalpiedifferenz des Verbrennungsgases nach (28.46) enthält die nach (28.47) zu ermittelnden isobaren spezifischen Wärmekapazitäten des Verbrennungsgases

$$\left(\bar{c}_P\right)_V\Big|_0^{\vartheta} = \sum_K \mu_{K/V}\cdot\left(\bar{c}_P\right)_K\Big|_0^{\vartheta}\,.$$

Die auf die Masse des Verbrennungsgases bezogenen Massenanteile berechnet man gemäß

$$\mu_{K/V} = \frac{m_K}{m_V}\cdot\frac{m_B}{m_B} = \frac{m_K}{m_B}\cdot\frac{m_B}{m_V} = \mu_{K/B}\cdot\frac{1}{\mu_{V/B}}$$

zu

$$\mu_{CO_2/V} = \left(\mu_{CO_2/B}\right)_V\cdot\frac{1}{\mu_{V/B}} = 0{,}1400\,\text{kg } CO_2\,/\,\text{kg V}\,,$$

$$\mu_{H_2O/V} = \left(\mu_{H_2O/B}\right)_V\cdot\frac{1}{\mu_{V/B}} = 0{,}1144\ \text{kg } H_2O\,/\,\text{kgV}\,,$$

$$\mu_{N_2/V} = \left(\mu_{N_2/B}\right)_V\cdot\frac{1}{\mu_{V/B}} = 0{,}6755\ \text{kg } N_2\,/\,\text{kg V}\,,$$

$$\mu_{\Delta L/V} = (\lambda - 1)\cdot l_{\min}\cdot\frac{1}{\mu_{V/B}} = 0{,}0702\,\text{kg L / kg V}\,.$$

Die der Tabelle B5 entnommenen isobaren spezifischen Wärmekapazitäten der Abgaskomponenten Kohlendioxid, Wasser, Luftstickstoff sowie der Luft für die Temperaturen 25°C und 120°C sind zusammen mit den nach (28.47) berechneten Werten für das stöchiometrische Verbrennungsgas einschließlich des Luftüberschusses in Tabelle 28.10 zusammengestellt.

Die auf die Brennstoffmasse bezogene Enthalpiedifferenz des Verbrennungsgases ist

$$\mu_{V/B}\cdot\left[h_V(\vartheta) - h_V(\vartheta_0)\right] = \mu_{V/B}\cdot\left[\left(\bar{c}_P\right)_V\Big|_0^{\vartheta}\cdot\vartheta - \left(\bar{c}_P\right)_V\Big|_0^{\vartheta_0}\cdot\vartheta_0\right] = 2068{,}7\frac{\text{kJ}}{\text{kgB}}\,.$$

Der Heizwert bei 120°C ergibt sich nach (28.43) zu

$$H_u(120°\,C) = (50010 + 191 + 1787 - 2069)\frac{\text{kJ}}{\text{kgB}} = 49{,}92\frac{\text{MJ}}{\text{kgB}}\,.$$

Tabelle 28.10. Mittlere isobare spezifische Wärmekapazitäten $\left(\bar{c}_P\right)_K\Big|_0^{\vartheta}$ der Komponenten des Abgases in kJ/(kgK)

ϑ °C	CO_2	H_2O	N_2	Luft	Verbrennungsgas
25	0,8299	1,8617	1,0307	1,00423	1,0960
120	0,8771	1,8760	1,0320	1,0073	1,10520

Der Heizwert von Methan ändert sich bei einer Temperaturerhöhung um 95°C lediglich um 0,18°%. Man kann deshalb im Temperaturintervall von ca. 20°C bis 120°C auch für andere Brennstoffe durchweg die Werte der Tabellen 28.8 bzw. 28.9 zugrunde legen.

28.5 Enthalpie-Temperatur-Diagramm der Verbrennungsgase

Die von einer Feuerung abgegebene spezifische Wärmemenge q ist nach (28.40) gleich der auf die Brennstoffmasse bezogenen Differenz der Enthalpien h_e der zugeführten Stoffe und der Enthalpie h_a der Verbrennungsprodukte

$$-q = h_e(\vartheta_L, \vartheta_B, \lambda) - h_a(\vartheta_V, \lambda), \tag{28.48}$$

mit

$$h_e(\vartheta_L, \vartheta_B, \lambda) = H_u(\vartheta_0) + \left[h_B(\vartheta_B) - h_B(\vartheta_0)\right] + \lambda \cdot l_{min} \cdot \left[h_L(\vartheta_L) - h_L(\vartheta_0)\right] \tag{28.49}$$

und

$$h_a(\vartheta_V, \lambda) = \mu_{V/B} \cdot \left(h_V(\vartheta_V) - h_V(\vartheta_0)\right). \tag{28.50}$$

Da die Temperatur ϑ_B des zugeführten Brennstoffs häufig nahe bei ϑ_0 liegt und die Brennstoffenthalpiedifferenz ohnehin gegenüber dem Heizwert sehr klein ist -in Beispiel 28.4 beträgt sie 0,4 % des Heizwertes - darf diese meistens vernachlässigt werden. Die Abhängigkeit von ϑ_B entfällt und die Enthalpie $h_e(\vartheta, \lambda)$ der der Feuerung zugeführten Luft ist bei gegebenem Luftverhältnis λ eine Funktion der Temperatur $\vartheta_L = \vartheta$. Trägt man die Enthalpie $h_e(\vartheta, \lambda)$ und mit $\vartheta_V = \vartheta$ die Enthalpie der Verbrennungsprodukte $h_a(\vartheta, \lambda)$ über der Temperatur ϑ auf, erhält man das Temperatur-Enthalpie-Diagramm eines Brennstoffes für ein gegebenes Luftverhältnis λ. Da die abgegebene Wärmemenge nach (28.48) gleich der Differenz beider Enthalpien ist, läßt sie sich, wie mit Bild 28.2 erläutert wird, unmittelbar als Strecke abgreifen, wenn die Temperatur ϑ_L der der Feuerung zugeführten Brennluft und die Verbrennungstemperatur ϑ_V bekannt sind. Im gleichen Diagramm kann man die Verbrennungstemperatur ablesen, wenn die abgegebene Wärmemenge gegeben ist.

Ist der Feuerungsraum adiabat, wie z. B. die Brennkammer einer Gasturbine, dann verläuft die Verbrennung isenthalp. Bei gegebener Eintrittstemperatur ϑ_L der Luft in die Brennkammer kann man nun auf der Abszisse die Temperatur der Verbrennungsgase am Brennkammeraustritt ablesen.

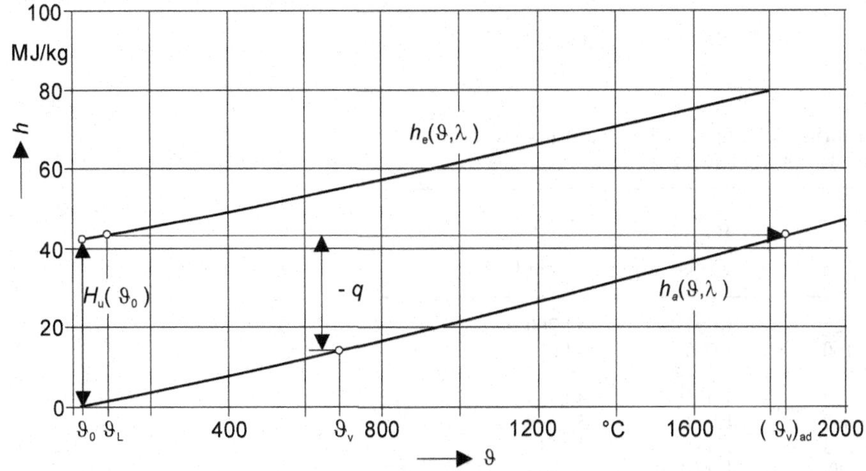

Bild 28.2. h, ϑ - Diagramm der Verbrennung von Dieselöl mit einem Luftüberschuß $\lambda = 1{,}25$. Die Enthalpie-Temperatur-Kurven sind in Beispiel 28.5 berechnet worden.

Beispiel 28.5
Es soll das Enthalpie-Temperatur-Diagramm der Verbrennung von Dieselöl mit einem Luftverhältnis von $\lambda = 1{,}25$ erstellt werden. Bezugstemperatur ϑ_0 und Brennstofftemperatur ϑ_B sind mit $\vartheta_0 = \vartheta_B = 25°\,C$ anzusetzen.

Lösung
Der Heizwert von 25°C warmem Dieselöl ist $H_u(25°\,C) = 42{,}7$ MJ/kg. Der Mindestluftbedarf wurde in Beispiel 28.2 mit $l_{min} = 14{,}441$ kg L/kg B ermittelt.

Berechnung der Enthalpie des Stoffstromes vor Eintritt in den Feuerungsraum:
Wegen $\vartheta_0 = \vartheta_B$ ist die Brennstoffenthalpie $h_B(\vartheta_B) - h_B(\vartheta_0) = 0$. Gleichung (28.49) reduziert sich damit auf

$$h_e(\vartheta,\lambda) = H_u(\vartheta_0) + \lambda \cdot l_{min} \cdot [h_L(\vartheta) - h_L(\vartheta_0)]\,.$$

Mit den mittleren isobaren spezifischen Wärmekapazitäten der Luft errechnet man mit der Summe von Heizwert und der Enthalpie der Brennluft die Enthalpie des in den Feuerungsraum einströmenden Stoffstromes in Abhängigkeit von der Temperatur

$$h_e(\vartheta,\lambda) = H_u(\vartheta_0) + \lambda \cdot l_{min} \cdot \left((c_P)_L\Big|_0^{\vartheta} \cdot \vartheta - (c_P)_L\Big|_0^{\vartheta_0} \cdot \vartheta_0 \right)$$

$$= H_u(25°\,C) + \lambda \cdot l_{min} \cdot \left((c_P)_L\Big|_0^{\vartheta} \cdot \vartheta - (c_P)_L\Big|_0^{25°C} \cdot 25°\,C \right),$$

nachdem man zuvor den Term

$$H_u(25°C) - \lambda \cdot l_{min} \cdot (c_P)_L\Big|_0^{25°C} \cdot 25°C = 42247 \text{ kJ/kg}$$

als Konstante zusammengefaßt hat. Das Ergebnis ist Tabelle 28.11 zu entnehmen.

Berechnung der Enthalpie des Verbrennungsgases:
Analog (28.50) ist

$$h_a(\vartheta,\lambda) = \mu_{V/B} \cdot \left((\bar{c}_P)_V\Big|_0^{\vartheta} \cdot \vartheta - (\bar{c}_P)_V\Big|_0^{\vartheta_0} \cdot \vartheta_0 \right)$$

$$= \mu_{V/B} \cdot \left(\left(\bar{c}_P\right)_V \Big|_0^{\vartheta} \cdot \vartheta - \left(\bar{c}_P\right)_V \Big|_0^{25°C} \cdot 25°C \right) .$$

Tabelle 28.11. Enthalpie des Stoffstromes vor Eintritt in den Feuerungsraum

ϑ [°C]	$\left(c_P\right)_L\Big\|_0^{\vartheta}$ [kJ/(kg K)]	$h_e(\vartheta, \lambda)$ [MJ/kg]
25	1,00423	42,700
100	1,0065	44,064
200	1,0117	45,900
400	1,0286	49,675
600	1,0498	53,618
800	1,0712	57,718
1000	1,0910	61,943
1200	1,1087	66,266
1400	1,1243	70,663
1600	1,1382	75,124
1800	1,1505	79,634

Das Verbrennungsgas-Brennstoffmassenverhältnis $\mu_{V/B}$ und die auf die Brennstoffmasse bezogenen Massenanteile $(\mu_{K/B})_V$ der Komponenten des Verbrennungsgases wurden bereits in Beispiel 28.2 ermittelt.

Für die auf die Masse des Verbrennungsgases bezogenen Massenanteile $\mu_{K/V} = (\mu_{K/B}) / \mu_{V/B}$ erhält man mit $\mu_{V/B} = 19{,}6126$ kgV / kgB:

$$\mu_{CO_2/V} = 0{,}16671 \,\text{kg}\, CO_2 \,/\, \text{kg V}$$

$$\mu_{H_2O/V} = 0{,}06063 \,\text{kg}\, H_2O \,/\, \text{kgV}$$

$$\mu_{N_2/V} = 0{,}58278 \,\text{kg}\, N_2 \,/\, \text{kg V}$$

$$\mu_{\Delta L/V} = 0{,}18956 \,\text{kg L} \,/\, \text{kg V}$$

Die isobaren spezifischen Wärmekapazitäten des Verbrennungsgases werden durch Auswertung der Beziehung

$$\left(\bar{c}_P\right)_V \Big|_0^{\vartheta} = \sum_K \mu_{K/V} \cdot \left(\bar{c}_P\right)_K \Big|_0^{\vartheta}$$

mit den isobaren mittleren spezifischen Wärmekapazitäten der Komponenten des Verbrennungsgases nach Tabelle 28.12 berechnet.

Die temperaturabhängige Enthalpie des Verbrennungsgases ist zusammen mit den errechneten isobaren spezifischen Wärmekapazitäten ebenfalls in Tabelle 28.12 eingetragen.

Bei der Berechnung der Enthalpie des Verbrennungsgases wurde die Enthalpie bei der Bezugstemperatur mit

$$\mu_{\mathrm{V/B}} \cdot \left(c_{\mathrm{P}}\right)_{\mathrm{V}}\Big|_0^{25°C} \cdot 25\ °\mathrm{C} = 496{,}309\mathrm{kJ/kgB}$$

berücksichtigt.

Tabelle 28.12. Mittlere spezifische isobare Wärmekapazitäten des Verbrennungsgases von Dieselöl mit Luftüberschuß λ=1,25 . Nach [1]

	$\left(c_{\mathrm{P}}\right)_{\mathrm{K}}\Big\|_0^{\vartheta}$ [kJ/(kg K)]				$\left(c_{\mathrm{P}}\right)_{\mathrm{V}}\Big\|_0^{\vartheta}$ [kJ/(kg K)]	$h_{\mathrm{a}}(\vartheta,\lambda)$ [MJ/kg]
ϑ [°C]	Kohlen-dioxid	Wasser	Luftstickstoff	Luft	Verbren-nungsgas	
25	0,8299	1,8617	1,0307	1,00423	1,04226	0
100	0,8677	1,8724	1,0316	1,0065	1,0502	1,504
200	0,9122	1,8931	1,0346	1,0117	1,0785	3,612
400	0,9850	1,9467	1,0477	1,0286	1,0878	7,792
600	1,0422	2,0082	1,0670	1,0498	1,1090	12,178
800	1,0881	2,0741	1,0879	1,0712	1,1442	16,939
1000	1,1253	2,1414	1,1079	1,0910	1,170	21,789
1200	1,1560	2,2078	1,1260	1,1087	1,1929	26,770
1400	1,1816	2,2714	1,1422	1,1243	1,2135	31,863
1600	1,2032	2,3311	1,1564	1,1382	1,2316	37,038
1800	1,2217	2,3866	1,1690	1,1505	1,2477	42,282
2000	1,2377	2,4379	1,1802	1,1615	1,2621	47,583

Repetitorium

Fragen und Aufgaben

Kapitel 1 – Einleitung

1.1 Was ist Thermodynamik nach heutigem Verständnis und welches ist ihr Hauptaufgabengebiet?

1.2 Auf welcher Vorstellung von Wärme beruhte die Thermodynamik bis zur Mitte des 19. Jahrhunderts?

1.3 Wie hieß der „Wärmestoff" und welches waren seine besonderen Eigenschaften ?

1.4 Wer gilt als Begründer der modernen Thermodynamik?

1.5 Welche wissenschaftliche Erkenntnis besiegelte das Ende der Stofftheorie der Wärme, wann wurde sie veröffentlicht und wie hieß der Autor?

Kapitel 2 – Einheiten physikalischer Größen

2.1 Wie lauten die Basiseinheiten des Système International d'Unité und ihre Zeichen?

2.2 Wie lauten die Definitionen der Einheiten der Kraft, der Leistung, der Energie und des Druckes?

Kapitel 3 – Systeme

3.1 Welches sind die Kennzeichen geschlossener Systeme, offener Systeme und adiabater Systeme?

3.2 Was versteht man unter dem Begriff „Phase“?

Kapitel 4 – Zustandsgrößen

4.1 Welche Zustandsgrößen werden zur eindeutigen Beschreibung homogener Systeme (Einphasensysteme) benötigt?

4.2 Wie ist die Stoffmenge *Mol* definiert?

4.3 Wie bezeichnet man die in einem Mol enthaltene Zahl der Teilchen?

4.4 Geben Sie die Masse von 17,25 kmol Fluor in kg an.

4.5 Wieviel mol sind in 567,2 kg Methan enthalten?

4.6 Wie lauten die thermischen Zustandsgrößen?

4.7 Wie ist
a) das spezifische Volumen,
b) das Molvolumen definiert?

4.8 Wie heißt die international vereinbarte Temperaturskala und wie lautet die Einheit dieser so festgelegten Temperatur?

4.9 Welche Beziehung verknüpft die thermodynamische Temperatur T mit der Celsius-Temperatur ϑ? Welcher Celsius-Temperatur entspricht der absolute Nullpunkt $T = 0$?

Kapitel 5 – Gleichgewichtszustände

5.1 Was versteht man unter mechanischem, thermischem, chemischem und thermodynamischem Gleichgewicht?

Kapitel 6 – Zustandsänderung und Prozeß

6.1 Erklären Sie den Unterschied zwischen *Prozeß* und *Zustandsänderung*.

6.2 Was bezeichnet
a) isochore Zustandsänderung,
b) isobare Zustandsänderung
c) isotherme Zustandsänderung?

6.3 Was versteht man unter
a) nichtstatischen Zustandsänderungen,
b) quasistatischen Zustandsänderungen?

6.4 Was sind
a) Ausgleichsprozesse,
b) reversible bzw. irreversible Prozesse?

Kapitel 7 – Zustandsgleichungen

7.1 Geben Sie drei Versionen der thermischen Zustandsgleichung idealer Gase an.

7.2 Wie lautet das Gesetz von Avogadro und welche Erkenntnis folgt daraus?

7.3 In einem würfelförmigen Kasten der Kantenlänge 2 m befindet sich Sauerstoff. Temperatur und Druck betragen 25°C bzw. 2,34 bar. Die Molmasse von Sauerstoff ist $M = 31{,}9988$ kg/kmol. Berechnen Sie
a) die Gasmasse,
b) das Molvolumen,
c) die Anzahl der Sauerstoffmoleküle.

7.4 Ein Stahlzylinder, Länge 4m, Innendurchmesser 1,20 m enthält Wasserstoff bei einem Druck von 4,87 bar und einer Temperatur von -18°C. Durch Abblasen wird die Gasmasse bei konstant gehaltener Temperatur um 21% reduziert. Berechnen Sie
a) die Gasmasse vor Beginn des Abblasens,
b) den Druck am Ende des Abblasvorganges.

7.5 Ein Fesselballon ist mit 461 m^3 Helium gefüllt. Der Druck im Helium beträgt 1,05 bar bei einer Temperatur von 15°C. Druck und Temperatur der Atmospärenluft sind 1,013 bar und 15°C. Durch Sonneneinstrahlung erwärmt sich die Luft und mit ihr die Heliumgasfüllung im Ballon auf 25°C. Der Druck im Heliumgas sowie der Luftdruck ändern sich während des Temperaturanstiegs nicht. Berechnen Sie
a) die Heliummasse,
b) die Volumenänderung des Heliums durch die Erwärmung,
c) die Änderung des hydrostatischen Auftriebs in Prozent des Auftriebs bei der Ausgangstemperatur (der hydrostatische Auftrieb ist gleich dem Gewicht der vom Fesselballon verdrängten Luft).
Die Gaskonstanten sind nach Tabelle 7.6 für Helium $R_{\mathrm{He}} = 2077{,}30\,\mathrm{J/(kg\,K)}$, für Luft $R_{\mathrm{L}} = 287{,}10\,\mathrm{J/(kg\,K)}$.

7.6 Wie groß ist das Gasvolumen im physikalischen Normzustand, wenn es bei einem Luftdruck von 994 mbar und einer Temperatur von 21°C ein Volumen von 4,7 m^3 einnimmt?

7.7 Die bei der Analyse eines Leuchtgases ermittelten Raumteile *r* der Gaskomponenten sind zusammen mit ihren Molmassen *M* in der folgenden Tabelle aufgelistet. Der Druck des Leuchtgases betrug 0,985 bar.

Nr.	Komponente	Raumteil *r*	Molmasse *M* in kg/kmol
1	H_2	0,48	2,016
2	CH_4	0,30	16,043
3	C_2H_4	0,06	28,050
4	CO	0,10	28,010
5	CO_2	0,04	44,010
6	N_2	0,02	28,013

Es sind zu ermitteln:
a) Die (scheinbare) Molmasse des Leuchtgases,
b) die Gaskonstante des Leuchtgases,
c) die Dichte des Leuchtgases im physikalischen Normzustand,
d) die spezifische Masse der Komponenten im Normzustand,
e) die Partialdrücke.

Kapitel 8 – Kinetische Gastheorie

8.1 Wodurch unterscheiden sich die phänomenologische (klassische) Thermodynamik und die molekular-statistische Thermodynamik?

8.2 Welche Modellvorstellungen von der Gasstruktur liegen der kinetischen Gastheorie zugrunde?

8.3 Wie lassen sich *Druck* und *thermodynamische Temperatur* nach den Ergebnissen der kinetischen Gastheorie interpretieren?

Kapitel 9 – Arbeit und Energieübertragung

9.1 Was ist Arbeit im Sinne der technischen Naturwissenschaften und wie steht sie in Beziehung zum Begriff *Energie*? Wie lauten ihre Einheiten?

9.2 Was ist Volumenänderungsarbeit und was ist Wellenarbeit?

9.3 Was ist Dissipation?

9.4 Was ist Dissipationsarbeit?

9.5 Worin unterscheiden sich geschlossene und offene Systeme hinsichtlich der Wellenarbeit?

9.6 Ein durch einen Kolben gasdicht abgeschlossener Zylinder enthält 0,18 m^3 Stickstoff mit einem Druck von 12,5 bar bei einer Temperatur von 20°C. Unter Wärmezufuhr expandiert das Gas bei konstanter Temperatur auf 1,02 bar.
a) Welche Arbeit verrichtet das Gas bei der Expansion?
b) Wie groß ist das Endvolumen?

Kapitel 10 – Innere Energie und Enthalpie

10.1 Welche physikalische Bedeutung haben *innere Energie U* und *Enthalpie H* und welche Art von Größen stellen sie dar.

10.2 Durch welche Beziehung sind *innere Energie U* und *Enthalpie H* miteinander verknüpft?

10.3 Wie hängen die kalorischen Zustandsvariabeln mit den thermischen Zustandsgrößen zusammen und zwar bei festen, flüssigen und gasförmigen Einphasensystemen?

10.4 Bestimmen Sie die mittlere spezifische isobare Wärmekapazität c_{pm} von Wasserstoff für den Temperaturbereich von 275°C bis 1050°C.

10.5 Ein Metallstück der Masse $m = 14{,}04\,\text{kg}$ wird durch eine Wärmezufuhr von 1248,5 kJ von 8°C auf 94°C erwärmt. Berechnen Sie die spezifische Wärmekapazität des Metalls.

Kapitel 11 – Äquivalenz von Wärme und Arbeit

11.1 Welche Eigenschaft haben Arbeit und Wärme gemeinsam?

11.2 Wodurch kommt eine Energieübertragung durch Wärme zustande?

Kapitel 12 – Der erste Hauptsatz der Thermodynamik für geschlossene Systeme

12.1 Worin besteht
a) die Kernaussage des ersten Hauptsatzes,
b) wie lautet die mathematische Formulierung des ersten Hauptsatzes für geschlossene ruhende Systeme?

12.2 Bei konstanter Temperatur von 25° C sollen $V_1 = 0{,}83\,\text{m}^3$ Luft mit $p_1 = 3{,}02$ bar auf $V_2 = 0{,}42\ \text{m}^3$ komprimiert werden. Zu berechnen sind
a) die Masse m der Luft,
b) der Druck p_2 ,
c) die Volumenänderungsarbeit W_{v12},
d) die über die Systemgrenze transportierte Wärmemenge,
e) die Änderung der inneren Energie und der Enthalpie.

Kapitel 13 – Wärme

13.1 Eine Badewanne hat ein Fassungsvermögen von 250 l. Bei der Zubereitung eines warmen Vollbades werden zunächst 160 l Wasser (1000 kg/cbm) von $\vartheta_1 = 10°\text{C}$ eingefüllt. Anschließend wird die Wanne durch warmes Wasser aufgefüllt, wobei dessen Temperatur ϑ_2 so eingeregelt werden soll, daß sich nach Erreichen des thermischen Gleichgewichtes eine Mischungstemperatur von $\vartheta_m = 38°\text{C}$ einstellt.

Berechnen Sie unter Vernachlässigung von Wärmeverlusten die Temperatur ϑ_2. Die Dichte von Wasser ist mit $1000\,\text{kg/m}^3$ anzusetzen.

13.2 Die Wassertemperatur des Schwimmbeckens eines Freibades mit den Abmessungen 25x10x2,5 m^3 sinkt jede Nacht um 5°C ab.

Wie hoch ist der Energiebedarf, ausgedrückt in kWh, um den täglichen Temperaturverlust auszugleichen? Die spezifische Wärmekapazität des Wassers ist mit 4,186 kJ/(kg K) anzunehmen.

Kapitel 14 – Wärme und Arbeit bei reversiblen Zustandsänderungen idealer Gase

14.1 Ein zylindrisches Stahlgefäß enthält 17,8 kg Methangas bei einem Druck von 2,8 bar und einer Temperatur von 15°C. Durch Verschieben eines reibungsfrei gleitenden Kolbens wird das Gasvolumen um 8,4% verringert. Berechnen Sie
a) das Gasvolumen nach der Verdichtung,
b) die aufzuwendende Volumenänderungsarbeit,
c) die abzuführende Wärmemenge.

14.2 Ein vertikaler Metallzylinder ist oben durch einen beweglichen gasdicht eingepaßten Deckel verschlossen, auf dem ein 10 kg schweres Gewicht liegt. Im Gefäß befinden sich 185 kg Luft mit 2,95 bar. Infolge Erwärmung wächst das Gasvolumen von 50,7 m^3 auf 54,97 m^3. Berechnen Sie mit $\kappa = 1{,}4$ und der Gaskonstante von Luft $R = 287{,}1\,\text{J/(kg K)}$
a) Anfangs- und Endtemperatur,
b) die Volumenänderungsarbeit,

c) die zugeführte Wärmemenge.

14.3 Der Deckel der Einrichtung der vorigen Aufgabe wird blockiert und die Temperatur durch Kühlung vom Wert $T_2 = 305{,}311\,\mathrm{K}$ wieder auf $T_1 = T_3 = 281{,}595\,\mathrm{K}$ reduziert. Berechnen Sie mit denselben Stoffwerten wie in der vorigen Aufgabe
a) den Enddruck p_3 der Luft,
b) die Volumenänderungsarbeit W_{v23},
c) die abgeführte Wärmemenge Q_{23}.

14.4 Eine Kolbenpumpe verdichtet isentrop 0,81 kg Luft, von 0,88 bar und 393 K auf einen Enddruck von $19{,}8 \cdot 10^5$ Pa. Bestimmen Sie
a) die Verdichtungsendtemperatur und
b) die der Luft zugeführte Arbeit. Das Verhältnis der spezifischen Wärmekapazitäten ist mit $\kappa = 1{,}4$ anzunehmen.

Kapitel 15 – Wärme und Arbeit bei polytroper Zustandsänderung

15.1 Eine Luftmasse von 3,613 g, die bei einer Temperatur von 15°C ein Volumen von 2789 ccm ausfüllt, ist in einem Ballon mit einer vollkommen elastischen Hülle gespeichert.
a) Welche Wärmemenge muß zugeführt werden, wenn bei einer quasistatischen isobaren Expansion eine Temperatur von 250°C erreicht werden soll,
b) welche Volumenänderungsarbeit wird dabei verrichtet?
Vom Ausgangszustand werde die Luft polytrop verdichtet. Das Verdichtungsverhältnis ist $\varepsilon = 6:1$, der Polytropenexponent $n = 1{,}3$. Berechnen Sie
c) Verdichtungsendtemperatur und -druck,
d) die Volumenänderungsarbeit.
Stoffwerte für Luft: Gaskonstante $R = 287{,}1$ J/(kg K), mittlere spezifische isochore Wärmekapazität $c_v = 0{,}741\,\mathrm{kJ/(kg \cdot K)}$.

Kapitel 16 – Die Entropie

16.1
a) Geben Sie die Definition der Entropie an.
b) Was ist die Besonderheit an der Definition der Entropie?

16.2 Eine Masse von 9,7 kg CO_2 wird bei 2,7 bar und der Temperatur 300 K
a) isochor,
b) isobar erhitzt.
Dabei nimmt die Entropie in beiden Fällen um $\Delta s = 0{,}278\,\mathrm{kJ/(kg\,K)}$ zu.

Berechnen Sie für beide Fälle Endtemperatur, Enddruck, Endvolumen und die zugeführte Wärmemenge. Die spezifische isobare Wärmekapazität ist mit $c_p = 0{,}846$ kJ/(kg K) anzunehmen, die Gaskonstante ist $R = 188{,}9$ J/(kg K).

16.3 Eine Luftmasse von 1 kg und einer Temperatur von 20°C expandiert isotherm vom Anfangsdruck 5 bar unter Zufuhr einer Wärmemenge von 83,7kJ. Berechnen Sie den Enddruck.

16.4 Ein starrwandiges Gefäß enthält 84,7 kg Kohlenmonoxid bei einem Druck von 1,2 bar und einer Temperatur von 25°C. Durch Sonneneinstrahlung erhöht sich die Temperatur auf 44°C. Anzunehmende Stoffwerte: $c_p = 1{,}040$ kJ/(kg K), $R = 296{,}84$ J/(kg K). Es sind zu ermitteln
a) der Druck nach Erwärmung,
b) die vom Kohlenmonoxid aufgenommene Wärmemenge,
c) die Entropieänderung als extensive und intensive Größe.

Kapitel 17 – Der erste Hauptsatz für offene Systeme

17.1 Ein offenes System wird zwischen den Stellen 1 und 2 von einem Stoffstrom stationär durchströmt. Wie lautet die Energiebilanzgleichung in der allgemeinen Form?

17.2 Ein Axialverdichter fördert 20,4 kg/s Luft und erzeugt ein Druckverhältnis von 24:1. Die Lufttemperatur am Eintritt in den Verdichter ist 10°C, der Druck 0,86 bar. Berechnen Sie unter Annahme reversibel adiabater Zustandsänderung
a) Druck, Temperatur und Dichte der Luft am Verdichteraustritt,
b) die Verdichterleistung bei vernachlässigten kinetischen Energien.

Die mittlere spezifische isobare Wärmekapazität der Luft ist mit $\bar{c}_{p12} = 1{,}0327$ kJ/(kgK) anzunehmen, das Verhältnis der spezifischen Wärmekapazitäten ist $\kappa = 1{,}4$.

17.3 Eine mehrstufige Axialturbine verarbeitet pro Stunde 73400 kg Gas bei einem Druckverhältnis von 28. Die Gastemperatur am Turbineneintritt (Index e) beträgt 1080°C, der Druck ist 29,8 bar. Die Rechnung ist vereinfachend mit Luft als Arbeitsfluid durchzuführen. Die Temperaturabhängigkeit der spezifischen Wärmekapazitäten ist zu berücksichtigen. Zu berechnen sind für reversible adiabate Zustandsänderungen mit $\kappa = 1{,}38$
a) Druck, Temperatur und die Dichte des Arbeitsfluides am Turbinenaustritt (Index a),
b) die Turbinenleistung bei vernachlässigten kinetischen Energien,
c) das Verhältnis der Volumenströme im Aus- und Eintritt.

17.4 Die mit konstanter Geschwindigkeit durchströmte Klimaanlage eines Hotels erwärmt pro Stunde 5000 cbm trockene Luft von –5°C auf 22°C. Die Wärmezufuhr erfolgt angenähert isobar bei einem Druck von 981 mbar.

Ermitteln Sie unter Vernachlässigung von Wärmeverlusten und dissipativen Effekten die erforderliche elektrische Heizleistung. Als Wert für die mittlere isochore spezifische Wärmekapazität ist mit $c_v = 0{,}719\,\mathrm{kJ/(kg\cdot K)}$ zu rechnen.

17.5 Ein Luftstrom von 2,4 m³/s wird isobar mit 1,02 bar in einem Wärmetauscher von 43,6°C reversibel auf 25°C heruntergekühlt. Die isobare spezifische Wärmekapazität der Luft kann als konstant mit 1,0044 kJ/(kg K) angenommen werden. Änderungen kinetischer und potentieller Energien sind zu vernachlässigen. Ermitteln Sie
a) den abgegebenen Wärmestrom,
b) den Entropietransportstrom.

Kapitel 18 – Der zweite Hauptsatz der Thermodynamik

18.1 Welches ist die Kernaussage des zweiten Hauptsatzes?

18.2 Geben Sie zwei Formulierungen des zweiten Hauptsatzes an.

Kapitel 19 – Der zweite Hauptsatz und die Entropie

19.1. Wie ändert sich die Entropie eines geschlossenen adiabaten Systems bei
a) einem irreversiblen Prozeß,
b) einem reversiblen Prozeß?
c) Kann die Entropie eines geschlossenen Systems abnehmen.?
d) Kann die Entropie eines geschlossenen adiabaten System abnehmen?

19.2 Kann die Entropie eines offenen adiabaten Systems abnehmen?

19.3 Ist die Wärmeübertragung bei endlicher Temperaturdifferenz reversibel oder irreversibel?

Kapitel 20 – Darstellung von Wärme und Arbeit in Entropiediagrammen

20.1 Im *T,s*–Diagramm lassen sich Wärmemengen und Dissipationsenergien als Fläche unter einer Zustandskurve zwischen zwei Zustandspunkten darstellen. Welche Bedeutung hat eine solche Fläche bei
a) einem reversiblem Prozeß,
b) einem irreversiblen Prozeß?

20.2 Welche Arten von Funktionen stellen bei ihrer Abbildung im *T,s*-Diagramm
a) die Isochoren,
b) die Isobaren der idealen Gase dar, und
c) wie unterscheiden sie sich voneinander? Welchen Verlauf nehmen
d) die Isothermen und
e) die Isentropen?

20.3 Wie werden im *h,s*-Diagramm Wärmemenge, Arbeit, innere Energie und Enthalpie abgebildet?

Kapitel 21 – Kalorische Zustandsgleichungen idealer Gemische

21.1 Zwei adiabate Behälter A und B sind durch ein kurzes Rohrstück mit zunächst geschlossenem Ventil verbunden. Behälter A enthält $2{,}5\,\mathrm{m}^3$ Helium mit 1,2 bar und 30°C, Behälter B 0,8 kg Neon mit 2,1 bar und 72°C. Nach dem Öffnen des Ventils vermischen sich beide Gase. Berechnen Sie
a) die Massenanteile der Mischung,
b) die Mischungstemperatur,
c) den Mischungsdruck,
d) die spezifische isobare Wärmekapazität.
Das Volumen des Verbindungsrohres ist zu vernachlässigen. Die Gaskonstanten von Helium und Neon sind $R_{\mathrm{He}} = 2{,}077\,\mathrm{kJ/(kg\,K)}$ und $R_{\mathrm{Ne}} = 412{,}02\,\mathrm{J/(kg\,K)}$. Für einatomige Gase (Helium, Neon) gilt $c_{\mathrm{v}} = 3/2 \cdot R$, $c_{\mathrm{p}} = 5/2 \cdot R$.

Kapitel 22 – Reversible Kreisprozesse

22.1 Wie lautet die Energiebilanz des Kreisprozesses
a) eines geschlossenen Systems,
b) eines offenen Systems?

22.2 Unter welcher Bedingung gibt ein System Arbeit ab?

22.3 Was besagt der Durchlaufungssinn des Kreisprozesses bei seiner Darstellung in einem *p, V*-Diagramm über die Funktion der Maschinenanlage?

Kapitel 23 – Reversible Kreisprozesse thermischer Maschinen

23.1 Der Seiliger-Prozeß des Dieselmotors ist mit Luft als idealem Gas mit $\kappa = 1{,}4$ und konstantem $c_{\mathrm{v}} = 0{,}876\,\mathrm{kJ/(kg\,K)}$ rechnerisch zu verfolgen.
Prozeßparameter: Verdichtungsverhältnis $\varepsilon = V_1 / V_2 = 15:1$, Einspritzverhältnis $\varphi = V_4 / V_3 = 1{,}87$, Druckverhältnis $\psi = p_3 / p_2 = 1{,}60$. Anfangswerte für Temperatur und Druck vor Verdichtungsbeginn sind 288 K und 0,98 bar.

Ermitteln Sie
a) die isochor zugeführte Wärmemenge,
b) den Höchstdruck,
c) die isobar zugeführte Wärmemenge,
d) die Höchsttemperatur,
e) die pro kg Luft zuzuführende Brennstoffmasse bei einem Heizwert $H_u = 11{,}2\,\mathrm{kWh/(kgBrennstoff)}$,
f) den thermischen Wirkungsgrad.

23.2 In einer geschlossenen Gasturbinenanlage läuft ein Joule-Prozeß ab. Der Massenstrom beträgt $\dot{m} = 70{,}1$ kg/s, das Verdichterdruckverhältnis $p_2 / p_1 = 24{,}0$ und die Turbineneintrittstemperatur 1010°C. Zustand im Verdichtereintritt: Druck $p_1 = 1{,}1\,\mathrm{bar}$, Temperatur $T_1 = 288\,\mathrm{K}$. Das Arbeitsfluid Luft ist als ideales Gas konstanter spezifischer Wärme mit $c_p \approx 1{,}072\,\mathrm{kJ/(kg\ K)}$ und $\kappa = 1{,}4$ anzusehen.
Zu berechnen sind
a) die Verdichteraustrittstemperatur,
b) die Verdichterleistung,
c) die Turbinengesamtleistung,
d) die nach außen abgegebene Turbinenleistung,
e) die Turbinenaustrittstemperatur,
f) das Verhältnis von abgegebener Leistung und Gesamtleistung,
g) der Brennstoffverbrauch in kg/s bei einem Heizwert $H_u = 42100\,\mathrm{kJ/(kgBrennstoff)}$,
h) der thermische Wirkungsgrad.

23.3 Eine Dampfturbine hat einen stündlichen Massendurchsatz von 915 t Wasserdampf mit einer Temperatur von 550°C und einem Druck von 150 bar. Die Wassertemperatur vor dem Eintritt in die Speisewasserpumpe ist 25°C.
a) Verfolgen Sie rechnerisch den Clausius-Rankine-Prozeß des Arbeitsfluids über seine Eckpunkte.
b) Wie groß sind Nettoleistung und thermischer Wirkungsgrad des Prozesses.

23.4 Es soll der Prozeß einer Kältemaschine durchgerechnet werden, der zwischen einer Verdampfungstemperatur von –25°C und einer Kondensationstemperatur von 25°C mit Ammoniak NH_3 als Fluid arbeitet.

Nach Bild 22.4 besteht die geschlossene Anlage aus einem Kondensator und einem Verflüssiger sowie aus einem Verdichter und und einer Turbine.
Prozeßverlauf:
Im Kompressor wird das gasförmige Ammoniak, beginnend bei einem Dampfgehalt $x = 1$ isentrop bis zur Kondensationstemperatur verdichtet. Es schließt sich eine isobare Kühlung an, die nach Erreichen der Taulinie isobar- isotherm mit der Kondensationstemperatur von 25°C durch weiteren Wärmeentzug bis zur Siedelinie zur vollständigen Verflüssigung führt. Es folgt eine isobare Unterkühlung auf 20°C, der sich eine isentrope Expansion in der Turbine herunter bis auf die Ver-

dampfungstemperatur –25°C anschließt. Durch isobar-isotherme Wärmezufuhr im Verdampfer wird das Ammonik verdampft und erreicht mit dem Dampfgehalt $x = 1$ wieder den Verdichtereintritt. Die Anlage soll eine Kälteleistung von 1560 MJ/h erzeugen. Es sind zu berechnen:
a) Dampfgehalt am Ende der isentropen Expansion,
b) der erforderliche Massenstrom des Kühlmittels in kg/h,
c) die Nettoantriebsleistung (Verdichterleistung abzüglich Turbinenleistung),
d) die Leistungsziffer.
Die Stoffwerte für überhitzten Ammoniakdampf sind mit $c_p = 2{,}78$ kJ/(kgK) und $\kappa = 1{,}3$ anzusetzen, für flüssiges Ammoniak ist $c_{fl} = 4{,}77$ kJ/(kgK) .

Kapitel 24 – Irreversible Fließprozesse

24.1 Wie ist das Polytropenverhältnis nach Stodola definiert?

24.2 Geben Sie die Polytropenverhältnisse für
a) die Isenthalpe,
b) die Isentrope und
c) die Isobare an.

24.3 Berechnen Sie für den Polytropenexponenten $n = 1{,}3$ und das Verhältnis der spezifischen Wärmekapazitäten $\kappa = 1{,}46$ das Polytropenverhältnis ν.

24.4 Welche Beziehungen bestehen zwischen dem Polytropenverhältnis und den statischen polytropen Wirkungsgraden adiabater Verdichter bzw. Turbinen?

Kapitel 25 – Irreversible Prozesse in thermischen Maschinen

25.1 Der Kreisprozeß einer Gasturbinenanlage besteht aus folgenden Zustandsänderungen: Polytrope Verdichtung von den Temperatur- und Druckwerten T_1 und p_1 auf den Druck p_2 bei einem angenommenen polytropen Verdichterwirkungsgrad η_v, isobare Wärmezufuhr auf die Höchsttemperatur T_3, polytrope Expansion auf den Druck $p_4 = p_1$ mit einem polytropen Turbinenwirkungsgrad η_T, isobare Kühlung auf die Anfangstemperatur T_1. In der geschlossenen Anlage zirkuliert ein ideales Gas, dessen spezifische Wärmekapazitäten als konstant angenommen werden können. Die Wärmeverluste von Verdichter und Turbine sind zu vernachlässigen. Stellen Sie die Gleichung des thermischen Wirkungsgrades η_{th} des Kreisprozesses auf und weisen Sie nach, daß diese Gleichung für $\eta_v = \eta_T = 1$ in die Gleichung des thermischen Wirkungsgrades des Joule-Prozesses übergeht. Für die Durchführung der Rechnung sind folgende Daten als gegeben anzunehmen:
R, c_p, T_1, Verdichterdruckverhältnis $\pi_V = p_2 / p_1$, T_3, η_v, η_T

25.2 Der Verdichter der geschlossenen Gasturbinenanlage von Bild 22.3 komprimiert stündlich 40000 kg Helium polytrop von 1,9 bar und 58°C auf 13,1 bar. Im anschließenden Wärmetauscher wird durch Wärmezufuhr die Gastemperatur isobar auf 830°C erhöht. In der nachgeschalteten Turbine expandiert das Gas polytrop auf 1,9 bar und wird in einem Wärmetauscher vor dem Wiedereintritt in den Verdichter isobar gekühlt. Die polytropen Wirkungsgrade des adiabaten Verdichters und der adiabaten Turbine sollen mit $\eta_v = 0{,}88$ bzw. $\eta_T = 0{,}83$ angenommen werden.
Stoffwerte von Helium: $M = 4{,}003$ kg/kmol, $c_p = 5{,}2380\,\text{kJ/(kg}\cdot\text{K)}$. Zu berechnen sind unter Vernachlässigung der kinetischen und potentiellen Energien:
a) die Kompressions- und Expansionsendtemperaturen,
b) die vom Verdichter zugeführte Leistung,
c) die an die Turbine abgegebene Leistung,
d.) die Nutzleistung des Kreisprozesses,
e) die Entropietransportströme sowie der Entropieproduktionsstrom.

Kapitel 26 – Strömungsprozesse in Düsen und Diffusoren

26.1 Bei einem Druck von 1,21 bar und einer Temperatur von 700°C verläßt das Abgas eines Strahltriebwerkes die letzte Turbinenstufe mit einer Geschwindigkeit von 231 m/s. Am Austritt der der Turbine nachgeschalteten Schubdüse ist der Druck des Gases auf 0,98 bar gesunken. Berechnen Sie die Austrittsgeschwindigkeit am Düsenende unter der Annahme isentroper Zustandsänderung in der Düse. Die Werte der spezifischen Wärmekapazitäten können denen von Luft gleichgesetzt werden. Sie sind unter Berücksichtigung der Temperaturabhängigkeit aus einer Tabelle zu entnehmen.

Kapitel 27 – Exergie und Anergie

27.1
a) Erläutern Sie die Begriffe Exergie, Anergie.
b) Geben Sie an, in welcher Beziehung Energie, Exergie und Anergie zueinander stehen.
c) Welche Erscheinungsformen der Energie sind unbeschränkt in andere umwandelbar?
d) Zählen Sie die beschränkt wandelbaren Energien auf.

27.2 Man berechne die Exergie eines Wärmestroms von $\dot{Q} = 24{,}75\,\text{kJ/s}$, wenn die Temperatur an der Systemstelle des Wärmeübergangs $\vartheta = 1120°\text{C}$ und die Umgebungstemperatur $\vartheta_u = 25°\text{C}$ ist.

27.3 Eine Gasturbine verarbeitet pro Stunde 82,8 t Verbrennungsgas aus Dieselöl bei einer Eintrittsgeschwindigkeit von 200 m/s, einem Druck von $23{,}7\cdot 10^2$ kPa und einer Temperatur von 900°C. Umgebungsdruck und Umgebungstemperatur sind mit 1,013 bar und 15°C anzunehmen. Stoffwerte des Verbrennungsgases: $R = 286{,}53\ \mathrm{J/(kgK)}$; $c_\mathrm{p} = 1{,}10\ \mathrm{kJ/(kgK)}$. Berechnen Sie den Exergiestrom des Verbrennungsgases. Der Anteil der potentiellen Energie ist zu vernachlässigen.

Kapitel 28 – Wärmeerzeugung durch Verbrennung

28.1 Geben Sie
a) die Reaktionsgleichungen von Kohlenstoff, Wasserstoff und Schwefel mit Sauerstoff sowie
b) deren Verbrennungsgleichungen an.
c) Wieviel Teilchen (Atome, Moleküle) enthält ein Kilomol?

28.2 Ermitteln Sie Mindestsauerstoffbedarf, Luftbedarf, Zusammensetzung der Verbrennungsgase und die Massenanteile der Bestandteile des Verbrennungsgases bei Verbrennung von Rohbraunkohle mit trockener Luft unter Annahme eines Luftverhältnisses $\lambda = 1{,}56$.

Lösungen und Antworten

Kapitel 1 – Einleitung

1.1 Thermodynamik ist eine allgemeine Energielehre. Das Hauptaufgabengebiet ist die Untersuchung und Beschreibung von Energiewandlungsprozessen.

1.2 Wärme wurde als Stoff angesehen.

1.3 Der Wärmestoff hieß Caloricum, sollte gewichtslos sein und galt als unzerstörbar.

1.4 Der französische Militäringenieur Léonard Sidi Carnot (1796–1832).

1.5 Die Erkenntnis, daß Wärme eine der Arbeit äquivalente Energieform ist. Sie wurde 1842 von Julius Robert Mayer als erster Hauptsatz der Thermodynamik veröffentlicht.

Kapitel 2 – Einheiten physikalischer Größen

2.1 Meter [m], Kilogramm [kg], Sekunde [s], Ampère [A], Kelvin [K], Candela [cd], Mol [mol]

2.2 Newton: $1\ \mathrm{N} = 1\ \mathrm{kg\ m/s^2}$; Watt: $1\ \mathrm{W} = 1\ \mathrm{N\ m/s}$; Joule: $1\ \mathrm{J} = 1\ \mathrm{N\ m}$; Pascal: $1\ \mathrm{Pa} = 1\ \mathrm{N/m^2}$

Kapitel 3 – Systeme

3.1 Die Grenzen geschlossener Systeme sind materieundurchlässig, die Grenzen offener Systeme sind materiedurchlässig. Die Grenzen adiabater Systeme sind wärmeundurchlässig.

3.2 Jede homogene Substanz mit örtlich konstanten chemischen und physikalischen Eigenschaften wird nach J. W. Gibbs als *Phase* bezeichnet. Der Begriff *Phase* schließt auch die Aggregatzustände *fest, flüssig, gasförmig* ein.

Kapitel 4 – Zustandsgrößen

4.1 Druck, Volumen, Temperatur, Materiemenge

4.2 Ein Mol enthält so viele Teilchen - Atome, Moleküle, Ionen - wie Atome in 12g des Kohlenstoff-Isotops ^{12}C enthalten sind.

4.3 Die Zahl heißt Avogadro-Konstante N_A oder Loschmidt'sche Zahl.

4.4 $m = 17{,}25\,\text{kmol} \cdot 37{,}9968\,\text{kg/kmol} = 655{,}445\,\text{kg}$

4.5 $n = m / M = \dfrac{567{,}2\,\text{kg}}{16{,}043\,\text{kg/kmol}} = 35{,}355\,\text{kmol} = 35355\,\text{mol}$

4.6 Druck, Volumen, Temperatur

4.7 a) $\upsilon = V / m$; b) $\upsilon_\text{m} = V / n$

4.8 Die international festgelegte Temperaturskala ist die *Skala der thermodynamischen Temperatur.* Ihre Einheit ist das *Kelvin.*

4.9 $\vartheta = T - 273{,}15\,\text{K}$; $\vartheta = -273{,}15\,°\text{C}$

Kapitel 5 – Gleichgewichtszustände

5.1 Mechanisches Gleichgewicht bezeichnet den Zustand örtlich konstanten Drukkes, thermisches Gleichgewicht den Zustand örtlich konstanter Temperatur innerhalb eines Systems oder bei zwei oder mehr miteinander in Wechselwirkung stehenden Systemen. Chemisches Gleichgewicht liegt vor, wenn keine Stoffumwandlungen durch chemische Reaktionen stattfinden. Thermodynamisches Gleichgewicht schließt alle drei vorgenannten Gleichgewichtszustände ein.

Kapitel 6 – Zustandsänderung und Prozeß

6.1 Der zeitliche Ablauf der Änderung des Systemszustandes heißt *Prozeß,* das Ergebnis ist die *Zustandsänderung.*

6.2 Bei einer isochoren Zustandsänderung bleibt das Volumen konstant ($V = \text{const}$), bei isobarer der Druck ($p = \text{const}$) und bei isothermer die Temperatur ($T = \text{const}$).

6.3

a) Bei nichtstatischer Zustandsänderung befindet sich das System nicht im thermodynamischen Gleichgewicht,

b) quasistatische Zustandsänderung liegt vor, wenn sich die Zustandsänderung in eine Folge kleiner Teilschritte zerlegen läßt, in denen jeweils thermodynamisches Gleichgewicht herrscht.

6.4

a) Nach Störung des Gleichgewichts strebt ein von seiner Umgebung isoliertes System von selbst einem neuen Gleichgewichtszustand zu. Dieser Prozeß heißt *Ausgleichsprozeß*.

b) Prozesse heißen *reversibel*, wenn sie so sich rückgängig machen lassen, daß das System und seine Umgebung wieder im Ausgangszustand sind. Alle anderen Prozesse sind irreversibel.

Kapitel 7 – Zustandsgleichungen

7.1 $p \cdot V = m \cdot RT$; $p \cdot \upsilon = R \cdot T$; $p \cdot V = n \cdot M \cdot R \cdot T$

7.2 Die Molvolumen aller idealen Gase sind bei gleichem Druck und gleicher Temperatur gleich. Erkenntnis: Das Produkt aus Molmasse und individueller Gaskonstante hat für jedes ideale Gas denselben Wert. Es heißt allgemeine oder molare oder universelle Gaskonstante . $R_\mathrm{m} = M \cdot R = 8314{,}471\ \mathrm{J/(kmol\,K)}$

7.3

a) $$R = \frac{R_\mathrm{m}}{M} = \frac{8314{,}471\,\dfrac{\mathrm{J}}{\mathrm{kmol{\cdot}K}}}{31{,}9988\,\dfrac{\mathrm{kg}}{\mathrm{kmol}}} = 259{,}84\,\frac{\mathrm{J}}{\mathrm{kg{\cdot}K}}$$

$$m = \frac{p \cdot V}{R \cdot T} = \frac{2{,}34{\cdot}10^5\,\mathrm{N/m^2} \cdot 8\mathrm{m}^3}{259{,}84\,\dfrac{\mathrm{J}}{\mathrm{kg{\cdot}K}} \cdot 298{,}15\,\mathrm{K}} = 24{,}164\,\mathrm{kg}$$

b) Anzahl der kmol: $$n = \frac{m}{M} = \frac{24{,}164\,\mathrm{kg}}{31{,}9988\,\mathrm{kg/kmol}} = 0{,}7552\,\mathrm{kmol}$$

$$\upsilon_\mathrm{m} = \frac{V}{n} = \frac{8\,\mathrm{m}^3}{0{,}7552\,\mathrm{kmol}} = 10{,}594\,\frac{\mathrm{m}^3}{\mathrm{kmol}}$$

c) Zahl N der Moleküle: $$N = N_\mathrm{A} \cdot n = 6{,}0221367 \cdot 10^{26}\,\frac{1}{\mathrm{kmol}} \cdot 0{,}7552\,\mathrm{kmol} = 4{,}54792 \cdot 10^{26}$$

7.4 Das Behälterinnenvolumen berechnet sich zu $V = \pi/4 \cdot D^2 \cdot L = 4{,}5239\,\mathrm{m}^3$. Aus der Gasgleichung (7.7) ergibt sich mit der Gaskonstante von Wasserstoff $R = 4124{,}5\,\mathrm{J/(kgK)}$ sowie $p_1 = 4{,}87\,\mathrm{bar}$, $T_1 = (-18+273{,}15)\,\mathrm{K} = 255{,}15\,\mathrm{K}$ die Masse im Zustand 1 zu

a) $m = \dfrac{p_1 \cdot V}{R \cdot T_1} = 2{,}0935\,\mathrm{kg}$. Wegen $T_2 = T_1$ gilt mit $p_2 \cdot \upsilon_2 = p_1 \cdot \upsilon_1$

b) $p_2 = p_1 \cdot \dfrac{\upsilon_1}{\upsilon_2} = p_1 \cdot \dfrac{V/m_1}{V/m_2} = p_1 \dfrac{m_2}{m_1} = p_1 \cdot \dfrac{m_1 - 0{,}21 \cdot m_1}{m_1} = 4{,}87\,\mathrm{bar} \cdot 0{,}79 = 3{,}847\,\mathrm{bar}.$

7.5

a) $m = \dfrac{p_{\mathrm{He}} \cdot V}{R_{\mathrm{He}} \cdot T} = \dfrac{1{,}05 \cdot 10^5\,\mathrm{N/m^2} \cdot 461\,\mathrm{m^3}}{2077{,}3\,\mathrm{Nm/(kgK)} \cdot 288{,}15\,\mathrm{K}} = 80{,}8672\,\mathrm{kg}$.

b) $V_2 = V \cdot \dfrac{T_2}{T} = 461\,\mathrm{m^3} \dfrac{298{,}15\,\mathrm{K}}{288{,}15\,\mathrm{K}} = 476{,}998\,\mathrm{m^3}$

Das Ballonvolumen wächst um $\Delta V = V_2 - V = 15{,}9986\,\mathrm{m^3}$.

c) Der Auftrieb F_{A} bei 15°C ist gleich dem Gewicht der verdrängten Luftmasse

$$F_{\mathrm{A}} = g \cdot \rho_{\mathrm{L}} \cdot V = g \cdot \frac{p_{\mathrm{L}}}{R_{\mathrm{L}} \cdot T} \cdot V = 9{,}81 \frac{\mathrm{m}}{\mathrm{s}^2} \frac{1{,}013 \cdot 10^5\,\mathrm{N/m^2}}{287{,}1 \dfrac{\mathrm{J}}{\mathrm{kg\,K}} \cdot 288{,}15\,\mathrm{K}} \cdot 461\,\mathrm{m^3} = 5{,}537\,\mathrm{kN}.$$

Der Auftrieb bei 25 °C entsprechend $T_2 = 298{,}15\,\mathrm{K}$ (Index 2) ist

$$(F_{\mathrm{A}})_2 = g \cdot (\rho_{\mathrm{L}})_2 \cdot V_2 = g \cdot \frac{p_{\mathrm{L}}}{R_{\mathrm{L}} \cdot T_2} \cdot V_2 = g \cdot \frac{p_{\mathrm{L}}}{R_{\mathrm{L}} \cdot T_2} \cdot V \cdot \frac{T_2}{T} = g \cdot \frac{p_{\mathrm{L}}}{R_{\mathrm{L}} \cdot T} \cdot V = F_{\mathrm{A}}.$$

Erkenntnis: Der Auftrieb ändert sich trotz Volumenzunahme des Ballons bei isobarer Zustandsänderung des Traggases nicht.

7.6 Mit den Bezeichnungen für den Druck und die Temperatur des physikalischen Normzustandes, p_{n} und T_{n} geht die Gasgleichung $pV = mRT$ über in $p_{\mathrm{n}} \cdot V_{\mathrm{n}} = m \cdot R \cdot T_{\mathrm{n}} = \dfrac{p \cdot V}{T} \cdot T_{\mathrm{n}}$. Daraus folgt $V_{\mathrm{n}} = V \cdot \dfrac{p}{p_{\mathrm{n}}} \cdot \dfrac{T_{\mathrm{n}}}{T}$ und nach Einsetzen der Werte des physikalischen Normzustandes $p_{\mathrm{n}} = 1{,}01325\,\mathrm{bar}$ und $T_{\mathrm{n}} = 273{,}15\,\mathrm{K}$ das Ergebnis $V_{\mathrm{n}} = 4{,}284\,\mathrm{m^3}$.

7.7

a) $M = \sum_{i=1}^{6} r_i \cdot M_i = 12{,}585\,\mathrm{kg/kmol}$ (s. Gl. (7.27))

b) $R = \dfrac{R_m}{M} = \dfrac{8314{,}471\,\dfrac{\text{J}}{\text{kmol·K}}}{12{,}585\,\dfrac{\text{kg}}{\text{kmol}}} = 660{,}67\,\dfrac{\text{J}}{\text{kg·K}}$

c) $\rho_\text{n} = \dfrac{M}{\upsilon_\text{mn}} = \dfrac{12{,}585\ \text{kg/kmol}}{22{,}4140\ \text{m}^3/\text{kmol}} = 0{,}561\,\dfrac{\text{kg}}{\text{m}^3}$

d) $\rho_\text{n1} = \dfrac{M_1}{\upsilon_\text{mn}} = 0{,}090\ \text{kg/m}^3$; $\rho_\text{n2} = 0{,}716\,\text{kg/m}^3$; $\rho_\text{n3} = 1{,}251\,\text{kg/m}^3$;

$\rho_\text{n4} = 1{,}250\,\text{kg/m}^3$; $\rho_\text{n5} = 1{,}964\,\text{kg/m}^3$; $\rho_\text{n6} = 1{,}250\,\text{kg/m}^3$

e) $p_1 = r_1 \cdot p = 0{,}48 \cdot 0{,}985\ \text{bar} = 0{,}473\ \text{bar}$; $p_2 = 0{,}296\,\text{bar}$; $p_3 = 0{,}059\,\text{bar}$

$p_4 = 0{,}099\,\text{bar}$; $p_5 = 0{,}039\ \text{bar}$; $p_6 = 0{,}020\,\text{bar}$.

Kapitel 8 – Kinetische Gastheorie

8.1 Die phänomenologische oder klassische Thermodynamik stützt sich auf die Beobachtung thermodynamischer Prozesse und leitet daraus empirische Gesetze ab. Die molekular-statistische Thermodynamik berechnet die Wechselwirkung zwischen den Molekülen und ihrer Umgebung durch Anwendung der Gesetze der Mechanik und mathematisch-statistischer Methoden.

8.2 Die Gasmoleküle bzw. -atome werden als punktförmige Massen idealisiert, die sich in ständiger und ungeordneter Bewegung befinden. Zwischen zwei Stoßvorgängen bewegen sie sich geradlinig und gleichförmig, Stoßvorgänge werden als vollkommen elastisch angenommen.

8.3 Druck ist die Folge der Stoßvorgänge von den Atomen und Molekülen auf die Wände. Die absolute Temperatur ist ein Maß für die mittlere kinetische Energie der Gasteilchen.

Kapitel 9 – Arbeit

9.1 Arbeit ist eine Form der Energieübertragung über die Grenze eines Systems. Arbeit und mechanische Energie sind physikalische Größen gleicher Art, nämlich der Größenart „Energie". Die Einheit der Arbeit ist das *Newtonmeter* [N m], die nach Tabelle 2.2 gleich der SI-Einheit *Joule* [J] für die Energie ist.

9.2 Die Arbeit, die zur Veränderung eines Systemvolumens durch Deformation der Systemgrenze aufzuwenden ist, heißt *Volumenänderungsarbeit. Wellenarbeit* überträgt durch Rotation eines Teiles der Systemgrenze die Arbeit eines Drehmentes in das System.

9.3 Dissipation bezeichnet die Umwandlung der Energie einer geordneten Bewegung in die kinetische Energie chaotischer ungeordneter Bewegung.

9.4 Dissipationsarbeit ist die von außen über die Systemgrenze zur Überwindung der Reibungsarbeit zugeführte Arbeit.

9.5 Geschlossene Systeme können Wellenarbeit nur aufnehmen, offene Systeme können Wellenarbeit sowohl aufnehmen als auch abgeben.

9.6

a) Die Volumenänderungsarbeit ist nach (9.15) $W_{v12} = -\int_1^2 p \cdot dV$. Die Gasgleichung (7.7) liefert für isotherme Zustandsänderung T = const die Beziehung $p \cdot V = p_1 \cdot V_1 = p_2 \cdot V_2$, aus der sich der Druck p als $p(V)$ mit $p = p_1 \cdot V_1 \cdot \frac{1}{V}$ eliminieren läßt. Einsetzen in das Integral und Ausführen der Integration bringt

$$W_{v12} = -p_1 \cdot V_1 \int_1^2 \frac{1}{V} \cdot dV = -p_1 \cdot V_1 \cdot \ln \frac{V_2}{V_1} = -p_1 \cdot V_1 \ln \frac{p_1}{p_2} = p_1 \cdot V_1 \ln \frac{p_2}{p_1}.$$

Mit den gegebenen Zahlenwerten folgt

$$W_{v12} = p_1 \cdot V_1 \ln \frac{p_2}{p_1} = 12{,}5 \cdot 10^5 \text{ N/m}^2 \cdot 0{,}18 \text{ m}^3 \cdot \ln \frac{1{,}02 \text{ bar}}{12{,}5 \text{ bar}} = -563833 \text{ Nm}.$$

b) Das Endvolumen ist $V_2 = V_1 \cdot \frac{p_1}{p_2} = 0{,}18 \text{ m}^3 \cdot \frac{12{,}5 \text{ bar}}{1{,}02 \text{ bar}} = 2{,}206 \text{ m}^3$.

Kapitel 10 – Innere Energie und Enthalpie

10.1 Innere Energie U und Enthalpie H beschreiben den energetischen Zustand eines Systems. Sie gehören zu den Zustandsgrößen.

10.2 Innere Energie und Enthalpie sind verknüpft durch $H = U + p \cdot V$.

10.3 Die innere Energie fester und flüssiger Einphasensystemen hängt nur von der Systemtemperatur ab, während ihre Enthalpie von Temperatur und Druck abhängt. Innere Energie und Enthalpie idealer Gase sind reine Temperaturfunktionen. Die kalorischen Zustandsgrößen realer Gase und Dämpfe sind i.allg. sowohl temperatur- als auch druck- bzw. volumenabhängig.

10.4 Die nachfolgend angegebenen Mittelwerte der spezifischen Wärmekapazitäten für Wasserstoff sind Tafel 10 in [5] entnommen:

$$c_{pm}\Big|_0^{200} = 14{,}42 \text{ kJ/(kg K)}; \quad c_{pm}\Big|_0^{300} = 14{,}45 \text{ kJ/(kg K)};$$

Durch Interpolation erhält man daraus

$$c_{pm}\Big|_0^{275} = \left(14{,}42 + \frac{14{,}45\ -\ 14{,}42}{300\ -\ 200}\cdot(275-200)\right)\ \text{kJ/(kg K)} = 14{,}44250\,\text{kJ/(kg K)}\ .$$

Tabellenwerte für die Temperaturbereiche 0 – 1000 °C und 0 – 1200 °C:

$$c_{pm}\Big|_0^{1000} = 14{,}78\,\text{kJ/(kg K)};\quad c_{pm}\Big|_0^{1200} = 14{,}94\,\text{kJ/(kg K)};$$

Nach Interpolation ergibt sich mit diesen Werten für den Temperaturbereich 0 – 1050 °C:

$$c_{pm}\Big|_0^{1050} = \left(14{,}78 + \frac{14{,}94-14{,}78}{1200-1000}\cdot(1050-1000)\right)\text{kJ/(kg K)} = 14{,}82\,\text{kJ/(kg K)};$$

Die interpolierten Mittelwerte werden in Gl. (10.33) eingesetzt und liefern das Ergebnis

$$c_{pm}\Big|_{275}^{1050} = \left(\frac{1}{1050-275}\cdot(14{,}82\cdot 1050-14{,}4425\cdot 275)\right)\text{kJ/(kg K)} = 14{,}954\ \text{kJ/(kg K)}.$$

10.5 $c = \dfrac{Q_{12}}{m\cdot(\vartheta_2-\vartheta_1)} = \dfrac{1248{,}5\,\text{kJ}}{14{,}04\,\text{kg}\cdot(94-8)\,°\text{C}} = 1{,}034\ \text{kJ/(kgK)}$

Kapitel 11 – Äquivalenz von Wärme und Arbeit

11.1 Beide sind Formen der Energieübertragung.

11.2 Durch Temperaturdifferenz zwischen Systemgrenzen.

Kapitel 12 – Der erste Hauptsatz für geschlossene Systeme

12.1

a) Der erste Hauptsatz ist die thermodynamische Formulierung des Satzes von der Erhaltung der Energie. Danach kann Energie weder erzeugt noch vernichtet werden, sondern nur in ihre verschiedenen Erscheinungsformen umgewandelt werden.

b) $U_2 - U_1 = Q_{12} + W_{12}$

12.2

a) Die Gasgleichung liefert

$$m = \frac{p_1\cdot V_1}{R\cdot T_1} = \frac{3{,}02\cdot 10^5\,\frac{\text{N}}{\text{m}^2}\cdot 0{,}83\,\text{m}^3}{287{,}1\,\frac{\text{J}}{\text{kg}\cdot\text{K}}\cdot(273{,}15+25)\,\text{K}} = 2{,}928\text{kg}.$$

b) Mit (7.7) gilt für isotherme Zustandsänderung

$$p_2 = p_1 \cdot \frac{V_1}{V_2} = 3{,}02\,\text{bar} \cdot \frac{0{,}83\,\text{m}^3}{0{,}42\,\text{m}^3} = 5{,}9681\,\text{bar}\,.$$

c) Die Volumenänderungsarbeit ist (s. Kapitel 9) bei isothermer Zustandsänderung

$$W_{v12} = -\int_1^2 p \cdot dV = -p_1 \cdot V_1 \int_1^2 \frac{1}{V} dV = -p_1 \cdot V_1 \cdot \ln\frac{V_2}{V_1}$$

$$= -3{,}02 \cdot 10^5 \frac{\text{N}}{\text{m}^2} \cdot 0{,}83\,\text{m}^3 \cdot \ln\frac{0{,}42\,\text{m}^3}{0{,}83\,\text{m}^3} = 170742\,\text{J} = 170{,}742\,\text{kJ}\,.$$

d) Der erste Hauptsatz lautet für reversible Zustandsänderung

$U_2 - U_1 = Q_{12} - \int_1^2 p \cdot dV = Q_{12} + W_{v12}$. Bei isothermer Zustandsänderung ist wegen $T_2 = T_1$ auch $U_2 = U_1$ und damit $Q_{12} = -W_{v12} = -170{,}742\,\text{kJ}$. Die abzuführende Wärme (Minusvorzeichen) entspricht der zugeführten Volumenänderungsarbeit, wenn die Temperatur bei der Verdichtung konstant bleiben soll.

e) Die innere Energie bleibt wegen $U_2 = U_1$ konstant: $\Delta U = 0$. Die Änderung der Enthalpie errechnet sich zu

$$H_2 - H_1 = U_2 + p_2 \cdot V_2 - (U_1 + p_1 \cdot V_1) = p_2 \cdot V_2 - p_1 \cdot V_1 = p_1 \cdot \frac{V_1}{V_2} \cdot V_2 - p_1 \cdot V_1 = \Delta H = 0\,.$$

Kapitel 13 – Wärme

13.1 Da weder Arbeit noch Wärme mit der Umgebung ausgetauscht werden, ist die Summe der inneren Energien der Komponenten vor der Mischung gleich der inneren Energie der Mischung.

Damit gilt folgende Energiebilanz: $m_1 \cdot c \cdot \vartheta_1 + m_2 \cdot c \cdot \vartheta_2 = (m_1 + m_2) \cdot c \cdot \vartheta_m$.

Nach Kürzen von c läßt sich die gesuchte Temperatur eliminieren:

$$\vartheta_2 = \frac{(m_1 + m_2) \cdot \vartheta_m - m_1 \cdot \vartheta_1}{m_2} = \frac{250\,\text{kg} \cdot 38\,°\text{C} - 160\,\text{kg} \cdot 10\,°\text{C}}{90\,\text{kg}} = 87{,}8\,°\text{C}$$

13.2 Die Wassermasse im Schwimmbad ist $m = 625\,\text{m}^3 \cdot 1000\,\frac{\text{kg}}{\text{m}^3} = 625 \cdot 10^3\,\text{kg}$.

Der tägliche (isobar-isochore) Wärmeverlust durch Abkühlung beträgt demnach

$$Q = m \cdot c \cdot \Delta\vartheta = 625 \cdot 10^3\,\text{kg} \cdot 4{,}186\,\frac{\text{kJ}}{\text{kg} \cdot \text{K}} \cdot 5\,\text{K} = 13081{,}25\,\text{kJ} = 3633{,}68\,\text{kWh}\,.$$

14 – Wärme und Arbeit bei reversiblen Zustandsänderungen idealer Gase

14.1 Mit der Gaskonstante von Methan R =518,3 J/(kg K) und der Gasgleichung ergibt sich das Volumen im Anfangszustand

$$V_1 = \frac{m \cdot R \cdot T_1}{p_1} = \frac{17{,}8\,\text{kg} \cdot 518{,}3\,\text{Nm/(kg K)} \cdot 288{,}15\ \text{K}}{2{,}8 \cdot 10^5\ \text{N/m}^2} = 9{,}494\,\text{m}^3 .$$

a) Das Volumen nach der Verdichtung ist $V_2 = V_1 - 0{,}084 \cdot V_1 = 0{,}916 V_1$

$$= 8{,}697\,\text{m}^3 .$$

b) Die Volumenänderungsarbeit bei isothermer Zustandsänderung berechnet sich nach (13.5) zu

$$W_{v12} = p_1 \cdot V_1 \cdot \ln\frac{V_2}{V_1} = 2{,}8 \cdot 10^5\,\frac{\text{N}}{\text{m}^2} \cdot 9{,}494\,\text{m}^3 \cdot \ln\frac{1}{0{,}916} = 233238{,}1\,\text{Nm} .$$

c) Bei isothermer Zustandsänderung ist nach (13.5) die abzuführende Wärmemenge gleich der zugeführten Arbeit: $Q_{12} = -W_{v12} = -233238{,}1\,\text{J}$

14.2 Die Gasgleichung (7.7) liefert

a) $T_1 = \frac{p_1 \cdot V_1}{m \cdot R} = \frac{2{,}95\,\text{bar} \cdot 50{,}7\,\text{m}^3}{185\,\text{kg} \cdot 287{,}1\,\text{J/(kg K)}} = 281{,}595\,\text{K} = 8{,}445\,°\text{C}$.

Die Zustandsänderung ist isobar. Mit $p = \text{const} = \text{p}_1$ folgt aus der Gasgleichung

$$T_2 = T_1 \cdot V_2 / V_1 = 281{,}595\,\text{K} \cdot 54{,}97\,\text{m}^3 / 50{,}7\,\text{m}^3 = 305{,}311\,\text{K} = 32{,}161\,°\text{C} .$$

b) Für die Volumenänderungsarbeit erhält man bei isobarer Zustandsänderung

$$W_{v12} = -\int_1^2 p \cdot dV = -p_1 \int_{V_1}^{V_2} dV = -p_1 \cdot (V_2 - V_1) = -2{,}95 \cdot 10^5\,\text{N/m}^2 \cdot (54{,}97 - 50{,}7)\,\text{m}^3$$

$$= -1259{,}65\,\text{Nm} .$$

c) Zur Berechnung der Wärmemenge bei isobarer reversibler Zustandsänderung wendet man wegen $dp = 0$ vorteilhaft die Version (12.12) des ersten Hauptsatzes an. Mit $dp = 0$ und $W_{d12} = 0$ folgt $H_2 - H_1 = Q_{12} = m \cdot c_p \cdot (T_2 - T_1)$. Die spezifische isobare Wärmekapazität läßt sich über (10.26) mit dem Verhältnis κ der spezifischen Wärmekapazitäten verknüpfen. Mit $c_p = R + c_v$ erhält man

$$c_p = R \cdot \left(1 + \frac{c_v}{R}\right) = R \cdot \left(1 + \frac{c_v}{c_p - c_v}\right) = R \cdot \left(1 + \frac{1}{\kappa - 1}\right) = \frac{\kappa}{\kappa - 1} \cdot R$$

$$= \frac{1{,}4}{1{,}4 - 1} \cdot 287{,}1\,\frac{\text{J}}{\text{kg K}} = 1004{,}85\,\frac{\text{J}}{\text{kg K}} \quad \text{und damit}$$

$$Q_{12} = 185\,\text{kg} \cdot 1004{,}85\,\frac{\text{J}}{\text{kg K}} \cdot (305{,}311 - 281{,}595)\,\text{K} = 4408739{,}18\,\text{J} = 4408{,}739\,\text{kJ}.$$

14.3 Die Zustandsänderung ist isochor. Nach (14.1) errechnet man mit $p_2 = p_1$ den Enddruck zu

a) $p_3 = p_2 \cdot \dfrac{T_3}{T_2} = 2{,}95 \cdot 10^5 \dfrac{\mathrm{N}}{\mathrm{m}^2} \cdot \dfrac{281{,}595\,\mathrm{K}}{305{,}311\,\mathrm{K}} = 2{,}72085\,\mathrm{bar}$.

b) Die Volumenänderungsarbeit bei isochorer Zustandsänderung ist $W_{v23} = 0$.

c) Nach dem ersten Hauptsatz (12.1) ist dann die abgeführte Wärmemenge gleich der Differenz der inneren Energien:

$$U_3 - U_2 = Q_{23} = m \cdot c_v \cdot (T_3 - T_2) = m \cdot (c_p - R) \cdot (T_3 - T_2) = m \cdot \frac{1}{\kappa - 1} \cdot R \cdot (T_3 - T_2),$$

$$Q_{23} = 185\,\mathrm{kg} \cdot \frac{1}{1{,}4 - 1} \cdot 287{,}1 \frac{\mathrm{J}}{\mathrm{kg\,K}} \cdot (281{,}595\,\mathrm{K} - 305{,}311)\mathrm{K} = -3149{,}099\ \mathrm{kJ}.$$

14.4 Die Zustandsänderung ist isentrop. Nach Gl. (14.8) gilt dann

a) $T_2 = T_1 \cdot \left(\dfrac{p_2}{p_1}\right)^{\frac{\kappa - 1}{\kappa}} = 393\,\mathrm{K} \cdot \left(\dfrac{19{,}8\,\mathrm{bar}}{0{,}88\,\mathrm{bar}}\right)^{\frac{0{,}4}{1{,}4}} = 956{,}6\,\mathrm{K}$. Nach Gl. (14.10) ist

$$\text{b)}\quad W_{v12} = \frac{m \cdot R \cdot T_1}{\kappa - 1} \cdot \left[\left(\frac{p_2}{p_1}\right)^{\frac{\kappa-1}{\kappa}} - 1\right]$$

$$= \frac{0{,}81\,\mathrm{kg} \cdot 287{,}1 \dfrac{\mathrm{J}}{\mathrm{kgK}} \cdot 393\,\mathrm{K}}{1{,}4 - 1} \cdot \left[\left(\frac{19{,}8\,\mathrm{bar}}{0{,}88\,\mathrm{bar}}\right)^{\frac{0{,}4}{1{,}4}} - 1\right] = 327{,}664\,\mathrm{kJ}\ .$$

Kapitel 15 – Wärme und Arbeit bei polytroper Zustandsänderung

15.1

a) Der 1. Hauptsatz $U_2 - U_1 = Q_{12} - \int_1^2 p \cdot dV$ liefert für die umgesetzte Wärmemenge $Q_{12} = U_2 - U_1 + \int_1^2 p \cdot dV$. Die Zustandsänderung ist infolge der vollkommen elastischen Ballonhülle isobar. Mit $p = p_1$ erhält man für das Integral $\int_1^2 p \cdot dV = p_1 \cdot (V_2 - V_1) = m \cdot R \cdot T_1 / V_1 \cdot (V_2 - V_1)$. Mit diesem Ergebnis und der Differenz der inneren Energien $U_2 - U_1 = m \cdot c_v \cdot (T_2 - T_1)$ bekommt man die gesuchte Wärmemenge $Q_{12} = m \cdot c_v \cdot (T_2 - T_1) + m \cdot R \cdot T_1 / V_1 \cdot (V_2 - V_1)$. Über die Gasgleichung findet man bei isobarer Zustandsänderung die Verknüpfung zwischen den Volumina und den Temperaturen in der Form $V_2 = V_1 \cdot T_2 / T_1$ und nach Einführen in die Gleichung für Q_{12} und Einsetzen der Zahlenwerte das Ergebnis

$$Q_{12} = m \cdot c_v \cdot (T_2 - T_1) + m \cdot R \cdot (T_2 - T_1) = m \cdot (c_v + R) \cdot (T_2 - T_1)$$
$$= 0{,}003613\,\text{kg} \cdot (0{,}741 + 0{,}287)\,\text{kJ/(kg K)} \cdot 235\,\text{K} = 0{,}873\,\text{kJ}.$$

Kürzer wird die Rechnung in diesem Fall; wenn man von der Version (12.12) des ersten Hauptsatzes ausgeht. Bei isobarer Zustandsänderung ist $dp = 0$. Damit und mit $W_{d12} = 0$ gilt $H_2 - H_1 = m \cdot c_p \cdot (T_2 - T_1) = Q_{12}$. Für ideale Gase gilt nach Gl.(10.26) aber $c_p - c_v = R$ bzw. $c_p = R + c_v$ und somit für Q_{12} dasselbe Ergebnis wie eben.

b) Die Volumenänderungsarbeit ist bei isobarer Zustandsänderung

$$W_{v12} = -p_1 \cdot (V_2 - V_1) = -m \cdot R \cdot \frac{T_1}{V_1} \cdot (V_2 - V_1) = -m \cdot R \cdot \left(T_1 \cdot \frac{V_2}{V_1} - T_1 \right) =$$
$$= -m \cdot R \cdot (T_2 - T_1) = -0{,}2438\,\text{kJ} = -243{,}8\,\text{Nm}.$$

c). Die Polytropengleichung (15.9) lautet mit dem gegebenen Verdichtungsverhältnis $\varepsilon = 6:1$, angeschrieben für die Zustände 1 und 3

$$\frac{p_3}{p_1} = \left(\frac{V_1}{V_3} \right)^n = \left(\frac{6}{1} \right)^{1,3} = 10{,}271.$$

Mit dem Anfangsdruck

$$p_1 = m \cdot \frac{R \cdot T_1}{V_1} = 0{,}003613\,\text{kg} \cdot \frac{287{,}1\,\text{kJ/(kg K)} \cdot 288{,}15\,\text{K}}{0{,}002789\,\text{m}^3} = 107169{,}5\,\text{N/m}^2 = 1{,}0717\,\text{bar}$$

liefert die Polytropengleichung den Enddruck $p_3 = 11{,}007\,\text{bar}$. Für die Endtemperatur ergibt sich mit der Polytropenbeziehung (15.10)

$$T_3 = T_1 \cdot \left(\frac{V_1}{V_3} \right)^{n-1} = 288{,}15\,\text{K} \cdot \left(\frac{6}{1} \right)^{0,3} = 493{,}24\,\text{K}.$$

d). Mit der Gleichung (15.12) und den Zahlenwerten erhält man die polytrope Volumenänderungsarbeit

$$W_{v13} = m \cdot \frac{R \cdot T_1}{n-1} \cdot \left(\frac{T_3}{T_1} - 1 \right) =$$
$$= 0{,}003613\,\text{kg} \cdot \frac{287{,}1\,\text{J/(kg K)} \cdot 288{,}15\,\text{K}}{0{,}3} \cdot \left(\frac{493{,}24\,\text{K}}{288\,\text{K}} - 1 \right) \text{J} = 709{,}2\,\text{Nm}.$$

Kapitel 16 – Die Entropie

16.1

a) Definitionsgleichung der Entropie ist $dS = \dfrac{dQ}{T}$.

b) Die Entropie wird nicht unmittelbar, sondern über ihr Differential definiert.

16.2
a) Bei isochorer Zustandsänderung geht Gl. (16.31) mit $\upsilon_2 = \upsilon_1$ über in $s_2 - s_1 = \Delta s = c_v \cdot \ln \frac{T_2}{T_1}$. Daraus erhält man das Temperaturverhältnis

$\frac{T_2}{T_1} = e^{\frac{s_2 - s_1}{c_v}}$ und mit $c_v = c_p - R = 0{,}657\,\text{kJ/(kg K)}$ bekommt man

$T_2 = T_1 \cdot e^{\frac{0{,}278}{0{,}657}} = 458{,}02\,\text{K}$. Für die Isochore liefert die Gasgleichung (7.7)

$p_2 = p_1 \cdot \frac{T_2}{T_1} = 4{,}122$ bar und mit (7.7) $V_2 = \frac{m \cdot R \cdot T_2}{p_2} = 2{,}037\,\text{m}^3$. Die bei isochorer Zustandsänderung zugeführte Wärme ist nach (13.2)
$Q_{12} = m \cdot c_v \cdot (T_2 - T_1) = 1007{,}05\,\text{kJ}$.
b) Bei isobarer Zustandsänderung ergibt sich aus Gl. (16.33) mit $p_2 = p_1$

$s_2 - s_1 = c_p \cdot \ln \frac{T_2}{T_1}$ und daraus $\frac{T_2}{T_1} = e^{\frac{s_2 - s_1}{c_p}}$ mit $T_2 = 416{,}7\,\text{K}$. Die Werte für den Druck und das Volumen liefert die Gasgleichung bzw. Gl. (13.6):

$p_2 = p_1 = 2{,}7\,\text{bar}$, $V_2 = \frac{m \cdot R \cdot T_2}{p_2} = 2{,}83\,\text{m}^3$, $Q_{12} = m \cdot c_p \cdot (T_2 - T_1) = 957{,}7\,\text{kJ}$

16.3 Die isotherme Entropiedifferenz ist gemäß (16.4), bezogen auf die Systemmasse

$s_2 - s_1 = \frac{q_{12}}{T} = \frac{83{,}7\,\text{kJ/kg}}{293{,}15\,\text{K}} = 0{,}286\,\text{kJ/(kgK)}$. Entropiezuwachs und Druckverhältnis bei isothermer Zustandsänderung sind nach Gl. (16.33) verknüpft durch

$s_2 - s_1 = -R \cdot \ln \frac{p_2}{p_1}$. Daraus eliminiert man das Druckverhältnis

$\frac{p_2}{p_1} = e^{\frac{-(s_2 - s_1)}{R}} = e^{\frac{-0{,}286\,\text{kJ/(kgK)}}{0{,}2871\,\text{kJ/(kgK)}}} = e^{-0{,}996169} = 0{,}369292$. Der Enddruck errechnet sich damit zu $p_2 = 0{,}369292 \cdot p_1 = 1{,}846458\,\text{bar}$.

16.4 Für isochore Zustandsänderung ergibt sich aus der Gasgleichung
a) $p_2 = T_2/T_1 \cdot p_1 = (317{,}15\text{K}/298{,}15\text{K}) \cdot 1{,}2\,\text{bar} = 1{,}276\,\text{bar}$;

b) Der 1. Hauptsatz für geschlossene Systeme $U_2 - U_1 = Q_{12} - \int_1^2 p \cdot dV$ führt bei isochorer Zustandsänderung mit $dV = 0$ auf

$$Q_{12} = U_2 - U_1 = m \cdot c_v \cdot (\vartheta_2 - \vartheta_1) = m \cdot (c_p - R) \cdot (\vartheta_2 - \vartheta_1) =$$

$$= 84{,}7\,\text{kg} \cdot 0{,}7432 \frac{\text{kJ}}{\text{kgK}} \cdot 19\,\text{K} = 1195{,}97\,\text{kJ}.$$

c) Die Entropiedifferenz ergibt sich nach Multiplikation mit m und mit $\upsilon_2 = \upsilon_1$ nach Gl. (16.31) als extensive Größe zu

$$S_2 - S_1 = m \cdot c_v \cdot \ln \frac{T_2}{T_1} = 84{,}7\,\text{kg} \cdot 0{,}7432 \frac{\text{kJ}}{\text{kgK}} \cdot \ln \frac{317{,}15\,\text{K}}{298{,}15\,\text{K}} = 3888{,}7 \frac{\text{J}}{\text{K}}.$$

Bezogen auf die Systemmasse erhält man die spezifische Entropiedifferenz

$$s_2 - s_1 = \frac{(S_2 - S_1)}{m} = 45{,}91 \frac{\text{J}}{\text{kg K}}.$$

Kapitel 17 – Der erste Hauptsatz für offene Systeme

17.1 $\dot{Q}_{12} + P_{12} = \dot{m} \cdot \left[\left(h_2 + \frac{\overline{c}_2^{\,2}}{2} + g \cdot z_2 \right) - \left(h_1 + \frac{\overline{c}_1^{\,2}}{2} + g \cdot z_1 \right) \right]$

17.2

a) Druck am Verdichteraustritt: $p_2 = p_1 \cdot p_2 / p_1 = 0{,}86\,\text{bar} \cdot 24 = 20{,}64\,\text{bar}$

Temperatur am Verdichteraustritt (Isentropenbeziehung (14.8)):

$$T_2 = T_1 \cdot (p_2 / p_1)^{\frac{\kappa-1}{\kappa}} = 283{,}15\,\text{K} \cdot 24^{\frac{0{,}4}{1{,}4}} = 702{,}0\,\text{K}$$

Dichte der Luft am Verdichteraustritt:

Mit $\rho_1 = \frac{p_1}{R \cdot T_1} = \frac{0{,}86 \cdot 10^5\,\text{N/m}^2}{287{,}1\,\text{J/(kg K)} \cdot 283{,}15\,\text{K}} = 1{,}0579 \frac{\text{kg}}{\text{m}^3}$ folgt

$$\rho_2 = \rho_1 \cdot \left(\frac{p_2}{p_1} \right)^{\frac{1}{\kappa}} = 1{,}0579 \frac{\text{kg}}{\text{m}^3} \cdot 24^{\frac{1}{1{,}4}} = 10{,}240 \frac{\text{kg}}{\text{m}^3}.$$

b) Die Verdichterleistung ist mit $\frac{1}{2}(c_2^2 - c_1^2) = 0$ gleich

$$P_V = \dot{m} \cdot \overline{c}_{p12} \cdot (T_2 - T_1) = 20{,}4 \frac{\text{kg}}{\text{s}} \cdot 1{,}0327 \frac{\text{kJ}}{\text{kg K}} \cdot (702{,}0 - 283{,}15)\,\text{K}$$

$$= 8823{,}9 \frac{\text{kNm}}{\text{s}} = 8823{,}9\,\text{kW}.$$

17.3

a) $p_a = p_e \cdot \frac{1}{p_e / p_a} = 29{,}8\,\text{bar} \cdot \frac{1}{28} = 1{,}064\,\text{bar}.$

$$T_a = T_e \cdot \left(\frac{1}{p_e/p_a}\right)^{\frac{\kappa-1}{\kappa}} = 1353{,}15\,\text{K}\left(\frac{1}{28}\right)^{\frac{0{,}38}{1{,}38}} = 540{,}57\,\text{K} = 267{,}4°\text{C};$$

$$\rho_a = \frac{p_a}{R\cdot T_a} = \frac{1{,}064\cdot 10^5\,\text{N/m}^2}{287{,}1\,\text{Nm/(kgK)}\cdot 540{,}57\,\text{K}} = 0{,}6856\,\text{kg/m}^3\,.$$

b) Aus Tabelle B5 erhält man durch Interpolation: $c_p(1080°\text{C}) = 1{,}0983\,\text{kJ/(kgK)}$; $c_p(267\,°\text{C}) = 1{,}0166\,\text{kJ/(kgK)}$;

Berechnet mit Gl. (10.33) ergibt sich: $c_p\Big|_{267°C}^{1080°C} = 1{,}1251\,\text{kJ/(kgK)}$.

Leistung:

$$P = \dot{m}\cdot c_p\Big|_{267°C}^{1080°C}\cdot (T_a - T_e) = 20{,}39\,\text{kg/s}\cdot 1{,}1251\,\text{kJ/(kgK)}\cdot (540{,}57 - 1353{,}15)\,\text{K}$$

$$= -18641{,}2\,\text{kW}.$$

c) Für den Massenstrom gilt der Erhaltungssatz $\dot{m}_e = \dot{m}_a$, der mit Gl. (17.5) $\dot{m} = \rho\cdot\dot{V}$ übergeht in $\rho_e\cdot\dot{V}_e = \rho_a\cdot\dot{V}_a$. Das Verhältnis der Volumenströme im Austritt und Eintritt lautet damit $\frac{\dot{V}_a}{\dot{V}_e} = \frac{\rho_e}{\rho_a}$. Mit der Dichte der Luft im Eintritt

$$\rho_e = \frac{p_e}{R\cdot T_e} = \frac{29{,}8\cdot 10^5\,\text{N/m}^2}{287{,}1\frac{\text{J}}{\text{kg K}}\cdot 1353{,}15\,\text{K}} = 7{,}671\frac{\text{kg}}{\text{m}^3}$$ und dem oben berechneten

Wert für $\rho_a = 0{,}6856\,\text{kg/m}^3$ ergibt sich $\frac{\dot{V}_a}{\dot{V}_e} = \frac{7{,}671\,\text{kg/m}^3}{0{,}6856\,\text{kg/m}^3} = 11{,}188$.

17.4 Die Energiebilanzgleichung für offene Systeme lautet bei Vernachlässigung der mechanischen Energien: $\dot{Q}_{12} + P_{12} = \dot{H}_2 - \dot{H}_1$. Mit $P_{12} = 0$ ergibt sich

$$\dot{Q}_{12} = \dot{m}\cdot c_p\cdot (T_2 - T_1) = \rho\cdot\dot{V}\cdot c_p\cdot (T_2 - T_1) = \frac{p_1}{R\cdot T_1}\cdot\dot{V}\cdot c_p\cdot (T_2 - T_1)$$

$$= \frac{p_1}{R\cdot T_1}\cdot\dot{V}\cdot (R + c_v)\cdot (T_2 - T_1)$$

$$= \frac{0{,}981\cdot 10^5\,\text{N/m}^2}{287{,}1\,\text{J/(kg K)}\cdot 268{,}15\,\text{K}}\cdot 5000\,\text{m}^3\text{/h}\cdot (0{,}2871 + 0{,}719)\,k\text{J/(kg K)}\cdot 27\,\text{K}$$

$$= 173074{,}4\frac{\text{kJ}}{\text{h}} = 173074{,}4\frac{\text{kWs}}{\text{h}} = 173074{,}4\frac{\text{kWs}}{3600\,\text{s}} = 48{,}08\,\text{kW}.$$

17.5 a) Umrechnung vom Volumenstrom in den Massenstrom:

$$\dot{m} = \frac{p\cdot\dot{V}}{R\cdot T_1} = \frac{1{,}02\cdot 10^5\,\text{N/m}^2\cdot 2{,}4\,\text{m}^3\text{/s}}{287{,}1\,\text{Nm/(kgK)}\cdot 316{,}75\,\text{K}} = 2{,}692\,\text{kg/s}$$

Energiebilanzgleichung bei vernachlässigten potentiellen und kinetischen Energien sowie mit Beachtung, daß $P_{12} = 0$ ist:

$$\dot{Q}_{12} = \dot{H}_2 - \dot{H}_1 = \dot{m} \cdot c_p \cdot (T_2 - T_1)$$
$$= 2{,}692\ kg/s \cdot 1{,}0044\ kJ/(kgK) \cdot (298{,}15 - 316{,}75)\ K$$
$$= -50{,}292\ kJ/s$$

b) Mit $\dot{S}_{irr12} = 0$ gilt nach (17.43) mit (16.31):

$$\dot{S}_Q = \dot{m} \cdot (s_2 - s_1) = \dot{m} \cdot c_p \cdot \ln \frac{T_2}{T_1}$$

$$= 2{,}692\ kg/s \cdot 1{,}0044\ kJ/(kgK) \cdot \ln \frac{298{,}15\ K}{316{,}75\ K} = -0{,}16363 \frac{kJ/s}{K} = -0{,}16363 \frac{kW}{K}$$

Kapitel 18 – Der zweite Hauptsatz der Thermodynamik

18.1. Der zweite Hauptsatz beschreibt in verschiedenen Formulierungen die Grenzen und die Richtungen von Energiewandlungen.

18.2. Formulierung von Rudolf Clausius:
Wärme kann nie von selbst von einem System niederer Temperatur auf ein System höherer Temperatur übergehen.
Formulierung von Max Planck:
Es ist unmöglich, eine periodisch funktionierende Maschine zu konstruieren, die nichts weiter bewirkt als Hebung einer Last und Abkühlung eines Wärmeresevoirs.

Kapitel 19 – Der zweite Hauptsatz und die Entropie

19.1
a) Die Entropie nimmt zu.
b.) Die Entropie ändert sich nicht.
c) Die Entropie eines *nichtadiabaten* geschlossenen Systems kann abnehmen und zwar durch Kühlung.
d) Nein, sie kann nur zunehmen.

19.2 Die Entropie eines offenen adiabaten Systemsnimmt ab, wenn die abfließenden Entropieströme größer sind als die Summe von Entropieproduktionsstrom und einströmenden Entropieströmen.

19.3 Sie ist irreversibel.

Kapitel 20 – Darstellung von Wärme und Arbeit in Entropiediagrammen

20.1

a) Bei einem reversiblen Prozeß stellt die Fläche unter der Zustandskurve zwischen zwei Zustandspunkten die umgesetzte Wärmemenge dar.
b) Bei einem irreversiblen Prozeß repräsentiert sie *ununterscheidbar* die Summe von Wärmemenge und Dissipationsenergie.

20.2

a) Die Isochoren und
b) die Isobaren sind logarithmische Funktionen der Temperatur.
c) Sie unterscheiden sich durch ihre Steigungen.
d) Im *T,s*-Diagramm bilden sich die Isothermen als abszissenparallele Geraden,
e) die Isentropen als ordinatenparallele Geraden ab.

20.3 Im *h,s*-Diagramm werden Wärmemenge, Arbeit, innere Energie und Enthalpie durch Strecken dargestellt.

Kapitel 21 – Kalorische Zustandsgleichungen idealer Gemische

21.1 Die Heliummasse m_{He} ergibt sich mit dem Volumen V_{A} des Behälters A und der Heliumtemperatur vor der Mischung $T_{\mathrm{He}} = (273{,}15 + 30)\,\mathrm{K} = 303{,}15\,\mathrm{K}$ aus der Gasgleichung (7.7) zu

$m_{\mathrm{He}} = \dfrac{p_{\mathrm{He}} \cdot V_{\mathrm{A}}}{R_{\mathrm{He}} \cdot T_{\mathrm{He}}} = \dfrac{1{,}2 \cdot 10^5\,\mathrm{N/m^2} \cdot 2{,}5\,\mathrm{m^3}}{2077\,\mathrm{Nm/(kg\,K)} \cdot 303{,}15\,\mathrm{K}} = 0{,}4765\,\mathrm{kg}$. Das Neonvolumen im Behälter B vor der Mischung errechnet man zu

$$V_{\mathrm{B}} = \frac{m_{\mathrm{Ne}} \cdot R_{\mathrm{Ne}} \cdot T_{\mathrm{Ne}}}{p_{\mathrm{Ne}}} = \frac{0{,}8\,\mathrm{kg} \cdot 412{,}02\,\mathrm{Nm/(kg\,K)} \cdot 345{,}15\,\mathrm{K}}{2{,}1 \cdot 10^5\,\mathrm{N/m^2}} = 0{,}5418\,\mathrm{m^3}.$$

Mit der Gesamtmasse $m = m_{\mathrm{He}} + m_{\mathrm{Ne}} = 1{,}2765\,\mathrm{kg}$ erhält man
a) die Massenanteile $\mu_{\mathrm{He}} = m_{\mathrm{He}} / m = 0{,}3733$ und $\mu_{\mathrm{Ne}} = m_{\mathrm{Ne}} / m = 0{,}6267$.
b) Da weder Wärme- noch Arbeit zu- oder abgeführt werden, bleibt die innere Energie des Gesamtsystems konstant. Aus der Energiebilanz
$m_{\mathrm{He}} \cdot c_{\mathrm{vHe}} \cdot T_{\mathrm{He}} + m_{\mathrm{Ne}} \cdot c_{\mathrm{vNe}} \cdot T_{\mathrm{Ne}} = (m_{\mathrm{He}} \cdot c_{\mathrm{vHe}} + m_{\mathrm{Ne}} \cdot c_{\mathrm{vNe}}) \cdot T$ eliminiert man mit $c_{\mathrm{vHe}} = 3/2 \cdot R_{\mathrm{He}}$ und $c_{\mathrm{vNe}} = 3/2 \cdot R_{\mathrm{Ne}}$ die Mischungstemperatur

$$T = \frac{m_{\mathrm{He}} \cdot R_{\mathrm{He}} \cdot T_{\mathrm{He}} + m_{\mathrm{Ne}} \cdot R_{\mathrm{Ne}} \cdot T_{\mathrm{Ne}}}{m_{\mathrm{He}} \cdot R_{\mathrm{He}} + m_{\mathrm{Ne}} \cdot R_{\mathrm{Ne}}}$$

$$= \frac{0{,}4765\,\mathrm{kg} \cdot 2077\,\mathrm{Nm/(kg\,K)} \cdot 303{,}15\,\mathrm{K} + 0{,}8\,\mathrm{kg} \cdot 412{,}02\,\mathrm{Nm/(kg\,K)} \cdot 345{,}15\,\mathrm{K}}{0{,}4765\,\mathrm{kg} \cdot 2077\,\mathrm{Nm/(kg\,K)} + 0{,}8\,\mathrm{kg} \cdot 412{,}02\,\mathrm{Nm/(kg\,K)}}$$

$$= 313{,}64\,\mathrm{K} = 40{,}49\,°\mathrm{C}.$$

c) Nach der Mischung haben alle Komponenten dieselbe Temperatur, dasselbe Volumen, jedoch unterschiedliche Drücke. Da sich nach Daltons Gesetz jede Komponente einer idealen Gasmischung so verhält , als wäre sie allein vorhanden, kann man auf jede die Gasgleichung (7.7) anwenden, und damit die Partialdrücke der Komponenten nach der Mischung für Helium p^*_{He} und Neon p^*_{Ne} berechnen. Mit dem Gesamtvolumen $V = V_\mathrm{A} + V_\mathrm{B} = 3{,}0418\,\mathrm{m}^3$ erhält man

$$p^*_{\mathrm{He}} = \frac{m_{\mathrm{He}} \cdot R_{\mathrm{He}} \cdot T}{V} = \frac{0{,}4765\,\mathrm{kg} \cdot 2077\,\mathrm{Nm/(kg\,K)} \cdot 313{,}64\,\mathrm{K}}{3{,}0418\,\mathrm{m}^2} = 1{,}02047 \cdot \mathrm{bar}\,,$$

$$p^*_{\mathrm{Ne}} = \frac{m_{\mathrm{Ne}} \cdot R_{\mathrm{Ne}} \cdot T}{V} = \frac{0{,}8\,\mathrm{kg} \cdot 412{,}02\,\mathrm{Nm/(kg\,K)} \cdot 313{,}64\,K}{3{,}0418\,\mathrm{m}^2} = 0{,}3399 \cdot \mathrm{bar}\,.$$

Der Gesamtdruck der Mischung ist gleich der Summe der Partialdrücke $p = p^*_{\mathrm{He}} + p^*_{\mathrm{He}} = 1{,}36034\,\mathrm{bar}$ .Der Gesamtdruck läßt sich auch unmittelbar aus der Gasgleichung des Gemisches bestimmen, wenn man die nach Gl. (7.24) berechnete Gaskonstante des Gemisches $R = \mu_{\mathrm{He}}\, R_{\mathrm{He}} + \mu_{\mathrm{Ne}} \cdot R_{\mathrm{Ne}} = 1033{,}557\,\mathrm{Nm/(kg\,K)}$ in die nach p aufgelöste Gleichung des Gasgemisches einsetzt:

$$p = \frac{m \cdot R \cdot T}{V} = \frac{1{,}2765\,\mathrm{kg} \cdot 1033{,}557\,\mathrm{Nm/(kg\,K)} \cdot 313{,}64\,\mathrm{K}}{3{,}0418\,\mathrm{m}^3} = 1{,}36037\,\mathrm{bar}$$

d.) Nach Dalton ist die Enthalpie H der Mischung gleich der Summe der Enthalpien der Komponenten bei der Mischungstemperatur T: $H\ (T) = H_{\mathrm{He}}(T) + H_{\mathrm{Ne}}(T)$. Einführung der spezifischen Enthalpien:

$$m \cdot h(T) = m \cdot c_\mathrm{p} \cdot T = m_{\mathrm{He}} \cdot h_{\mathrm{He}}(T) + m_{\mathrm{Ne}} \cdot h_{\mathrm{Ne}}(T) = m_{\mathrm{He}} \cdot c_{\mathrm{pHe}} \cdot T + m_{\mathrm{Ne}} \cdot c_{\mathrm{pNe}} \cdot T$$

Bezogen auf die Masse der Mischung ergibt sich nach Gl. (21.3) die spezifische Enthalpie $h(T) = \left(\mu_{\mathrm{He}} \cdot c_{\mathrm{pHe}} + \mu_{\mathrm{Ne}} \cdot c_{\mathrm{pNe}}\right) \cdot T$ und nach Gl. (21.4) die spezifische isobare Wärmekapazität des Gemisches

$$c_\mathrm{p} = \mu_{\mathrm{He}} \cdot c_{\mathrm{pHe}} + \mu_{\mathrm{Ne}} \cdot c_{\mathrm{pNe}}$$

$$= 5/2 \cdot \left(\mu_{\mathrm{He}} \cdot R_{\mathrm{He}} + R_{\mathrm{Ne}} \cdot c_{\mathrm{pNe}}\right) = 5/2 \cdot R = 2{,}5 \cdot 1033{,}557 \frac{\mathrm{J}}{\mathrm{kg\,K}} = 2{,}58389 \frac{\mathrm{kJ}}{\mathrm{kg\,K}}\,.$$

Kapitel 22 – Reversible Kreisprozesse

22.1

a) Die Arbeit des Kreisprozesses eines geschlossenen Systems ist gleich der negativen Differenz der zu- über die abgeführten Wärmemengen: $w_\mathrm{k} = -\left(q_{\mathrm{zu}} - |q_{\mathrm{ab}}|\right)$

b) Bei offenen Systemen ist die Leistung gleich der negativen Differenz der zu- über die abgeführten Wärmeströme: $P = -\left(\dot{Q}_{\mathrm{zu}} - |\dot{Q}_{\mathrm{ab}}|\right)$.

22.2 Die Wärmebilanz muß positiv sein, d. h. die zugeführten Wärmemengen müssen größer als die abgeführten sein.

22.3 Maschinen oder Anlagen, in denen rechtslaufende Prozesse ablaufen, sind *Wärmekraftmaschinen* oder *Wärmekraftanlagen*. Maschinen oder Anlagen, die in einem linkslaufenden Kreisprozeß einem Fluid Wärme entziehen, sind *Wärmepumpen* oder *Kältemaschinen.*

Kapitel 23 – Reversible Kreisprozesse thermischer Maschinen

23.1 Die isochor zugeführte Wärmemenge ist nach dem im Bild 23.5 dargestellten Verlauf des Seiliger-Prozesses

a) $q_{23} = c_\mathrm{v} \cdot (T_3 - T_2) = c_\mathrm{v} \cdot T_2 \cdot (T_3 / T_2 - 1)$.

Die Temperaturen T_2 und T_3 lassen sich über die Isochorengleichung und die Isentropenbeziehung für ideale Gase auf die Anfangstemperatur T_1 und die Parameter $\psi = p_3 / p_2$ und $\varepsilon = V_1 / V_2$ des Seiligerprozesses zurückführen:

Isentrope Zustandsänderung $1 \rightarrow 2$: $T_2 = T_1 \cdot (V_1 / V_2)^{\kappa-1} = T_1 \cdot \varepsilon^{\kappa-1}$

Isochore Zustandsänderung $2 \rightarrow 3$: $T_3 / T_2 = p_3 / p_2 = \psi$

Einsetzen dieser Beziehungen in die Wärmemengengleichung liefert

$$q_{23} = c_\mathrm{v} \cdot T_1 \cdot \varepsilon^{\kappa-1} \cdot (\psi - 1)$$

$$= 0{,}876\,\mathrm{kJ/(kgK)} \cdot 288\,\mathrm{K} \cdot 15^{0,4} \cdot (1{,}60 - 1) = 447{,}182\,\mathrm{kJ/(kgK)}.$$

b) Höchstdruck ist $p_3 = p_2 \cdot \psi = p_1 \cdot \varepsilon^{\kappa} \cdot \psi = 0{,}98\,\mathrm{bar} \cdot 15^{1,4} \cdot 1{,}60 = 69{,}482\,\mathrm{bar}$.

c) Isobar zugeführte Wärmemenge:

$$q_{34} = c_\mathrm{p} \cdot (T_4 - T_3)$$

Die Temperaturen lassen sich über Isobaren- und die Isentropenbeziehungen zusammen mit dem Einspritzverhältnis $\varphi = V_4 / V_3$ ermitteln.

Isobare Zustandsänderung: $3 \rightarrow 4$: $T_4 = T_3 \cdot V_4 / V_3 = T_3 \cdot \varphi = T_2 \cdot p_3 / p_2 \cdot \varphi$

$$= T_1 \cdot \varepsilon^{\kappa-1} \cdot p_3 / p_2 \cdot \varphi = T_1 \cdot \varepsilon^{\kappa-1} \cdot \psi \cdot \varphi$$

$$T_3 = T_2 \cdot \psi = T_1 \cdot \varepsilon^{\kappa-1} \cdot \psi = 1361{,}28\,\mathrm{K}$$

Einsetzen in die Wärmemengengleichung bringt mit

$$c_\mathrm{p} = R + c_\mathrm{v} = (0{,}2871 + 0{,}876)\,\mathrm{kJ/(kg\,K)} = 1{,}1631\,\mathrm{kJ/(kg\,K)}$$

$$q_{34} = c_\mathrm{p} \cdot \left[T_1 \cdot \varepsilon^{\kappa-1} \cdot \psi \cdot \varphi - T_1 \cdot \varepsilon^{\kappa-1} \cdot \psi\right] = c_\mathrm{p} \cdot T_1 \cdot \varepsilon^{\kappa-1} \cdot \psi \cdot (\varphi - 1)$$

$$= 1{,}1631\,\mathrm{kJ/(kgK)} \cdot 288\,\mathrm{K} \cdot 15^{0,4} \cdot 1{,}60 \cdot (1{,}87 - 1)$$

$$= 1377{,}48\,\mathrm{kJ/(kg)}.$$

d) Höchsttemperatur ist $T_4 = T_1 \cdot \varepsilon^{\kappa-1} \cdot \psi \cdot \varphi = 288\,\mathrm{K} \cdot 15^{0,4} \cdot 1{,}60 \cdot 1{,}87 = 2545{,}60\,\mathrm{K}$.

e) Die zugeführten Wärmemengen sind äquivalent dem Produkt aus Brennstoffmasse m_Kr und der chemisch gebundenen Energie, dem unteren Heizwert H_u (s. Kapitel 28) des Brennstoffs $q_{23} + q_{34} = m_\mathrm{Kr} \cdot H_\mathrm{u}$. Daraus erhält man die Brennstoffmasse

$$m_\mathrm{Br} = \frac{q_{23} + q_{34}}{H_\mathrm{u}} = \frac{(447{,}182 + 1377{,}48)\,\mathrm{kJ/(kg\,Luft)}}{11{,}2\,\mathrm{kWh/kg\,Br}} = 162{,}916 \frac{\mathrm{kJ}}{\mathrm{kWh}} \frac{\mathrm{kg\,Br}}{\mathrm{kg\,Luft}}$$

$$= 162{,}916 \frac{\text{kJ}}{\frac{\text{kJ}}{\text{s}}\text{h}} \frac{\text{kg Br}}{\text{kg Luft}} = 162{,}916 \frac{1}{3600} \frac{\text{kg Br}}{\text{kg Luft}} = 0{,}04525 \frac{\text{kg Br}}{\text{kg Luft}}.$$

f) Wirkungsgrad: $\eta_{\text{th}_s} = 1 - \frac{1}{\varepsilon^{\kappa-1}} \cdot \frac{\varphi^{\kappa} \cdot \psi - 1}{\psi - 1 + \kappa \cdot \psi \cdot (\varphi - 1)}$

$$= 1 - \frac{1}{15^{0,4}} \cdot \frac{1{,}87^{1,4} \cdot 1{,}60 - 1}{1{,}60 - 1 + 1{,}4 \cdot 1{,}60 \cdot (1{,}87 - 1)}$$

$$= 0{,}62239$$

23.2 Der Joule-Prozeß ist in Bild 23.8 dargestellt

a) Verdichterendtemperatur: $T_2 = T_1 \cdot \left(\frac{p_2}{p_1}\right)^{\frac{\kappa-1}{\kappa}} = 288\,\text{K} \cdot 24^{\frac{0,4}{1,4}} = 714{,}07\,\text{K}$

b) Verdichterleistung: $P_v = \dot{m} \cdot c_p \cdot (T_2 - T_1) = \dot{m} \cdot c_p \cdot T_1 \cdot \left(\frac{T_2}{T_1} - 1\right)$

$$= \dot{m} \cdot c_p \cdot T_1 \cdot \left[\left(\frac{p_2}{p_1}\right)^{\frac{\kappa-1}{\kappa}} - 1\right]$$

$$= 70{,}1 \frac{\text{kg}}{\text{s}} \cdot 1{,}072 \frac{\text{kJ}}{\text{kgK}} \cdot 288\,\text{K} \cdot \left[24^{\frac{0,4}{1,4}} - 1\right]$$

$$= 32017{,}69 \frac{\text{kJ}}{\text{s}} = 32017{,}69\,\text{kW}$$

c) Turbinenleistung: $P_T = \dot{m} \cdot c_p \cdot (T_4 - T_3) = \dot{m} \cdot c_p \cdot T_3 \cdot \left(\frac{T_4}{T_3} - 1\right)$

$$= \dot{m} \cdot c_p \cdot T_3 \cdot \left[\left(\frac{P_4}{P_3}\right)^{\frac{\kappa-1}{\kappa}} - 1\right] = \dot{m} \cdot c_p \cdot T_3 \cdot \left[\left(\frac{P_1}{P_2}\right)^{\frac{\kappa-1}{\kappa}} - 1\right]$$

$$= 70{,}1 \frac{\text{kg}}{\text{s}} \cdot 1{,}072 \frac{\text{kJ}}{\text{kg K}} \cdot 1283{,}15\,\text{K} \cdot \left[\left(\frac{1}{24}\right)^{\frac{0,4}{1,4}} - 1\right]$$

$$= -57534{,}57\,\text{kW}$$

d) Nutzleistung: $P_{ab} = P_T + P_V = (-57534{,}57 + 32017{,}69)\,\text{kW} = -25516{,}88\,\text{kW}$

e) Turbinenaustrittstemperatur: $T_4 = T_3 \cdot \left(\frac{P_4}{P_3}\right)^{\frac{\kappa-1}{\kappa}} = T_3 \cdot \left(\frac{P_1}{P_2}\right)^{\frac{\kappa-1}{\kappa}} = 517{,}53\,\text{K}$

f) Leistungsverhältnis: $\eta = \frac{P_{ab}}{P_T} = \frac{-25516{,}88\,\text{kW}}{-57534{,}57\,\text{kW}} = 0{,}4435$

Isobare Wärmezufuhr: $\dot{Q}_{23} = \dot{m} \cdot c_p \cdot (T_3 - T_2) = \dot{m} \cdot c_p \cdot T_1 \cdot \left[\frac{T_3}{T_1} - \left(\frac{p_2}{p_1} \right)^{\frac{\kappa-1}{\kappa}} \right]$

$$= 70{,}1\frac{\text{kg}}{\text{s}} \cdot 1{,}072\frac{\text{kJ}}{\text{kgK}} \cdot 288\,K \cdot \left[\frac{1283{,}15\,\text{K}}{288\,\text{K}} - 24^{\frac{\kappa-1}{\kappa}} \right]$$

$$= 42765{,}04\frac{\text{kJ}}{\text{s}}$$

g) Brennstoffverbrauch: Mit $\dot{Q}_{23} = \dot{m}_{Br} \cdot H_u$ erhält man den Brennstoffmassenstrom

$$\dot{m}_{Br} = \frac{\dot{Q}_{23}}{H_u} = \frac{42765{,}04\frac{\text{kJ}}{\text{s}}}{42100\frac{\text{kJ}}{\text{kgBr}}} = 1{,}0158\frac{\text{kgBr}}{\text{s}}$$

h) Thermischer Wirkungsgrad: $\eta_{th_J} = 1 - \left(\frac{P_1}{P_2} \right)^{\frac{\kappa-1}{\kappa}} = 0{,}597$

23.3 Der Clausius-Rankine-Prozeß der Dampfmaschine ist in Bild 23.3.1 im T,s–Diagramm und im h,s–Diagramm dargestellt.

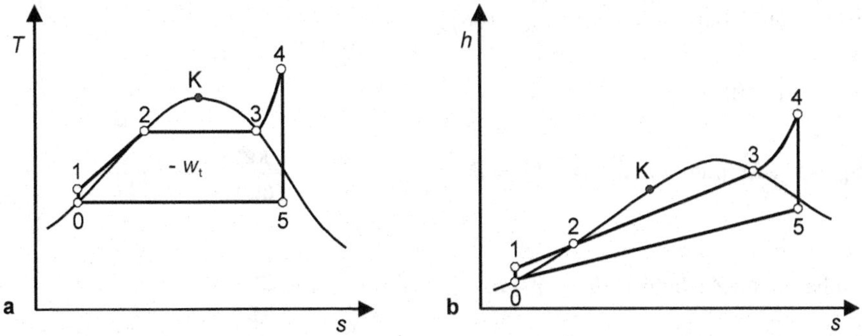

Bild 23.3.1. Clausius-Rankine-Prozeß **a** im T,s- und **b** im h,s-Diagramm

Stoffwerte

Der Sättigungsdampftafel für Wasser, Tabelle B3 (Temperaturtafel) entnimmt man die Werte:

$\vartheta_0 = 25\,^\circ\text{C}$, $p_0 = 0{,}03166\,\text{bar}$, $\upsilon_0' = 1{,}0029 \cdot 10^{-3}\,\frac{\text{m}^3}{\text{kg}}$, $h_0' = 104{,}77\frac{\text{kJ}}{\text{kg}}$,

$s_0' = 0{,}3670\,\text{kJ/(kgK)}$

Verdampfungsenthalpie: $\Delta h_{05} = h_5'' - h_0' = (2547 - 104{,}77)\dfrac{\text{kJ}}{\text{kg}} = 2442\dfrac{\text{kJ}}{\text{kg}}$

Die Sättigungsdampftafel für Wasser, Tabelle B2 (Drucktafel) liefert

$p_2 = 150\,\text{bar}$, $\vartheta_2 = 342{,}1\,^\circ\text{C}$, $\upsilon_2' = 0{,}001658\,\text{m}^3/\text{kg}$, $h_2' = 1611\dfrac{\text{kJ}}{\text{kg}}$,

$h_3'' = 2615\dfrac{\text{kJ}}{\text{kg}}$.

Werte für überhitzten Dampf nach [10], Anhang A, Tabelle A13:

$\vartheta_4 = 550\,^\circ\text{C}$, $p_4 = 150\,\text{bar}$, $h_4 = 3448{,}6\dfrac{\text{kJ}}{\text{kg}}$, $s_4 = 6{,}5199\,\text{kJ}/(\text{kgK})$

Aus Tabelle B3, Sättigungsdampftafel für Wasser (Temperaturtafel):

$\vartheta_5 = 25\,^\circ\text{C}$, $p_5 = 0{,}03166\,\text{bar}$, $\upsilon_5'' = 43{,}40\,\text{m}^3/\text{kg}$, $h_5'' = 2547\dfrac{\text{kJ}}{\text{kg}}$,

$s_5'' = 8{,}559\dfrac{\text{kJ}}{\text{kg}}$

Prozeß

a)

Isentrope Druckerhöhung des flüssigen Wassers $0 \rightarrow 1$:

Da keine Wärme zugeführt wird, bleiben die Temperaturen und die innere Energie konstant. Nach (10.20) ergibt sich die spezifische Speisewasserpumpenleistung somit zu

$$w_{t01} = P_{sp} / \dot{m} = h_1' - h_0' = \upsilon_0' \cdot (p_1 - p_0)$$

$$= 1{,}0029 \cdot 10^{-3}\,\frac{\text{m}^3}{\text{kg}} \cdot (150 - 0{,}03166) \cdot 10^5\,\text{N/m}^2$$

$$= 15{,}040\frac{\text{kJ}}{\text{kg}}.$$

Speisewasserpumpenleistung: $P_{sp} = \dot{m} \cdot w_{t01} = 915 \cdot 10^3\,\dfrac{\text{kg}}{3600\text{s}} \cdot 15{,}040\dfrac{\text{kJ}}{\text{kg}}$

$= 3822{,}667\,\text{kW}$

Enthalpie im Zustand 1: $h_1 = h_0' + \upsilon_0' \cdot (p_1 - p_0) = 119{,}81\dfrac{\text{kJ}}{\text{kg}}$

Isobare Wärmezufuhr $1 \rightarrow 2$:

Spezifische Wärmemenge $q_{12} = h_2' - h_1 = h_2' - [h_0' + \upsilon_0' \cdot (p_1 - p_0)]$

$= (1611 - 119{,}81)\dfrac{\text{kJ}}{\text{kg}} = 1491{,}2\dfrac{\text{kJ}}{\text{kg}}$

Wärmestrom $\dot{Q}_{12} = \dot{m} \cdot q_{12} = 379013{,}33\dfrac{\text{kJ}}{\text{s}}$

Isotherm-isobare Verdampfung $2 \rightarrow 3$:

Spezifische Wärmemengenzufuhr (Verdampfungsenthalpie)

$$q_{23} = \Delta h_{23} = h_3'' - h_2' = (2615 - 1611)\frac{\text{kJ}}{\text{kg}} = 1004{,}0\frac{\text{kJ}}{\text{kg}},$$

Wärmestrom: $\dot{Q}_{23} = \dot{m} \cdot \Delta h_{23} = 255183{,}33\frac{\text{kJ}}{\text{s}}$

Isobare Überhitzung $3 \to 4$:

Wärmestrom: $\dot{Q}_{34} = \dot{m} \cdot (h_4 - h_3'') = 211873{,}33\frac{\text{kJ}}{\text{s}}$

Isentrope Expansion des Dampfes $4 \to 5$:
Spezifische Turbinenleistung ist $w_{t45} = h_5 - h_4$.

Für den Zustand im Punkt 5 gilt bei isentroper Expansion $s_5 = s_4 = 6{,}5199\frac{\text{kJ}}{\text{kg}}$.

Daraus errechnet sich der Dampfgehalt

$$x = \frac{s_5 - s_0'}{s_5'' - s_0'} = \frac{6{,}5199 - 0{,}3670}{8{,}559 - 0{,}3760} = 0{,}75191.$$

Punkt 5 liegt also im Naßdampfgebiet (s. auch die Anmerkung in Beispiel 23.6). Nach Gl. (10.27) erhält man für die Enthalpie

$$h_5(x) = (1 - x) \cdot h_0' + x \cdot h_5''$$
$$= (1 - 0{,}75191) \cdot 104{,}77\frac{\text{kJ}}{\text{kg}} + 0{,}75191 \cdot 2547\frac{\text{kJ}}{\text{kg}}$$
$$= 1941{,}107\frac{\text{kJ}}{\text{kg}}.$$

Die spezifische Turbinenleistung ist

$$w_{t45} = h_5(x) - h_4 = (1941{,}107 - 3448{,}6)\frac{\text{kJ}}{\text{kg}} = -1507{,}49\frac{\text{kJ}}{\text{kg}}.$$

Turbinenleistung:

$P_T = \dot{m} \cdot w_{t45} = -383153{,}7 \text{ kW}$

Isobare Verflüssigung $5 \to 4$:

Spezifische Wärmemenge:

$$q_{50} = -x \cdot \Delta h_{05} = 0{,}75191 \cdot 2442\frac{\text{kJ}}{\text{kg}} = -1836{,}164\frac{\text{kJ}}{\text{kg}}$$

Wärmestrom: $\dot{Q}_{50} = -466691{,}68\frac{\text{kJ}}{\text{s}}$

b) Nettoleistung: $P = P_T + P_{sp} = (-383157{,}7 + 3822{,}667)\text{kW} = -379335{,}03\text{kW}$

Kontrolle:

$$P = -\Sigma \dot{Q}_i = -(\dot{Q}_{12} + \dot{Q}_{23} + \dot{Q}_{34} + \dot{Q}_{50})$$
$$= -(379013{,}33 + 255183{,}33 + 211873{,}33 - 466691{,}68)\frac{\text{kJ}}{\text{s}}$$
$$= -379378{,}31\text{kW}$$

Abweichung: 0,0114 %, bezogen auf das Ergebnis nach b)

Thermischer Wirkungsgrad: $\eta_{th} = 1 - \frac{q_{ab}}{q_{zu}} = 1 - \frac{h_5 - h_0'}{h_4 - h_1}$

$$= 1 - \frac{(1941{,}107 - 104{,}77)\,\mathrm{kJ/kg}}{(3448{,}6 - 119{,}81)\,\mathrm{kJ/kg}}$$

$$= 0{,}4485\,.$$

23.4 Das Schaltschema der Kältemaschine ist in Bild 22.4 wiedergegeben.

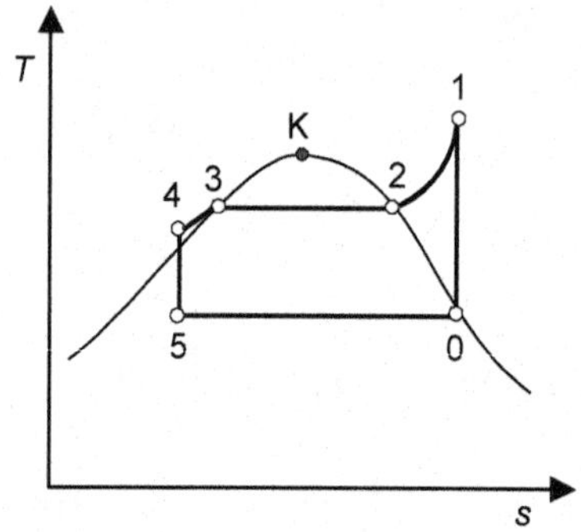

Bild 23.4.1 *T,s*–Diagramm des Kälteprozesses

Stoffwerte

Der Sättigungsdampftafel für Ammoniak, Tabelle B4, entnimmt man für

$\vartheta_0 = -25\,^{\circ}\mathrm{C}$:

$$p_0 = 1{,}515\,bar\,,\ \upsilon_0' = 1{,}489 \cdot 10^{-3}\,\frac{\mathrm{m}^3}{\mathrm{kg}}\,,\ \upsilon_0'' = 0{,}7705\,\frac{\mathrm{m}^3}{\mathrm{kg}}\,,\ h_0' = 86{,}90\,\frac{\mathrm{kJ}}{\mathrm{kg}}\,,$$

$$h_0'' = 1430\,\frac{kJ}{kg}\,,\ \Delta h_0 = h_0'' - h_5' = 1343{,}1\,\frac{\mathrm{kJ}}{\mathrm{kg}}\,,\ s_5' = 0{,}5674\,\frac{\mathrm{kJ}}{\mathrm{kg}}\,,\ s_0'' = 5{,}979\,\frac{\mathrm{kJ}}{\mathrm{kg}}$$

Aus Tabelle B4 liest man weiter ab für

$\vartheta_2 = 25\,^{\circ}\mathrm{C}$:

$$p_2 = 10{,}03\,\mathrm{bar}\,,\ \upsilon_2'' = 0{,}1284\,\frac{\mathrm{m}^3}{\mathrm{kg}}\,,\ \upsilon_3' = 1{,}659 \cdot 10^{-3}\,\frac{\mathrm{m}^3}{\mathrm{kg}}\,,\ h_2'' = 1482\,\frac{\mathrm{kJ}}{\mathrm{kg}}\,,$$

$$h_3' = 314{,}9\,\frac{\mathrm{kJ}}{\mathrm{kg}}\,,\ s_3' = 1{,}399\,\frac{\mathrm{kJ}}{\mathrm{kgK}}$$

Das flüssige Ammoniak soll vor Turbineneintritt auf $\vartheta_4 = 20\,^{\circ}\mathrm{C}$ isobar unterkühlt werden.

Prozeß

Isentrope Verdichtung des gasförmigen Ammoniaks $0 \rightarrow 1$:

Spezifische isentrope Kompressionsarbeit ist mit $p_1 = p_2$

$$w_{t01} = c_p \cdot (T_1 - T_0) = c_p \cdot T_0 \left[\left(\frac{p_1}{p_0} \right)^{\frac{\kappa-1}{\kappa}} - 1 \right]$$

$$= \frac{c_p}{R} \cdot p_0 \cdot \upsilon_0'' \cdot \left[\left(\frac{p_1}{p_0} \right)^{\frac{\kappa-1}{\kappa}} - 1 \right] = \frac{\kappa}{\kappa - 1} \cdot p_0 \cdot \upsilon_0'' \cdot \left[\left(\frac{p_1}{p_0} \right)^{\frac{\kappa-1}{\kappa}} - 1 \right]$$

$$= \frac{1{,}3}{1{,}3-1} \cdot 1{,}515 \cdot 10^5 \frac{\mathrm{N}}{\mathrm{m}^2} \cdot 0{,}7705 \frac{\mathrm{m}^3}{\mathrm{kg}} \cdot \left[\left(\frac{10{,}03}{1{,}515} \right)^{\frac{0{,}3}{1{,}3}} - 1 \right]$$

$$= 276{,}592 \frac{\mathrm{kJ}}{\mathrm{kg}} = h_1 - h_0'' \ .$$

Enthalpie im Verdichtungsendpunkt:

$$h_1 = h_1 - h_0'' + h_0'' = (h_1 - h_0'') + h_0'' = w_{t01} + h_0'' = (276{,}592 + 1430) \frac{\mathrm{kJ}}{\mathrm{kg}} = 1706{,}592 \frac{\mathrm{kJ}}{\mathrm{kg}}$$

Isobare Kühlung $1 \rightarrow 2$:

$$q_{12} = h_2'' - h_1 = (1482 - 1706{,}592) \frac{\mathrm{kJ}}{\mathrm{kg}} = -224{,}592 \frac{\mathrm{kJ}}{\mathrm{kg}}$$

Isobare-isotherme Verflüssigung $2 \rightarrow 3$:

$$q_{23} = h_3' - h_2'' = (314{,}9 - 1482) \frac{\mathrm{kJ}}{\mathrm{kg}} = -1167{,}1 \frac{\mathrm{kJ}}{\mathrm{kg}}$$

Isobare Unterkühlung auf $\vartheta_4 = 20°\mathrm{C}$ von $3 \rightarrow 4$:

$$q_{34} = c_{\mathrm{pfl}} \cdot (\vartheta_4 - \vartheta_2) = 4{,}77 \frac{\mathrm{kJ}}{\mathrm{kgK}} \cdot (20 - 25)\mathrm{K} = -23{,}85 \frac{\mathrm{kJ}}{\mathrm{kg}} = h_4 - h_3'$$

$$h_4 = h_4 - h_3' + h_3' = (-23{,}85 + 314{,}9) \frac{\mathrm{kJ}}{\mathrm{kg}} = 291{,}050 \frac{\mathrm{kJ}}{\mathrm{kg}}$$

Entropieänderung:

$$s_4 - s_3' = c_{\mathrm{pfl}} \cdot \ln \frac{T_4}{T_3} = 4{,}77 \frac{\mathrm{kJ}}{\mathrm{kgK}} \cdot \ln \frac{273{,}15 + 20}{273{,}15 + 25} = -0{,}08067 \frac{\mathrm{kJ}}{\mathrm{kgK}}$$

$$s_4 = (s_4 - s_3') + s_3' = (-0{,}08067 + 1{,}399) \frac{\mathrm{kJ}}{\mathrm{kgK}} = 1{,}318 \frac{\mathrm{kJ}}{\mathrm{kgK}}$$

a) Dampfgehalt am Ende der isentropen Expansion:

$$x = \frac{s_4 - s_5'}{s_0'' - s_5'} = \frac{1{,}318 - 0{,}5674}{5{,}979 - 0{,}5674} = 0{,}1387$$

b) Massenstrom des Kühlmittels:

Mit der geforderten Kühlleistung von $\dot{Q}_{\mathrm{ab}} = -1560\ \mathrm{MJ/h}$ erhält man

$$\dot{m} = \frac{\left|\dot{Q}_{\mathrm{ab}}\right|}{(1-x)\cdot\Delta h_{05}} = \frac{1560\cdot10^{3}\,\dfrac{\mathrm{kJ}}{\mathrm{h}}}{(1-0{,}1387)\cdot1343{,}1\,\dfrac{\mathrm{kJ}}{\mathrm{kg}}} = \dot{m} = 1348{,}53\,\frac{\mathrm{kg}}{\mathrm{h}} = 0{,}37459\,\frac{\mathrm{kg}}{\mathrm{s}}.$$

c) Nettoantriebsleistung:

Isentrope Entspannung in der Turbine von $4 \rightarrow 5$
liefert die spezifische Turbinenarbeit

$$w_{\mathrm{t}45} = h_5 - h_4 = h_0' + x\cdot(h_0'' - h_0') - h_4$$

$$= [86{,}90 + 0{,}1387\cdot(1430 - 86{,}90) - 291{,}05]\,\frac{\mathrm{kJ}}{\mathrm{kg}} = -17{,}862\,\frac{\mathrm{kJ}}{\mathrm{kg}}$$

und damit die Nettoantriebsleistung

$$P = P_{\mathrm{v}} + P_{\mathrm{T}} = \dot{m}\cdot(w_{\mathrm{t}01} + w_{\mathrm{t}45})$$

$$= 0{,}37459\,\frac{\mathrm{kg}}{\mathrm{s}}\cdot(276{,}592 - 17{,}862)\,\frac{\mathrm{kJ}}{\mathrm{kg}} = 96{,}918\,\mathrm{kW}.$$

d) Leistungsziffer:

$$\varepsilon = \frac{(1-x)\cdot\Delta h_0}{w_{\mathrm{t}01} + w_{\mathrm{t}05}} = \frac{(1-0{,}1387)\cdot1343{,}1\,\mathrm{kJ/kg}}{258{,}73\,\mathrm{kJ/kg}} = 4{,}471$$

Kontrolle:
Die im Verdampfer von $4 \rightarrow 5$ zugeführte Wärmemenge errechnet sich zu

$$q_{50} = (1-x)\cdot\Delta h_0 = (1-0{,}1387)1343{,}1\,\frac{\mathrm{kJ}}{\mathrm{kg}} = 1156{,}81\,\frac{\mathrm{kJ}}{\mathrm{kg}}.$$

Spezifische Arbeit des Prozesses durch Wärmeumsatz ausgedrückt:

$$w_{\mathrm{k}} = -\Sigma q_{\mathrm{i}} = -[-224{,}592 - 1167{,}1 - 23{,}85 + 1156{,}81] = 258{,}73\,\frac{\mathrm{kJ}}{\mathrm{kg}}$$

Summe der spezifischen Arbeiten von Turbine und Verdichter:

$$w_{\mathrm{k}} = w_{\mathrm{t}01} + w_{\mathrm{t}45} = 258{,}73\,\frac{\mathrm{kJ}}{\mathrm{kg}}$$

Kapitel 24 – Irreversible Fließprozesse

24.1 Die Steigung der Polytropen wird durch das Polytropenverhältnis $\nu = \dfrac{dh}{dy} = \dfrac{dh}{\upsilon\cdot dp} = \mathrm{const}$ festgelegt. Anfangs- und Endpunkt der polytropen Zustandsänderung bestimmen das Polytropenverhältnis durch $\nu = \dfrac{h_2 - h_1}{y_{12}}$.

24.2

a) Isenthalpe $h = \mathrm{const}$: $\nu = 0$

b) Isentrope s = const: $\nu = 1$

c) Isobare p = const: $\nu = \infty$

24.3 Aus Gl. (24.15) eliminiert man $\nu = \frac{\kappa}{n} \cdot \frac{n-1}{\kappa-1} = \frac{1{,}46}{1{,}3} \cdot \frac{1{,}3-1}{1{,}46-1} = 0{,}73244$.

24.4 Statischer polytroper Wirkungsgrad des adiabaten Verdichters: $\eta_\mathrm{V} = \frac{1}{\nu}$

Statischer polytroper Wirkungsgrad der adiabaten Turbine: $\eta_\mathrm{T} = \nu$

Kapitel 25 – Irreversible Fließprozesse in thermischen Maschinen

25.1 Der Kreisprozeß besteht aus zwei Polytropen und zwei Isobaren. Sein Verlauf ist im *p, V*-Diagramm in Bild 25.1.1. dargestellt.

Prozeß

Polytrope Verdichtung von $1 \rightarrow 2$:

$$T_2 = T_1 \cdot \left(\frac{p_2}{p_1}\right)^{\frac{1}{\eta_\mathrm{V}} \cdot \frac{R}{c_\mathrm{p}}} = T_1 \cdot \pi_\mathrm{V}^{\frac{1}{\eta_\mathrm{V}} \cdot \frac{R}{c_\mathrm{p}}}$$

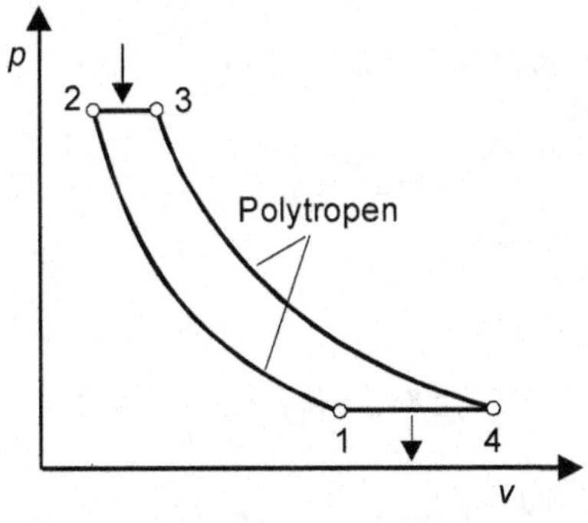

Bild 25.1.1 *T,s*-Diagramm eines Kreispozesses mit Polytropen

Polytrope Expansion von $3 \rightarrow 4$:

$$T_3 = T_4 \cdot \left(\frac{p_3}{p_4}\right)^{\eta_\mathrm{T} \cdot \frac{R}{c_\mathrm{p}}} = T_4 \cdot \pi_\mathrm{V}^{\eta_\mathrm{T} \cdot \frac{R}{c_\mathrm{p}}}$$

Daraus errechnet sich die Expansionsendtemperatur

$$T_4 = = T_3 \cdot \pi_\mathrm{V}^{-\eta_\mathrm{T} \cdot \frac{R}{c_\mathrm{p}}} .$$

Der thermische Wirkungsgrad ist $\eta_\mathrm{th} = 1 - \frac{q_{14}}{q_{23}} = 1 - \frac{c_\mathrm{p} \cdot (T_4 - T_1)}{c_\mathrm{p} \cdot (T_3 - T_2)} = 1 - \frac{T_4 - T_1}{T_3 - T_2}$.

Nach Einsetzen der Temperaturen T_2 und T_4 erhält man mit der Abkürzung π_V für das Verdichterdruckverhältnis p_2 / p_1:

$$\eta_{th} = 1 - \frac{T_3 \cdot \pi_V^{-\eta_T \cdot \frac{R}{c_p}} - T_1}{T_3 - T_1 \cdot \pi_V^{\frac{1}{\eta_V} \cdot \frac{R}{c_p}}} = 1 - \frac{\frac{T_3}{T_1} \cdot \pi_V^{-\eta_T \cdot \frac{R}{c_p}} - 1}{\frac{T_3}{T_1} - \pi_V^{\frac{1}{\eta_V} \cdot \frac{R}{c_p}}} = 1 - \frac{1}{\pi_V^{\frac{1}{\eta_V} \cdot \frac{R}{c_p}}} \cdot \frac{\frac{T_3}{T_1} \cdot \pi_V^{-\eta_T \cdot \frac{R}{c_p}} - 1}{\frac{T_3}{T_1} \cdot \pi_V^{-\frac{1}{\eta_V} \cdot \frac{R}{c_p}} - 1}$$

Für $\eta_V = \eta_T = 1$ kommt $\eta_{th} = 1 - \frac{1}{\pi_V^{\frac{R}{c_p}}}$,und mit

$$\frac{R}{c_p} = \frac{c_p - c_v}{c_p} = 1 - \frac{c_v}{c_p} = 1 - \frac{1}{\kappa} = \frac{\kappa - 1}{\kappa}$$ folgt die gesuchte Beziehung

$$\eta_{th} = 1 - \frac{1}{\pi_V^{\frac{\kappa-1}{\kappa}}} = 1 - \frac{1}{\left(\frac{p_2}{p_1}\right)^{\frac{\kappa-1}{\kappa}}} = 1 - \left(\frac{p_1}{p_2}\right)^{\frac{\kappa-1}{\kappa}}.$$

25.2 Mit der Molmasse M von Helium und der allgemeinen Gaskonstante (7.16) liefert (7.14) die Gaskonstante $R = \frac{R_m}{M} = \frac{8314{,}471\ \text{J/(kmol}\cdot\text{K)}}{4{,}003\ \text{kg/kmol}} = 2077{,}06\ \frac{\text{J}}{\text{kgK}}$ von Helium.

a) Polytrope Kompression im Verdichter von $1 \rightarrow 2$:

$$T_2 = T_1 \cdot \left(\frac{p_2}{p_1}\right)^{\frac{1}{\eta_V} \cdot \frac{R}{c_p}} = 331{,}15\ \text{K} \cdot \left(\frac{13{,}1\ \text{bar}}{1{,}9\ \text{bar}}\right)^{\frac{1}{0{,}88} \cdot \frac{2{,}077}{5{,}2380}} = 790{,}421\ \text{K}$$

Polytrope Expansion in der Turbine von $3 \rightarrow 4$:

$$T_4 = T_3 \cdot \left(\frac{p_4}{p_3}\right)^{\eta_T \cdot \frac{R}{c_p}} = 1103{,}15\ \text{K} \cdot \left(\frac{1{,}9\ \text{bar}}{13{,}1\ \text{bar}}\right)^{0{,}83 \cdot \frac{2{,}077}{5{,}2380}} = 584{,}34\ \text{K}$$

b) $$P_V = \dot{m} \cdot c_p \cdot (T_2 - T_1) = \frac{40000\ \text{kg/h}}{3600\ \text{s/h}} \cdot 5{,}2380\ \frac{\text{kJ}}{\text{kgK}} \cdot (790{,}421 - 331{,}15)\ \text{K}$$
$$= 26729{,}57\ \text{kW}$$

c) $$P_T = \dot{m} \cdot c_p \cdot (T_4 - T_3) = \frac{40000\ \text{kg/h}}{3600\ \text{s/h}} \cdot 5{,}2380\ \frac{\text{kJ}}{\text{kgK}} \cdot (584{,}34 - 1103{,}15)\ \text{K}$$
$$= -30194{,}74\ \text{kW}$$

d) $P = P_V + P_T = 26729{,}57\ \text{kW} - 30194{,}74\ \text{kW} = -3465{,}17\ \text{kW}$

e) Entropietransportströme:

$$\dot{S}_{Q23} = \dot{m} \cdot c_p \cdot \ln \frac{T_3}{T_2} = \frac{40000\ \text{kg/h}}{3600\ \text{s/h}} \cdot 5{,}2380\ \frac{\text{kJ}}{\text{kgK}} \cdot \ln \frac{1103{,}15\ \text{K}}{790{,}421\ \text{K}} = 19{,}402\ \frac{\text{kW}}{\text{K}}$$

$$\dot{S}_{Q41} = \dot{m} \cdot c_p \cdot \ln\frac{T_1}{T_4} = \frac{40000\,\text{kg/h}}{3600\,\text{s/h}} \cdot 5{,}2380\frac{\text{kJ}}{\text{kgK}} \cdot \ln\frac{331{,}15\,\text{K}}{584{,}34\,\text{K}} = -33{,}052\frac{\text{kW}}{\text{K}}$$

Entropieproduktionsstrom:

$$\dot{S}_{irr} = -\left(\dot{S}_{Q23} + \dot{S}_{Q41}\right) = -(19{,}402 - 33{,}052)\frac{\text{kW}}{\text{K}} = 13{,}65\frac{\text{kW}}{\text{K}}$$

Kapitel 26 – Strömungsprozesse in Düsen und Diffusoren

26.1 Die Temperatur am Düsenaustritt ergibt sich aus der Isentropenbeziehung zu

$$T_2 = T_1 \cdot \left(\frac{p_2}{p_1}\right)^{\frac{\kappa-1}{\kappa}} = 973{,}15\,\text{K} \cdot \left(\frac{0{,}98\,\text{bar}}{1{,}21\,\text{bar}}\right)^{\frac{0{,}4}{1{,}4}} = 916{,}26\,\text{K} = 643{,}11\,°\text{C}.$$

Bei Berücksichtigung der Temperaturabhängigkeit muß die spezifische isobare Wärmekapazität für den Bereich 643°C bis 700°C mit den Daten der Tabelle B5 durch Interpolation und Einsetzen der interpolierten Werte in Gl. (10.32) bestimmt werden. Ergebnis:

$$\left.\bar{c}_p\right|_{643°C}^{700°C} = 1{,}1301\,\text{kJ/(kgK)} = 1130{,}1\,\text{J/(kg}\cdot\text{K)}$$

Die Energiebilanzgleichung $h_1 + \frac{c_1^2}{2} = h_2 + \frac{c_2^2}{2}$ liefert

$$c_2 = \sqrt{2 \cdot \left(h_1 - h_2 + \frac{c_1^2}{2}\right)} = \sqrt{2 \cdot \left.\bar{c}_p\right|_{643°C}^{700°C} \cdot (T_1 - T_2) + c_1^2}$$

$$= \sqrt{2 \cdot \left.\bar{c}_p\right|_{643°C}^{700°C} \cdot T_1 \cdot \left[1 - \left(\frac{p_2}{p_1}\right)^{\frac{\kappa-1}{\kappa}}\right] + c_1^2}$$

$$= \sqrt{2 \cdot 1132\frac{\text{J}}{\text{kg}\cdot\text{K}} \cdot 973{,}15\,\text{K} \cdot \left[1 - \left(\frac{0{,}98\,\text{bar}}{1{,}21\,\text{bar}}\right)^{\frac{0{,}4}{1{,}4}}\right] + 231^2\left(\frac{\text{m}}{\text{s}}\right)^2}$$

$$c_2 = 426{,}53\frac{\text{m}}{\text{s}}$$

Kapitel 27 – Exergie und Anergie

27.1

a) Exergie ist der vollständig in andere Energieformen umwandelbare Teil der Energie. Anergie ist der nicht mehr verwertbare Teil der Energie.

b) Energie ist die Summe von Exergie und Anergie.

c) Arbeit, kinetische, potentielle, elektrische Energie
d) Wärme, innere Energie, Enthalpie

27.2

$$\dot{E}_Q = \left(1 - \frac{T_u}{T}\right)\cdot\dot{Q} = \left(1 - \frac{298{,}15\,\text{K}}{1393{,}15\,\text{K}}\right)\cdot 24{,}75\,\text{kJ} = 19{,}453\,\text{kJ/s} = 19{,}453\,\text{kW}$$

27.3 Entropiedifferenz nach Gl. (16.33):

$$s_1 - s_u = c_p \cdot \ln\frac{T_1}{T_u} - R\cdot\ln\frac{p_1}{p_u}$$

$$= 1{,}10\frac{\text{kJ}}{\text{kgK}}\cdot\ln\frac{1173{,}15\,\text{K}}{288{,}15\,\text{K}} - 0{,}28653\frac{\text{kJ}}{\text{kgK}}\cdot\ln\frac{23{,}7\,\text{bar}}{1{,}013\,\text{bar}}$$

$$= 0{,}64106\frac{\text{kJ}}{\text{kgK}}$$

Exergiestrom:

$$\dot{E}_H = \dot{m}\cdot\left[(h_1 - h_u) + \frac{1}{2}\cdot c_1^2 - T_u\cdot(s_1 - s_u)\right] = \dot{m}\cdot\left[c_p\cdot(T_1 - T_u) + \frac{1}{2}\cdot c_1^2 - T_u\cdot(s_1 - s_u)\right]$$

$$= \frac{82{,}8\cdot 10^3\,\text{kg/h}}{3600\,\text{s/h}}\cdot\left[1{,}10\cdot(900 - 15)\frac{\text{kJ}}{\text{kg}} + \frac{1}{2}\cdot\left(200\frac{\text{m}}{\text{s}}\right)^2 - 288{,}15\cdot 0{,}64106\frac{\text{kJ}}{\text{kg}}\right]$$

$$= 478141{,}91\,\text{kW}$$

Kapitel 28 – Wärmeerzeugung durch Verbrennung

28.1

a)

$$C + O_2 \rightarrow CO_2$$

$$H_2 + \frac{1}{2}O_2 \rightarrow H_2O$$

$$S + O_2 \rightarrow SO_2$$

b)

$$1\,\text{kmol C} + 1\,\text{kmol O}_2 = 1\,\text{kmol CO}_2$$

$$1\,\text{kmol H}_2 + \frac{1}{2}\text{kmol O}_2 = 1\,\text{kmol H}_2\text{O}$$

$$1\,\text{kmol S} + 1\,\text{kmol O}_2 = 1\,\text{kmol SO}_2$$

c)

$$N_A = 6{,}0221367\cdot 10^{26}\,\text{kmol}^{-1}$$

28.2 Der Tabelle 28.1 entnimmt man die Werte der Massenanteile von Rohbraunkohle:

$c = 0{,}306$
$h = 0{,}026$
$s = 0{,}012$
$o = 0{,}096$
$n = 0{,}045$
$a = 0{,}040$
$w = 0{,}515$

Mindestsauerstoffbedarf:

$$o_{\min} = \left(\frac{8}{3}\cdot c + 8\cdot h + s - o\right)\frac{\text{kg O}_2}{\text{kg B}} = 0{,}94\,\frac{\text{kg O}_2}{\text{kg B}}$$

Der Massenanteil des Sauerstoffs an trockener Luft ist nach Tabelle 28.5

$\mu_{\text{O}_2/\text{L}} = 0{,}23142\frac{\text{kg O}_2}{\text{kg L}}$. Damit ist errechnet sich der

Mindestluftbedarf $l_{\min} = \dfrac{o_{\min}}{\mu_{\text{O}_2/\text{L}}} = \dfrac{0{,}94}{0{,}23142}\dfrac{\text{kgL}}{\text{kgB}} = 4{,}0619\dfrac{\text{kgL}}{\text{kgB}}$.

Die Brennluftmasse bei Luftüberschuß ist gleich

$$l = \lambda\cdot l_{\min} = 1{,}56\cdot 4{,}0619\,\frac{\text{kgL}}{\text{kgB}} = 6{,}3366\frac{\text{kgL}}{\text{kgB}}\,.$$

Zusammensetzung und Massenanteile des Verbrennungsgases

Kohlendioxid CO_2:

$$\left(\mu_{\text{CO}_2/\text{B}}\right)_\text{V} = \frac{11}{3}\cdot c\,\frac{\text{kg CO}_2}{\text{kg B}} = 1{,}1220\frac{\text{kg CO}_2}{\text{kg B}}$$

Wasser H_2O:

$$\left(\mu_{\text{H}_2\text{O/B}}\right)_\text{V} = (9\cdot h + w)\,\frac{\text{kgH}_2\text{O}}{\text{kgB}} = 0{,}749\frac{\text{kgH}_2\text{O}}{\text{kgB}}$$

Schwefeldioxid:

$$\left(\mu_{\text{SO}_2/\text{B}}\right)_\text{V} = 2\cdot s\,\frac{\text{kg SO}_2}{\text{kg B}} = 0{,}024\frac{\text{kgSO}_2}{\text{kgB}}$$

Der Massenanteil des Luftstickstoffs an trockener Luft ist nach Tabelle 28.5 $\mu_{\text{N}_2/\text{L}} = 0{,}76858$. Bezogen auf die Brennstoffmasse ergibt sich die Masse des (unbrennbaren) Luftstickstoffes bei Luftüberschuß:

Luftstickstoff N_2:

$$\left(\mu_{\text{N}_2/\text{B}}\right)_\text{V} = \left(n + 0{,}76858\cdot l_{\min}\right)\frac{\text{kgN}_2}{\text{kgB}} = 3{,}1669\frac{\text{kgN}_2}{\text{kgB}}$$

Luftüberschuß:

$$(\mu_{\Delta L/B})_V = (\lambda - 1) \cdot l_{min} \frac{\text{kg L}}{\text{kg B}} = 0{,}56 \cdot l_{min} \frac{\text{kgL}}{\text{kgB}} = 2{,}2747 \frac{\text{kgL}}{\text{kgB}}$$

In der Feuerung bleibt zurück die
Asche:

$$\mu_{A/B} = a = 0{,}04 \frac{\text{kgA}}{\text{kgB}}$$

Kontrolle:
Die dem Brennraum mit einem kg Brennstoff zugeführte Masse beträgt
$(1 + l)$ kg/kgB $= (1 + 6{,}3366)$ kg/kg B $= 7{,}3366$ kg/kg B .

Der Feuerung entströmen

$$\sum(\mu_{K/B})_V = \left[(\mu_{CO_2/B})_V + (\mu_{H_2O/B})_V + (\mu_{SO_2/B})_V + (\mu_{N_2/B})_V + (\mu_{\Delta l/B})_V + \mu_{A/B}\right]$$
$$= (1{,}1220 + 0{,}7490 + 0{,}024 + 3{,}1669 + 2{,}2747 + 0{,}04))\text{kgV/kgB}$$
$$= 7{,}37660\ \text{kgV/kgB}$$

Die Differenz beträgt 0,5 %, bezogen auf die zugeführte Masse.
Hinweis: Die Werte der Tabelle 28.1 für Rohbraunkohle sind nicht sehr genau. So ergibt sich beispielsweise für die Summe der Massenanteile nicht der Wert 1 wie es sein muß, sondern 1,04.

Anhang A Einheiten

Tabelle A1 Basiseinheiten des Internationalen Einheitensystems

Größe	Einheit	Definition
Länge	Meter [m]	Länge der Strecke, die das Licht im Vakuum in 1/299792458 Sekunden durchläuft.
Masse	Kilogramm [kg]	Masse des internationalen Kilogrammprototyps.
Zeit	Sekunde [s]	9192631770fache Periodendauer der dem Übergang zwischen den beiden Hyperfeinstrukturniveaus des Grundzustandes von Atomen des Nuklids ^{133}Cs entsprechenden Strahlung.
Elektrische Stromstärke	Ampère [A]	Die Stärke eines zeitlich konstanten elektrischen Stromes, der durch zwei im Vakuum parallel im Abstand 1 m voneinander angeordnete, geradlinige, unendlich lange Leiter von vernachlässigbar kleinem kreisförmigen Querschnitt fließend, zwischen diesen pro 1 m Leiterlänge eine elektrodynamische Kraft von $2 \cdot 10^{-7}$ kg m s^{-2} erzeugen würde.
Thermodynamische Temperatur	Kelvin [K]	Der 273,16te Teil der thermodynamischen Temperatur des Tripelpunktes des Wassers.

Tabelle A1 Basiseinheiten des Internationalen Einheitensystems (Fortsetzung)

Lichtstärke	Candela [cd]	Die Lichtstärke in einer bestimmten Richtung einer Strahlungsquelle, die monochromatische Strahlung von $540 \cdot 10^{12}$ Hz aussendet und deren Strahlstärke in dieser Richtung 1/683 Watt durch Steradiant beträgt.
Stoffmenge	Mol [mol]	Die Stoffmenge eines Systems bestimmter Zusammensetzung, das aus ebensovielen Teilchen besteht, wie Atome in 12/1000 kg des Nuklids ^{12}C enthalten sind.

Tabelle A2 Einheitenvorsätze (Präfixe)

Einheitenvorsatz	Symbol	Faktor
Peta	P	10^{15}
Tera	T	10^{12}
Giga	G	10^{9}
Mega	M	10^{6}
Kilo	k	10^{3}
Hekto	h	10^{2}
Deka	da	10^{1}
Dezi	d	10^{-1}
Zenti	c	10^{-2}
Milli	m	10^{-3}
Mikro	µ	10^{-6}
Nano	n	10^{-9}
Piko	p	10^{-12}
Femto	f	10^{-15}
Atto	a	10^{-18}

Tabelle A3 Angelsächsische Einheiten und Einheitengleichungen zur Umrechnung in SI-Einheiten

Größenart	Angelsächsische Einheit	Einheitengleichung
Länge	inch [inch]	1 inch = 25,400 mm
	foot [ft]	1 ft = 0,30480 m
	yard [yd]	1 yd = 0,91440 m
	nautical mile [nm]	1 nm = 1,852 km
Fläche	square inch [sq. in.]	1 sq. in. = 6,4516 cm^2
	square foot [sq. ft.]	1 sq. ft. = 0,09290 m^2
Volumen	cubic foot [cu.ft.]	1 cu. ft. = 28,317 dm^3
Masse	ounce [ounce]	1 ounce = 28,35 g
	pound (mass) [lb]	1 lb = 0,45359 kg
Spezif. Volumen	cubic foot/pound [cft./lb]	1 cft./lb = 0,062429 m^3/kg
Geschwindigkeit	knot [kt]	1 kt = 1,852 km/h
Kraft	pound (force) [Lb]	1 Lb = 4,4482 N
Druck	pound/square inch [Lb/sq.in.]	1 Lb/sq. in. = 0,068948 bar
Energie	British thermal unit [Btu]	1 Btu = 1,05506 kJ
Leistung	horse-power [h. p.]	1 h. p. = 0,74567 kW

Anhang B Stoffdaten

Tabelle B1 Stoffdaten idealer Gase bei 0°C

Spezifische isobare Wärmekapazität c_p, Molmasse M, spezifische Gaskonstante R, Verhältnis der spezifischen Wärmekapazitäten κ. Nach [18]

Ideales Gas		c_p [kJ/(kg K)]	M [kg/kmol]	R [kJ/(kg K)]	κ
Helium	He	5,2380	4,003	2,0770	1,660
Argon	Ar	0,5203	39,950	0,2081	1,660
Wasserstoff	H_2	14,2000	2,016	4,1250	1,409
Stickstoff	N_2	1,0390	28,010	0,2968	1,400
Sauerstoff	O_2	0,9150	32,000	0,2598	1,397
Luft		1,0040	28,950	0,2872	1,400
Kohlenmonoxid	CO	1,0400	28,010	0,2968	1,400
Stickstoffmonoxid	NO	0,9983	30,010	0,2771	1,384
Chlorwasserstoff	HCl	0,7997	36,460	0,2280	1,400
Wasser	H_2O	1,8580	18,020	0,4615	1,330
Kohlendioxid	CO_2	0,8169	44,010	0,1889	1,301
Distickstoffmonoxid	N_2O	0,8507	44,010	0,1889	1,285
Schwefeldioxid	SO_2	0,6092	64,060	0,1298	1,271
Ammoniak (R717)	NH_3	2,0560	17,030	0,4882	1,312
Azetylen	C_2H_2	1,5130	26,040	0,3193	1,268
Methan	CH_4	2,1560	16,040	0,5183	1,317
Methylchlorid	CH_3Cl	0,7369	50,490	0,1647	1,288
Ethylen	C_2H_4	1,6120	28,050	0,2964	1,225
Ethan (R170)	C_2H_6	1,7290	30,070	0,2765	1,200
Ethylchlorid	C_2H_5Cl	1,3400	64,510	0,1289	1,106
Propan (R290)	C_3H_8	1,6670	44,100	0,1896	1,128

Tabelle B2 Sättigungsdampftafel für Wasser (Drucktafel)

Nach [18]

		Spezifisches Volumen		Enthalpie		Entropie	
p [bar]	ϑ [°C]	v' [m³/kg]	v'' [m³/kg]	h' [kJ/kg]	h'' [kJ/kg]	s' [kJ/(kg K]	s'' [kJ/(kg K)]
0,01	6,983	0,001000	129,2	29,3	2514	0,106	8,977
0,02	17,513	0,001001	67,01	73,5	2534	0,2607	8,725
0,03	24,1	0,001003	45,67	101,0	2546	0,3544	8,579
0,04	28,98	0,001004	34,8	121,4	2554	0,4225	8,476
0,05	32,9	0,001005	28,19	137,8	2562	0,4763	8,396
0,06	36,18	0,001006	23,74	151,5	2568	0,5209	8,331
0,08	41,53	0,001008	18,1	173,9	2577	0,5925	8,23
0,1	45,83	0,001010	14,67	191,8	2585	0,6493	8,151
0,2	60,09	0,001017	7,65	251,5	2610	0,8321	7,909
0,3	69,12	0,001022	5,229	289,3	2625	0,9441	7,77
0,4	75,88	0,001027	3,993	317,7	2637	1,0261	7,671
0,5	81,35	0,001030	3,24	340,6	2646	1,0912	7,595
0,6	85,96	0,001033	2,732	359,9	2654	1,145	7,533
0,7	89,95	0,001036	2,365	376,8	2660	1,192	7,48
0,8	93,51	0,001039	2,087	391,7	2666	1,233	7,435
0,9	96,71	0,001041	1,869	405,2	2671	1,27	7,395
1	99,63	0,001043	1,694	417,5	2675	1,303	7,36
1,1	102,32	0,001046	1,549	428,8	2680	1,333	7,328
1,2	104,81	0,001048	1,428	439,4	2683	1,361	7,298
1,3	107,13	0,001050	1,325	449,2	2687	1,387	7,272
1,4	109,32	0,001051	1,236	458,4	2690	1,411	7,247
1,5	111,4	0,001053	1,159	467,1	2693	1,434	7,223
1,6	113,3	0,001055	1,091	475,4	2696	1,455	7,202
1,8	116,9	0,001058	0,9772	490,7	2702	1,494	7,162
2	120,2	0,001061	0,8854	504,7	2706	1,53	7,127
2,2	123,3	0,001064	0,8098	517,6	2711	1,563	7,095
2,4	126,1	0,001067	0,7465	529,6	2715	1,593	7,066
2,6	128,7	0,001069	0,6925	540,9	2718	1,621	7,039
2,8	131,2	0,001072	0,646	551,4	2722	1,647	7,014
3	133,5	0,001074	0,6056	561,4	2725	1,672	6,991
3,2	135,8	0,001076	0,57	570,9	2728	1,695	6,969
3,4	137,9	0,001078	0,5385	579,9	2730	1,717	6,949
3,6	139,9	0,001080	0,5103	588,5	2733	1,738	6,93
3,8	141,8	0,001082	0,4851	596,8	2735	1,757	6,912

Tabelle B2 Sättigungsdampftafel für Wasser (Drucktafel, Fortsetzung 1).

Nach [18]

		Spezifisches Volumen		Enthalpie		Entropie	
p [bar]	ϑ [°C]	v' [m³/kg]	v'' [m³/kg]	h' [kJ/kg]	h'' [kJ/kg]	s' [kJ/(kg K]	s'' [kJ/(kg K)]
4	143,6	0,001084	0,4622	604,7	2738	1,776	6,894
4,5	147,9	0,001088	0,4138	623,2	2743	1,82	6,855
5	151,8	0,001093	0,3747	640,1	2748	1,86	6,819
6	158,8	0,001101	0,3155	670,4	2756	1,931	6,759
7	165	0,001108	0,2727	697,1	2762	1,992	6,705
8	170,4	0,001115	0,2403	720,9	2768	2,046	6,659
9	175,4	0,001121	0,2148	742,6	2772	2,094	6,62
10	179,9	0,001127	0,1943	762,6	2776	2,138	6,583
11	184,1	0,001133	0,1774	781,1	2780	2,179	6,55
12	188	0,001139	0,1632	798,4	2783	2,216	6,519
13	191,6	0,001144	0,1511	814,7	2785	2,251	6,491
14	195	0,001149	0,1407	830,1	2788	2,284	6,465
15	198,3	0,001154	0,1317	844,7	2790	2,315	6,441
16	201,4	0,001159	0,1237	858,6	2792	2,344	6,418
17	204,3	0,001164	0,1166	871,8	2793	2,371	6,396
18	207,1	0,001168	0,1103	884,6	2795	2,398	6,375
19	209,8	9,001173	0,1047	896,8	2796	2,423	6,355
20	212,4	0,001177	0,09954	908,6	2797	2,447	6,337
22	217,2	0,001185	0,09065	931	2799	2,492	6,302
24	221,8	0,001193	0,0832	951,9	2800	2,534	6,269
26	226	0,001201	0,07686	971,7	2801	2,574	6,239
28	230,1	0,001209	0,07139	990,5	2802	2,611	6,21
30	233,8	0,001216	0,06663	1008,4	2802	2,646	6,184
32	237,5	0,001223	0,06244	1025,4	2802	2,679	6,159
34	240,9	0,001230	0,05873	1041,8	2802	2,71	6,134
36	244,2	0,001237	0,05541	1057,6	2802	2,74	6,112
38	247,3	0,001245	0,05244	1072,7	2801	2,769	6,09
40	250,3	0,001252	0,04975	1087,4	2800	2,797	6,069
42	253,2	0,001259	0,04731	1102	2799	2,823	6,048
44	256,1	0,001266	0,04508	1115	2798	2,849	6,029
46	258,8	0,001273	0,04304	1129	2797	2,874	6,01
48	261,4	0,001280	0,04116	1142	2796	2,897	5,991
50	263,9	0,001286	0,03943	1155	2794	2,921	5,974

Tabelle B2 Sättigungsdampftafel für Wasser (Drucktafel, Fortsetzung 2)

Nach [18]

		Spezifisches Volumen		Enthalpie		Entropie	
p [bar]	ϑ [°C]	υ' [m³/kg]	υ'' [m³/kg]	h' [kJ/kg]	h'' [kJ/kg]	s' [kJ/(kg K]	s'' [kJ/(kg K)]
55	269,9	0,001303	0,03563	1185	2790	2,976	5,931
60	275,6	0,001319	0,03244	1214	2785	3,027	5,891
65	280,8	0,001335	0,02972	1241	2780	3,076	5,853
70	285,8	0,001351	0,02737	1267	2774	3,122	5,816
75	290,5	0,001368	0,02533	1293	2767	3,166	5,781
80	295	0,001384	0,02353	1317	2760	3,208	5,747
85	299,2	0,001401	0,02193	1341	2753	3,248	5,714
90	303,3	0,001418	0,0205	1364	2745	3,287	5,682
95	307,2	0,001436	0,01921	1386	2736	3,324	5,651
100	311	0,001453	0,01804	1408	2728	3,361	5,62
110	318,1	0,001489	0,01601	1451	2709	3,43	5,56
120	324,7	0,001527	0,01428	1492	2689	3,497	5,5
130	330,8	0,001567	0,0128	1532	2667	3,562	5,441
140	336,6	0,001611	0,0115	1572	2642	3,624	5,38
150	342,1	0,001658	0,01034	1611	2615	3,686	5,318
160	347,3	0,001710	0,009308	1651	2585	3,747	5,253
180	357	0,001840	0,007498	1735	2514	3,877	5,113
200	365,7	0,002037	0,005877	1827	2418	4,015	4,941
220	373,7	0,002671	0,003728	2011	2196	4,295	4,58
221,2	374,2	0,00317	0,00317	2107	2107	4,443	4,443

Tabelle B3 Sättigungsdampftafel für Wasser (Temperaturtafel)

Nach [18]

		Spezifisches Volumen		Enthalpie		Entropie	
ϑ [°C]	p [bar]	v' [dm³/kg]	v'' [m³/kg]	h' [kJ/kg]	h'' [kJ/kg]	s' [kJ/(kg K)]	s'' [kJ/(kg K)]
0,0	0,006108	1,0002	206,3	-0,04	2502	-0,0002	9,158
5	0,008718	1,0000	147,2	21,01	2511	0,0762	9,027
10	0,01227	1,0003	106,4	41,99	2520	0,151	8,902
15	0,01704	1,0008	77,98	62,94	2529	0,2243	8,783
20	0,02337	1,0017	57,84	83,86	2538	0,2963	8,668
25	0,03166	1,0029	43,4	104,77	2547	0,367	8,559
30	0,04241	1,0043	32,93	125,7	2556	0,4365	8,455
35	0,05622	1,006	25,24	146,6	2565	0,5049	8,354
40	0,07375	1,0078	19,55	167,5	2574	0,5721	8,258
45	0,09582	1,0099	15,28	188,4	2583	0,6383	8,166
50	0,1234	1,0121	12,05	209,3	2592	0,7035	8,078
55	0,1574	1,0145	9,579	230,2	2601	0,7677	7,993
60	0,1992	1,0171	7,679	251,1	2610	0,831	7,911
65	0,2501	1,0199	6,202	272,0	2618	0,8933	7,832
70	0,3116	1,0228	5,046	293,0	2627	0,9548	7,757
75	0,3855	1,0259	4,134	313,9	2635	1,0154	7,684
80	0,4736	1,0292	3,409	334,9	2644	1,0753	7,613
85	0,578	1,0326	2,829	355,9	2652	1,134	7,545
90	0,7011	1,0361	2,361	376,9	2660	1,193	7,48
95	0,8453	1,0399	1,982	398,0	2668	1,25	7,417
100	1,0133	1,0437	1,673	419,1	2676	1,307	7,355
105	1,208	1,0477	1,419	440,2	2684	1,363	7,296
110	1,433	1,0519	1,21	461,3	2691	1,419	7,239
115	1,691	1,0562	1,036	482,5	2699	1,473	7,183
120	1,985	1,0606	0,8915	503,7	2706	1,528	7,129
125	2,321	1,0652	0,7702	525,0	2713	1,581	7,077
130	2,701	1,0700	0,6681	546,3	2720	1,634	7,026
135	3,131	1,0750	0,5818	567,7	2727	1,687	6,977
140	3,614	1,0801	0,5085	589,1	2733	1,739	6,928
145	4,155	1,0853	0,446	610,6	2739	1,791	6,882
150	4,76	1,0908	0,3924	632,2	2745	1,842	6,836
155	5,433	1,0964	0,3464	653,8	2751	1,892	6,791
160	6,181	1,1022	0,3068	675,5	2757	1,943	6,748

Tabelle B3 Sättigungsdampftafel für Wasser (Temperaturtafel, Fortsetzung 1)

Nach [18]

		Spezifisches Volumen		Enthalpie		Entropie	
ϑ [°C]	p [bar]	v' [dm³/kg]	v'' [m³/kg]	h' [kJ/kg]	h'' [kJ/kg]	s' [kJ/(kg K)]	s'' [kJ/(kg K)]
165	7,008	1,1082	0,2724	697,3	2762	1,992	6,705
170	7,92	1,1145	0,2426	719,1	2767	2,042	6,663
175	8,924	1,1209	0,2165	741,1	2772	2,091	6,622
180	10,027	1,1275	0,1938	763,1	2776	2,139	6,582
185	11,23	1,1344	0,1739	785,3	2780	2,188	6,542
190	12,55	1,1415	0,1563	807,5	2784	2,236	6,504
195	13,99	1,1489	0,1408	829,9	2788	2,283	6,465
200	15,55	1,1565	0,1272	852,4	2791	2,331	6,428
205	17,24	1,1644	0,115	875,0	2794	2,378	6,391
210	19,08	1,1726	0,1042	897,7	2796	2,425	6,354
215	21,06	1,1811	0,09463	920,6	2798	2,471	6,318
220	23,2	1,1900	0,08604	943,7	2800	2,518	6,282
225	25,5	1,1992	0,07835	966,9	2801	2,564	6,246
230	27,98	1,2087	0,07145	990,3	2802	2,610	6,211
235	30,63	1,2187	0,06525	1013,8	2802	2,656	6,176
240	33,48	1,2291	0,05965	1037,6	2802	2,702	6,141
245	36,52	1,2399	0,05461	1061,6	2802	2,748	6,106
250	39,78	1,2513	0,05004	1085	2800	2,794	6,071
255	43,25	1,2632	0,0459	1110	2799	2,839	6,036
260	46,94	1,2756	0,04213	1135	2796	2,885	6,001
265	50,88	1,2887	0,03871	1160	2794	2,931	5,966
270	55,06	1,3025	0,03559	1185	2790	2,976	5,93
275	59,5	1,3170	0,03274	1211	2786	3,022	5,895
280	64,2	1,3324	0,03013	1237	2780	3,068	5,859
285	69,19	1,3487	0,02773	1263	2775	3,115	5,822
290	74,46	1,3659	0,02554	1290	2768	3,161	5,785
295	80,04	1,3844	0,02351	1317	2760	3,208	5,747
300	85,93	1,4041	0,02165	1345	2751	3,255	5,708
305	92,14	1,4252	0,01993	1373	2741	3,303	5,669
310	98,7	1,4480	0,01833	1402	2730	3,351	5,628
315	105,61	1,4726	0,01686	1432	2718	3,400	5,586
320	112,9	1,4995	0,01548	1463	2704	3,450	5,542
325	120,6	1,5289	0,01419	1494	2688	3,501	5,497

Tabelle B3 Sättigungsdampftafel für Wasser (Temperaturtafel, Fortsetzung 2)

Nach [18]

		Spezifisches Volumen		Enthalpie		Entropie	
ϑ [°C]	p [bar]	v' [dm³/kg]	v'' [m³/kg]	h' [kJ/kg]	h'' [kJ/kg]	s' [kJ/(kg K)]	s'' [kJ/(kg K)]
330	128,6	1,5615	0,01299	1527	2670	3,553	5,449
335	137,1	1,5978	0,01185	1560	2650	3,606	5,398
340	146,1	1,6387	0,01078	1596	2626	3,662	5,343
345	155,5	1,6858	0,009763	1633	2599	3,719	5,283
350	165,4	1,7411	0,008799	1672	2568	3,780	5,218
355	175,8	1,8085	0,007859	1717	2530	3,849	5,144
360	186,8	1,8959	0,00694	1764	2485	3,921	5,06
365	198,3	2,016	0,006012	1818	2428	4,002	4,958
370	210,5	2,2136	0,004973	1890	2343	4,111	4,814
371	213,1	2,2778	0,004723	1911	2318	4,141	4,774
372	215,6	2,3636	0,004439	1936	2287	4,179	4,724
373	218,2	2,4963	0,004084	1971	2244	4,233	4,656
374	220,8	2,8407	0,003458	2046	2155	4,349	4,517
374,15	221,2	3,17	0,00317	2107	2107	4,443	4,443

Tabelle B4 Sättigungsdampftafel für Ammoniak

Nach [26]

		Spezif. Volumen		Enthalpie		Entropie	
ϑ [°C]	p [bar]	v' [dm³/kg]	v'' [m³/kg]	h' [kJ/kg]	h'' [kJ/kg]	s' [kJ/(kgK)]	s'' [kJ/(kg K)]
-80	0,0503	1,357	18,67	-153,7	1338	-0,527	7,195
-75	0,075	1,368	12,83	-132,2	1347	-0,417	7,048
-70	0,1094	1,378	9,01	-110,7	1356	-0,31	6,911
-65	0,1563	1,389	6,449	-89,12	1365	-0,205	6,782
-60	0,219	1,401	4,702	-67,43	1374	-0,102	6,661
-55	0,3015	1,412	3,486	-45,66	1383	-0,001	6,547
-50	0,4085	1,424	2,625	-23,8	1391	0,0979	6,439
-45	0,545	1,436	2,004	-1,85	1399	0,1951	6,337
-40	0,7171	1,449	1,551	20,19	1407	0,2906	6,24
-35	0,9312	1,462	1,215	42,33	1415	0,3844	6,149
-30	1,195	1,475	0,9626	64,56	1423	0,4767	6,062
-25	1,515	1,489	0,7705	86,9	1430	0,5674	5,979
-20	1,901	1,504	0,6228	109,3	1437	0,6567	5,9
-15	2,362	1,518	0,5079	131,9	1443	0,7445	5,824
-10	2,908	1,534	0,4177	154,5	1449	0,831	5,752
-5	3,548	1,549	0,3462	177,2	1455	0,9161	5,683
0	4,294	1,566	0,289	200,00	1461	1,0000	5,616
5	5,158	1,583	0,2428	222,9	1466	1,083	5,552
10	6,15	1,601	0,2053	245,9	1471	1,164	5,489
15	7,284	1,619	0,1746	269,00	1475	1,244	5,429
20	8,573	1,639	0,1494	291,4	1479	1,321	5,372
25	10,03	1,659	0,1284	314,9	1482	1,399	5,315
30	11,67	1,68	0,1108	338,5	1485	1,477	5,26
35	13,5	1,702	0,09596	362,3	1488	1,554	5,206
40	15,55	1,726	0,08347	386,3	1490	1,63	5,154
45	17,82	1,75	0,07285	410,5	1491	1,705	5,102
50	20,33	1,777	0,06378	434,9	1492	1,78	5,051
55	23,1	1,805	0,05607	458,6	1492	1,851	5,002
60	26,14	1,834	0,04933	483,9	1492	1,926	4,952
65	29,48	1,866	0,04349	509,6	1490	2,001	4,902
70	33,12	1,9	0,03841	535,7	1488	2,076	4,852
75	37,08	1,937	0,03398	562,3	1485	2,15	4,802
80	41,4	1,978	0,03011	588,8	1482	2,224	4,752
85	46,08	2,022	0,02665	617,1	1476	2,301	4,699

Tabelle B4 Sättigungsdampftafel für Ammoniak (Fortsetzung)

Nach [26]

		Spezifisches Volumen		Enthalpie		Entropie	
ϑ	p	v'	v''	h'	h''	s'	s''
[°C]	[bar]	[dm³/kg]	[m³/kg]	[kJ/kg]	[kJ/kg]	[kJ/(kgK)]	[kJ/(kg K)]
90	51,14	2,071	0,02359	646,3	1470	2,379	4,646
95	56,62	2,126	0,02086	676,6	1461	2,458	4,59
100	62,52	2,189	0,01842	708,2	1451	2,54	4,532
105	68,89	2,262	0,0162	742,0	1439	2,626	4,469
110	75,74	2,348	0,01418	778,2	1423	2,718	4,400
115	83,12	2,455	0,01229	818,1	1403	2,816	4,322
120	91,07	2,594	0,0105	863,5	1376	2,927	4,23
125	99,62	2,796	0,008703	918,6	1337	3,061	4,111
130	108,9	3,186	0,006586	999,2	1264	3,255	3,911
132,4	113,5	4,227	0,004227	1119.0	1119	3,547	3,547

Tabelle B5 Mittlere spezifische isobare Wärmekapazität idealer Gase als Funktion der Celsius-Temperatur

N_2* ist das in Kapitel 28 mit Luftstickstoff bezeichnete Gemisch aus Stickstoff und den in der Luft enthaltenen Spurengasen. Nach [1]

	Mittlere spezifische isobare Wärmekapazität $\bar{c}_p\big|_0^{\vartheta}$ in kJ/(kg K)						
ϑ in °C	Luft	N_2*	N_2	O_2	CO_2	H_2O	SO_2
-60	1,0030	1,0303	1,0392	0,9123	0,7831	1,8549	0,5915
-40	1,0032	1,0304	1,0392	0,9130	0,7943	1,8561	0,5971
-20	1,0034	1,0304	1,0393	0,9138	0,8055	1,8574	0,6026
0	1,0037	1,0305	1,0394	0,9148	0,8165	1,8591	0,6083
20	1,0041	1,0306	1,0395	0,9160	0,8273	1,8611	0,6139
40	1,0046	1,0308	1,0396	0,9175	0,8378	1,8634	0,6196
60	1,0051	1,0310	1,0398	0,9191	0,8481	1,866	0,6252
80	1,0057	1,0313	1,0401	0,9210	0,8580	1,869	0,6309
100	1,0065	1,0316	1,0404	0,9230	0,8677	1,8724	0,6365
120	1,1007	1,0320	1,0408	0,9252	0,8771	1,876	0,6420
140	1,0082	1,0325	1,0413	0,9276	0,8863	1,8799	0,6475
160	1,0093	1,0331	1,0419	0,9301	0,8952	1,8841	0,6529
180	1,0104	1,0338	1,0426	0,9327	0,9038	1,8885	0,6582
200	1,0117	1,1035	1,0434	0,9355	0,9122	1,8931	0,6634
250	1,0152	1,0370	1,0459	0,9426	0,9322	1,9054	0,6759
300	1,0192	1,0401	1,0490	0,9500	0,9509	1,9185	0,6877
350	1,0237	1,0437	1,0526	0,9575	0,9685	1,9323	0,6987
400	1,0286	1,0477	1,0568	0,9649	0,9850	1,9467	0,7090
450	1,0337	1,0522	1,0613	0,9722	1,0005	1,9615	0,7185
500	1,0389	1,0569	1,0661	0,9792	1,0152	1,9767	0,7274
550	1,0443	1,0619	1,0712	0,9860	1,0291	1,9923	0,7356
600	1,0498	1,0670	1,0764	0,9925	1,0422	2,0082	0,7433
650	1,0552	1,0722	1,0816	0,9988	1,0546	2,0244	0,7505
700	1,0606	1,0775	1,0870	1,0047	1,0664	2,0408	0,7571
750	1,0660	1,0827	1,0923	1,0104	1,0775	2,0574	0,7633
800	1,0712	1,0879	1,0976	1,0158	1,0881	2,0741	0,7692
850	1,0764	1,0930	1,1028	1,0209	1,0981	2,0909	0,7746

Tabelle B5 Mittlere spezifische isobare Wärmekapazität idealer Gase als Funktion der Celsius-Temperatur (Fortsetzung)

N_2^* ist das in Kapitel 28 mit Luftstickstoff bezeichnete Gemisch aus Stickstoff und den in der Luft enthaltenen Spurengasen. Nach [1]

	Mittlere spezifische isobare Wärmekapazität $\left.\bar{c}_p\right\|_0^\vartheta$ in kJ/(kg K)						
ϑ in °C	Luft	N_2^*	N_2	O_2	CO_2	H_2O	SO_2
900	1,0814	1,0981	1,1079	1,0258	1,1076	2,1077	0,7797
950	1,0863	1,1030	1,1130	1,0305	1,1167	2,1246	0,7846
1000	1,0910	1,1079	1,1179	1,0350	1,1253	2,1414	0,7891
1050	1,0956	1,1126	1,1227	1,0393	1,1335	2,1582	0,7934
1100	1,1001	1,1172	1,1274	1,0434	1,1414	2,1749	0,7974
1150	1,1045	1,1217	1,1319	1,0474	1,1489	2,1914	0,8013
1200	1,1087	1,1260	1,1363	1,0512	1,1560	2,2078	0,8049
1250	1,1128	1,1302	1,1406	1,0548	1,1628	2,224	0,8084
1300	1,1168	1,1343	1,1448	1,0584	1,1693	2,24	0,8117
1400	1,1243	1,1422	1,1528	1,0651	1,1816	2,2714	0,8178
1500	1,1315	1,1495	1,1602	1,0715	1,1928	2,3017	0,8234
1600	1,1382	1,1564	1,1673	1,0775	1,2032	2,3311	0,8286
1700	1,1445	1,1629	1,1739	1,0833	1,2128	2,3594	0,8333
1800	1,1505	1,1690	1,1801	1,0888	1,2217	2,3866	0,8377
1900	1,1561	1,1748	1,1859	1,0941	1,2300	2,4127	0,8419
2000	1,1615	1,1802	1,1914	1,0993	1,2377	2,4379	0,8457
2100	1,1666	1,1853	1,1966	1,1043	1,2449	2,462	0,8493

Tabelle B6 Logarithmisch gemittelte spezifische isobare Wärmekapazitäten von Luft und Verbrennungsgas als Funktion der Celsius-Temperatur

Tafeln $\frac{\left.\bar{\bar{c}}_p\right|_{T_B}^{T}}{R} = \frac{1}{R} \cdot \frac{\int_{T_B}^{T} c_p(T) \cdot \mathrm{d}\ln(T)}{\ln(T/T_B)}$ für trockene Luft ($\lambda = 0$) und Verbrennungsgase bei vollkommener Verbrennung ($\lambda = 1$) von Heizöl. Bezugstemperatur : $T_B = 273{,}15$ K = 0 °C

Gaskonstante der trockenen Luft ($\lambda = 0$): $R = 287{,}1$ J / (kg K)

Gaskonstante des Verbrennungsgases ($\lambda = 1$): $R = 286{,}53$ J / (kg K)

Nach [24]

ϑ in °C	$\frac{\left.\bar{\bar{c}}_p\right\|_{T_B}^{T}}{R}$ bei $\lambda = 0$	$\frac{\left.\bar{\bar{c}}_p\right\|_{T_B}^{T}}{R}$ bei $\lambda = 1$
0	3,496	3,667
25	3,496	3,677
50	3,500	3,687
75	3,502	3,697
100	3,505	3,707
125	3,508	3,716
150	3,512	3,726
175	3,516	3,736
200	3,521	3,746
250	3,531	3,766
300	3,542	3,785
350	3,554	3,805
400	3,567	3,824
450	3,579	3,843
500	3,592	3,862
550	3,606	3,881
600	3,619	3,899
650	3,632	3,917
700	3,645	3,934
750	3,658	3,951
800	3,671	3,967
850	3,683	3,983
900	3,695	3,999
950	3,707	4,014

ϑ in °C	$\frac{\left.\bar{\bar{c}}_p\right\|_{T_B}^{T}}{R}$ bei $\lambda = 0$	$\frac{\left.\bar{\bar{c}}_p\right\|_{T_B}^{T}}{R}$ bei $\lambda = 1$
1000	3,719	4,028
1050	3,730	4,043
1100	3,741	4,056
1150	3,752	4,070
1200	3,762	4,083
1250	3,773	4,095
1300	3,783	4,108
1350	3,792	4,120
1400	3,802	4,131
1450	3,811	4,153
1550	3,828	4,164
1600	3,836	4,174
1650	3,845	4,184
1700	3,852	4,194
1750	3,860	4,203
1800	3,868	4,213
1850	3,875	4,222
1900	3,882	4,230
1950	3,889	4,239
2000	3,895	4,247
2050	3.902	4,255

Tabelle B7 Thermophysikalische Stoffgrößen verschiedener Materialien

ϑ	Temperatur	c_p	Spezifische isobare Wärmekapazität
ρ	Dichte	λ	Wärmeleitfähigkeit

Nach [7]

Feststoffe	ϑ °C	ρ kg/m^3	c_p J/(kg K)	λ W/(m K)
Metalle				
Aluminium	20	2700	920	221
Blei	20	11300	130	35
Chrom	20	7100	500	86
Eisen	20	7860	465	67
Gold	20	19300	125	314
Konstantan	20	8900	410	22,5
Kupfer, rein	20	8900	390	393
Messing	20	8400	376	113
Nickel	20	8800	460	58,5
Platin	20	21400	167	71
Quecksilber	20	13600	138	10,5
Silber	20	10500	238	458
Stahl (V2A)	20	7880	500	21
Titan	20	4510	522	15
Zink	20	7140	376	109
Zinn	20	7280	230	63
Anorganische Stoffe				
Beton	20	1900-2300	880	0.8-1,4
Eis	0	920	1930	2,2
Erdreich, grobkiesig	20	2000	1840	0,52
Fensterglas	20	2480	700-930	1,16
Glaswolle	0	200	660	0,037
Marmor	20	2000-2700	810	2,8
Schnee, frisch	0	100	2090	0,11
Verputz	20	1700		0,79
Ziegelstein, trocken	20	1600-1800	835	0,38-0,52
Organische Stoffe				
Acrylglas	20	1180	1440	0,184
Gummi	20	1100		0,13-0,23
Kork	30	190	1880	0,041
6-Polyamid	20	1130	1900	0,27
Polyethylen,Hochdruck	20	920	2150	0,35
Polystyrol	20	1050	1300	0,17

Tabelle B7 Thermophysikalische Stoffgrößen verschiedener Materialien (Fortsetzung)

ϑ Temperatur c_p Spezifische isobare Wärmekapazität

ρ Dichte λ Wärmeleitfähigkeit

Nach [7]

Flüssigkeiten	ϑ °C	ρ kg/m³	c_p J/(kg K)	λ W/(m K)
Flüssigkeiten bei 1,013 bar				
Aceton (C_2H_6O)	0	812	2100	0,165
Benzol (C_2H_6)	20	879	1730	0,144
Ethanol (C_2H_5OH	0	806	2230	0,177
Methanol (CH_3OH)	0	812	2390	0,208
Motorenöl	60	868	2010	0,14
Silikonöl	20	970	1470	0,17
Toluol (C_7H_8)	0	885	1610	0,144
Wasser (H_2O)	0	1000	4220	0,562
	20	992	4180	0,629
	40	992	4180	0,629
	60	983	4190	0,651
	80	971	4200	0,667

Gase				
Gase bei 1,013 bar				
Acetylen (C_2H_2)	0	1,17	1620	0,018
Argon (Ar)	0	1,78	519	0,016
Ethan (C_2H_6)	0	1,35	1650	0,018
Ethylen (C_2H_4)	0	1,26	1460	0,017
Helium (He)	0	0,18	5200	0,143
Kohlendioxid (CO_2)	0	1,95	816	0,0147
Kohlenmonoxid (CO)	0	1,25	1040	0,023
Luft	0	1,28	1010	0,0242
	50	1,08	1010	0,0279
	100	0,933	1010	0,0314
	200	0,736	1030	0,0380
	500	0,450	1090	0,0556
Methan (CH_4)	0	0,72	2170	0,030
Neon (Ne)	0	0,90	1030	0,046
Propan (C_3H_8)	0	2,01	1550	0,015
Schwefeldioxid (SO_2)	0	2,92	586	0,0086
Wasserstoff (H_2)	0	0,09	14100	0,171

Literatur

Lehrbücher

1 Baehr, H. D.; Kabelac, St.:Thermodynamik. Springer, Berlin Heidelberg NewYork. 2012
2 Becker, E.: Technische Thermodynamik. Teubner, Stuttgart. 1997
3 Bosnjakovic, F.; Knoche, K-F.: Technische Thermodynamik, Teil I. Steinkopff, Darmstadt. 1999
4 Cerbe, G.; Hoffmann, H-J.: Technische Thermodynamik. Carl Hanser, München. 2013
5 Dietzel, F.; Wagner, W.: Technische Wärmelehre. Vogel Business Media, Würzburg. 2013
6 Doering, E.; Schedwill, H.; Dehli, M.: Grundlagen der Technischen Thermodynamik. Springer Vieweg, Wiesbaden. 2012
7 Frohn, A.: Einführung in die Technische Thermodynamik. AULA, Wiesbaden. 1998
8 Knoche, K-F.: Technische Thermodynamik. Vieweg, Braunschweig/Wiesbaden. 1992
9 Langeheinecke, K.; Jany, P.;Thieleke, G.: Thermodynamik für Ingenieure. Springer Viehweg, Wiesbaden. 2013
10 Lucas, K.: Thermodynamik. Springer, Berlin Heidelberg. 2008
11 Labuhn, D.; Romberg, O.: Keine Panik vor Thermodynamik. Springer Viehweg, Wiesbaden. 2012
12 Nickel, U.: Lehrbuch der Thermodynamik. PhysChem Verlag. 2011
13 Herwig, H.; Kautz, C. H. :Technische Thermodynamik. Addison-Wesley Verlag. 2007
14 Richter, H.: Leitfaden der Technischen Wärmelehre. Springer. 2013
15 Schmidt, E.: Einführung in die technische Thermodynamik. Springer-Verlag. 1944
16 Schneider, W.; Haas, S.; Ponweiser, K.: Repetitorium Thermodynamik. Oldenbourg Wissenschaftsverlag, Wien. 2004
München. 2004
17 Spalding, D. B.; Traustel, S.; Cole, E. H.: Grundlagen der technischen Thermodynamik. Vieweg, Braunschweig. 1965
18 Stephan, P.; Schaber, K.; Stephan, K.; Mayinger, F.: Thermodynamik. Springer-Verlag, Berlin Heidelberg. 2013
19 Tipler, P. A.; Mosca, G.: Physik. Spektrum Akademischer Verlag. 2009
20 Traupel, W.: Die Grundlagen der Thermodynamik. Braun, Karlsruhe. 1982
21 Traupel, W.: Thermische Turbomaschinen. Springer. 2001
22 Winter, F. W.: Technische Wärmelehre. Girardet, Essen. 1967

Weitere Quellen

23 Bohn, D.; Gallus, H. E.: Wärme- Kraft- und Arbeitsmaschinen. Umdruck zum Vorlesungsteil Turbomaschinen. RWTH Aachen. Stand 01.10.1994
24 Bohn, D.: Gasturbinen. Institut für Dampf- und Gasturbinen, RWTH Aachen
25 Rant, Z.: Exergie, ein neues Wort für technische Arbeitsfähigkeit. Forsch.Ingenieurwes. 22 (1956) 36-37

26 Kältemaschinenregeln, Hrsg. vom Deutschen Kälte- und Klimatechnischen Verein. C. F. Müller, Karlsruhe. 1981

Aufgabensammlung

27 Berties, W.: Übungsbeispiele aus der Wärmelehre. Fachbuchverlag Leipzig. 1996

Taschenbücher

28 Dubbel. Springer Vieweg. 2014

29 Hütte. Springer-Verlag Berlin Heidelberg. 2012

30 Kuchling, H.: Taschenbuch der Physik. Carl Hanser Verlag, München. 2011

Sachverzeichnis